westermann

Herausgegeben von
Henning Körner
Arno Lergenmüller
Günter Schmidt
Martin Zacharias

MATHEMATIK NEUE WEGE 5

MATHEMATIK

NEUE WEGE 5

Herausgegeben von:
Henning Körner, Arno Lergenmüller, Günter Schmidt, Martin Zacharias

Erarbeitet von:
Miriam Dolić, Christiane Dornemann, Erdmann Fricke, Aloisius Görg, Hermann Gora, Bernd Grave, Gaby Heintz, Charlotte Jahn, Martin Janssen, Holger Kleinfeld, Henning Körner, Edmund Kronabel, Arno Lergenmüller, Lisa Julia Makus, Hülya Malatyali, Jürgen Mutzberg, Kerstin Peuser, Elke Renwanz, Miriam Ruschhaupt, Burkhard Rüsing, Michael Rüsing, Jan Schaper, Olga Scheid, Angelika Siekmann, Günter Schmidt, Paul Tyrichter, Thomas Vogt, Laura Witowski, Martin Zacharias, Bärbel Zettner

Für Rheinland-Pfalz bearbeitet von:
Miriam Dolić, Arno Lergenmüller, Thomas Vogt

Zum Schülerband erscheinen:
Lösungen: Best.-Nr. 978-3-14-125765-6
Arbeitsheft: Best.-Nr. 978-3-14-125766-3
Die Webcodes aus den Basiswissen können auf **www.westermann.de/webcode** eingegeben werden.

Druck A[3] / Jahr 2025
Alle Drucke der Serie A sind im Unterricht parallel verwendbar.

Redaktion: Marcel Orban, Björn Deling
Umschlagentwurf: Lio Designagentur, Braunschweig
Innenlayout: Janssen Kahlert Design & Kommunikation GmbH, Hannover
Illustrationen: Mario Valentinelli, Rostock
Druck und Bindung: Westermann Druck GmbH, Georg-Westermann-Allee 66, 38104 Braunschweig

ISBN 978-3-14-**125764**-9

Inhalt

4 Entdeckungen bei natürlichen Zahlen

5 Geometrie

6 Teiler und Vielfache

Auf neuen Wegen
sicher durch den Unterricht.

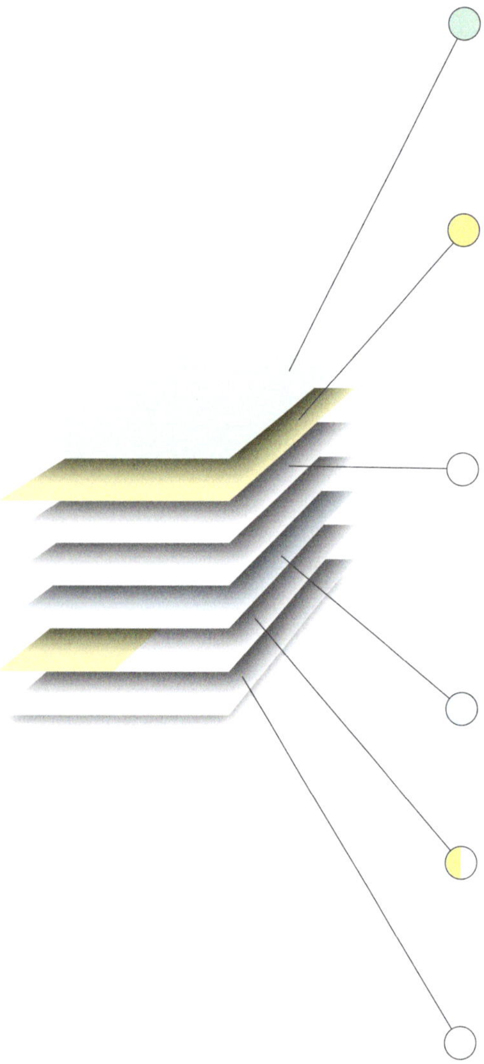

EINSTIEG
Es werden verschiedene Zugänge zum Thema angeboten. Damit kann in Kontexten der Kerninhalt des Lernabschnitts selbst erarbeitet werden. Die letzte Aufgabe stellt meist einen direkten Zugang zum Basiswissen dar. Kooperative Lernformen stehen im Vordergrund.

BASISWISSEN MIT QR- UND WEB-CODE
Die Pflichtinhalte und grundlegenden Strategien werden in schülernaher Sprache kurz und bündig formuliert. Ergänzt wird dies durch konkrete Beispiele mit Lösungen.
QR-Codes und Web-Codes führen zu Erklärvideos, die den Schülern das Basiswissen näher bringen. Dazu einfach den QR-Code scannen oder den Webcode auf **www.westermann.de/webcode** eingeben.

ÜBUNGEN
Zunächst werden Aufgaben angeboten, die in ihrer Grundstruktur an die Beispiele angelehnt sind, sodass grundlegende Kompetenzen erworben und gefestigt werden können. Im weiteren Verlauf der Übungsphase werden die Inhalte variiert. Es treten auch Anwendungen und Vernetzungen auf, um ein „intelligentes Üben“ zu ermöglichen.

ÜBUNGEN PLUS
Die blauen Seiten sind ein Zusatzangebot zur binnendifferenzierenden Erweiterung und Vertiefung. Zusätzlich gibt es auch anschaulich gestaltete Lesetexte und Informationen.

CHECK-UP
Das Wichtigste des Kapitels ist als Inhaltskatalog mit Aufgaben zusammengefasst. Die Inhalte beschränken sich auf Pflichtinhalte, die Aufgaben beschränken sich auf alle Basiskompetenzen. Die Lösungen befinden sich am Ende des Buches.

SICHERN UND VERNETZEN
Während die Lernabschnitte inhaltlich geordnet sind, werden sichernde und vertiefende Übungen nach prozessorientierter Strukturierung zum Trainieren, Verstehen und Anwenden angeboten. Die Lösungen sind im Internet einsehbar. Dieser Teil ist damit ein weiterer Baustein für Binnendifferenzierung.

WES-125764-001

An Stellen mit QR Code stehen digitale Zusatzmaterialien wie Videos oder Dateien dynamischer Geometriesoftware zur Verfügung. Dazu einfach den QR-Code scannen oder den Webcode unter **www.westermann.de/webcode** eingeben.

Das Konzept von Neue Wege ist so angelegt, dass in modularer Weise mit dem Buch auf unterschiedliche schulische und lerngruppenspezifische Rahmenbedingungen reagiert werden kann.

So können Sie auch bei Zeitknappheit erfolgreich Stoff vermitteln:

EINSTIEG
Kurzen direkten Zugang zum Basiswissen wählen

BASISWISSEN
Basiswissen mit Beispielen bearbeiten

ÜBUNGEN
Situativ angepasst differenzierte Aufgaben auswählen

CHECK-UP
Mit den Lösungen die Möglichkeit zur selbstständigen Kontrolle nutzen

---

So können Sie in der Übungsphase auch sehr heterogene Klassen fördern und fordern:

ÜBUNGEN
Situativ angepasst differenzierte Aufgaben auswählen

ÜBUNGEN PLUS
Differenzierungsangebot zum Erweitern und Vertiefen

SICHERN UND VERNETZEN
Differenzierungsangebot zum Trainieren, Verstehen und Anwenden

---

So können Schülerinnen und Schüler eigenständig Inhalte erschließen und üben:

BASISWISSEN
Selbstständiges Erarbeiten mithilfe von Beispielen und Videos

ÜBUNGEN
Situativ angepasst differenzierte Aufgaben auswählen

CHECK-UP
Mit den Lösungen die Möglichkeit zur selbstständigen Kontrolle nutzen

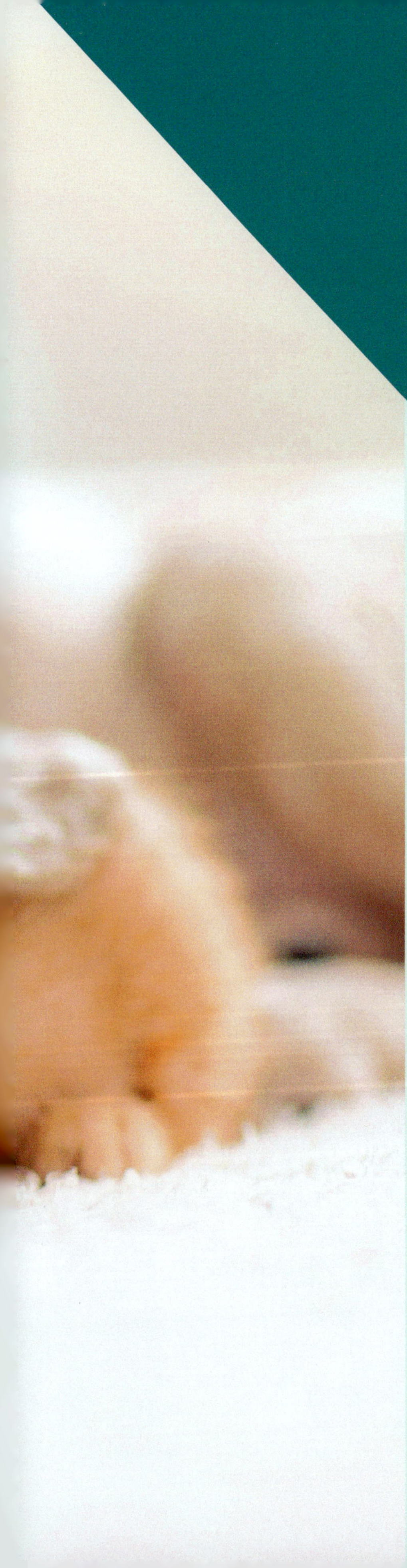

1 Daten

Welches ist das beliebteste Haustier in Deutschland? Stimmt es, dass mehr Mädchen als Jungs eine Katze zuhause haben? Wie viele Schüler deiner Klasse haben mehr als ein Haustier? Wie viele haben einen Hund?

Fragen über Fragen. Will man Antworten haben, helfen häufig Umfragen. Die Ergebnisse solcher Umfragen können ganz unterschiedlich genutzt werden. Es können damit Diagramme erstellt werden oder die Daten begegnen dir in Berichten oder Nachrichten.

1.1 Daten erheben und darstellen

E1 Du und deine Klasse

Zu Beginn der 5. Klasse gibt es viel über die neuen Mitschülerinnen und Mitschüler zu erfahren.
Eine Methode, mit der ihr Gemeinsamkeiten schnell erkennen könnt, ist ein Fragebogen.
So lernt ihr euch schnell besser kennen.
Dieser könnte so aussehen:

Geschlecht ☐ Junge ☐ Mädchen

1.	In welchem Monat hast du Geburtstag?
2.	Von welcher Grundschule kommst du?
3.	Was ist deine Lieblingssportart?
4.	Welches ist dein Lieblingstier?
5.	Welches Musikinstrument gefällt dir am besten?

Denkt euch weitere Fragen aus (z. B. Lieblingsmusik, Lieblingsessen, Hobby, …).
Entscheidet dann gemeinsam, ob ihr bei der Beantwortung der Fragen eure Namen bekannt geben wollt. Welche Gründe sprechen dafür, welche dagegen?

Jeder bekommt so viele farbige Kärtchen, wie es Fragen gibt.
Schreibe auf das rote Kärtchen deine Antwort zu der 1. Frage, auf das gelbe Kärtchen die Antwort zu der 2. Frage usw.

Gruppenarbeit

Die Arbeitsgruppe „Rot" bekommt alle roten Kärtchen. Sie wird sich also nur mit den Antworten auf die 1. Frage beschäftigen. Die Arbeitsgruppe „Gelb" bekommt alle gelben Kärtchen usw.
Jede Arbeitsgruppe sortiert ihre Kärtchen und klebt sie geordnet auf ein Poster.

Auswerten

Diskutiert in euren Arbeitsgruppen:
Was könnt ihr aus den Daten erkennen?
Was folgt daraus? Schreibt einen Bericht dazu.

- Die meisten Geburtstage in unserer Klasse sind in den Monaten …
- Nur wenigen Schülern der Klasse gefällt …

Jede Gruppe präsentiert die Ergebnisse zu „ihrer" Frage. Die verschiedenen Diagramme und Berichte lassen sich zu einem „Klassenprofil" zusammenstellen und mit anderen Klassen vergleichen.

Basiswissen

WES-125764-001

Gut geplante Befragungen tragen dazu bei, mehr über eine Gruppe von Menschen zu erfahren. Durch eine Befragung kann eine frühere Vermutung oder Behauptung bestätigt oder widerlegt werden. Eine Befragung kann auch helfen, Entscheidungen zu treffen. Um die Daten „auf einen Blick" zu zeigen, werden oft Diagramme verwendet.

Daten erheben durch Befragung

Planung

Was interessiert uns?	Für unser Sportturnier sollen Sportarten gewählt werden: Welche Sportarten kommen infrage, was wird gern gespielt? Mehr als vier Sportarten können wir bei dem Turnier nicht spielen. Es sollen keine Wintersportarten genannt werden.
Fragestellung?	*Nenne deine Lieblingssportart für diese Jahreszeit.*
Wer wird befragt?	Alle Schülerinnen und Schüler, die bei dem Turnier mitmachen.
Vermutung?	Fußball wird wahrscheinlich am häufigsten gewählt.
Durchführung?	Wir nennen unsere Vorschläge. Sie werden alle an der Tafel notiert. Jeder entscheidet sich für eine der vorgeschlagenen Sportarten und setzt dafür an der Tafel genau einen Strich. Oder: Wir stimmen per Handzeichen ab und jemand zählt.

Auswertung und Darstellung

Strichliste

Sportart	Anzahl	
Tischtennis	𝍸	5
Badminton	|||	3
Laufen	||	2
Fußball	𝍸 |||	8
Schwimmen	𝍸 |	6
Kampfsport	𝍸 |	6

Säulendiagramm

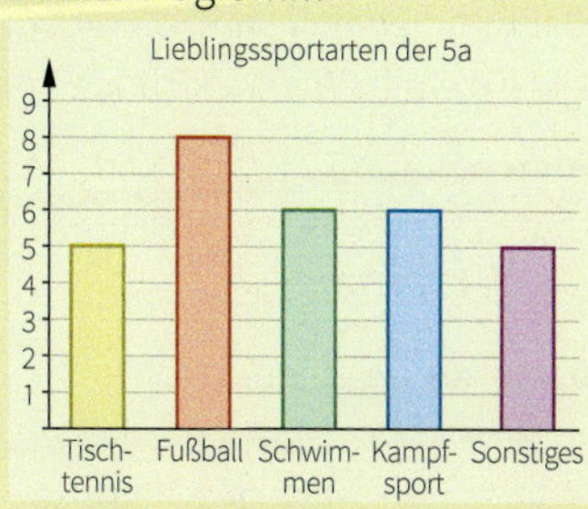

Balkendiagramm

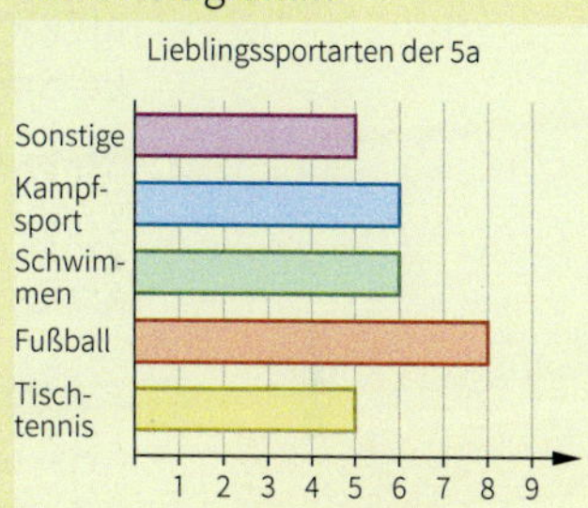

Ergebnis

An der Befragung nahmen 30 Kinder teil. Die Vermutung über Fußball hat sich bestätigt. Neben Fußball gehören Schwimmen, Kampfsport und Tischtennis zu den vier Sportarten, die am häufigsten genannt wurden.

Übungen

1 ≡ **Arbeitsgemeinschaften**

Die Kinder der 5. Jahrgangsstufe haben Arbeitsgemeinschaften gewählt.
Zeichne zu der Übersicht ein passendes Säulendiagramm.

Arbeitsgemeinschaft	Anzahl der Schüler
Chor	30
Fußball	20
Robotik	10
Schülerexperimente	15
Umwelt	20

2 ≡ **Geburtstage**

Erstelle eine Strichliste für die Anzahl der Geburtstage der Schülerinnen und Schüler deiner Klasse in den Monaten Januar, Februar, ... Dezember.
Stelle die Strichliste in einem Säulendiagramm dar.

3 Freizeit in der 5 b

Hier sind die Ergebnisse einer Befragung in der 5 b auf zwei Arten dargestellt.

Art	Anzahl
Sport treiben	𝍸 𝍸 ||
Fernsehen	|||
ins Kino gehen	||
Lesen	𝍸 |||
Musik hören	|||
Malen	||

a) Was wollte man vermutlich durch die Befragung erfahren?

b) Beschreibe, soweit möglich, die Durchführung der Befragung: Kannst du erkennen, welche Personen daran teilnahmen und wie viele es waren?

c) Zu welchen Ergebnissen ist man gekommen? Deute auch die Antwort „Sonstiges“. Welche der beiden Darstellungen ist übersichtlicher, welche enthält mehr Informationen?

Diagramme

Manchmal ist es sinnvoll, mehrere kleine Ergebnisse z. B. als „Sonstiges“ zusammenzufassen. Man gewinnt so an Übersichtlichkeit, verliert aber einen Teil der Details.

Fach	Anzahl
Kunst	7

4 Lieblingsfächer in der 5b

Beschreibe, soweit möglich, die Ziele, die Durchführung und die Ergebnisse der Befragung.
Erstelle die zugehörige Tabelle. Welche Details sind bei der Darstellung der Daten im Diagramm verloren gegangen?

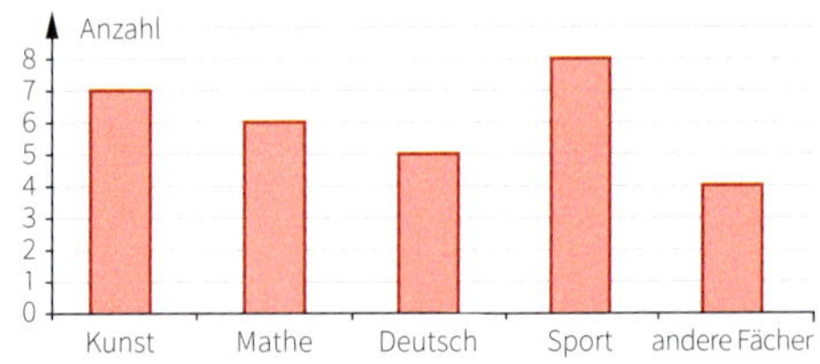

5 Der Herzschlag der Tiere

Hast du schon einmal bemerkt, wie wild das Herz eines Goldhamsters schlägt? Er hat nicht etwa Angst, sein Herz schlägt auch normalerweise etwa 400-mal pro Minute.

a) Fertige ein Balkendiagramm für die Anzahl der Herzschläge pro Minute der Tiere in der Tabelle an. Miss deinen Puls, indem du die Anzahl deiner Pulsschläge pro Minute zählst. Trage sie dann in das Diagramm ein.

b) Welches Tier interessiert dich noch? Finde die Anzahl der Herzschläge pro Minute im Lexikon, im Internet, in einem NaWi-Buch heraus oder frage deine NaWi-Lehrerin oder deinen NaWi-Lehrer.

Tier	Herzschläge pro Minute
Goldhamster	400
Kaninchen	200
Katze	120
Igel	300
Igel (Winterschlaf)	18
Pferd	40

6 Ziemlich laut

Bestimmt hast du dir schon einmal die Ohren zugehalten, weil etwas zu laut war.
Lautstärke misst man in dB (Dezibel).
Ab ungefähr 120 dB tun uns die Ohren weh.
Im Diagramm sind unterschiedliche Lautstärken dargestellt.
Lies die Lautstärken aus dem Diagramm ab und fasse die Daten in einer Tabelle zusammen.

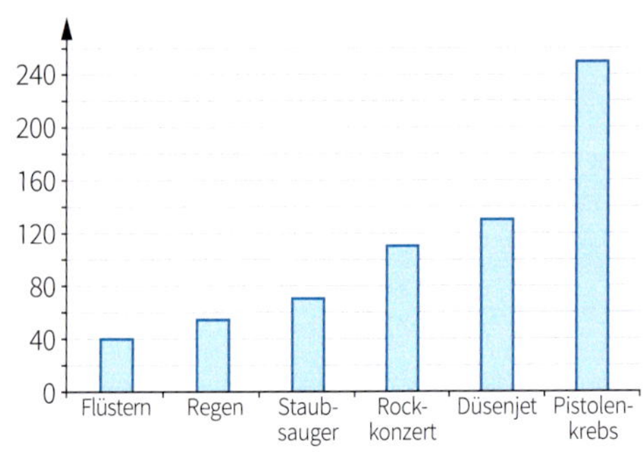

7 ≡ **Grundschulen**

Die Schülerinnen und Schüler des Mariengymnasiums haben in den Klassenstufen 5 und 6 die Befragung durchgeführt: „Von welcher Grundschule bist du zu uns gekommen?"
Die Ergebnisse sind in der Tabelle festgehalten.

Grundschule	Torstedt	Ritterplatz	Petersfeld	Inselburg	Ulmenweg
Anzahl	55	42	35	21	10

Tim, Susanne, Lars und Aylin wollen ein Diagramm zu der Tabelle zeichnen. Alle haben unterschiedliche Einteilungen der Hochachse gewählt. Was meinst du dazu? Begründe deine Antwort.

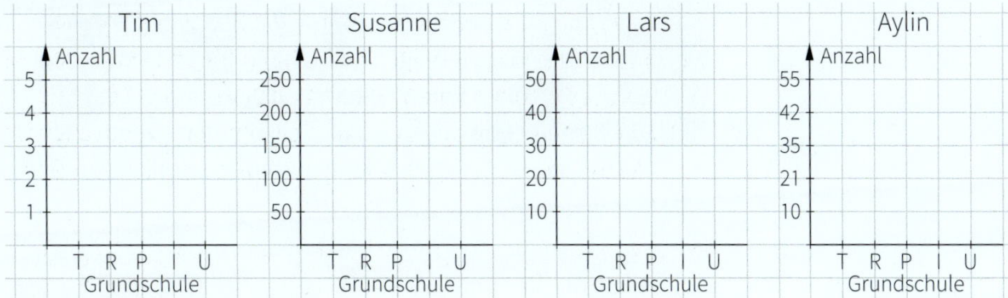

Vorbereitungen für das Zeichnen eines Säulendiagramms

- Finde zunächst die größte Zahl heraus.
- Überlege, wie hoch die Säule für die größte Zahl werden soll. So lang zeichnest du die Hochachse.
- Teile die Hochachse in gleiche Abstände ein und beschrifte sie.

8 ≡ **Reiselustige Vögel**

Manche Vögel sind reiselustig. Sie verlassen uns im Herbst und ziehen in den Süden. Einige treten eine Weltreise an, andere verbringen den Winter in Europa.

Star	1 400 km
Storch	10 000 km
Kuckuck	9 000 km
Kranich	6 500 km
Singdrossel	5 000 km
Küstenseeschwalbe	20 000 km

a) Zeichne ein Säulendiagramm der Reisestrecken der Zugvögel.

b) Viele Urlauber fahren im Sommer mit dem Auto nach Süden. Von Köln nach Barcelona (Spanien) sind es etwa 1500 km. Trage auch diese Reise in das Diagramm aus Aufgabenteil a) ein. Kann die „Menschenreise" einen Storch beeindrucken?

c) Im Frühjahr fliegen die Zugvögel die ganze Strecke wieder zurück. Erstelle eine Tabelle mit den jährlichen Gesamtflugstrecken.

Grundwissen zum Wiederholen

1	Addiere:	a) 21 + 27	b) 35 + 18	c) 64 + 46
2	Subtrahiere:	a) 37 – 15	b) 35 – 18	c) 64 – 46
3	Multipliziere:	a) 8 · 7	b) 12 · 3	c) 11 · 9

P Diagramme und Tabellenkalkulation

Diagramme kannst du auch mit dem Computer erstellen. Du benötigst dafür ein Tabellenkalkulationsprogramm.

Anja hat ihre Mitschülerinnen und Mitschüler befragt:
17 Schüler fahren mit dem Bus zur Schule, 8 kommen mit dem Fahrrad und 5 Mitschüler gehen zu Fuß.

Gruppenarbeit

Auch mit dem Computer werden die Daten zunächst in eine Tabelle geschrieben, das kennst du ja schon.

	A	B
1	**Verkehrsmittel**	**Schülerzahl**
2	Bus	17
3	Fahrrad	8
4	zu Fuß	5
5		

Das Säulendiagramm erstellt der Computer dann fast von allein. Du musst dazu beide Spalten markieren und im Menü „Einfügen" das Säulendiagramm auswählen.

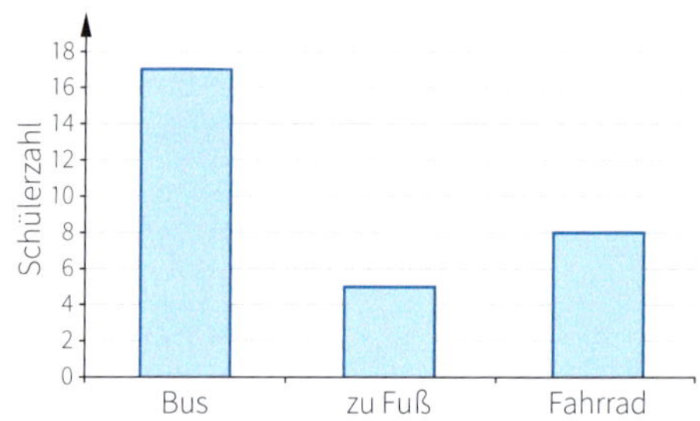

Planung

Welche Tabellenkalkulation hast du zur Verfügung?

Welche Daten willst du in Diagrammen darstellen?

- Sammle Daten, zum Beispiel aus der Zeitung oder dem Internet …
- Führe eine Umfrage durch: In deiner Klasse, in der Parallelklasse …

Sammle zum Beispiel Informationen über:

- die Anzahl der Haustiere deiner Mitschülerinnen und Mitschüler,
- höchste Berggipfel, längste Flüsse, größte Stauseen, …
- die Häufigkeit der einzelnen Noten bei der letzten Mathearbeit.

Ausführung

Versuche zunächst Anjas Diagramm zu erzeugen. Stelle danach deine eigenen Daten dar. Wähle einen anderen Typ für deine eigenen Diagramme, z. B. Säulendiagramme, Balkendiagramme, …

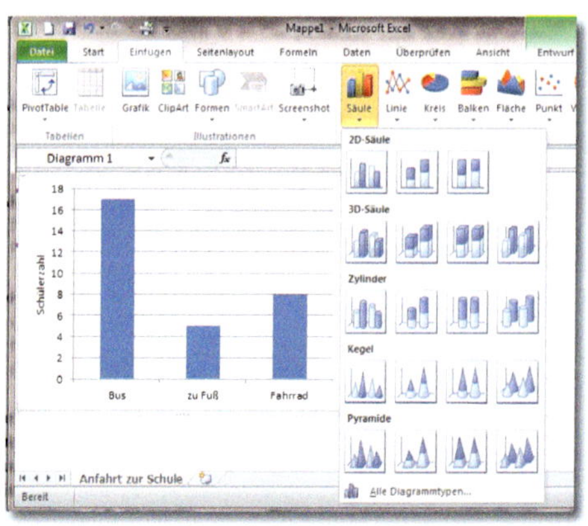

Diskutiert in der Gruppe:

- Welcher Diagrammtyp gefällt euch besonders gut? Warum?
- Welches Diagramm stellt die Daten besonders gut dar?

+

9 Stängel-Blatt-Diagramm

Die meisten Diagrammtypen in diesem Kapitel kennst du aus der Zeitung. Hier lernst du ein ganz neues Diagramm kennen: In einer Basketballmannschaft kamen während einer Saison insgesamt 16 Spieler zum Einsatz. In der Tabelle findest du die höchste Punktzahl, die jeder dieser Spieler in einem Spiel erzielt hat. Der Trainer möchte die Daten so darstellen, dass er schnell die höchste Punktzahl und die niedrigste Punktzahl ablesen kann. Zudem möchte er sehen, welche Punktzahlen häufig vorkamen.

Name	Punkte
Leon	5
Aynur	9
Daniel	20
Felix	14
Jan	18
Kim	31
Max	6
Michael	50

Name	Punkte
Nadim	18
Nils	11
Pascal	25
Robert	32
Stefan	10
Sven	46
Till	17
Tobias	21

Exkurs

Darstellen von Daten in einem Stängel-Blatt-Diagramm

In dem Diagramm werden die Zehner als Stängel benutzt. Dann werden Blätter eingefügt, in die die Einer geschrieben werden. In dem Diagramm sind bereits Michaels und Leons Punkte eingetragen.
Es gibt drei Ergebnisse bei den Zwanzigern: Daniel 20, Tobias 21 und Pascal 25.
Das wird so notiert: 2 | 0 1 5
Die Zahlen sind in jedem Blatt der Größe nach geordnet. Im „Zehner-Blatt“ sind die Zahlen 10, 11, 14, 17, 18, 18. Gleiche Messwerte erscheinen im Diagramm mehrfach.

Zehner	Einer
5	0
4	
3	
2	
1	
0	5

Stängel	Blätter
5	0
4	6
3	1 2
2	0 1 5
1	0 1 4 7 8 8
0	5 6 9

a) Welches war das beste (viertbeste) Wurfergebnis?
b) Gibt es einen Spieler, der nie mehr als vier Punkte erreicht hat?
c) In welchem Zehnerbereich liegen die meisten der erzielten Punktzahlen?

10 Fußball

Am Ende einer Bundesligasaison haben die Mannschaften die folgenden Anzahlen von Toren geschossen: 86, 81, 58, 65, 56, 52, 69, 47, 55, 33, 46, 40, 39, 43, 42, 51, 40, 36
a) Zeichne ein Stängel-Blatt-Diagramm für die Anzahl der Tore.
b) Eileens Lieblingsmannschaft hat 42 Tore geschossen. Ist das „torgefährlich“? Begründe deine Antwort an dem Diagramm.
c) Wie lag deine Lieblingsmannschaft in der vergangenen Bundesligasaison? Zeichne dazu ein Stängel-Blatt-Diagramm für den Punktestand in der Bundesliga nach dem letzten Spieltag.

11 Geschwindigkeitskontrolle

Die Polizei hat vor einer Schule die Geschwindigkeiten der Autofahrer gemessen. Erlaubt sind dort $30\,\frac{km}{h}$. Die Ergebnisse der Geschwindigkeitskontrolle waren in $\frac{km}{h}$:
35, 30, 29, 51, 42, 32, 52, 63, 25, 33, 48, 46, 49, 19, 42, 48, 48, 43, 32.
a) Zeichne ein Stängel-Blatt-Diagramm für die gemessenen Geschwindigkeiten.
b) Wieviele Autofahrer müssen mit einem Bußgeld rechnen, wenn jeder, der schneller als $33\,\frac{km}{h}$ gefahren ist, bestraft wird? Warum wird nicht jeder direkt ab $1\,\frac{km}{h}$ zu viel bestraft?
c) Arne meint: „Ich glaube, viele Autofahrer denken, vor unserer Schule dürfen sie bis zu $50\,\frac{km}{h}$ fahren.“ Wie kommt Arne auf diese Idee?

1.2 Große Zahlen, Zahlen runden

E1 Fußballarenen

Die Tabelle mit verschiedenen Fußballarenen in Deutschland zeigt die mögliche Gesamtzuschauerzahl in den jeweiligen Stadien – also Sitz- und Stehplätze.

Stadt	Mannschaft	Zuschauerplätze
Stuttgart	VfB Stuttgart	60 441
Berlin	Hertha BSC	74 244
Dortmund	Borussia Dortmund	81 365
Hamburg	Hamburger SV	57 000
Gelsenkirchen	FC Schalke 04	61 673
Düsseldorf	Fortuna Düsseldorf	54 600
München	FC Bayern	75 021
Mainz	1. FSV Mainz 05	34 034
Köln	1. FC Köln	50 374

a) Runde die jeweilige Anzahl der Zuschauerplätze auf Tausender. Erstelle eine Tabelle, in der die Stadien nach ihren (gerundeten) Zuschauerplätzen geordnet sind.

b) Zeichne ein Balkendiagramm für die Zuschauerplätze der Fußballstadien. Ein Kästchen sollte dabei 5000 Zuschauern entsprechen. Bevor du mit dem Zeichnen anfängst, musst du überlegen, wie groß dein Diagramm wird. Denke auch über eine sinnvolle Achsenbeschriftung nach.

E2 Bericht vom Spieltag

Zwei Zeitungen berichten über die Zuschauerzahlen der Bundesligaspiele des gleichen Spieltages:

	Exakt-Express
Dortmund	79 617
Freiburg	25 387
Köln	37 825
Mainz	26 781
Berlin	52 768

	Das Runde Blatt
Dortmund	80 000
Freiburg	25 000
Köln	38 000
Mainz	27 000
Berlin	53 000

a) Warum gibt Das Runde Blatt andere Zahlen an als der Exakt-Express?

b) Welche der Tabellen ist übersichtlicher?

E3 Voll automatisch

	A	B
1	123 456 789	123 456 790
2	123 456 789	123 456 800
3	123 456 789	123 457 000
4	123 456 789	123 460 000
5	123 456 789	123 500 000
6	123 456 789	123 000 000
7	123 456 789	120 000 000
8	123 456 789	100 000 000
9	123 456 789	0
10		

Ein Tabellenkalkulationsprogramm hat aus den Zahlen in der Spalte A die Zahlen in der Spalte B berechnet.

Erkläre möglichst genau, wie die Zahlen in der Spalte B entstanden sind.

Kein Druckfehler in Zeile 9 der Tabelle

Basiswissen

WES-125764-002

Stellenwerttafel

Manchmal ist der genaue Zahlenwert nicht so wichtig, dann werden Zahlen gerundet. Gerundete Zahlen sind übersichtlicher. Man kann sich gerundete Zahlen auch leichter merken.

Runden

Beim Runden muss zuerst die Rundungsstelle festgelegt werden, auf die gerundet wird.

...	ZT	T	H	Z	E
	1	7	2	3	8
	1	7	2	3	8

Auf Zehner runden: 17 238

Auf Tausender runden: 17 238

Nun muss entschieden werden, ob abgerundet oder aufgerundet wird.
Das hängt von der Ziffer hinter der Rundungsstelle ab.

Folgt nach der Rundungsstelle 0, 1, 2, 3 oder 4, so wird **abgerundet**. Die Ziffer an der Rundungsstelle bleibt dann unverändert.

Folgt nach der Rundungsstelle 5, 6, 7, 8 oder 9, so wird **aufgerundet**. Die Ziffer an der Rundungsstelle wird um 1 erhöht.

Alle Ziffern nach der Rundungsstelle werden durch Nullen ersetzt.

Beispiele: 17 238 ≈ 17 000 Beim Runden auf die Tausender-Stelle wurde abgerundet.
17 238 ≈ 17 240 Beim Runden auf die Zehner-Stelle wurde aufgerundet.
950 ≈ 1 000 Beim Runden auf die Hunderter-Stelle wurde aufgerundet.

Das Symbol „≈“ bedeutet „ist ungefähr gleich“.
Merke: Beim Runden entsteht eine neue Zahl.
Der Unterschied zwischen der ursprünglichen und der gerundeten Zahl wird auch „Rundungsfehler“ genannt.

Beispiele

A Flächen im Vergleich

Ulrike findet im Internet die Flächen der Bundesländer. Damit sie die Zahlen leichter vergleichen kann, rundet sie die Fläche von Rheinland-Pfalz und die Fläche von Bremen.

a) Runde die Fläche von Rheinland-Pfalz auf Tausender und die von Bremen auf Hunderter.
b) Wievielmal so groß wie Bremen ist Rheinland-Pfalz?

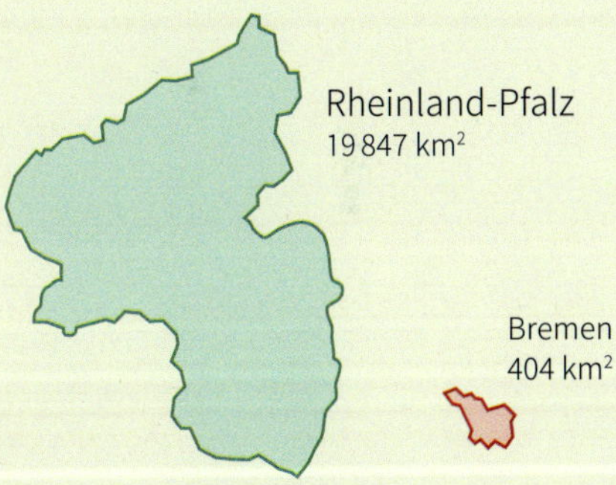

Lösung:

a) Fläche von Rheinland-Pfalz: Auf Tausender runden: $19\,847\ \text{km}^2 \approx 20\,000\ \text{km}^2$
Fläche von Bremen: Auf Hunderter runden: $404\ \text{km}^2 \approx 400\ \text{km}^2$

b) Die Fläche von Rheinland-Pfalz ist etwa 50-mal so groß wie die von Bremen.

Übungen

1 Training im Runden

Runde die Zahlen ...

a) auf Zehner:	94 315	8 209	4 401	9 999
b) auf Hunderter:	19 436	78 294	67 450	213 000
c) auf Tausender:	146 721	535 353	5 353 535	999 903
d) auf Zehntausender:	124 456	115 000	114 999	4 299
e) auf Hunderttausender:	144 729	59 999	7 143 538	109 103

2 Richtig oder falsch?

Entscheide, ob richtig oder falsch auf Hunderter gerundet wurde und notiere jeweils den Buchstaben. Du erhältst ein Lösungswort.

a)

Rundung	richtig	falsch
8317 ≈ 8300	F	K
2189 ≈ 2190	O	L
981 ≈ 1000	U	P
8721 ≈ 8700	G	U

b)

Rundung	richtig	falsch
2352 ≈ 2300	I	B
4121 ≈ 4200	V	A
4900 ≈ 5000	O	L
8293 ≈ 8300	L	R

3 Beim Runden aufgepasst

Anne sagt: „Auf Zehner gerundet bekomme ich alle zwei Wochen 10 € Taschengeld.“ Pascal sagt: „Ich auch.“ Um wie viel Euro kann sich das Taschengeld von Anne und Pascal unterscheiden? Gib verschiedene Möglichkeiten an.

4 Zuschauerzahlen

Die Redakteurin des Runden Blattes schreibt: In Hannover und Frankfurt besuchten jeweils 12 000 begeisterte Zuschauer das Konzert von „Lautn' lauter“. Die Zuschauerzahlen sind auf Tausender gerundet.

a) Wie können die Zuschauerzahlen vor dem Runden ausgesehen haben?

b) Für wen sind die exakten Zuschauerzahlen wichtig, wem genügen die gerundeten Zahlen?

5 Sinnvoll runden

Der Redakteur dieses Artikels war wohl etwas übereifrig.
Kannst du den Artikel so ändern, dass die Zahlenangaben vernünftig werden?

Abenteuerspielplatz eröffnet

Gestern wurde der neue Abenteuerspielplatz am Stadtwald nach einer Bauzeit von 3 Monaten, 2 Wochen und 4 Tagen eröffnet. Die Kosten für das 1894 m^2 große Gelände mit den 17 Spielgeräten betrugen 67 328,92 €.

Besonders beliebt bei den 243 Kindern, die zur Eröffnung gekommen sind, waren der 8,79 m hohe Kletterturm und die 21,32 m lange Rutschbahn. In der Festrede, die 11 Minuten und 23 Sekunden dauerte, bedankte sich der Bürgermeister bei allen Helfern.

6 Wörtlich genommen

Die Klasse 5 a hat am Mittwoch ein Museum besucht. Bei der Führung sahen die Schülerinnen und Schüler eine alte römische Münze. Die Museumspädagogin erklärte: „Die Münze ist 2000 Jahre alt.“ In der nächsten Stunde am Freitag fragt der Lehrer die Klasse nach dem Alter der Münze. Kai antwortet: „Die Münze ist 2000 Jahre und 2 Tage alt.“ Die Klasse lacht.

7 Länge einiger Reptilien

In der Tabelle sind die größten jemals gemessenen Längen von einigen Reptilien angegeben.

Lederschildkröte	281 cm
Alligator	425 cm
Komodowaran	313 cm
Netzpython	767 cm
Würfelnatter	102 cm

a) Wo leben diese Tiere?
Schaue im Internet nach.

b) Runde die Längen auf 100 cm.
Stelle im Klassenraum die Länge einer „ausgestreckten“ Netzpython da.

8 **Große Zahlen lesen**

Arbeitet zu zweit: Einer liest die Zahl vor, der andere notiert mit Ziffern. Überprüft: Wurde die Zahl von euch richtig wiedergegeben?

a)	16 341 000	48 245 000
b)	245 641 000	7 250 360 400
c)	141 521 010	487 954 000
d)	69 274 315	13 420 778 350
e)	35 827 014	1 200 000 000 000
f)	691 419 311	831 500 031
g)	123 456 789	10 305 000 500 000

Große Zahlen lesen

1 000	eintausend
10 000	zehntausend
100 000	einhunderttausend
1 000 000	eine Million
1 000 000 000	eine Milliarde
1 000 000 000 000	eine Billion

6 543 472 135 wird gelesen als:
6 Milliarden 543 Millionen 472 tausend 135
oder sechs Milliarden fünfhundertdreiundvierzig Millionen vierhundertzweiundsiebzigtausendeinhundertfünfunddreißig

9 **Wie gehört, so notiert**

a) Schreibe die Zahlen mit Ziffern.
- sieben Millionen vierhundertneunzehntausend
- dreizehn Millionen achthunderteinundvierzigtausendsiebenhundertfünfzehn
- zweihundertvierundvierzig Millionen dreihundertviertausendzweihundert
- zwei Millionen zweitausendzwei
- drei Millionen dreihundertdreiunddreißigtausenddrei
- sieben Milliarden zweihundert Millionen
- zwei Billionen fünfhundert Milliarden

b) Die Zahlen kann man mit Worten oder mit Ziffern aufschreiben. Vergleiche die beiden Schreibweisen. Nenne jeweils Vor- und Nachteile.

10 **Von den Daten zum Artikel im „Runden Blatt“**

Wie würde Das Runde Blatt die folgenden Meldungen drucken?

a) Im Jahre 2016 wurden in Deutschland insgesamt 909 404 499 Tonnen Kohlenstoffdioxid freigesetzt, davon 166 814 538 Tonnen durch Transport und Verkehr.

b) In der Erntesaison 2016 haben die deutschen Baumobstbauern eine Apfelernte von 10 329 127 Tonnen eingebracht, 2017 waren es nur 5 966 663 Tonnen.

c) Im November 2018 gab es in Deutschland 4 100 863 Milchkühe, 849 192 davon allein in Niedersachsen und 409 449 in Nordrhein-Westfalen.

11 **Flusslängen**

Der Amazonas ist der längste Fluss in Südamerika. Sein Unterlauf ist so tief und breit, dass auf ihm große Ozeanschiffe fahren können. Auch in Deutschland gibt es große Flüsse wie z. B. den Rhein, die Donau und die Elbe.

Amazonas	6992 km
Nil	6852 km
Mississippi	6051 km
Niger	4184 km
Donau	2857 km
Rhein	1239 km
Elbe	1094 km

a) Wo liegen die Flüsse? Schaue in einem Atlas nach.

b) Zeichne ein Säulendiagramm für die Längen der Flüsse. Der längste Fluss ist 6992 km lang. Bevor du mit dem Zeichnen anfängst, runde die Längen auf die nächsten 1000 km und notiere die Werte in einer Tabelle. Überlege dir, wie viele Kilometer ein Kästchen im Heft sein sollen.

c) Stell dir vor, zwei Flüsse haben gerundet die gleiche Länge. Um wie viele Kilometer können sich ihre Längen maximal unterscheiden?

d) Suche im Atlas weitere große Flüsse. Schlage deren Länge im Lexikon oder im Internet nach. Ergänze sie im Diagramm.

12 Einwohnerzahlen

Die Tabelle gibt die Einwohnerzahlen der Bundesländer an.

Bundesland	Einwohnerzahl
Baden-Württemberg	11 023 424
Bayern	12 997 204
Berlin	3 613 495
Brandenburg	2 504 040
Bremen	681 032
Hamburg	1 810 438
Hessen	6 243 262
Mecklenburg-Vorpommern	1 611 119
Niedersachsen	7 962 775
Nordrhein-Westfalen	17 912 134
Rheinland-Pfalz	4 073 679
Saarland	994 187
Sachsen	4 081 308
Sachsen-Anhalt	2 223 081
Schleswig-Holstein	2 889 821
Thüringen	2 151 205

a) Stelle die Einwohnerzahlen der sechs bevölkerungsreichsten Bundesländer in einem Säulendiagramm dar. Runde zum Zeichnen des Säulendiagramms die Einwohnerzahlen der betreffenden Länder auf Hunderttausend.

b) Erstelle mit Hilfe des Internets eine Tabelle der Bevölkerungszahlen der Länder: Australien, China, Deutschland, Indien, Russland, Südafrika, USA. Runde die Daten auf Millionen und stelle diese in einem Balkendiagramm dar.

13 Am Flughafen

Frankfurt, 15. Januar 2018

Neuer Rekord bei der Zahl der Fluggäste

Die Zahl der Fluggäste im Jahr 2017 übertraf mit 64 505 151 die Rekordmarken aus den vergangenen Jahren. Die Zahl der Starts und Landungen betrug 475 537. Der Flughafen Frankfurt am Main gibt vielen Menschen Arbeit. Es sind dort 80 360 Menschen beschäftigt, davon 22 650 beim Betreiber.

Dagegen ist Köln/Bonn ein recht kleiner Flughafen. Im Jahr 2017 betrug das Passagieraufkommen 12 384 223, man zählte 141 338 Starts und Landungen. Am Flughafen arbeiten 13 424 Personen, davon ca. 1800 beim Betreiber des Flughafens.

a) Runde die Daten so, dass man sie leicht vergleichen kann.

b) Um das Wievielfache ist die Zahl der Fluggäste (Starts und Landungen, Beschäftigte) in Frankfurt ungefähr größer als in Köln/Bonn? Verwende die gerundeten Zahlen.

c) Die Zeitung hat die Zahl gerundet. Zwischen welchen Zahlen kann die genaue Zahl liegen?

„240 000 Passagiere pro Tag können es in Spitzenzeiten zwischen Juni und Oktober am Frankfurter Flughafen werden."

Grundwissen
zum Wiederholen

1 Nenne zwei Zahlen, die durch 2 und durch 7 teilbar sind.

2 Zeichne ein Viereck und verbinde alle Eckpunkte. Wie viele Dreiecke entstehen?

3 Welche zweistelligen Zahlen kannst du aus den Ziffern 2 und 5 bilden?

Planung einer Befragung

- Was interessiert uns?
- Wie kann die Frage lauten?
- Wer wird befragt?
- Unsere Vermutung?

Ergebnisse

- Daten auswerten und darstellen
- Daten deuten

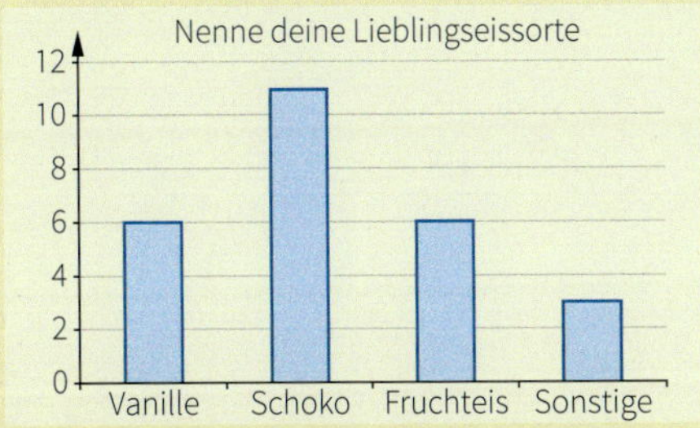

Das **Säulendiagramm** zeigt:
An der Befragung nahmen 26 Kinder teil. Die meisten bevorzugen das Schoko-Eis (11 Kinder), je 6 Kinder bevorzugen Vanilleeis oder Fruchteis, 3 weitere Kinder mögen andere Eissorten.

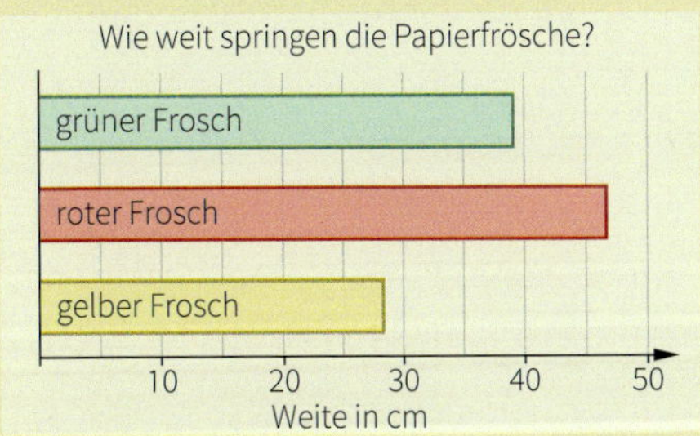

Das **Balkendiagramm** zeigt die Ergebnisse des Weitsprungs dreier Papierfrösche. Der rote Frosch hat gewonnen. Mit 47 cm sprang er am weitesten. Der grüne Frosch sprang 39 cm und der gelbe nur 28 cm weit.

Runden

Betrachte die Ziffer, die nach der Rundungsstelle folgt. Ist diese Ziffer 0, 1, 2, 3 oder 4, rundest du ab.
Ist diese Ziffer 5, 6, 7, 8 oder 9, rundest du auf.
Beispiel: Runde 1827 auf Hunderter:
1827 ≈ 1800

Check-up

1 Alter von Haustieren

Wenn man sich ein Haustier wünscht, dann sollte man auch wissen, wie alt es werden kann. Häufig muss man sich viele Jahre um das Tier kümmern. Wie alt können die Tiere werden? Lies das Diagramm und erstelle die zugehörige Tabelle.

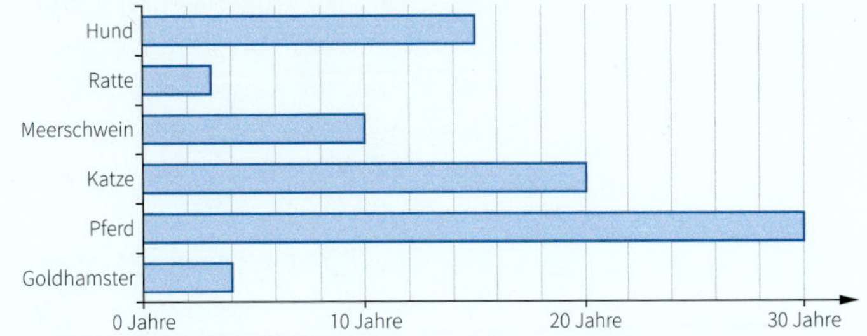

2 Körpertemperaturen

Zeichne ein Säulendiagramm für die Körpertemperaturen der folgenden Tiere. Wähle 2 mm für 1 °C.

Tier	Temperatur
Fledermaus	31 °C
Ziege	40 °C
Spitzmaus	42 °C
Katze	39 °C

Tier	Temperatur
Haselmaus	30 °C
Schimpanse	37 °C
Igel (wach)	35 °C
Igel (Winterschlaf)	6 °C

3 Runden

a) Lies die Zahlen zuerst laut vor. Runde dann auf Tausender.
13 567, 27 195, 356 023, 1 789 627, 19 823, 12 390

b) Runde auf Hunderter.
1286, 2397, 888, 209, 904, 1096, 5604, 16 006

4 Fläche und Einwohner verschiedener Bundesländer

	Fläche in km²	Einwohnerzahl
Niedersachsen	47 614	7 962 775
Nordrhein-Westfalen	34 110	17 912 134
Schleswig-Holstein	15 763	2 889 821
Hessen	21 115	6 243 262
Baden-Württemberg	35 751	11 023 424

Runde die Zahlen geeignet und zeichne jeweils ein Balkendiagramm.

5 Der 10 km-Straßenlauf

Zeichne ein Balkendiagramm zu den Laufzeiten der Starter bei einem 10 km-Straßenlauf.

Startnummer	1	2	3	4	5	6	7	8	9	10	11
Zeit in Minuten	52	34	45	52	52	45	72	60	60	61	45

Sichern und Vernetzen

Vermischte Aufgaben zu Kapitel 1

Trainieren

WES-125764-050

Lösungen

1 Geschwister

Lies aus dem Diagramm möglichst viele Informationen ab. Mach dann eine Aussage über die Familiengrößen der Kinder der 5 a.
Kannst du aus dem Diagramm ablesen,

a) wie viele Kinder daran teilgenommen haben?
b) wie viele Kinder in der kleinsten Familie sind?
c) wie viele Kinder in der größten Familie sind?

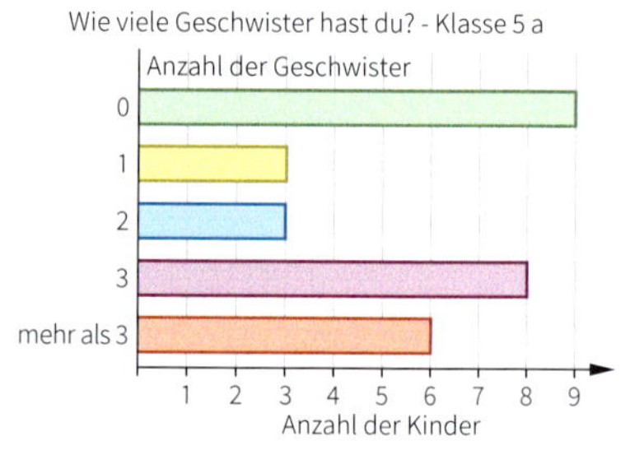

2 Tiere und ihre Geschwindigkeiten

In der Tierwelt gibt es wahre Hochleistungssportler. Für viele Tiere ist Schnelligkeit lebenswichtig. Einige Tiere können sogar längere Zeit sehr schnell laufen oder schwimmen. Pferde, Gazellen, Delfine und Wale sind sehr ausdauernd. Die meisten Tiere sind allerdings keine Marathonläufer, sondern eher Sprinter.

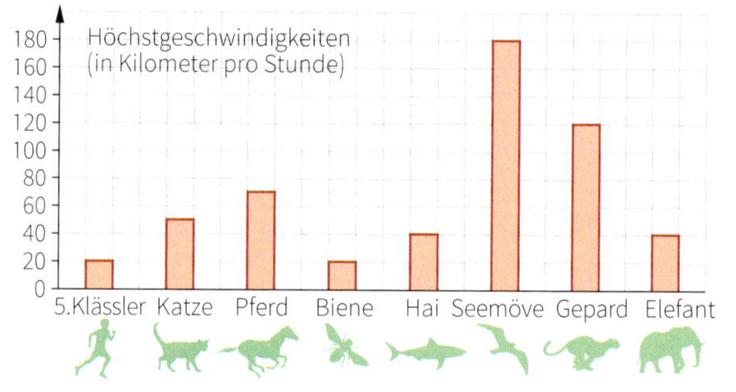

Die Höchstgeschwindigkeiten einiger Lebewesen sind in dem Säulendiagramm dargestellt. Übertrage sie in eine Tabelle. Ordne dabei die Lebewesen so an, dass das schnellste an erster Stelle steht, das zweitschnellste an zweiter usw.

3 Trainingsrunde im Runden

Runde die Zahlen auf ① Tausender ② Hunderter ③ Zehner

a) 19 827 b) 102 708 c) 66 666 d) 2 481 632 e) 481

4 Größer oder kleiner

Die Zeichen > (größer) und < (kleiner) kennst du bereits aus der Grundschule.

a) Übertrage die Zahlenpaare in dein Heft und setze das richtige Zeichen ein:
3469 ■ 3491 12 591 ■ 10 934 123 496 ■ 98 311

b) Schreibe die Zahlen geordnet nach Größe und durch < getrennt auf:
457 391, 589, 3219, 297, 17 621, 3491, 391, 181 999

Beispiel
489 < 531
5387 > 5378
12 < 19 < 24 < 31

5 Große Zahlen: Von der Zahl zum Wort

Schreibe die Zahl in Worten.

a) 3 256 781 b) 170 820 104 092 c) 918 027 604 055 d) 11 110 001 101

6 Große Zahlen: Vom Wort zur Zahl

a) Vier Millionen siebenhundertneuntausendfünfhundertdrei
b) Neun Milliarden elf Millionen einhundertzehntausend
c) Sechs Billionen vierhundertviertausendvier

Verstehen

7 Diagramm deuten

An einer Befragung haben 2000 Erwachsene teilgenommen. Welche Deutungen sind richtig?

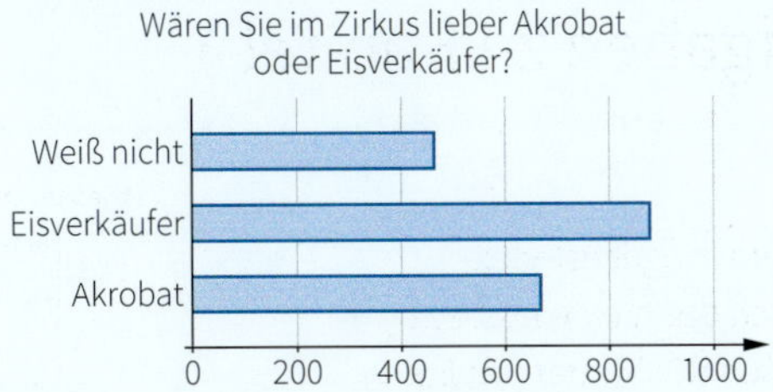

① Die Befragten meinen, dass es 880 Eisverkäufer im Zirkus geben soll.
② 460 Befragte wissen nichts.
③ 660 Akrobaten wären lieber Eisverkäufer.
④ 880 Personen wären lieber Eisverkäufer als Akrobaten, wenn sie sich zwischen den beiden Berufen entscheiden müssten.

8 Kilometerstand

Frau Becker möchte ein Auto kaufen. Im Internet liest sie nebenstehende Anzeige. Als sie mit ihrer Tochter Jana das Auto besichtigt, finden sie auf dem Kilometerzähler die Zahl 14 456. Jana kann schon runden. Sie sagt: „Die Angabe im Internet ist in Ordnung."

VW Golf, Zulassung 08/2017,
14 000 km, 81 kW,
17 960 €,
Tel. 0123/45 67 89

a) Welche der folgenden Kilometerstände hätten auch zu der Anzeige gepasst?
14 689   14 510   14 399   138 321   13 495
b) Welche Kilometerstände hätte Jana gerade noch hingenommen?

Anwenden

9 Wasserfälle

Vielleicht habt ihr auch schon staunend vor dem Rheinfall von Schaffhausen an der deutsch-schweizerischen Grenze gestanden. Vielleicht habt ihr sogar schon die Niagarafälle in den USA und Kanada gesehen, welche im Bild zu sehen sind. Aber auch die sind klein neben den höchsten Wasserfällen der Welt.

Berühmte hohe Wasserfälle	
Angel Falls, Venezuela	979 m
Yosemite Falls, USA	739 m
Sutherlandfälle, Neuseeland	571 m
Kalambofälle, Tansania	235 m
Niagarafälle, Kanada	58 m
Plästerlegge, Nordrhein-Westfalen	32 m
Rheinfall, Deutschland/Schweiz	23 m

a) Fertige ein Säulendiagramm an.
b) Trage zum Vergleich die Höhe des Kölner Doms in das Diagramm ein. Der Dom ist 157 m hoch.

10 Unser Sonnensystem

Unser Sonnensystem besteht aus der Sonne und 8 Planeten. Die Tabelle zeigt, wie groß die einzelnen Planeten sind. Geordnet sind die Planeten nach der Entfernung von der Sonne. Der Merkur ist der Sonne am nächsten, der Neptun ist am weitesten von der Sonne entfernt.

a) Runde alle Durchmesser auf Tausend Kilometer. Erstelle eine Tabelle, in der die Planeten nach ihrem (gerundeten) Durchmesser geordnet sind.
b) Welches ist der größte, welches der kleinste Planet? Der größte ist etwa 11-mal so groß wie die Erde. Gib die ungefähren Größenverhältnisse der anderen Planeten zur Erde an.

Planet	Durchmesser in km
Merkur	4 878
Venus	12 100
Erde	12 742
Mars	6 792
Jupiter	142 800
Saturn	120 500
Uranus	50 800
Neptun	49 500

2 Rechnen

Für einen Klassenausflug zur Burg Katz benötigt Klassenlehrer Meier für die Busfahrt und den Eintritt insgesamt 350 Euro. 100 Euro können aus der Klassenkasse genommen werden, der Rest soll unter den 25 Schülerinnen und Schülern aufgeteilt werden.

Vor Ort stellt die Klasse fest, dass die Burg nicht besichtigt werden kann.
Herr Meier sagt: "Von den geplanten 3 Euro Eintritt pro Schüler bekommt dann jeder noch ein Eis."
Wie viel hat die Busfahrt pro Schülerin und Schüler gekostet?

Wenn du sicher, geschickt und schnell rechnen kannst, dann kannst du diese und ähnliche Fragestellungen beantworten.

2.1

Addieren und Subtrahieren

E1 Kinoplätze

Christoph geht mit seinen Freunden Benedikt, Lisa und Lilli ins Kino. Das *CineMini* ist recht klein. Die Sitzreihen sind schon gut besetzt. Wie viele Besucher finden im *CineMini* einen Sitzplatz? Christoph zählt die Sitze in den Reihen und addiert die Zahlen.

a) Zu welchem Ergebnis kommt Christoph?

b) Lilli sagt: „Das kannst du einfacher haben. Du musst nur die Reihenfolge der Zahlen vertauschen. Das ist so, als würdest du in Gedanken die Sitzreihen anders anordnen." Rechne wie Lilli. Was geht schneller?

c) Lisa sagt: „So genau will ich das gar nicht wissen. Ich weiß, dass es 9 Reihen sind. Die erste Reihe hat 11 Sitzplätze, in der letzten sind es dann 19. Dann rechne ich einfach $9 \cdot 15$. Wie ist Lisa vorgegangen? Vergleiche mit dem Ergebnis aus a).

E2 Die Zollstockrechenmaschine

Wir basteln eine Rechenmaschine. Als Material benötigen wir nur zwei Zollstöcke. Zur Not tun es auch zwei längere Lineale. Mit dem Zollstock kann man messen – aber rechnen?

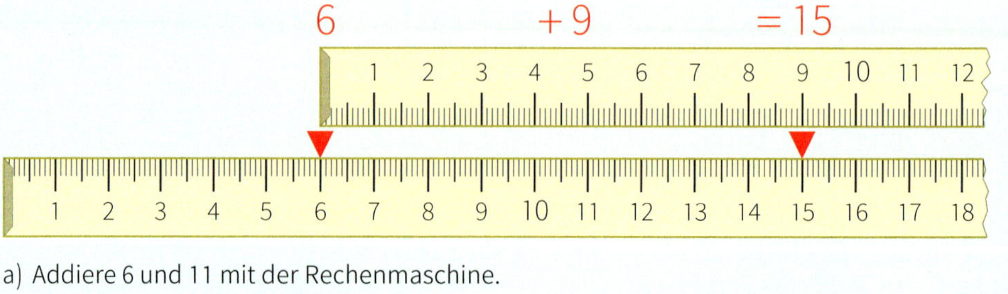

a) Addiere 6 und 11 mit der Rechenmaschine.

b) Berechne 17 – 9 mithilfe von zwei Zollstöcken. Wie muss man die zwei Zollstöcke legen? Fertige eine Zeichnung in deinem Heft an.

c) Erfinde selbst Aufgaben, die du mit zwei Zollstöcken oder Linealen lösen kannst. Wie groß dürfen die Zahlen höchstens sein, damit du mit deinen Geräten noch zur Lösung kommst?

Basiswissen

WES-125764-003

Addieren

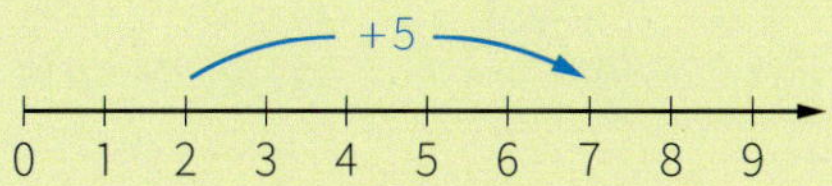

2 + 5 = 7

„laufe nach rechts“

Man nennt 2 + 5 Summe.

1. Summand — 2. Summand

Subtrahieren

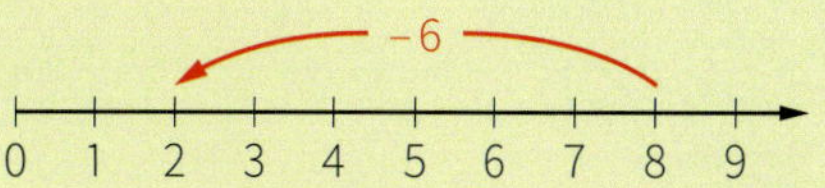

8 − 6 = 2

„laufe nach links“

Man nennt 8 − 6 Differenz.

Minuend — Subtrahend

Rechnen mit mehr als zwei Zahlen

- Beim Rechnen mit mehr als zwei Zahlen rechnet man von links nach rechts.
- Mit Klammern wird die Reihenfolge festgelegt, in der man rechnen soll.

Rechne von links nach rechts
$30 - 8 - 6 = 22 - 6 = 16$

Klammern sind Vorfahrtszeichen
$30 - (8 - 6) = 30 - 2 = 28$

Rechengesetze beim Addieren

Kommutativgesetz: $a + b = b + a$
Beim Addieren darf man die Reihenfolge der Summanden vertauschen.

Assoziativgesetz: $a + b + c = a + (b + c)$
Beim Addieren darf man die Reihenfolge, in der man rechnet, frei festlegen.

Achtung: Beim Subtrahieren gelten die Gesetze nicht.

Überschlagen

Oft wird gar kein genaues Ergebnis benötigt oder es soll das Ergebnis einer Rechnung überprüft werden. Dann ist ein Überschlag sinnvoll.
Aufgabe: $185 + 434$ Überschlag: $200 + 400 = 600$

Beispiele

A Geschickt addieren
Berechne: $43 + 238 + 157 + 25 + 12$. Mache zuerst einen Überschlag.

Lösung:
Strategie für einen sinnvollen Überschlag:
„Mal etwas mehr, mal etwas weniger.“

Überschlag:
$43 + 238 + 157 + 25 + 12$
$= 50 + 250 + 150 + 30 + 10 = 490$

Strategie für eine geschickte Rechnung:
In diesem Fall ist es möglich, in Zwischenschritten volle Zehner und Hunderter zu erreichen.

Rechnung:
$43 + 238 + 157 + 25 + 12$ Kommutativgesetz
$= (43 + 157) + (238 + 12) + 25$ Assoziativgesetz
$= 200 + 250 + 25 = 475$

Übungen

1 Kopfrechnen
Mache zunächst einen Überschlag. Rechne dann.

a) $13 + 29$	b) $24 + 27$	c) $76 - 41$	d) $102 - 48$
e) $47 + 75$	f) $63 + 76$	g) $92 - 37$	h) $88 - 39$
i) $124 + 56$	j) $236 + 45$	k) $222 - 53$	l) $261 - 112$

Summe
Differenz
Summand
Minuend
Subtrahend

2 Fachbegriffe

Benenne zuerst den Teil, der in dem Rechenausdruck fehlt. Rechne ihn danach aus.

a) 84 + ☐ = 100 b) ☐ − 15 = 86 c) 333 + 65 = ☐ d) 345 − ☐ = 299
e) ☐ + 87 = 214 f) 177 − ☐ = 34 g) ☐ − 24 = 213 h) 317 − 88 = ☐

3 Tausender-Igel

Immer zwei Igel gehören zusammen. Ihre Summe ergibt 1000. Schreibe mögliche Summen auf.

4 „Vorfahrt" durch Klammern

Lorenz will bei seiner Rechnung mit „freundlichen Summanden" beginnen. Dazu fasst er zunächst zwei Summanden mit einer Klammer zusammen.

$57 + 890 + 110 + 8$
$= 57 + (890 + 110) + 8$
$= 57 + 1000 + 8 = 1065$

Rechne geschickt. Verwende Klammern, um deutlich zu machen, was du zuerst berechnest.

a) 13 + 64 + 36
b) 48 + 25 + 75 + 13 + 37
c) 1 + 330 + 170 + 256 + 44 + 174
d) 12 + 8 + 12 + 8 + 12 + 8 + 12 + 8
e) 1 + 2 + 3 + 4 + 1 + 2 + 3 + 4 + 1 + 2 + 3 + 4

5 Kopfrechnen leicht gemacht

Mache zunächst einen Überschlag. Rechne dann geschickt. Beispiel A kann dir helfen.

a) 35 + 89 + 65 b) 16 + 37 + 54 c) 29 + 23 + 11
d) 17 + 21 + 83 e) 34 + 18 + 12 f) 11 + 22 + 99
g) 123 + 96 + 77 h) 1 + 2 + 3 + 47 + 48 + 49 i) 1200 + 240 + 800 + 760

6 Kopfrechen mit Summen

Berechne den fehlenden Summanden. Wie rechnest du?

a) ☐ + 35 = 87 b) 117 + ☐ = 258 c) ☐ + 86 = 100 d) 99 + ☐ = 200
e) 35 + ☐ = 150 f) ☐ + 111 = 223 g) 250 + ☐ = 1000 h) ☐ + 56 = 236

7 Kopfrechnen mit Differenzen

Überlege zuerst, ob der Minuend oder der Subtrahend fehlt. Berechne dann. Wie rechnest du?

a) ☐ − 36 = 50 b) 172 − ☐ = 96 c) 417 − ☐ = 4 d) ☐ − 201 = 400
e) 169 − ☐ = 110 f) ☐ − 998 = 12 g) ☐ − 555 = 111 h) 463 − ☐ = 411

8 Gemischte Kopfrechenübungen

Benenne zuerst den Teil, der in dem Rechenausdruck fehlt. Rechne ihn danach aus.

a) 84 + ☐ = 100 b) ☐ − 15 = 86 c) 333 + 65 = ☐ d) 345 − ☐ = 299
e) ☐ + 87 = 214 f) 177 − ☐ = 34 g) ☐ − 24 = 213 h) 317 − 88 = ☐
i) 274 − 185 = ☐ j) ☐ + 75 = 132 k) 198 + 417 = ☐ l) 431 − ☐ = 128
m) 49 + 82 + ☐ = 218 n) 173 + 34 − ☐ = 100 o) 380 − ☐ + 17 = 227 p) 276 − 88 − 76 = ☐

9 ≡ **Geschickt rechnen und überschlagen**

Mache zunächst einen Überschlag und rechne dann geschickt. Vergleiche die Ergebnisse.

a) $47 + 16 + 84$ b) $23 + 8 + 7 + 12 + 13$ c) $12 + 6 + 28 + 5 + 34$
d) $235 + 224 + 65 + 7 + 276 + 13$ e) $1 + 2 + 3 + 4 + 5 + 6 + 7 + 8 + 9$ f) $11 + 22 + 33 + 88 + 99$

10 ≡ **Klammern zuerst**

Berechne.

a) $(28 - 13) + (15 + 4)$ b) $20 + (17 + 23)$ c) $83 - 16 + (15 + 12)$
d) $(54 - 16) - (21 - 9)$ e) $25 + 15 - (22 - 7)$ f) $100 + (87 - 50)$

Zusatzaufgabe: Bei welchen Aufgaben könnte man Klammern weglassen?

11 ≡ **Innere Klammern zuerst**

Berechne. Achte auf die Klammern.

a) $130 - (40 - (53 - 23))$ b) $200 - (35 - (17 + 13))$
c) $1000 - (400 - (50 - 20))$ d) $523 - ((100 - 73) - (32 - 28))$

12 ≡ **Mit Klammern rechnen**

Berechne. Bei welchen Aufgaben könnte man Klammern auch weglassen?

a) $(14 + 32) - (12 - 8)$
$14 + (32 - 12) - 8$
$14 + 32 - (12 - 8)$
$14 + 32 - 12 - 8$

b) $50 - 24 + (10 - 4)$
$50 - (24 + 10) - 4$
$(50 - 24) + 10 - 4$
$50 - (24 + 10 - 4)$

c) $120 - (20 - 4) + (14 + 8)$
$120 - 20 - (4 + 14) + 8$
$120 - (20 - (4 + 14)) + 8$
$(120 - (20 - 4) + 14) + 8$

13 ≡ **Klammern schaffen Übersicht**

Übersetze den Text in einen Rechenausdruck und berechne dann schrittweise.

a) Berechne die Differenz von 98 und 39 und addiere dann 27.
b) Addiere zu 25 die Summe der Zahlen 33 und 52.
c) Subtrahiere von der Summe aus 36 und 64 die Zahl 12.
d) Addiere zur Summe von 17 und 33 die Differenz von 100 und 50.

14 ≡ **Ein Fehler**

Henning hat gelernt, geschickt zu rechnen. Er rechnet: $453 - 60 - 20 = 453 - 40 = 413$
Mache einen Überschlag und begründe damit, dass Henning falsch gerechnet hat.
Erkläre Hennings Fehler. Rechne richtig.

15 ≡ **Geschicktes Rechnen**

Beschreibe, wie hier gerechnet wird.

Beispiel

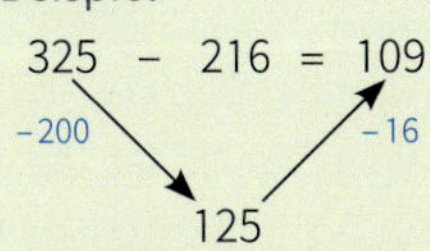

Subtrahiere zuerst die Hunderter (−200) und dann die Zehner und Einer (−16).

a)
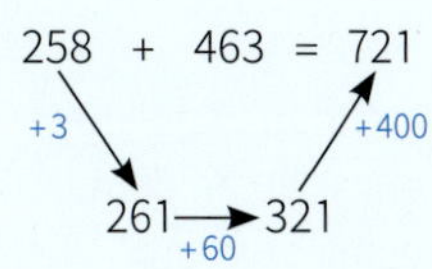

b)
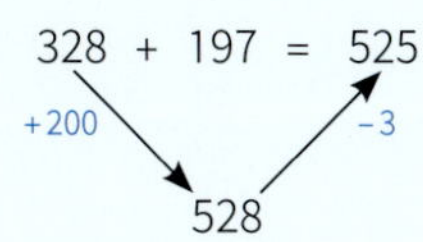

c)
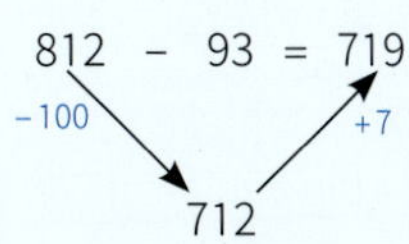

d)
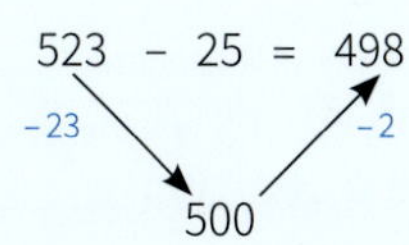

16 ≡ **Geschicktes Rechnen – Training**

Rechne im Kopf. Orientiere dich an den Verfahren aus Aufgabe 14.

a) $467 + 301$ b) $356 + 472$ c) $312 - 54$ d) $285 - 98$
e) $365 + 92$ f) $418 - 91$ g) $498 - 216$ h) $585 - 348$

17 Minuenden, Subtrahenden und Summanden

Notiere zu jeder Frage mindestens zwei passende Beispiele und beantworte sie dann.
Wie verändert sich der Wert …

a) einer Summe, wenn man zwei Summanden um 17 erhöht?
b) einer Differenz, wenn man den Minuenden um 7 erhöht?
c) einer Differenz, wenn man den Subtrahenden um 10 erhöht?
d) einer Summe, wenn man den 1. Summanden um 3 erhöht und den 2. Summanden um 3 verkleinert?

Geld

18 Ungefähre Preisvorstellung

Familie Schneider möchte für das Zimmer ihres Sohnes Kevin eine neue Einrichtung kaufen. In Katalogen haben die Schneiders das Passende gefunden. Kevin überschlägt, was die Einrichtung ungefähr kostet. Dazu rundet er alle Preise auf Hunderter.

19 Sichere Methode

Maike, Robin und Uta überschlagen beim Einkauf an der Kasse die Preise.
Maike: „Ich runde immer so auf Euro, wie wir das in der Schule gelernt haben."
Robin: „Ich lasse einfach die Cents weg und rechne nur mit den Eurobeträgen."
Uta: „Ich rechne immer mit dem nächstgrößeren vollen Eurobetrag."
Reicht das mitgenommene Geld? Wie musst du rechnen, um sicher zu sein?

a)
1,98 €
2,49 €
0,39 €
1,78 €

b)
6,48 €
3,29 €
5,98 €
4,18 €

c)
3,98 €
2,35 €
1,28 €
4,78 €

20 Das besondere Sonderangebot von Knoll

Das Warenhaus Knoll hat die Preise reduziert.

a) Erkennst du an dem Beispiel der Bluse und der Gläser, wie die neuen Preise aus den alten berechnet werden? Wie wird der Preis einer Jeans sein, die vorher 38,70 € gekostet hat?
b) Petra wundert sich. Wie viel wird jetzt ein T-Shirt kosten, das vorher 8,99 € gekostet hat?

Grundwissen
zum Wiederholen

1 Schreibe die Zahlen in Worten:
a) 79 b) 709 c) 7090 d) 7990

2 Aus wie vielen kleinen WInkelplättchen kann man die große Treppenfigur bilden?

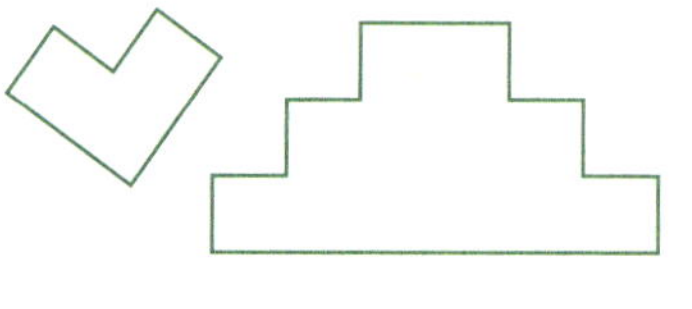

3 Welche der Zahlen sind Vielfache von 7?
47; 48; 55; 56; 63; 64; 84; 90

2.2 Schriftliches Addieren und Subtrahieren

E1 Anna und Otto

Erika feuert nur untreue Fakire.

Anna und Otto sind Geschwister. Anna fällt auf, dass beide Namen vorwärts wie rückwärts gelesen gleich sind. Wörter mit dieser Eigenschaft heißen Palindrome.
Da Anna sich gerne mit Mathematik beschäftigt, ersetzt sie die Buchstaben durch Zahlen und rechnet. Sie erhält Palindromzahlen. Eine Palindromzahl ist 1221.
Sie rechnet mit zwei Palindromzahlen: $1221 + 3443 = 4664$
„Komisch, die Summe von Palindromzahlen gibt wieder eine Palindromzahl."

Gruppenarbeit

a) Schreibe mehrere vierstellige Palindromzahlen auf und addiere immer zwei davon. Wann ergeben sich Palindromzahlen? Schreibe die zu addierenden Zahlen und das Ergebnis dazu übersichtlich untereinander. Erkläre deine Entdeckung.
b) Untersuche, ob auch bei der Subtraktion von Palindromzahlen wieder Palindromzahlen entstehen.

$$\begin{array}{r} 1221 \\ +\ 3443 \\ \hline 4664 \end{array}$$

E2 Klassenraumrenovierung

Der Klassenraum der Klasse 5 d ist dringend renovierungsbedürftig. Außerdem müssen die Tafel und die Pinnwand erneuert werden. Für den Mathematikunterricht sollen Zirkel, Geodreieck und Lineal auf einer Gerätetafel angeschafft werden. Insgesamt stehen 1000 € zur Verfügung.
a) Reichen die 1000 € für die Renovierung und die Neuanschaffungen? Überschlage die Gesamtkosten.
b) Die Klasse möchte eine Klassenbibliothek einrichten und benötigt dafür ein Bücherregal. Wie viel Geld steht für ein solches Regal noch zur Verfügung?

Material (Farbe etc.)	120 €
Wandtafel	593 €
Pinnwand	79 €
Gerätetafel	138 €

E3 Auf dem Bau und im Restaurant

① In einem Rohbau

In einem Rohbau findet man manchmal kurze Berechnungen der Maurer an den Wänden.
Erkläre, wie die Maurer gerechnet haben.

② Im Restaurant

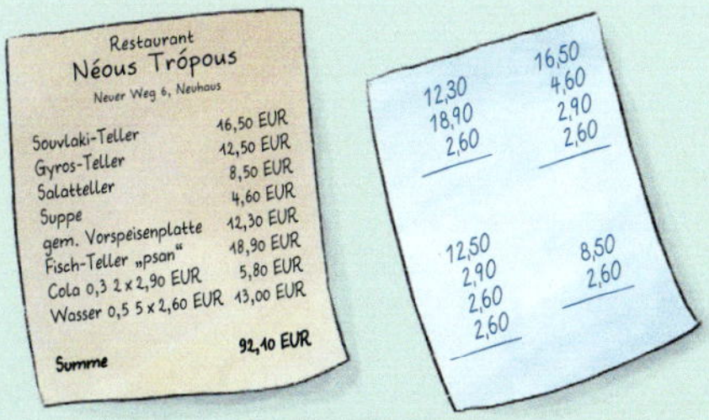

Im Restaurant wird die Rechnung meist für den ganzen Tisch aufgestellt. Wenn Gäste einzeln zahlen wollen, muss die Bedienung ausrechnen, was jeder bezahlen muss.
Erkläre, was die Bedienung gerechnet hat und gib die Lösungen an.

Basiswissen

WES-125764-004

Schriftliches Addieren

Schreibe die Summanden sorgfältig untereinander. Addiere zunächst die Einer, dann die Zehner, dann die Hunderter usw. Achte auf die Überträge.

		ZT	T	H	Z	E
Summanden			4	9	2	0
	+			8	7	5
	+		6	9	4	2
		1	2	1		
Summe		1	2	7	3	7

Einer:	2 + 5 + 0	= **7**	
Zehner:	4 + 7 + 2	= 1**3**	Übertrag 1
Hunderter:	1 + 9 + 8 + 9	= 2**7**	Übertrag 2
Tausender:	2 + 6 + 4	= 1**2**	Übertrag 1
Zehntausender:	1	= **1**	

Schriftliches Subtrahieren

Schreibe Minuend und Subtrahend sorgfältig untereinander. Ergänze zunächst die Einer, dann die Zehner usw. Achte auf die Überträge.

		T	H	Z	E
Minuend		7	3	1	8
Subtrahend	–	2	3	6	7
		1	1		
Differenz		4	9	5	1

Einer:	7 + **1** = 8	Ergänze **1**	
Zehner:	6 + **5** = 11	Ergänze **5**	Übertrag 1
Hunderter:	1 + 3 + **9** = 13	Ergänze **9**	Übertrag 1
Tausender:	1 + 2 + **4** = 7	Ergänze **4**	

Überschlagen

Bei großen Zahlen macht eine Überschlagsrechnung besonders Sinn.
Aufgabe: 5224 + 6523 + 3410 + 5183   Überschlag: 5000 + 7000 + 3000 + 5000 = 20 000

Beispiele

A Schriftliches Addieren und Subtrahieren

Berechne. Mache zuerst einen Überschlag.

a) 6243 + 15 327

b) 91 235 – 9871

Lösung:

a) Überschlag: 6000 + 15 000 = 21 000

		6	2	4	3
+	1	5	3	2	7
	1			1	
	2	1	5	7	0

b) Überschlag: 91 000 – 10 000 = 81 000

	9	1	2	3	5
–		9	8	7	1
	1	1	1		
	8	1	3	6	4

B Subtraktion mehrerer Subtrahenden

Berechne 4308 – 2956 – 491. Mache zuerst einen Überschlag.

Lösung:

Überschlag: 4308 – 2956 – 491 ≈ 4300 – 3000 – 500 = 800

Subtrahenden addieren und vom Minuend subtrahieren

	4	3	0	8
–	2	9	5	6
–		4	9	1
	2	2		
		8	6	1

Einer:	1 + 6 + **1** = 8	Ergänze **1**	
Zehner:	9 + 5 + **6** = 20	Ergänze **6**	Übertrag 2
Hunderter:	2 + 4 + 9 + **8** = 23	Ergänze **8**	Übertrag 2
Tausender:	2 + 0 + 2 + **0** = 4	Ergänze **0**	

Übungen

1 Training

Berechne. Überprüfe dein Ergebnis mit einem Überschlag.

a) 521 + 153 + 324
b) 53 + 100 + 814 + 200
c) 1 + 62 + 123 + 345
d) 989 + 412 + 265 + 14 + 899
e) 259 – 123 – 11
f) 878 – 312 – 123 – 31
g) 554 – 131 – 265
h) 751 – 12 – 563 – 103

2 Training: Übung macht den Meister

Berechne. Überprüfe dein Ergebnis mit einem Überschlag.

a) 143 526 + 153 + 15 429
b) 53 961 + 1346 + 9814 + 654 200
c) 9 + 12 + 123 + 12 345 + 123 456
d) 989 898 + 545 412 + 1265 + 14 + 19 899
e) 9539 – 923 – 143
f) 54 064 – 912 – 9123 – 91
g) 91 054 – 912 – 1909 – 10 023
h) 23 453 – 12 – 1543 – 123

3 Überschlagsrechnung beim Subtrahieren

Finde vier richtige Aufgaben. Mache zunächst eine Überschlagsrechnung, um herauszufinden, welche Zahlen zueinander passen könnten.

Minuend		Subtrahend		Differenz
153 752, 56 812, 94 518, 78 503, 182 961	–	55 555, 35 299, 83 410, 26 981, 97 256	=	98 197, 21 513, 46 413, 51 522, 85 705

4 Überschlag bei großen Zahlen

Mache zuerst einen Überschlag. Rechne dann genau.

a) 37 461 – 16 938
b) 8503 – 3865
c) 85 432 – 32 734
d) 568 + 341
e) 235 560 + 450 189
f) 3561 – 2410 + 4761 – 1785

5 Zahlenmauern

Zeichne das Muster und die Zahlen in dein Heft. Addiere die Zahlen auf den benachbarten zwei „Backsteinen". Schreibe das Ergebnis auf den Stein darüber.

a)

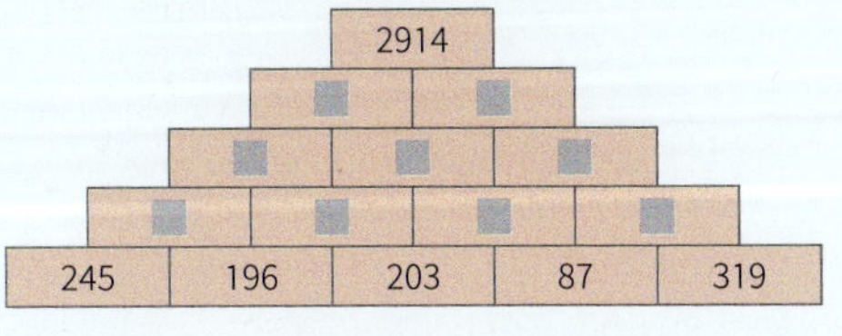

b)

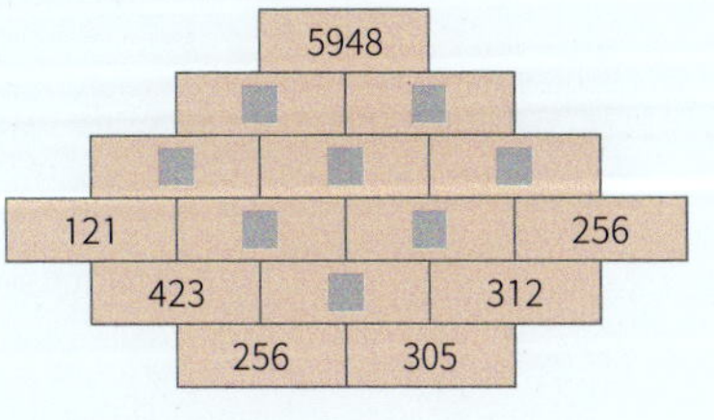

6 Etwas zum Knobeln

Übertrage die Aufgaben in dein Heft. Ergänze die fehlenden Ziffern. Bei welchen Aufgaben gibt es mehrere Möglichkeiten?

a)
```
  4 3 5 ■
+ ■ 5 ■ 8
---------
  6 ■ 9 9
```
b)
```
  2 ■ 5 7
+ ■ 9 2 ■
---------
  5 2 ■ 0
```
c)
```
  5 4 ■ ■
+ ■ 3 5 ■
---------
  9 ■ 2 3
```
d)
```
  4 6 8 1 2
+ ■ ■ ■ ■ ■
-----------
  6 3 2 1 4
```
e)
```
    3 ■ ■
+   6 8 ■
---------
    ■ 9 6
```
f)
```
  2 0 ■ ■
+ 3 ■ ■ 6
---------
  ■ 5 8 9
```
g)
```
  ■ ■ ■ ■
+ 2 0 9 1
---------
  7 0 6 0
```
h)
```
  ■ 5 5 5
+ 7 ■ ■ ■
---------
  9 3 3 2
```

7 Zahlenleine

57 | 146 | 221 | 272 | 374 | 413 | 507 | 628

Wähle immer zwei Zahlen von der Zahlenleine. Welche kannst du wählen, damit…

(1)… die Summe möglichst groß wird?

(2)… die Differenz möglichst klein wird?

(3)… die letzte Ziffer der Summe eine 0 ist?

(4)… die Differenz zwischen 100 und 200 liegt?

(5)… die Summe vierstellig wird?

(6)… das Ergebnis 559 ist?

(7)… die Differenz zweistellig ist?

(8)… die Summe zwischen 900 und 1000 liegt?

8 Additions- und Subtraktionsaufgaben selbst erfinden

2 | 3 | 4 | 6 | 7 | 8

Aus den Ziffernkärtchen lassen sich verschiedene sechsstellige Zahlen bilden, bei denen jede Ziffer genau einmal vorkommt. Solche Zahlen sollen nun addiert oder subtrahiert werden.

```
  7 8 4 6 3 2
+ 2 3 8 7 4 6
  ■ ■ ■ ■ ■ ■

  7 8 4 6 3 2
− 2 3 8 7 4 6
  ■ ■ ■ ■ ■ ■
```

a) Berechne die beiden Aufgaben auf der Karte oben.

b) Finde Aufgaben, die zu den Beschreibungen passen.

Die letzte Ziffer des Ergebnisses ist eine Null.

Die letzten zwei Ziffern des Ergebnisses sind Nullen.

Die Hunderterstelle des Ergebnisses ist eine Drei.

Die Summe ist so groß wie möglich.

Die Differenz ist so klein wie möglich.

Das Ergebnis ist 1 111 110.

Das Ergebnis ist 5-stellig.

Das Ergebnis liegt zwischen 0 und 100.

c) Erfinde selbst Beschreibungen und dazu passende Aufgaben. Du kannst auch die Ziffernkärtchen verändern.

Grundwissen
zum Wiederholen

1 Erstelle aus den Ziffern 2, 1 und 1 die kleinstmögliche dreistellige Zahl.

2 In der Klasse 5 g wurde eine Umfrage zu den Lieblingssportarten gemacht.

a) Wie viele Schülerinnen und Schüler nennen die angegebenen Sportarten?

b) Wie viele Schüler sind in der Klasse 5 g?

c) Ist *Sonstiges* die Lieblingssportart der 5 g?

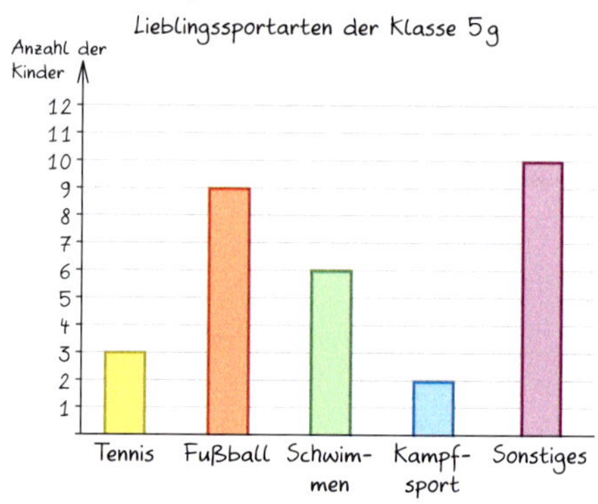

3 Welches der Vierecke ist ein Rechteck?

① ② ③ ④

+ Exkurs

Magisches Quadrat

Schon immer haben sich Menschen für Zahlen interessiert. Viele Menschen spielen mit Zahlen und entdecken dabei „magische" Dinge. So hat der berühmte Maler ALBRECHT DÜRER im Jahr 1514 in einem Kupferstich ein magisches Quadrat dargestellt.
In einem magischen Quadrat ist die Summe der Zahlen in den Spalten, in den Zeilen und in den Diagonalen gleich.

9 ☰ Magische Quadrate

a) Die Summe aller Zahlen in den Spalten, Zeilen und Diagonalen nennt man die magische Zahl des magischen Quadrats. Berechne die magische Zahl des magischen Quadrats auf dem Gemälde von Albrecht Dürer.

b) Warum muss die magische Zahl des magischen Quadrats mit den Zahlen 1 bis 9 die Zahl 15 sein?

8	1	6
3	5	7
4	9	2

c) Ergänze das Quadrat in deinem Heft so, dass ein magisches Quadrat aus den Zahlen 1 bis 9 entsteht.

①

■	■	8
■	■	1
■	7	■

②

■	■	2
■	■	■
8	3	■

③

■	■	■
■	■	3
■	1	8

Problemlösen

10 ☰ Wie oft schlägt die Uhr?

a) Die Kirchturmuhr in Maxdorf schlägt um ein Uhr einmal, um zwei Uhr zweimal usw. Um 13 Uhr schlägt sie wieder einmal usw. Wie oft schlägt die Uhr während eines Tages?

b) Die Kirchturmuhr in Moritzdorf schlägt zusätzlich noch zu jeder Viertelstunde. Um „Viertel nach" einmal, um „halb" zweimal, um „Viertel vor" dreimal und zur „vollen Stunde" viermal. Wie häufig schlägt die Kirchturmuhr in Moritzdorf während eines Tages?

11 ☰ Ergebnisvorhersage

Eine Rechenvorschrift:
1. Schreibe eine dreistellige Zahl mit drei verschiedenen Ziffern auf ein Blatt Papier.
2. Schreibe die Ziffern in umgekehrter Reihenfolge auf.
3. Subtrahiere die kleinere von der größeren Zahl.

Versuch 1

	8	0	6
−	6	0	8
	1	1	
	1	9	8

Versuch 2

	7	9	3
−	3	9	7
	1	1	
	3	9	6

a) Führe die Rechnung an selbst gewählten Beispielen durch. Vergleiche die Ergebnisse. Fällt dir etwas auf? Notiere deine Beobachtung.

b) Jan rechnet und erhält als letzte Ziffer eine 4. Kannst du sein Ergebnis vorhersagen? Findest du ein Beispiel für eine dreistellige Zahl, die zu Jans Ergebnis führt?

Forschungsaufgaben

12 ☰ Experimentieren mit Palindromzahlen

1221 ist eine vierstellige Palindromzahl, siehe auch Aufgabe 1.

a) Wie viele zweistellige (dreistellige) Palindromzahlen gibt es?

b) Untersuche für zweistellige und dreistellige Palindromzahlen: Wann ist die Summe zweier Palindromzahlen wieder eine Palindromzahl?

c) Finde vierstellige Palindromzahlen, deren Summe mit sich selbst eine Palindromzahl ist.

2.3 Multiplizieren und Dividieren

E1 Chinesische Grabanlage

Vor über 2000 Jahren lebte in China der Kaiser Qin Shi Huangdi. Weil er meinte, dass er der größte und mächtigste Herrscher der Erde sei, ließ er sich eine prächtige Grabanlage bauen. Die Anlage sollte das ganze kaiserliche Heer als lebensgroße Tonfiguren enthalten. Deshalb wurden über 6000 Tonsoldaten hergestellt, die mit ihm zusammen begraben wurden. Im Jahre 1974 wollten einige Bauern einen Brunnen graben. Dabei fanden sie die Armee der Tonsoldaten von Qin Shi Huangdi.

a) Andreas findet die Geschichte toll. Wie groß muss diese Grabanlage gewesen sein? Er überlegt: Wenn alle Figuren in Reih und Glied aufgestellt sind, immer vier Soldaten nebeneinander stehen und der Abstand zwischen den Viererreihen 1 m beträgt – wie lang ist dann die Kolonne?

b) Die Tonsoldaten wurden in Werkstätten hergestellt. Jede Figur bekam ein eigenes Gesicht und war bunt bemalt. Stell dir vor, in den großen kaiserlichen Werkstätten wären pro Tag sechs Figuren hergestellt worden. Wie lange hätte es gedauert, die gesamte Tonarmee zu bauen?

E2 Dauerlauf

Im Sportunterricht sagt Frau Lauter: „Wir machen heute einen Dauerlauf im Stadion. Insgesamt werden wir 2000 m laufen. Für eine Runde von 400 m solltet ihr nicht mehr als 170 Sekunden benötigen.“

a) Wie viele Runden sollen die Schülerinnen und Schüler auf der Laufbahn laufen?

b) Wie lange benötigt man für die gesamte Strecke, wenn man jede Runde in genau 170 Sekunden läuft? Rechne die Laufzeit in Minuten um.

c) Mehmet ist in 250 Sekunden schon zwei Runden gelaufen. Mit welcher Endzeit kann er rechnen, wenn er das Tempo beibehält? Gib das Ergebnis in Minuten an.

E3 Multiplizieren

a) Welche Rechenaufgabe verbirgt sich hinter dem Text? Löse sie.

① Die Klasse 5 c besteht aus 27 Schülerinnen und Schülern. Jedes Kind zahlt 4 € in die Klassenkasse ein.

② Für die 5 Reisenden entstanden bei einem Ausflug insgesamt Kosten von 240 €.

b) Für Schnellrechner

36 + 36 + 8 + 36 + 8 + 36 + 8 + 36 + 36 + 8 + 36 + 36 + 36 + 8 + 36

Wie hast du gerechnet? Wie haben deine Klassenkameraden gerechnet?

Basiswissen

WES-125764-005

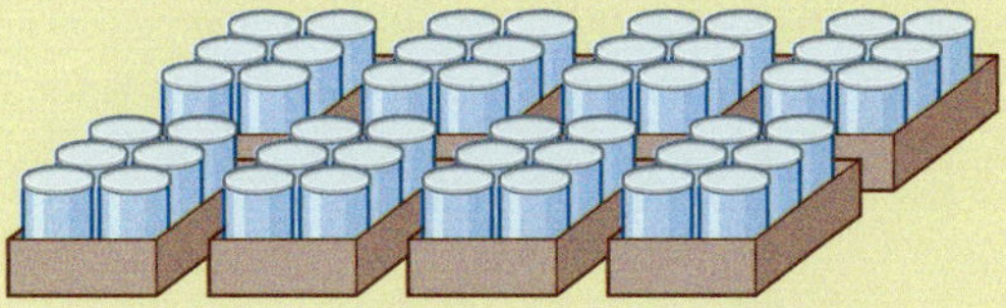

Multiplizieren – Vervielfachen

Wie viele Dosen sind insgesamt auf der Palette?

$8 \cdot 6 = 48$ **Produkt**

1. Faktor **2. Faktor**

Dividieren – Teilen

Aufteilen: 48 Dosen sollen zu je 6 Dosen aufgeteilt werden. Wie viele Sechserpacks erhält man?

$48 : 6 = 8$ **Quotient**

Dividend **Divisor**

Probe: $8 \cdot 6 = 48$

Verteilen: 48 Dosen sollen auf 8 Packs verteilt werden. Wie viele Dosen sind in einem Pack?

$48 : 8 = 6$ **Quotient**

Dividend **Divisor**

Probe: $6 \cdot 8 = 48$

- Beim Rechnen mit mehr als zwei Zahlen rechnet man von links nach rechts.
- Mit Klammern wird die Reihenfolge festgelegt, in der man rechnen soll.

Rechengesetze ermöglichen geschicktes Multiplizieren

Kommutativgesetz
Beim Multiplizieren darf die Reihenfolge, in der man rechnet, frei festgelegt werden.

$4 \cdot 38 \cdot 25$
$= 4 \cdot 25 \cdot 38$
$= 100 \cdot 38 = 3800$

Assoziativgesetz
Beim Multiplizieren darf die Reihenfolge beim Rechnen frei festgelegt werden.

$56 \cdot 5 \cdot 20$
$= 280 \cdot 20$
$= 5600$

$56 \cdot (5 \cdot 20)$
$= 56 \cdot 100$
$= 5600$

Kommutativgesetz: $a \cdot b = b \cdot a$

Assoziativgesetz: $a \cdot b \cdot c = a \cdot (b \cdot c)$

Achtung: Beim Dividieren gelten diese Rechengesetze nicht.

Beispiele

A Geschicktes Rechnen leicht gemacht
Die Rechenkünstlerin Nicole behauptet: „Ich kann in einer Sekunde $50 \cdot 69 \cdot 2$ berechnen."

Lösung:
$50 \cdot 69 \cdot 2 = 50 \cdot 2 \cdot 69$ Faktoren vertauschen (Kommutativgesetz)
$= 100 \cdot 69 = 6900$

B Von links nach rechts bei der Division
Beim Dividieren musst du, wenn keine Klammern stehen, von links nach rechts rechnen.

a) $48 : 6 : 2 = \blacksquare$ b) $60 : 5 \cdot 2 = \blacksquare$ c) $36 : (8 : 2) = \blacksquare$

Lösung:
a) $48 : 6 : 2 = 8 : 2 = 4$ b) $60 : 5 \cdot 2 = 12 \cdot 2 = 24$ c) $36 : (8 : 2) = 36 : 4 = 9$

Übungen

Im Internet findest du Kopfrechenprogramme, mit denen du sehr gut üben kannst.

1 Kleines Einmaleins
Notiere alle Ergebnisse. Brauchst du länger als eine Minute oder machst du mehr als einen Fehler, so solltest du das kleine Einmaleins trainieren.

a) $3 \cdot 9$ b) $8 \cdot 8$ c) $2 \cdot 7$ d) $8 \cdot 4$ e) $9 \cdot 8$ f) $6 \cdot 9$
g) $7 \cdot 4$ h) $5 \cdot 7$ i) $7 \cdot 5$ j) $6 \cdot 8$ k) $3 \cdot 9$ l) $4 \cdot 4$

2 Dividieren

Auch beim Dividieren hilft das kleine Einmaleins. Dividieren heißt, den fehlenden Faktor zu suchen. Schaffst du die Aufgaben in einer Minute?

35 : 5 = □   5 · □ = 35   also: □ = 7

a) 35 : 7   b) 21 : 3   c) 64 : 8   d) 90 : 9   e) 28 : 4   f) 48 : 6
g) 32 : 4   h) 18 : 2   i) 56 : 7   j) 49 : 7   k) 36 : 6   l) 54 : 9

Karteikasten-Trainer

Willst du das kleine Einmaleins trainieren, so kannst du den Karteikastentrainer benutzen. Schreibe verschiedene Multiplikationsaufgaben aus dem kleinen Einmaleins auf. Schreibe auf die Rückseite jeweils die Lösung. Stecke die Karteikarten in eine Kiste. Ziehe nacheinander Karten und rechne. Aufgaben, die du nicht schnell lösen kannst, steckst du in den vorderen Teil, die anderen in den hinteren Teil der Kiste. Die Aufgaben aus dem vorderen Teil trainierst du später immer wieder.

3 Freundliche Faktoren – 10, 100, 1000, …

Berechne im Kopf.

a) 88 · 10   b) 10 · 595   c) 100 · 706   d) 1000 · 59   e) 100 · 23   f) 10 000 · 14

4 Freundliche Divisoren

a) 80 : 10   b) 230 : 10   c) 700 : 100
d) 19 000 : 100   e) 49 000 : 1000   f) 1 000 000 : 1000

Multiplikation mit 10, 100, 1000, …

Ein Faktor ist 10: Hänge an den anderen Faktor eine Null: 43 · 10 = 430
Ein Faktor ist 100: Hänge an den anderen Faktor zwei Nullen: 43 · 100 = 4300

Division durch 10, 100, 1000, …

Der Divisor ist 10: Streiche beim Dividenden eine Null: 4300 : 10 = 430
Der Divisor ist 100: Streiche beim Dividenden zwei Nullen: 430 000 : 100 = 4300

5 Freundliche Faktoren und Divisoren: Training

a) 38 · 100   b) 8700 : 10   c) 110 000 : 100   d) 1000 : 43 000
e) 530 · 1000   f) 505 · 100 000   g) 10 100 000 : 100   h) 100 000 · 100 000

Achtung: Eine Aufgabe kannst du nicht lösen.

6 Geschicktes Kopfrechnen

a) 5 · 2 · 23   b) 2 · 13 · 50   c) 18 · 4 · 25   d) 10 · 25 · 100

7 Kopfrechnen: Geschickte Reihenfolge hilft

Rechne die einfachste Aufgabe zuerst. Sie hilft dir bei den anderen Aufgaben.

a)	b)	c)	d)	e)
605 : 5	343 : 7	1000 : 20	549 : 9	728 : 8
600 : 5	357 : 7	980 : 20	540 : 9	704 : 8
595 : 5	350 : 7	1040 : 20	531 : 9	720 : 8

8 Multiplikations- und Divisionsaufgaben bauen

Finde immer drei passende Aufgaben.

a) Multiplikationsaufgabe mit Ergebnis 120
b) Divisionsaufgabe mit Ergebnis 8
c) Divisionsaufgabe mit Ergebnis 60
d) Multiplikationsaufgabe mit Ergebnis 72

9 Umkehren der Multiplikation

Übertrage die Bilder in dein Heft und fülle die Lücken aus.

a) $\blacksquare \underset{:\blacksquare}{\overset{\cdot 7}{\rightleftarrows}} 28$
b) $120 \underset{:\blacksquare}{\overset{\cdot \blacksquare}{\rightleftarrows}} 120$
c) $\blacksquare \underset{:5}{\overset{\cdot \blacksquare}{\rightleftarrows}} 85$
d) $0 \underset{:\blacksquare}{\overset{\cdot \blacksquare}{\rightleftarrows}} 0$
e) $\blacksquare \underset{:2}{\overset{\cdot 2}{\rightleftarrows}} 1200$
f) $\blacksquare \underset{:\blacksquare}{\overset{\cdot 11}{\rightleftarrows}} 110$

10 Fachbegriffe

Faktor
Produkt
Dividend
Divisor
Quotient

Fülle die Lücken aus. Benenne jedes Mal mit dem Fachausdruck, welche Zahl gesucht wird.

a) $16 \cdot \blacksquare = 32$
b) $11 \cdot 11 = \blacksquare$
c) $143 : 13 = \blacksquare$
d) $5 : 5 = \blacksquare$
e) $4 \cdot 9 = \blacksquare$
f) $200 : 20 = \blacksquare$
g) $\blacksquare : 10 = 16$
h) $27 : \blacksquare = 9$
i) $\blacksquare \cdot 40 = 400$

Die Null ist etwas Besonderes beim Multiplizieren und Dividieren.

11 Die Null bei der Multiplikation

Berechne die fehlenden Zahlen. Was fällt dir auf?

a) $6 \cdot 0 = \blacksquare$
b) $\blacksquare \cdot 0 = 0$
c) $\blacksquare \cdot 1000 = 0$
d) $125 \cdot \blacksquare = 0$

12 Die Null bei der Division

In Mathematikbüchern steht: **Durch 0 darf man nicht dividieren.**
Wir wollen herausfinden warum.

a) Nimm einmal an, $7 : 0 = 4$. Kann das sein? Mache die Probe.
Könnte der Quotient $7 : 0$ die Zahl 5 sein, oder vielleicht 0, 1, 2, 3, 6, ...?
Begründe mit deinen Ergebnissen, wieso man nicht durch 0 dividieren kann.
b) Dividiere die Zahl 96 nacheinander durch 48, 32, 24, 16, 12, 8, 6, 4, 3, 2, und 1.
Die Divisoren werden also immer kleiner. Wie verhält es sich mit den Ergebnissen?

Multiplikation mit der Null

Multipliziert man eine Zahl mit null, so ist das Produkt null. **$3 \cdot 0 = 0$**

Division mit der Null

Dividiert man null durch eine Zahl, erhält man null. **$0 : 3 = 0$**

Durch null darf man nicht dividieren. nicht erlaubt ~~3:0~~

13 Lücken füllen

Fülle die Lücken aus. Achtung: Manchmal ist dies nicht möglich!

a) $\blacksquare \cdot 13 = 13$
$\blacksquare : 1 = 15$
$\blacksquare : 8 = 0$

b) $20 \cdot \blacksquare = 0$
$0 : \blacksquare = 0$
$\blacksquare : 0 = 6$

c) $\blacksquare \cdot 3 = 0$
$12 : \blacksquare = 0$
$\blacksquare - 5 = 0$

d) $0 \cdot \blacksquare = 12$
$16 : \blacksquare = 1$
$\blacksquare - 8 = 8$

Grundwissen
zum Wiederholen

1 Setze die Reihe sinnvoll fort: 5; 55; 105; ■; ■.

2 Schreibe als Rechenaufgabe: Mit dem Aufzug sollen 18 Kisten mit je 20 kg transportiert werden.

3 Die Stadt Trier hat 111 528 Einwohner. Runde die Angabe auf Tausender.

2.4 Schriftliches Multiplizieren

E1 Ein Sponsorenlauf

Das Herder-Gymnasium in Minden veranstaltet einen Sponsorenlauf, um die neue Bühne und Beleuchtungsanlage für die Aula für 50 000 € zu finanzieren.
Verschiedene Firmen spenden in unterschiedlicher Weise.

Firma A
Spende nach Klassenstufe und Kilometer

	Für jeden Kilometer …		
Klasse	5–7	8–10	11–12
Spende	2,50 €	2 €	1,50 €

Firma B:
Spende für jeden Kilometer: 3,50 €

Firma C:
Spende für jeden Teilnehmer: 1 €
Spende für jeden Kilometer: 2 €

Die Daten zu dem Lauf:
Kann die Schule die neue Bühne und die Beleuchtungsanlage mit den Einnahmen des Sponsorenlaufs finanzieren?

Klasse	**5–7**	**8–10**	**11–12**
Anzahl der Teilnehmer	192	289	431
Gelaufene Kilometer	702 km	2205 km	3060 km

E2 Papierstapel

Papier kann ganz schön schwer sein. Vater hat in seinem Zimmer einen Stapel alter Zeitschriften. „Seit Marens Geburt vor 15 Jahren sammle ich alle Ausgaben der Zeitschrift GEO“, erzählt er seinem Sohn Lars. Lars staunt. Wie viele Zeitschriften das wohl sind und wie viel sie wiegen? Das will er genauer wissen. Zunächst stellt er fest, dass jährlich 12 Ausgaben von GEO erscheinen. Dann wiegt er eine Ausgabe mit der Küchenwaage. Sie wiegt 590 g.

a) Wie viele Zeitschriften hat Vater gesammelt?
b) Lars nimmt an, dass alle Ausgaben in etwa gleich schwer sind. Wie viel Kilogramm wiegen alle Zeitschriften zusammen?

E3 Multiplizieren mit großen Zahlen

a) Max soll multiplizieren. Paul hilft ihm dabei. Was meint Paul?
① 18 · 3 ② 12 · 4 ③ 16 · 7 ④ 17 · 3 ⑤ 19 · 6 ⑥ 14 · 6
⑦ 17 · 7 ⑧ 14 · 9 ⑨ 25 · 6 ⑩ 20 · 8 ⑪ 15 · 9 ⑫ 18 · 8

b) Bei den nächsten Aufgaben werden die Zahlen noch größer: 379 · 4 = ▢
Max benutzt den Tipp von Paul, er schreibt aber die Zwischenergebnisse auf.
Rechne wie Max:
① 236 · 5 ② 7138 · 3 ③ 12 345 · 4

		9	·	4	=			3	6
	7	0	·	4	=		2	8	0
3	0	0	·	4	=	1	2 ₁	0	0
						1	5	1	6

c) Als auch der zweite Faktor größer wird, hat Paul wieder einen Tipp. Er rechnet:
Rechne wie Max:
① 521 · 23 ② 715 · 52 ③ 123 · 45

4	7	1	·	3	2	
	1	4	1	3	0	471 · 30
		₁	9	4	2	471 · 2
	1	5	0	7	2	

Basiswissen

WES-125764-006

Schriftliches Multiplizieren mit einem einstelligen Faktor

Vor dem Rechnen ist eine Überschlagsrechnung sinnvoll. Sie liefert ein ungefähres Ergebnis. So können zumindest grobe Fehler schnell erkannt werden.

Aufgabe: 587 · 7

Überschlag: 600 · 7 = 4200

5	8	7	·	7
		6	4	
	4	1	0	9

7 · 7 = 49	Schreibe 9	Übertrag 4
8 · 7 + 4 = 60	Schreibe 0	Übertrag 6
5 · 7 + 6 = 41	Schreibe 41	

Schriftliches Multiplizieren mit einem mehrstelligen Faktor

Multipliziere mit jeder Ziffer wie mit einem einstelligen Faktor und schreibe passend untereinander auf.
Addiere anschließend die Produkte.

3	4	1	·	2	7	
		6	8	2	0	341 · 20
		2	3	8	7	341 · 7
		1	1			
		9	2	0	7	

Beispiele

A Schriftliches Multiplizieren mit einem zweistelligen Faktor

Berechne das Produkt 708 · 35. Mache zuerst einen Überschlag.

Lösung:
Überschlag:
708 · 35
700 · 40 = 28 000

7	0	8	·	3	5	
	2	1	2	4	0	708 · 30
		3	5	4	0	708 · 5
	2	4	7	8	0	

B Vorsicht mit der Null

Berechne das Produkt 2893 · 208.

Lösung:
Überschlag:
2893 · 208
3000 · 200 = 600 000

2	8	9	3	·	2	0	8	
		5	7	8	6	0	0	2893 · 200
			0	0	0	0	0	2893 · 0
			2	3	1	4	4	2893 · 8
		1	1					
		6	0	1	7	4	4	

Übungen

1 Leichtes Training

a) 28 · 7 b) 52 · 9 c) 74 · 6
d) 311 · 4 e) 582 · 3 f) 719 · 9
g) 1234 · 5 h) 76 543 · 5 i) 187 · 8

2 Intensives Training

a) 31 · 25 b) 52 · 81 c) 33 · 66
d) 82 · 82 e) 67 · 76 f) 95 · 34
g) 523 · 71 h) 648 · 293 i) 598 · 76

3 Viele Produkte

Bilde alle möglichen Produkte aus je einer blauen und einer roten Zahl und rechne.

Blau: 34 96 28 119
Rot: 3 8 7 5

siehe Beispiel B

4 Viele Nullen

Berechne die Produkte. Mache zunächst eine Überschlagsrechnung.

a) 2500 · 37 b) 2005 · 37 c) 2050 · 37 d) 6007 · 40 e) 45 · 6070
f) 4004 · 5005 g) 108 · 60 h) 64 · 1008 i) 64 · 10 008 j) 604 · 1008

5 ☰ **Verschiedene Rechenwege**

Manchmal lohnt sich das Vertauschen der Faktoren. Rechne $86 \cdot 345$ und $345 \cdot 86$. Welche Rechnung würdest du bevorzugen?

6 ☰ **Zeittest**

Jetzt gilt's: Berechne die Produkte. Stoppe dabei die Zeit, die du zum Berechnen aller Produkte benötigst. Überprüfe deine Ergebnisse.

① $17 \cdot 34$ ② $25 \cdot 55$ ③ $32 \cdot 89$ ④ $41 \cdot 11$ ⑤ $52 \cdot 66$ ⑥ $71 \cdot 193$

7 ☰ **Kreuz und Quer**

Übertrage die Bilder in dein Heft und ergänze die Zahlen.

a)

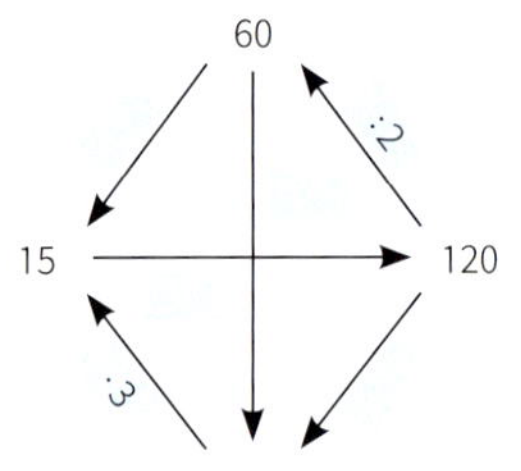

b)

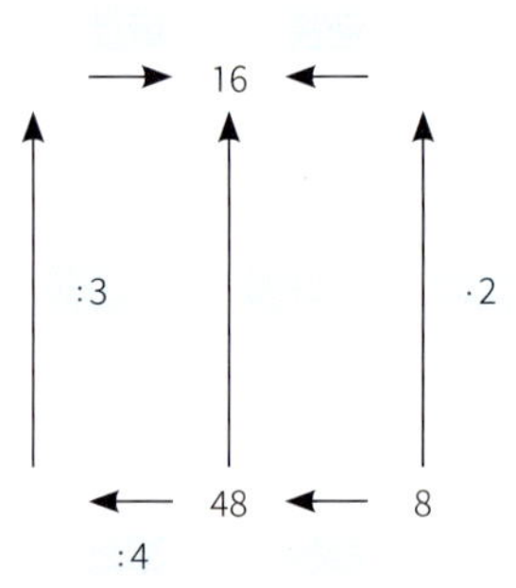

c)

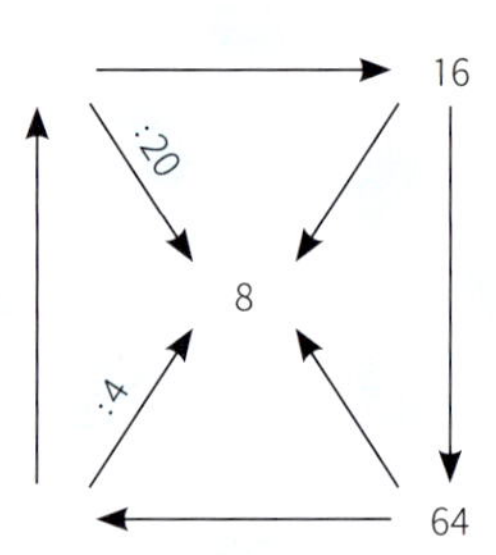

8 ☰ **Zahlenleine**

35 | 82 | 39 | 55 | 17 | 48 | 23 | 11

Wähle immer zwei Zahlen von der Zahlenleine. Welche kannst du wählen, damit …

… das Produkt möglichst groß wird?	… das Produkt möglichst klein wird?	… das Produkt ohne Rest durch 10 teilbar ist?	… das Produkt zwischen 100 und 500 liegt?
… die letzte Ziffer des Produkts eine 3 ist?	… das Ergebnis 2870 ist?	… die letzte Ziffer des Produkts eine 8 ist?	… das Produkt größer als 1000 ist?

9 ☰ **Zum Knobeln**

Schaffst du es, alle Lücken zu füllen? Es gibt immer genau eine Lösung.

a)
```
4 2 1 · ■ ■
    ■ ■ 6 3
      ■ ■ ■ ■
    ■ ■ ■ ■ 6
```

b)
```
■ ■ 2 · 3 ■
      8 1 ■
      ■ ■ ■ 0
      ■ ■ ■ ■
```

c)
```
■ 7 · 9 ■
  ■ ■ ■
  ■ ■ ■ ■
  ■ ■ ■ 4
```

Grundwissen
zum Wiederholen

1 Setze richtig fort: Zum Auslegen des großen Dreiecks …

Ⓐ braucht man drei graue Plättchen.

Ⓑ braucht man vier graue Plättchen.

Ⓒ sind graue Plättchen nicht geeignet.

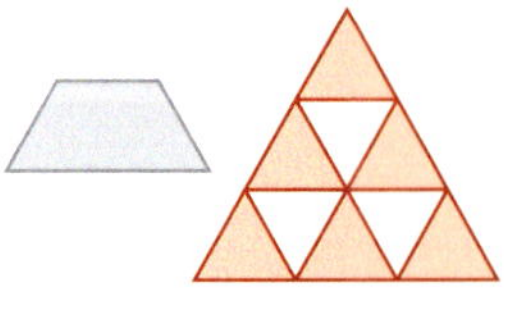

2 Wandle eine halbe Stunde in Minuten um.

3 Wandle 1 m 37 cm in Zentimeter um.

+

10 Multiplizieren großer Zahlen

a) $720 \cdot 800$ b) $400\,000 \cdot 30\,000$ c) $156\,000 \cdot 7200$

d) $1\,234\,500\,000 \cdot 2100$ e) Hunderttausend · 1 Million f) 41 Millionen · 17 000

Tipp: Nullen wegstreichen, multiplizieren und die Nullen an das Produkt hängen.

27~~0 000~~ · 3~~00~~; $27 \cdot 3 = 81$, sechs Nullen anhängen; $270\,000 \cdot 300 = 81\,000\,000$

11 Fahrradtour

Familie Yilmaz plant eine Fahrradtour rund um den Bodensee.
Die Familie will jeden Tag 50 km radeln.
Die geplante Tour ist ca. 360 km lang.
Schaffen sie die Tour in sechs Tagen?
Wie viele Kilometer müssen sie am Tag fahren, um die Tour zu schaffen?

12 Klassenfest

Für das Grillen beim Klassenfest der 5 c mit 25 Kindern haben die Eltern eingekauft. In der Tabelle ist notiert, was sie eingekauft haben.

	Preis	Anzahl
Bratwurst	2 €	30
Pommes	1,50 €	20
Apfelschorle	2 €	20
Orangensaft	2,50 €	10
Wasser	1 €	25

a) Formuliere in eigenen Worten, was eingekauft wurde.
b) Wie viel haben die Eltern insgesamt ausgegeben?
c) Reicht das Geld, wenn jedes Kind 8 € bezahlt? Bleibt noch etwas für die Klassenkasse?

13 Herz

Das Herz ist ein Wunder an Ausdauer und Kraft. Es pumpt stetig Blut durch die Adern und erhält uns so am Leben.

a) Wie viel Liter Blut pumpt das Herz in einer Stunde bzw. an einem Tag bei einem Puls von 70 durch den Körper?
b) Bei großen Anstrengungen, z. B. beim Sport, kann der Puls in besonderen Fällen 210 erreichen. Wie viel Liter Blut pumpt das Herz dann pro Minute?

In einem Biologiebuch steht:

Bei einem Puls von 70 Schlägen pro Minute pumpt das Herz eines Menschen ca. 5 Liter Blut in einer Minute durch den Körper.

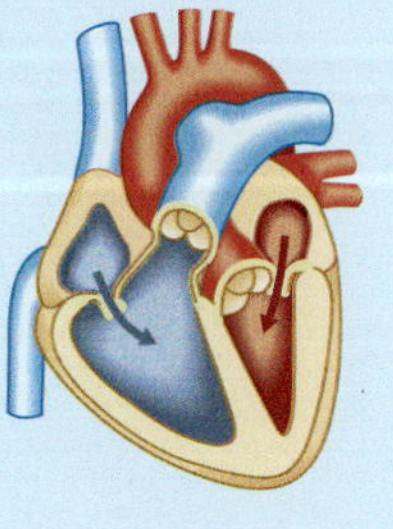

14 „Mal richtig auf den Tisch klopfen“

Wie lange würde es dauern, eine Million (eine Milliarde) mal auf den Tisch zu klopfen?

a) Schätze einmal, wie lange es dauert. Sind es Tage, Stunden, Minuten?
b) Ermittle mit der Stoppuhr, wie oft du in 10 Sekunden auf den Tisch klopfen kannst.
c) Angenommen, du könntest in diesem Takt ohne zu ermüden auf den Tisch klopfen. Wie oft kannst du in einer Minute (einer Stunde, an einem Tag) klopfen?
d) Beantworte die zu Beginn gestellte Frage.

2.5 Schriftliches Dividieren

E1 Schulfeier

Die Schule am Wall feiert ein Sommerfest. Es werden etwa 900 Personen erwartet. Alle Personen sollen an Tischen sitzen. Wie viele Tische werden benötigt, wenn es

① 4er Tische, ② 6er Tische,
③ 8er Tische, ④ 10er Tische,
⑤ 12er Tische ⑥ 20er Tische gibt?

Kopfrechnen ist hier schwierig. Schreibe Zwischenergebnisse auf. Einmal geht die Rechnung nicht auf. Was machst du?

E2 Beuteverteilung

Die fünf Geldschrankknacker Ede, Emil, Heini, Pit und Pummel wollen ihre Beute von 6245 Talern gerecht teilen. Sie können nicht gut rechnen. Keiner hat einen Taschenrechner dabei. Außerdem trauen sie einander nicht. Ede schlägt vor: „Lasst uns erst die 6 Tausender teilen. Jeder erhält einen Tausender. Es bleibt einer übrig. Den wechsle ich in 10 Hunderter. Dann…."

Wie werden die Ganoven ohne Streit weiter teilen? Wie viel Geld erhält jeder?

E3 Dividieren mit großen Zahlen

a) Berechne im Kopf und mache die Probe. In jedem Päckchen werden die Aufgaben etwas schwieriger. Bei den letzten Aufgaben helfen die vorher gelösten Aufgaben.

①	②	③	④
30 : 3	20 : 5	80 : 20	32 : 4
300 : 3	4000 : 5	4000 : 20	800 : 4
330 : 3	4020 : 5	4080 : 20	20 000 : 4
3030 : 3	4420 : 5	8480 : 20	20 832 : 4

b) Wenn der Dividend groß ist, hilft das geschickte Aufteilen des Dividenden und das Aufschreiben von Zwischenergebnissen.
Aufgabe: 675 : 5
Hier siehst du die Lösungswege von Silas und Anna.

Anna:

675 : 5 = ?
600 : 5 = 120
75 : 5 = 15

Lösung: 120 + 15 = 135

Silas:

675 : 5 = ?
500 : 5 = 100
100 : 5 = 20
50 : 5 = 10
25 : 5 = 5

Lösung: 100 + 20 + 10 + 5 = 135

Rechne in gleicher Weise: ① 588 : 7 ② 1275 : 3 ③ 504 : 12 ④ 1542 : 6
Vergleiche mit deinen Nachbarn. Habt ihr unterschiedliche Aufteilungen benutzt?

Basiswissen

WES-125764-007

Es sind auch andere Zerlegungen möglich.

Halbschriftliches Dividieren

Strategie: Man zerlegt den Dividenden so, dass man Zahlen erhält, die man einfach durch den Divisor teilen kann.

Dividieren durch einstelligen Divisor

4	5	6	:	3	=	■		
3	0	0	:	3	=	1	0	0
1	5	0	:	3	=		5	0
		6	:	3	=			2
						1	5	2

Dividieren durch zweistelligen Divisor

6	8	4	:	1	2	=	■	
6	0	0	:	1	2	=	5	0
	8	4	:	1	2	=		7
							5	7

Beispiele

A Halbschriftliches Dividieren durch einen einstelligen Divisor

Berechne 3738 : 7.

Lösung:
Zerlege den Dividenden so in eine Summe, dass jeder Summand durch 7 teilbar ist.
3738 : 7 = 534
Probe: 534 · 7 = 3738

3	7	3	8	:	7	=	■		
3	5	0	0	:	7	=	5	0	0
	2	1	0	:	7	=		3	0
		2	8	:	7	=			4
							5	3	4

Übungen

1 Training im halbschriftlichen Dividieren

a) 144 : 4 b) 954 : 3 c) 1465 : 5 d) 1584 : 12 e) 6510 : 10 f) 8091 : 9

2 Halbschriftlich oder im Kopf

Versuche möglichst viele Aufgaben im Kopf zu rechnen. Wenn es dir nicht gelingt, rechne halbschriftlich. Mache immer die Probe.

a) 480 : 4; 480 : 5; 480 : 12
b) 1206 : 6; 2412 : 6; 3330 : 6
c) 8200 : 4; 8216 : 4; 8240 : 8

3 Zerlegen einmal anders

Peter:

	3	1	9	2	:	8	=	■		
	2	4	0	0	:	8	=	3	0	0
+		7	2	0	:	8	=		9	0
+			7	2	:	8	=			9
								3	9	9

Petra:

	3	1	9	2	:	8	=	■		
	3	2	0	0	:	8	=	4	0	0
−				8	:	8	=			1
								3	9	9

a) Erkläre, wie Petra gerechnet hat.
b) Welche Rechnung erscheint dir einfacher, die von Peter oder die von Petra?
c) Berechne nach einem Verfahren deiner Wahl.
① 480 : 5 ② 1176 : 12 ③ 624 : 13 ④ 75570 : 15

4 Nachdenken über das Dividieren

a) Berechne.
① 945 : 9 und 1890 : 9 ② 2864 : 4 und 2864 : 8
b) Kannst du vorhersagen, welche Ergebnisse man erhält, wenn man
① das Doppelte des Dividenden durch den gleichen Divisor dividiert,
② den gleichen Dividenden durch das Doppelte des Divisors dividiert?
Überprüfe deine Vermutung an eigenen Beispielen.

Einstieg

E4 Vom halbschriftlichen zum schriftlichen Dividieren

Vom halbschriftliches Dividieren …

```
    3 4 5 6 : 8 = 4 3 2
  – 3 2 0 0 : 8 = 4 0 0
Rest  2 5 6
    – 2 4 0 : 8 =   3 0
  Rest  1 6
      – 1 6 : 8 =     2
    Rest  0       4 3 2
```

… zum schriftliches Dividieren

```
  3 4 5 6 : 8 = 4 3 2
– 3 2                    denn 32 : 8 = 4
    2 5
  – 2 4                  denn 24 : 8 = 3
      1 6
    – 1 6                denn 16 : 8 = 2
        0
```

a) Dividiere halbschriftlich 576 : 9 und 4536 : 12.
   Schreibe die Rechenschritte so wie in dem Beispiel mit den „Resten“ auf.

b) Das schriftliche Dividieren ähnelt dem halbschriftlichen Dividieren sehr. Vergleiche die beiden Verfahren. Nenne Gemeinsamkeiten und Unterschiede.

c) Dividiere 5892 : 6 mit dem Verfahren der schriftlichen Division.

Basiswissen

WES-125764-008

Schriftliches Dividieren

Aufgabe: 4374 : 3 Überschlag: 4500 : 3 = 1500

```
  T H Z E         T H Z E
  4 3 7 4 : 3 =   1 4 5 8
– 3
  1 3
– 1 2
    1 7
  – 1 5
      2 4
    – 2 4
        0
```

Tausender:	4 : 3 = **1** Rest 1
	1 · 3 = 3 und 4 – 3 = 1
Hunderter:	13 : 3 = **4** Rest 1
	4 · 3 = 12 und 13 – 12 = 1
Zehner:	17 : 3 = **5** Rest 2
	5 · 3 = 15 und 17 – 15 = 2
Einer:	24 : 3 = **8**
	8 · 3 = 24 und 24 – 24 = 0

Probe: Das Ergebnis wird mit der Umkehraufgabe überprüft: 1458 · 3 = 4374

Beispiele

A Der Divisor ist zweistellig

Berechne 4966 : 13.
Mache zuerst einen Überschlag.

Lösung:
Überschlag: 5000 : 10 = 500

```
  4 9 6 6 : 1 3 = 3 8 2
– 3 9                     49 = 3 · 13 Rest 10
  1 0 6
– 1 0 4                   106 = 8 · 13 Rest 2
      2 6
    – 2 6                 26 = 2 · 13 Rest 0
        0
```

B Nullen im Dividenden

Berechne den Quotienten 4808 : 8.

Lösung:

```
  4 8 0 8 : 8 = 6 0 1
– 4 8                   48 geteilt durch 8 ist 6, Rest 0
    0 0
  –   0                 0 geteilt durch 8 ist 0, Rest 0
      0 8
    –   8               8 geteilt durch 8 ist 1, Rest 0
        0
```

Probe:

```
6 0 1 · 8
  4 8 0 8
```

Übungen

5 ☰ **Division**

Dividiere.

a) 86, 358, 8282, 65 432 durch 2

b) 111, 258, 1356, 22 593 durch 3

c) 138, 558, 2736, 33 330 durch 6

d) 196, 329, 1792, 45 801 durch 7

e) 212, 1272, 7568, 36 428 durch 4

f) 279, 1107, 2205, 55 098 durch 9

6 ☰ **Quotient**

Berechne den Quotienten. Mache jeweils die Probe.

a) 324 : 12 b) 645 : 15 c) 7254 : 18 d) 9925 : 25 e) 1395 : 31 f) 4664 : 53

g) 2030 : 14 h) 13 320 : 24 i) 10 000 : 25 j) 9999 : 33 k) 11 011 : 11 l) 19 998 : 22

7 ☰ **Stellenzahl**

Felix: „Wenn man eine vierstellige Zahl durch eine einstellige Zahl teilt, hat das Ergebnis vier Stellen.“

Stella: „Wenn man eine vierstellige Zahl durch eine einstellige Zahl teilt, hat das Ergebnis drei Stellen.“

Bei welchen Aufgaben hat Felix Recht, bei welchen Stella?

① 6243 : 3 ② 2982 : 2 ③ 8235 : 9 ④ 2223 : 3

8 ☰ **Auf Fehlersuche**

Suche und erkläre die Fehler. Rechne dann richtig.

	2	0	1	7	2	:	4	=	5	4	3
–	2	0									
		0	1	7							
	–		1	6							
				1	2						
			–	1	2				Nele		
					0						

	4	5	2	9	0	:	7	=	6	4	7
–	4	2									
		3	2								
	–	2	8								
			4	9							
		–	4	9					Esme		
				0							

	1	1	0	5	2	:	3	=	3	8	4
–		9									
		2	5								
	–	2	4								
			1	2							
		–	1	2					Pia		
				0							

9 ☰ **Training – einstellige Divisoren**

Berechne.

a)	b)	c)	d)	e)
4398 : 2	3255 : 3	1236 : 4	1050 : 5	1666 : 7
1364 : 2	2976 : 3	5416 : 4	2475 : 5	9996 : 7
7812 : 2	8880 : 3	2752 : 4	6735 : 5	6433 : 7

10 ☰ **Training – zweistellige Divisoren**

Berechne.

a)	b)	c)	d)	e)
715 : 11	456 : 12	9960 : 15	940 : 20	850 : 25
2717 : 11	1656 : 12	1530 : 15	4620 : 20	3125 : 25
5511 : 11	5328 : 12	4995 : 15	7780 : 20	6250 : 25

11 ☰ **Zeittest**

Stoppe die Zeit, die du zum Lösen der Aufgaben brauchst.

a) 216 : 18 b) 180 : 15 c) 273 : 13 d) 544 : 17 e) 644 : 14

f) 441 : 21 g) 7216 : 16 h) 1089 : 11 i) 625 : 25 j) 204 : 12

Lösungen
12, 12, 17, 21,
21, 25, 32, 46,
99, 451

12 ☰ **Verschärftes Training – zwei- und dreistellige Divisoren**

Berechne und mache die Probe.

a) 9729 : 207 b) 8362 : 37 c) 56088 : 123 d) 26520 : 34 e) 508300 : 23

f) 34461 : 63 g) 15351 : 301 h) 5986 : 73 i) 10010 : 13 j) 52890 : 41

13 Dividieren von großen Zahlen

a) 720 : 80
b) 72 000 : 900
c) 30 000 : 5000
d) 60 000 000 : 50 000
e) 368 000 000 : 23 000
f) 1 Milliarde : 1 Million
g) 160 Milliarden : 80 Millionen

> Tipp
> Nullen wegstreichen beim Dividieren:
> 27 ~~000~~ : 3 ~~000~~ = 27 : 3
> = 9
> Beim Dividieren darfst du bei Divisor und Dividend die gleiche Anzahl von Nullen wegstreichen.

14 Divisoren, Dividenden und Faktoren

Notiere zu jeder Frage mindestens zwei passende Beispiele und beantworte sie dann.
Wie verändert sich der Wert …

a) eines Produkts, wenn man den ersten Faktor verdoppelt?
b) eines Quotienten, wenn man den Divisor verdoppelt?
c) eines Quotienten, wenn man den Dividenden verdreifacht?
d) eines Quotienten, wenn man den Dividenden und den Divisor vervierfacht?
e) eines Produkts, wenn man einen Faktor verdoppelt und den anderen Faktor halbiert?
f) eines Quotienten, wenn man den Dividenden verdoppelt und den Divisor halbiert?

Division mit Rest

15 Gummibärchen

Anton hat Geburtstag und möchte in seiner Klasse Gummibärchen verteilen. In einer 200-g-Tüte befinden sich in der Regel 85 Gummibärchen. Anton bringt 5 Tüten für seine Klasse mit 30 Schülerinnen und Schülern mit.
Wie viele Gummibärchen bekommt jedes Kind?
Wie viele Gummibärchen bleiben übrig?

Division mit Rest

In vielen Situationen, in denen dividiert werden muss, geht die Division nicht auf. Es bleibt ein Rest übrig.

Beispiel
Eine Großbäckerei hat 1000 Brötchen gebacken und möchte diese auf ihre 7 Filialen verteilen. Jede Filiale soll gleich viele Brötchen bekommen.
Wie viele Brötchen bleiben übrig?
Jede Filiale bekommt 142 Brötchen und es bleiben 6 Brötchen übrig.

```
  1 0 0 0 : 7 = 1 4 2 Rest 6
- 7
  ---
  3 0
- 2 8
  ---
    2 0
  - 1 4
    ---
      6
```

WES-125764-009

16 Division mit Rest

Berechne und mache jeweils die Probe.

a) 213 : 8	b) 769 : 3	c) 610 : 23	d) 561 : 19	e) 122 : 11
f) 550 : 12	g) 69 : 14	h) 1200 : 15	i) 615 : 55	j) 2378 : 12

17 Schreinerei

Miriam lernt in einer Schreinerwerkstatt. Für eine Schranktür benötigt sie 30 Lamellen, die 28 cm lang sind. Sie sägt die Lamellen von 4 m langen Holzleisten ab.

a) Wie viele Lamellen kann sie von einer Holzleiste absägen? Welchen Abfall erhält sie?
b) Wie viele Holzleisten benötigt sie für alle Lamellen? Berechne auch die gesamte Abfallmenge.

18 Tiervergleiche

Vergleiche, wie schwer die verschiedenen Tiere sind. Stimmt es, dass ein Elefant ungefähr 300-mal so schwer wie ein Hund ist?

Hund 18 kg

Huhn 3 kg

Pferd 800 kg

Pottwal 45 000 kg

Elefant 6000 kg

19 Kreativer Aufgabenbau

1	2	4	5	6	8

Baue aus den Ziffern Divisionsaufgaben ohne Rest.

Du musst zunächst nicht alle Ziffern benutzen. Wer findet die meisten Divisionsaufgaben, bei denen alle Ziffern genau einmal vorkommen?

Problemlösen

20 Auf Entdeckungstour

a) Denke dir fünf aufeinanderfolgende dreistellige Zahlen aus. Addiere die Zahlen und teile das Ergebnis durch 5. Wähle andere fünf aufeinanderfolgende Zahlen und teile wieder durch 5. Was fällt dir auf?

Beispiel
234, 235, 236, 237, 238

b) Zum Weiterforschen:
Benutze vier- oder fünfstellige Zahlen. Passiert das gleiche?
Beschreibe deine Entdeckung: *„Wenn man vier oder fünf aufeinanderfolgende Zahlen addiert…"*
c) Versuche, Begründungen für deine Entdeckungen zu geben.

Grundwissen
zum Wiederholen

1 Der Schulweg von Jonas beträgt von der Wohnung bis zur Schule 4 km. Mit dem Fahrrad benötigt er dafür ca. 16 Minuten. Wie viele Kilometer fährt er in einer Woche?

2 Wahr oder falsch: Mit einem großen Würfel kann man häufiger eine „6" würfeln als mit einem kleinen.

3 Wie viele Ecken und Kanten hat ein Würfel?

21 Schnelles Dividieren

Lisa findet die Methode, schriftlich zu dividieren, zeitaufwendig. Sie hat sich eine schnellere Methode ausgedacht, mit der sie auch sehr große Zahlen dividieren kann, ohne eine ganze Seite im Heft vollzuschreiben. Sie sagt, dass ihre Methode genauso funktioniert, wie die herkömmliche, nur dass man mehr im Kopf rechnet und weniger schreibt:

1 2 3 4 5 6 7 8 9 4 : 7 = 1 7 6 3 6 6 8 4 2
  5 4 2 4 4 5 2 1 0

Überprüfe, ob Lisa richtig gerechnet hat. Beschreibe, wie Lisa gerechnet und aufgeschrieben hat. Löse mit Lisas Methode: ① 3 257 865 : 3 ② 17 136 858 : 6 ③ 456 008 : 14

Anwendungen

22 Schwimmbadbesuche

a) Im Januar hat das Schwimmbad durch den Verkauf von Einzelkarten für Erwachsene 8145 € eingenommen. Wie viele Karten wurden jeweils verkauft?

b) Hanna hat eine Jahreskarte für Kinder bekommen. Wie oft muss sie das Hallenbad besuchen, um ihre Karte auszunutzen und kein Geld zu verschenken? Vergleiche mit dem Preis für Einzelkarten.

c) In der Tabelle siehst du, wie viel Geld das Schwimmbad durch den Verkauf von Eintrittskarten in einem Jahr eingenommen hat. Wie viele Einzelkarten, Zehnerkarten und Jahreskarten wurden in diesem Jahr verkauft?
① für Kinder ② für Erwachsene

Hallenbad Neptun

	Preise
Erwachsene/Einzelkarte	3,– €
Kinder/Einzelkarte	2,– €
Erwachsene/Zehnerkarte	25,– €
Kinder/Zehnerkarte	15,– €
Erwachsene/Jahreskarte	100,– €
Kinder/Jahreskarte	50,– €

Hallenbad Neptun		Jahreseinnahmen
Einzelkarten	Erwachsene	95 157 €
Einzelkarten	Kinder	48 024 €
Zehnerkarten	Erwachsene	19 075 €
Zehnerkarten	Kinder	8 070 €
Jahreskarten	Erwachsene	10 600 €
Jahreskarten	Kinder	12 550 €

Multiplizieren und Dividieren

23 Schätzungen in vielen Lebenslagen

Schätze bei allen Fragen, ob die Antwort eine Zahl im Zehner-, Hunderter-, Tausender-, Zehntausender-, Hunderttausender- oder Millionenbereich ist. Rechne dann genau.

a) Ein Python kann in drei Monaten bis zu 75 Mäuse fressen. Wie viele Mäuse kann ein Python in drei Jahren fressen?

b) Täglich verlieben sich in Deutschland 2806 Fünftklässler. Wie viele Fünftklässler verlieben sich in einer Woche?

c) In Deutschland werden täglich im Schnitt 14 Zwillingspaare geboren. Wie viele Zwillinge werden in einem Jahr geboren?

d) Max Knaller, der bekannte Fußballspieler, verdient jährlich 4 Millionen Euro, Stefan Anfang aus demselben Team nur 400 000 €. Wie viel verdient Max, wie viel Stefan an einem Tag?

e) Ein Jumbo-Jet kann bis zu 210 000 l Treibstoff tanken. In einen Autotank passen ungefähr 70 l. Wie viele Autos könnte man mit der Treibstoffmenge eines Jumbos betanken?

2.6 Rechenausdrücke aufstellen und berechnen

E1 Häuser geschickt zählen

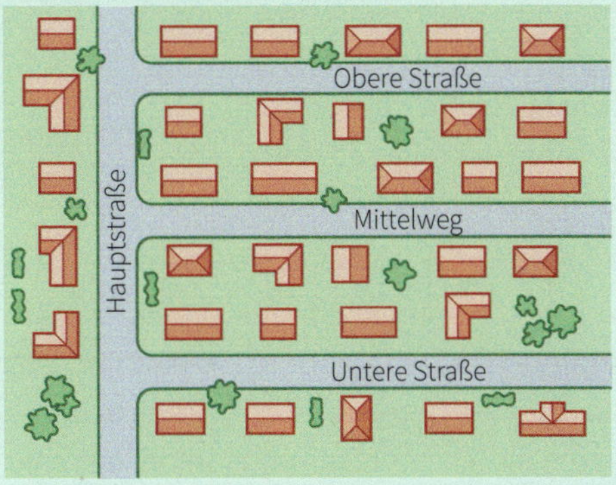

Die Anzahl der Häuser in der Siedlung kann man durch Abzählen herausfinden. Es geht aber auch geschickter.

Inga:
„Ich zähle die Häuser Straße für Straße."

Hans:
„In einer Häuserzeile gibt es nur 4 Häuser, in allen anderen 5. Und dann sind da noch die 5 Häuser links an der Hauptstraße."

a) Schreibe zu Inga und Hans jeweils einen Rechenausdruck auf und berechne damit die Anzahl der Häuser. Kommst du auf dasselbe Ergebnis?

b) Sammle mit deinem Nachbarn weitere Rechenausdrücke für die Anzahl der Häuser. Erklärt euch gegenseitig, wie ihr auf die Ausdrücke gekommen seid.

E2 Zwei verschiedene Rechnungen zu einer Aufgabe?!

Herr Riese stellt eine Rechenaufgabe. Clara und Felix erhalten unterschiedliche Ergebnisse. Clara und Felix haben doch die gleiche Aufgabe gerechnet. Wie kann das sein?

Herr Riese: *„Rechnet 14 plus 6 mal 8"*
Clara: *„Das Ergebnis ist 160."*
Felix: *„Das sind 62."*

a) Was meinst du, wer hat richtig gerechnet?

b) Die beiden Rechenbäume zeigen, dass Clara und Felix nicht die gleiche Aufgabe gerechnet haben.
Welcher Baum gehört zu Clara, welcher zu Felix? Fülle die Lücken aus.

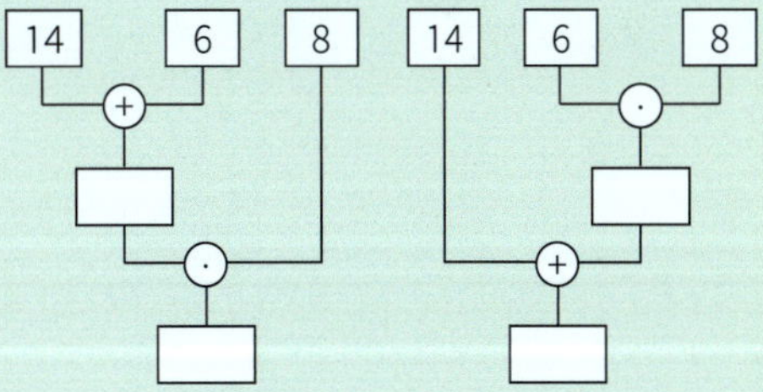

c) Schreibe die beiden Aufgaben mit Klammern. Wie müsste Herr Riese die Aufgabe stellen, damit die Lösung von Clara richtig ist?

E3 Flaschen und Kisten

Die Anzahl der Flaschen im Bild kann man durch Abzählen herausfinden. Schneller geht es mit einem Rechenausdruck.

① $5 + 12 + 12 + 12$
② $3 \cdot 12 + 5$
③ $4 \cdot 12 - 7$

a) Berechne die Anzahl der Flaschen mithilfe der Rechenausdrücke. Beschreibe, wie man die Rechenausdrücke erhält.

b) Berechne $4 \cdot (12 - 7)$. Vergleiche mit ③. Veranschauliche diesen Ausdruck mit Flaschen und Kisten.

Basiswissen

WES-125764-010

Vorfahrtsregeln bei Termen

Rechenausdrücke werden auch Terme genannt. Mit Rechenbäumen kann man deutlich machen, wie der Term berechnet wird.

Nur Strichrechnungen

Rechnet man von links nach rechts, so macht man nichts falsch.

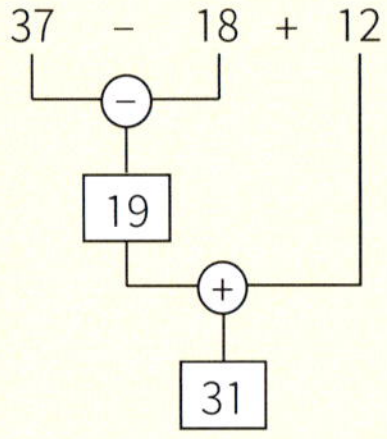

$37 - 18 + 12$

$= 19 + 12$

$= 31$

Nur Punktrechnungen

Rechnet man von links nach rechts, so macht man nichts falsch.

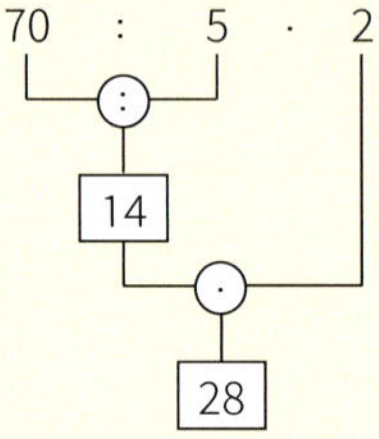

$70 : 5 \cdot 2$

$= 14 \cdot 2$

$= 28$

Punkt- vor Strichrechnungen

Punktrechnungen werden vor Strichrechnungen ausgeführt.

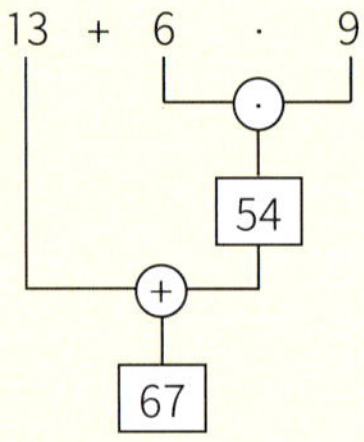

$13 + 6 \cdot 9$

$= 13 + 54$

$= 67$

Klammern zuerst

Was in Klammern steht, wird zuerst ausgerechnet.

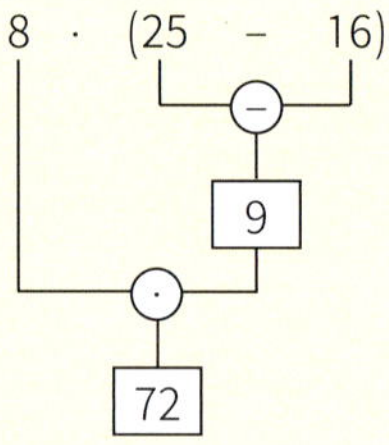

$8 \cdot (25 - 16)$

$= 8 \cdot 9$

$= 72$

Beispiele

A Rechenbäume als Rechenhilfe

Berechne den Rechenausdruck $5 \cdot (7 + 23) + 12$. Beachte die Vorfahrtsregeln.

Lösung:

Rechenbaum

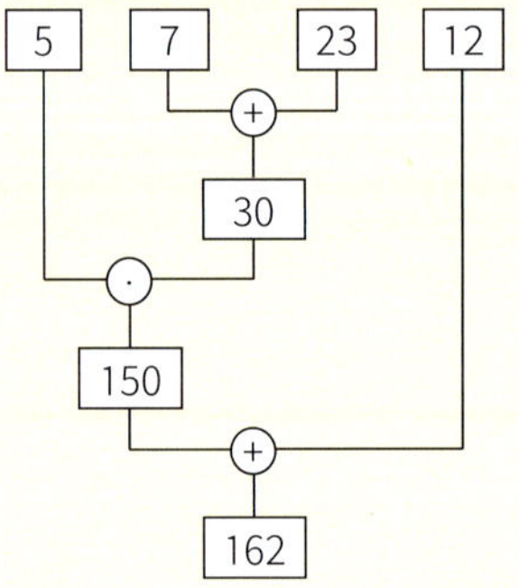

Rechnung

$5 \cdot (7 + 23) + 12$ Klammern zuerst

$= 5 \cdot 30 + 12$ Punkt- vor Strichrechnung

$= 150 + 12$

$= 162$

Man kann den Rechenausdruck auch als Text formulieren:
„Multipliziere 5 mit der Summe von 7 und 23 und addiere zu dem Produkt 12."

Übungen

Lösungen
6 10 49 59
60 120 215 1320

1 Rechenbäume können helfen

Berechne die Rechenausdrücke. Rechenbäume und Beispiel A können dabei helfen.

a) $17 + 8 \cdot 4$ b) $(29 - 9) \cdot 6$ c) $33 \cdot (16 + 24)$ d) $40 \cdot 5 + 3 \cdot 5$
e) $(23 - 15) \cdot 7 + 4$ f) $18 + 9 \cdot 2 + 23$ g) $(19 - 2 \cdot 9) \cdot 6$ h) $11 \cdot 10 - 100$

2 **Kopfrechnen**

Berechne im Kopf. Beachte die Vorfahrtsregeln.

a) $9 + 64 : 8$ b) $28 - 36 : 6$ c) $81 : 9 - 9$ d) $18 + 72 : 9$

e) $95 - 60 : 15$ f) $45 : 3 - 28 : 7$ g) $80 : 5 \cdot 2$ h) $6 \cdot (15 - 7)$

3 **Richtiges Notieren beim Rechnen**

Tom hat versucht, einen Term schrittweise zu berechnen. Sein Lehrer streicht ihm fast jede Zeile als falsch an. Welchen Fehler hat Tom gemacht? Schreibe die Berechnung des Terms richtig auf.

$105 : 7 - 3 + 8 \cdot 5$
$= 15 - 3$
$= 12 + 8 \cdot 5$
$= 12 + 40$
$= 52$

Schrittweises Rechnen richtig notiert

Ein längerer Term wird in mehreren Schritten berechnet. Die Gleichheitszeichen stehen dabei untereinander. Jede Zeile ergibt das gleiche Ergebnis. Zahlen, die noch nicht verrechnet sind, werden einfach übertragen.

$72 : 6 + 5 - 2 \cdot 4$
$= 12 + 5 - 2 \cdot 4$
$= 12 + 5 - 8$
$= 9$

4 **Vorfahrtsregeln anwenden**

Berechne unter Beachtung der Vorfahrtsregeln. Achte auf den richtigen Gebrauch des Gleichheitszeichens.

a) $(17 - 5 + 3) \cdot 12$ b) $(104 + 36 : 6) \cdot 100$ c) $(16 \cdot 4 - 6 \cdot 9) \cdot 4 - 20$

d) $(204 - 11 \cdot 9) : 3 + 16$ e) $(17 \cdot 8 - 99) \cdot (34 - 16 \cdot 2)$ f) $33 + (88 - 22 \cdot 2) - (27 - 15)$

Lösungen
20 51 65 74
180 189
364 11 000

5 **Terme richtig aufschreiben**

Herr Riese hat wieder einmal Rechenaufgaben gestellt. Clara hat ihre Rechnung aufgeschrieben. Welche Aufgabe hatte Herr Riese gestellt und vorgelesen?

$15 - 9 = 6$
$6 \cdot 5 = 30$
$30 + 8 = 38$

6 **Rechenbäume übersetzen**

Übersetze die Rechenbäume in Terme und berechne.

a) 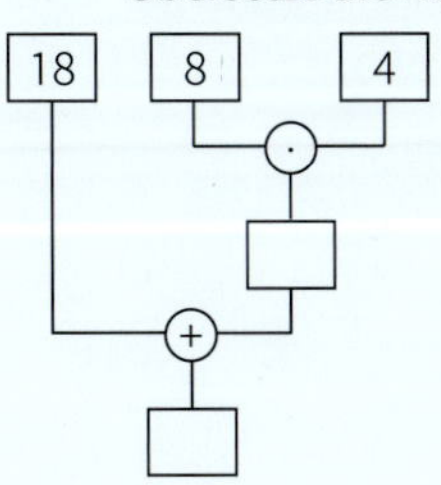

b) 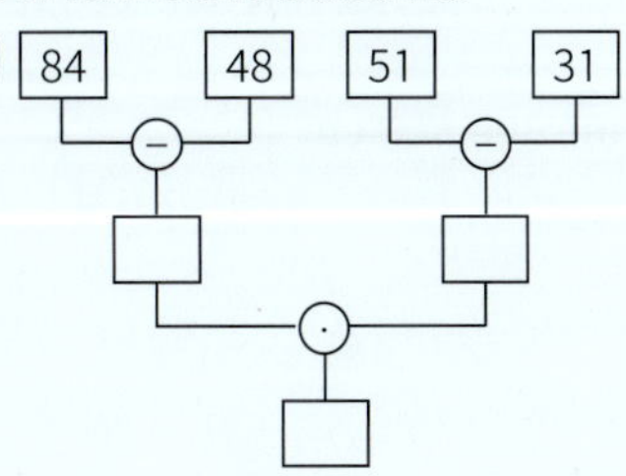

c) 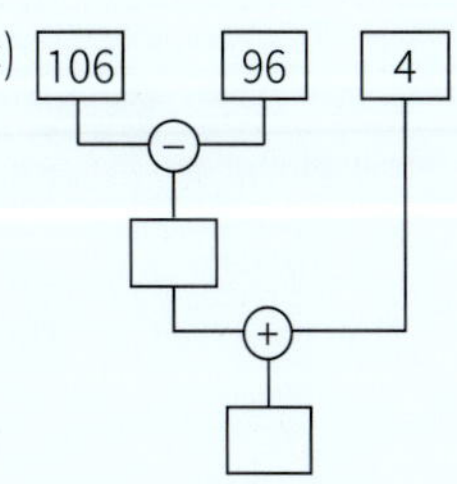

d) 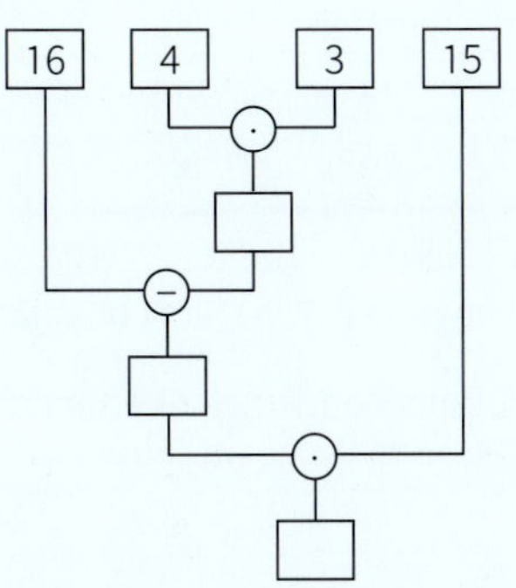

e) 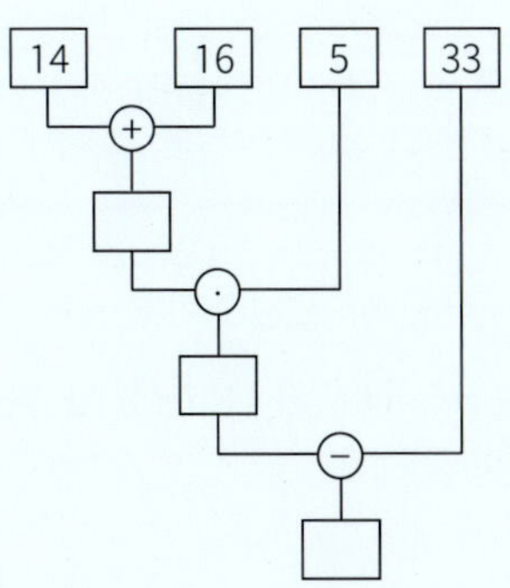

f) 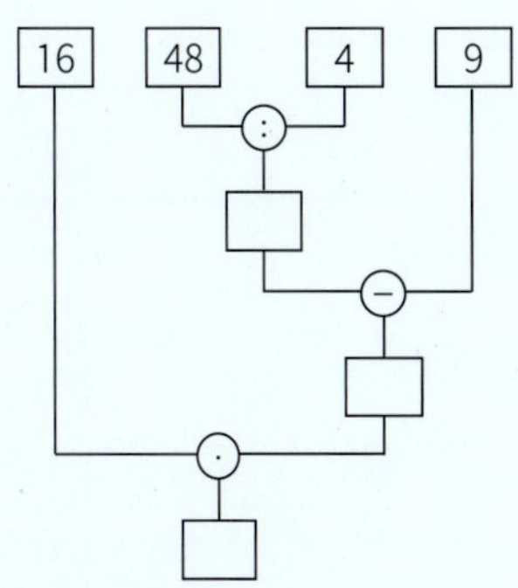

7 Vom Text zum Term

Übersetze den Text in einen Term. Berechne im Kopf oder schreibe die Einzelschritte als "Nebenrechnung" schrittweise richtig auf.

a) Multipliziere 5 und 12, addiere 12 und dividiere das Ergebnis durch 8.

b) Subtrahiere 6 von 25, addiere 21 und multipliziere das Ergebnis mit 3.

c) Dividiere 72 durch 6, multipliziere mit 10 und subtrahiere 100.

d) Addiere 25 und 17, dividiere durch 7, multipliziere mit 9 und subtrahiere 54.

8 Terme basteln

Irina und Robin „basteln“ aus Zahlen, Rechenzeichen und Klammern verschiedene Rechenausdrücke. Sie wollen den Rechenausdruck finden, der die größte Zahl liefert. Welcher ist es?

$17 \cdot 3 + 21$

$21 \cdot 3 + 17$

$17 \cdot 21 + 3$

$(17 + 3) \cdot 21$

$(21 + 3) \cdot 17$

9 Terme zuordnen

Welcher Text passt zu welchem Term? Ordne zu und berechne.

① Multipliziere die Differenz von 170 und 5 mit der Summe von 18 und 6.

② Subtrahiere das Produkt von 5 und der Summe von 18 und 6 von 170.

③ Subtrahiere das Produkt von 18 und 5 von 170 und addiere dann 6.

④ Multipliziere die Differenz von 170 und 5 mit 18 und addiere dann 6.

Ⓐ $170 - 5 \cdot (18 + 6)$

Ⓑ $(170 - 5) \cdot (18 + 6)$

Ⓒ $(170 - 5) \cdot 18 + 6$

Ⓓ $170 - 5 \cdot 18 + 6$

10 In Terme übersetzen

Übersetze den Text in einen Term mit mathematischen Zeichen. Rechne.

a) Multipliziere die Summe von 13 und 23 mit 12. Subtrahiere von dem Produkt die Zahl 28.

b) Multipliziere die Summe von 18 und 36 mit der Differenz von 26 und 14.

c) Dividiere die Summe von 36 und 44 durch 5. Addiere zu dem Quotienten das Produkt aus 6 und 5.

d) Multipliziere die Summe aus 36 und 54 mit der Differenz aus 36 und 29.

e) Addiere 15 zu dem Produkt aus 10 und 15. Subtrahiere von der Summe die Zahl 100.

Lösungen
46 65 404
630 648

11 Terme übersetzen

Übersetze die Terme in einen Text und berechne sie.

a) $6 \cdot 21 + 15$ b) $16 \cdot (21 + 15)$ c) $(123 - 23) \cdot 50$

d) $(21 - 15) \cdot (34 + 12)$ e) $(31 - 12 \cdot 2) \cdot 4$ f) $(8 \cdot 9 + 4 \cdot 4) : 8$

Grundwissen zum Wiederholen

1 Überprüfe mit der Stoppuhr, ob du alle Aufgaben aus a) in weniger als 3 Minuten richtig lösen kannst. Wie lange brauchst du für die Aufgaben in b)?

a) $12 \cdot 8$ $18 \cdot 7$ $84 : 4$ $91 : 7$ $16 \cdot 9$ $15 \cdot 8$ $256 : 8$ $114 : 6$

b) $27 \cdot 5$ $33 \cdot 7$ $175 : 5$ $77 \cdot 3$ $749 : 7$ $84 \cdot 4$ $549 : 9$ $992 : 8$

2 In einem Jahr wurden in Deutschland 131 Millionen Schoko-Osterhasen hergestellt. Zehn Osterhasen wiegen durchschnittlich etwa 1 kg. Wie viel Schokolade wurde verarbeitet?

3 Welcher geometrische Körper ist geeignet, um einen Trinkhalm näherungsweise zu beschreiben?

12 **Gleiche „Bauteile" – verschiedene Terme**

Aus Bausteinen sollen verschiedene Terme gelegt werden. Dabei muss jeder Stein genau einmal verwendet werden.

[3] [·] [(] [5] [+] [7] [)]

a) Berechne das Ergebnis aus dem gelegten Term. Wie viele Terme mit anderem Ergebnis findest du mit den gleichen Bausteinen?

b) Finde mit den Bausteinen den Term, der das größte (kleinste) Ergebnis liefert.

① [13] [8] [6] / [·] [−]

② [11] [10] [9] / [(] [·] [)] [−]

③ [8] [6] [4] [5] / [·] [(] [)] [+] [−]

13 **Zahlenrätsel leicht gemacht**

Übersetze den Text in einen Rechenbaum. Finde die fehlende Zahl. Du darfst auch gerne ausprobieren.

a) Die Summe der gesuchten Zahl und 14 beträgt 32.

b) Addiere zu dem Produkt einer Zahl und 5 die Zahl 8 und du erhältst 23.

c) Addiere zu einer Zahl 16. Multipliziere die Summe mit 9 und subtrahiere anschließend 80. Als Ergebnis erhältst du 100.

d) Multipliziere eine Zahl mit 5. Subtrahiere von dem Produkt 23. Addiere zu dem Ergebnis das Produkt von 3 und 6 und du erhältst 45.

e) Multipliziere eine Zahl mit sich selbst und subtrahiere 1. Das Ergebnis ist 15.

14 **Klammern in einer Klammer**

In einer Klammer können weitere Klammern vorkommen. Mit den Vorfahrtsregeln lassen sich solche Terme berechnen.

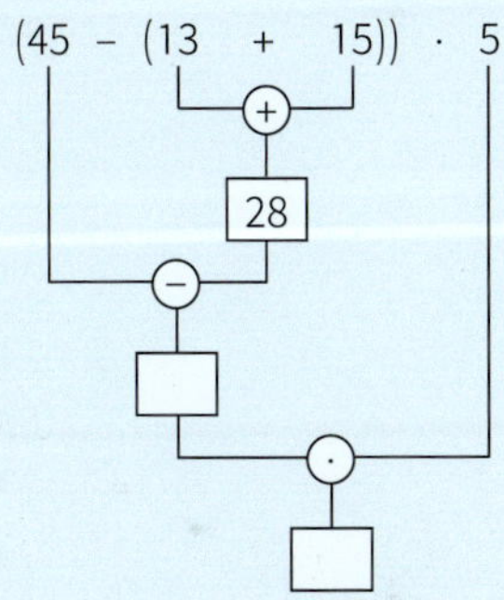

a) $\left(45-(13+25)\right)\cdot 5$

b) $6\cdot(5\cdot(4+3)+2)$

c) $\left(\left((12+5)\cdot 10\right)-100\right):7$

d) $\left(\left(\left((1+2)\cdot 3+4\right)\cdot 5\right)+6\right)\cdot 7$

15 **Temperaturmessung in den USA**

In Europa misst man Temperaturen in Grad Celsius (°C). In den USA wird die Temperatur in Grad Fahrenheit (°F) gemessen. Tanjas Brieffreundin Carol hat geschrieben, dass es in diesem Sommer in New York 113 °F waren. Kann das sein?

Tanjas Mutter erklärt ihr, wie man die Temperatur in °C umrechnen kann:

„Von der Temperatur in °F musst du 32 subtrahieren, das Ergebnis musst du durch 9 dividieren. Dann musst du noch mit 5 multiplizieren."

a) Schreibe einen Term und einen Rechenbaum zu der Umrechnungsregel auf. Rechne 113 °F um in °C. Ganz schön heiß in New York, oder?

b) Wie warm wird es, wenn der Wetterbericht 68 °F (41 °F; 32 °F) vorhersagt?

c) Überlege dir selbst Temperaturen in °F und rechne sie in °C um. Bei welchen Temperaturen gelingt das gut, wann hast du Probleme?

d) Tanja möchte für ihren Antwortbrief die aktuelle Temperatur von 25 °C in °F umrechnen. Findest du eine passende Umrechnungsvorschrift?

2.7 Geschicktes Rechnen

E1 Zahlensalat

a) Berechne die einzelnen Rechenausdrücke. Bei immer zwei Aufgaben kommt dasselbe Ergebnis heraus. Ordne zu. Wie hängen die zugehörigen Rechenausdrücke zusammen?

$13 \cdot 4$ $52 \cdot 7$ $40 + 12$ $85 \cdot 5$ $360 + 18$

$63 \cdot 6$ $74 \cdot 3$ $120 + 42$ $210 + 12$

$27 \cdot 6$ $37 \cdot 6$ $350 + 14$ $400 + 25$ $180 + 42$

b) $(70 + 4) \cdot 3$ führt auch auf ein Ergebnis aus a). Stelle die entsprechenden Ausdrücke für die anderen Zahlen auf.

E2 Muster beim Rechnen

Berechne. Was fällt dir auf? Ergänze jeweils zwei ähnliche Aufgaben, die zu demselben Ergebnis führen.

a)	b)	c)
$4 \cdot 13 + 6 \cdot 13$	$14 \cdot 2 + 14 \cdot 8$	$2 \cdot 25 + 5 \cdot 25 + 3 \cdot 25$
$7 \cdot 13 + 3 \cdot 13$	$14 \cdot 7 + 14 \cdot 3$	$1 \cdot 25 + 4 \cdot 25 + 5 \cdot 25$
$12 \cdot 13 - 2 \cdot 13$	$14 \cdot 5 + 14 \cdot 5$	$6 \cdot 25 + 2 \cdot 25 + 2 \cdot 25$
$15 \cdot 13 - 5 \cdot 13$	$14 \cdot 14 - 14 \cdot 4$	$7 \cdot 25 - 2 \cdot 25 + 5 \cdot 25$

E3 Kopfrechnen - Zerlegen und Zusammenfassen hilft

Beim Kopfrechnen ist es wichtig, so vorteilhaft wie möglich zu rechnen. Beim Multiplizieren zerlegt man dazu häufig Zahlen oder man fasst sie zusammen.

Zerlegen: Aufgabe: $13 \cdot 4$

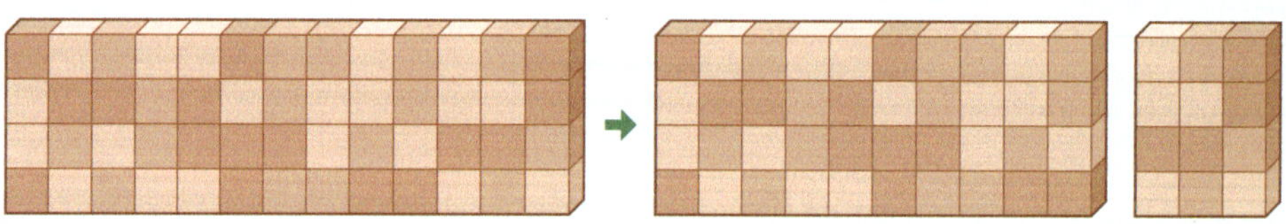

$13 \cdot 4 = (10 + 3) \cdot 4 \quad = \quad 10 \cdot 4 + 3 \cdot 4 = 40 + 12 = 52$

Zusammenfassen: Aufgabe: $8 \cdot 4 + 2 \cdot 4$

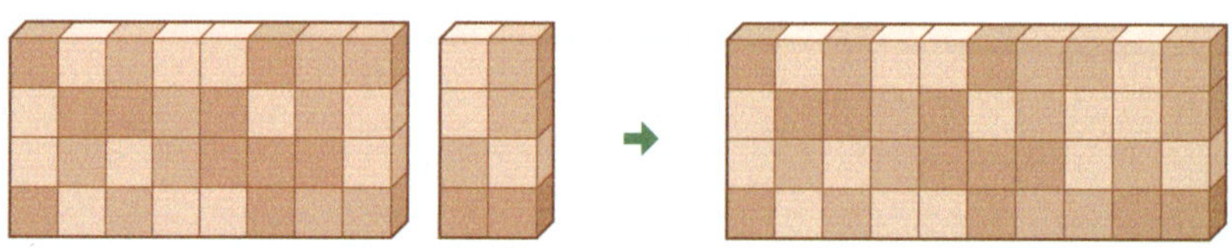

$8 \cdot 4 + 2 \cdot 4 \quad = \quad (8 + 2) \cdot 4 = 10 \cdot 4 = 40$

a) Rechne durch geschicktes Zerlegen:

① $107 \cdot 5$ ② $230 \cdot 5$ ③ $698 \cdot 8$

Rechne durch Zusammenfassen:

④ $34 \cdot 7 + 66 \cdot 7$ ⑤ $1250 \cdot 3 + 750 \cdot 3$ ⑥ $114 \cdot 9 - 24 \cdot 9$

b) Was ist jeweils besser, Zerlegen oder Zusammenfassen? Begründe erst und rechne dann.

① $(20 + 7) \cdot 6$ ③ $(91 + 9) \cdot 7$ ③ $(24 + 6) \cdot 5$ ④ $(30 + 3) \cdot 4$

Basiswissen

WES-125764-011

Zerlegen

Wenn man $14 \cdot 3$ im Kopf berechnen soll, ist es geschickt, $10 \cdot 3 + 4 \cdot 3$ zu rechnen.
Man hat die Zahl 14 in die Summe $10 + 4$ zerlegt und dann beide Summanden einzeln mit 3 multipliziert.

$14 \cdot 3 = (10 + 4) \cdot 3 \quad = \quad 10 \cdot 3 + 4 \cdot 3 = 30 + 12 = 42$

Durch Zerlegen können viele Aufgaben des „großen Einmaleins" im Kopf gerechnet werden.

Zusammenfassen

Wenn man $4 \cdot 13 + 6 \cdot 13$ im Kopf berechnen soll, ist es geschickt, $10 \cdot 13$ zu rechnen.
Man fasst zunächst 4 und 6 zusammen und multipliziert erst dann mit 13.

$4 \cdot 13 + 6 \cdot 13 \quad = \quad (4 + 6) \cdot 13 = 10 \cdot 13 = 130$

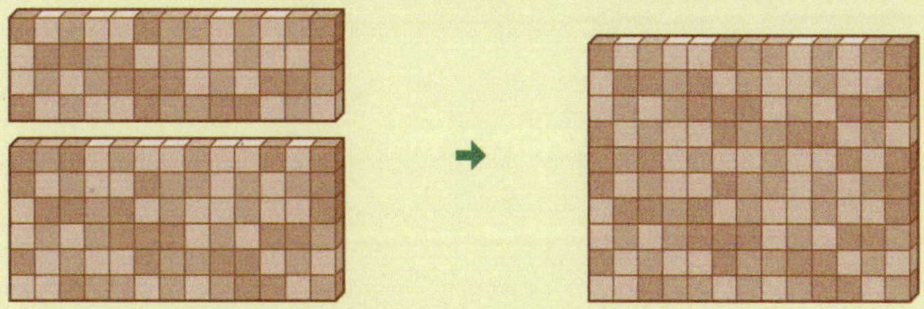

Distributivgesetz (Verteilungsgesetz)

$(a + b) \cdot c = a \cdot c + b \cdot c$ Beispiel: $(4 + 6) \cdot 11 = 4 \cdot 11 + 6 \cdot 11$

Von links nach rechts: Zerlegen: **Aus dem Produkt wird eine Summe.**

Von rechts nach links: Zusammenfassen: **Aus der Summe wird ein Produkt.**

Beispiele

A Möglichst geschickt berechnen

a) $3 \cdot 83 + 7 \cdot 83$ b) $18 \cdot 8$

Lösung:

a) 3 und 7 zu $(3 + 7) = 10$ zusammenfassen

$3 \cdot 83 + 7 \cdot 83 = (3 + 7) \cdot 83$
$= 10 \cdot 83$
$= 830$

b) 18 als Differenz von 20 und 2 schreiben

$18 \cdot 8 = (20 - 2) \cdot 8$
$= 20 \cdot 8 - 2 \cdot 8$
$= 160 - 16 = 144$

Übungen

1 Geschickt rechnen mit dem Distributivgesetz

Rechne möglichst geschickt. Oft hilft zerlegen oder zusammenfassen, also das Distributivgesetz. Orientiere dich an Beispiel A.

a) $14 \cdot 23 + 6 \cdot 23$ b) $7 \cdot (34 + 16)$ c) $4 \cdot 17 + 9 \cdot 17 + 7 \cdot 17$ d) $8 \cdot (7 + 9)$
e) $(20 - 3) \cdot 9$ f) $24 \cdot 12 - 24 \cdot 2$ g) $(24 + 36) \cdot 6$ h) $115 \cdot 9 - 25 \cdot 9$

2 Das Distributivgesetz hilft beim Dividieren

Das Distributivgesetz gilt auch für die Division.

Rechne wie im Beispiel. Welche Rechnungen schaffst du im Kopf?

a) $68 : 4$ b) $69 : 3$ c) $84 : 6$
d) $126 : 3$ e) $212 : 4$ f) $168 : 7$
g) $95 : 5$ h) $535 : 5$ i) $264 : 8$

Beispiel
$96 : 4 = (80 + 16) : 4$
$= 80 : 4 + 16 : 4$
$= 20 + 4 = 24$

3 Rechenausdrücke notieren

Notiere wie im Beispiel zu jedem Bild drei Rechenausdrücke. Was ist einfacher, Zerlegen oder Zusammenfassen?

a)

> Beispiel
>
> 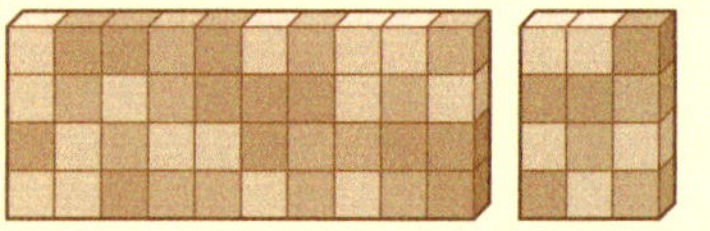
>
> *Klammerterm:* $(10+3)\cdot 4$
> *zusammengefasst:* $13\cdot 4$
> *zerlegt:* $10\cdot 4+3\cdot 4$

b)

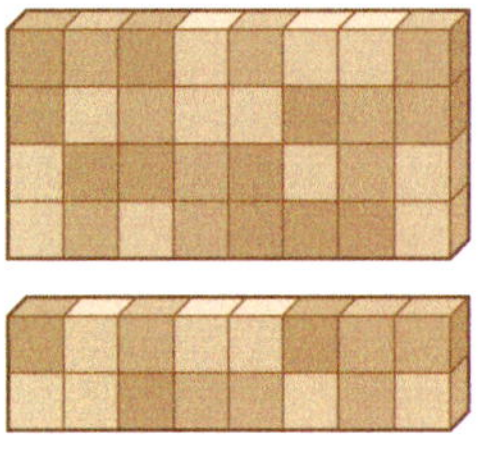

c)

4 Kopfrechnen auf Zeit

Überprüfe mit der Stoppuhr, ob du alle Aufgaben aus a) in weniger als 3 Minuten richtig lösen kannst. Wie lange brauchst du für die Aufgaben in b)?

a) $16\cdot 4$ $17\cdot 9$ $76:4$ $84:7$ $19\cdot 4$ $13\cdot 8$ $248:8$ $126:6$

b) $23\cdot 5$ $34\cdot 7$ $165:5$ $88\cdot 3$ $756:7$ $74\cdot 4$ $459:9$ $792:8$

5 Geschickt rechnen durch Umverteilen

a) $7\cdot 12+8\cdot 12$ b) $16\cdot 7-5\cdot 7$

c) $14\cdot 13-6\cdot 13$ d) $4\cdot 17+7\cdot 17$

e) $14\cdot 8+14\cdot 5$ f) $19\cdot 18-8\cdot 18$

g) $4\cdot 13+4\cdot 7$ h) $4\cdot 31+31\cdot 16$

> Beispiel
> $7\cdot 13+4\cdot 13$
> $=(7+4)\cdot 13$
> $=11\cdot 13$
> $=(10+1)\cdot 13=130+13=143$

6 Passende Zahl gesucht

a) $\square-16=37$ b) $4\cdot(6-\square)=12$

c) $5\cdot(8-2)\cdot\square=120$ d) $6\cdot\square-7=17$

e) $\square\cdot\square=9$ f) $(7-\square)\cdot 9-6=39$

g) $4\cdot\square=20$ h) $(6-\square)\cdot\square=9$

> Tipp
> $3\cdot(\square+4)=27$
> $3\cdot\quad 9\quad=27$
> Die gesuchte Zahl ist 5.

7 Geschickt rechnen

Berechne geschickt im Kopf. Finde freundliche Faktoren in den Produkten.

Beispiel: $5\cdot 48=5\cdot 2\cdot 24=10\cdot 24=240$

a) $25\cdot 12$ b) $125\cdot 16$ c) $36\cdot 25$ d) $25\cdot 8\cdot 2\cdot 12\cdot 5$

e) $4\cdot 22\cdot 5$ f) $82\cdot 5$ g) $125\cdot 28\cdot 4$ h) $250\cdot 150\cdot 8$

Grundwissen
zum Wiederholen

1 In Samuels Klasse gibt es 14 Mädchen. Das ist die Hälfte der Klasse. Wie viele Jungen sind in der Klasse?

2 Ein Buch hat 100 Seiten, auf jeder Seite sind 30 Zeilen, in jeder Zeile sind ca. 20 Wörter. Erstelle eine Rechenaufgabe.

3 Die Zuschauerzahl im Stadion wird auf Tausender gerundet mit 18.000 angegeben. Wie können die Zuschauerzahlen genau aussehen? Gib die kleinstmögliche und die größtmögliche Zahl an.

8 Punktmuster

Zählen ist oft langweilig und dauert lange. Manchmal kann man stattdessen auch rechnen. Das geht dann viel schneller. „Zähle" die Anzahl der Punkte, indem du rechnest. Findest du verschiedene Möglichkeiten, die Anzahl der Punkte zu berechnen?

a) 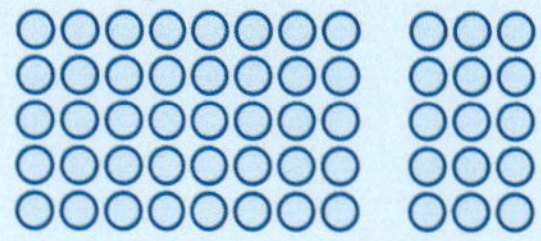

b) 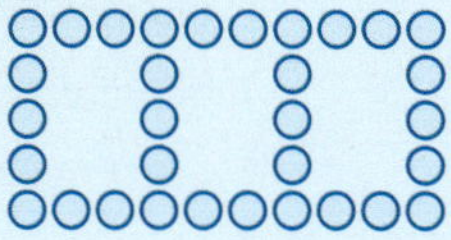

c) 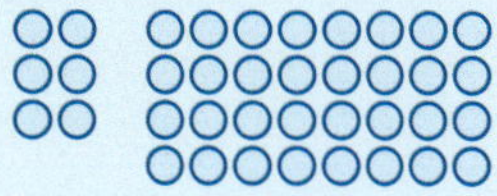

d) 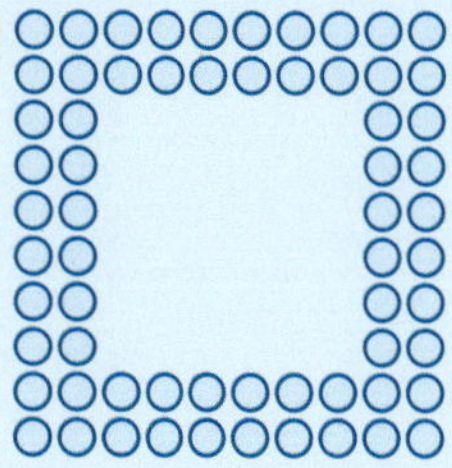

9 Halbschriftliches Rechnen und das Verteilungsgesetz

Mit dem halbschriftlichen Multiplizieren und Dividieren kannst du geschickt Produkte und Quotienten ausrechnen, die fürs Kopfrechnen zu schwer sind.
Hier sind ein paar Beispiele.

4 · 37		
4 · 30	=	120
4 · 7	=	28
4 · 37	=	148
287 · 4		
200 · 4	=	800
80 · 4	=	320
7 · 4	=	28
287 · 4	=	1148

Rechnung		Ergebnis	
2220 : 3			
2100 : 3	=	700	
120 : 3	=	40	*plus*
		740	
4950 : 5			
5000 : 5	=	1000	
50 : 5	=	10	*minus*
		990	

a) Beim Verteilungsgesetz geht es um Zerlegen und Zusammenfassen. Erläutere diese Begriffe im Zusammenhang mit dem halbschriftlichen Multiplizieren und Dividieren.
b) Schreibe die halbschriftlichen Rechnungen als Rechenausdrücke wie im Basiswissen auf.
c) Kannst du die Aufgabe $43 \cdot 19$ halbschriftlich rechnen? Schreibe die Rechnung auch als Rechenausdruck wie im Basiswissen auf und vergleiche.

10 Die Gelosia-Methode der Multiplikation

Die Gelosia-Methode ist von dem schottischen Baron JOHN NAPIER vor mehr als 300 Jahren bekannt gemacht worden.

Die Produkte werden auf etwas ungewöhnliche Weise eingetragen.

Um mehrstellige Zahlen miteinander zu multiplizieren, haben die Menschen vor langer Zeit ein besonderes Verfahren entwickelt.

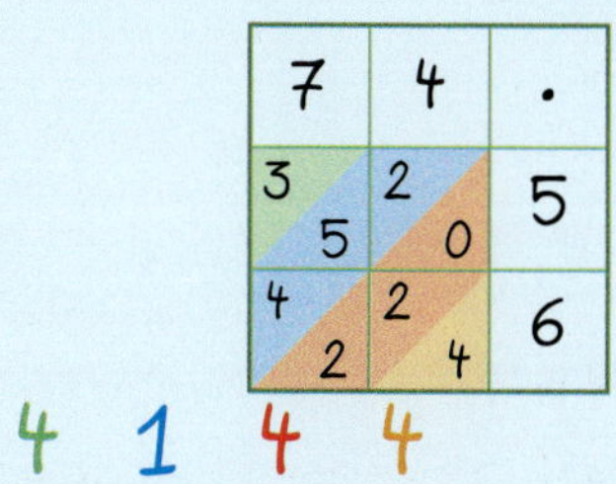

Beispiel
Berechne $74 \cdot 56$
Ohne schriftlich multiplizieren zu können, würde man schrittweise rechnen.
Man „verteilt" die Zahlen

$74 \cdot 50 + 74 \cdot 6$
$= 70 \cdot 50 + 4 \cdot 50 + 70 \cdot 6 + 4 \cdot 6$
$= 3500 + 200 + 420 + 24$
$= 4144$

	3500
+	200
+	420
+	24
	4144

a) Finde heraus, wie die Gelosia-Methode funktioniert. Berechne mit dieser Methode das Produkt $39 \cdot 82$.
b) Berechne $287 \cdot 57$ nach der Gelosia-Methode.

2.8 Strategien bei Textaufgaben

E1 Planung einer Klassenfahrt

Die Klasse 5 a plant ihre Klassenfahrt. Die Fahrt soll drei Übernachtungen beinhalten und darf mit Taschengeld die Kosten von 150 € nicht überschreiten. Die Übernachtungs-, Verpflegungs- und Buskosten betragen für jeden insgesamt 122 €.

a) Die Busfahrt kostet pro Schülerin und Schüler 35 €. Wie viel kostet ein Tag Übernachtung mit Verpflegung in der Jugendherberge?

b) Von der Jugendherberge werden verschiedene Programmbausteine angeboten. Stelle ein mögliches Programm zusammen. Wie viel Taschengeld bleibt bei deinem Programm noch übrig?

Programmbausteine *(Preis pro Schüler)*	
Tour mit dem Rafting-Boot:	12 €
Tag im Erlebnisschwimmbad:	9 €
Stadtrallye mit dem Fahrrad:	5 €
Zoobesuch:	7 €
Wildkräuter sammeln und kochen:	8 €
Besichtigung einer Glockengießerei:	5 €
Drachen bauen:	6 €
Grillabend mit Lagerfeuer:	2 €
Cocktailparty mit Disco:	4 €
Fingerfood selbstgemacht:	4 €

E2 Eiffelturm – Auto – Einfamilienhaus – Elbphilharmonie

Der Eiffelturm in Paris wurde im Jahre 1889 fertiggestellt. Er besteht aus ungefähr 7300 t Stahl. Man benötigt 40 t Farbe, um ihn anzustreichen.

a) Ein großes Auto wiegt ungefähr 2 Tonnen. Wie viele Autos wiegen zusammen so viel wie der Eiffelturm?

b) Um ein Einfamilienhaus anzustreichen, benötigt man 60 kg Farbe. Wie viele Einfamilienhäuser kann man mit der Menge Farbe anstreichen, die man für den Eiffelturm benötigt?

c) Der Bau des Turms kostete 1889 ungefähr 8 Millionen Franc. 6 Franc entsprechen ungefähr einem Euro. Die Elbphilharmonie in Hamburg kostete ungefähr 866 Millionen Euro. Wie viele Eiffeltürme hätte man dafür bauen können? Warum passt der Vergleich nicht?

Partnerarbeit

E3 Ein Zahlenrätsel

Naemi kennt einen Zahlentrick:

„Denke dir eine Zahl. Multipliziere sie mit 4 und addiere dann 10. Teile das Ergebnis durch 2 und ziehe davon 5 ab. Nenne mir dein letztes Ergebnis und ich sage dir, welche Zahl du dir gedacht hast."

a) Probiert den Trick an Beispielen aus. Jeder sollte sich einmal eine Zahl ausdenken und einmal raten.
Wie seid ihr mithilfe des Ergebnisses auf die ausgedachte Zahl gekommen?
Überprüft eure Vermutung durch ein weiteres Beispiel.

b) Schreibt einen passenden Rechenausdruck für das Rätsel zu den von euch ausgedachten Zahlen auf. Gelingt euch damit eine Begründung, wie ihr auf die ausgedachte Zahl gekommen seid?

Basiswissen

WES-125764-012

Bei Textaufgaben musst du zunächst das Problem verstehen. Erst dann kannst du Schritt für Schritt zur Lösung kommen.

Vom Text zur Rechnung und zur Antwort

In einem Sportverein gibt es 250 Erwachsene und 100 Jugendliche. Die Erwachsenen bezahlen im Monat 8 € und die Jugendlichen 5 €. Die Vereinsführung hat festgestellt, dass in Zukunft 3000 € pro Monat benötigt werden. Die Jugendlichen sollen nicht mehr als bislang bezahlen. Wie viel müssen die Erwachsenen in Zukunft pro Monat bezahlen?

Strategie

Schritt 1:
Lies dir den Text genau durch und notiere die wichtigen Informationen.

Es gibt 250 Erwachsene, die 8 € monatlich bezahlen.
Es gibt 100 Jugendliche, die 5 € im Monat bezahlen.
Der Verein benötigt 3000 € im Monat.
Die Jugendlichen bezahlen weiterhin 5 € pro Monat.

Schritt 2:
Formuliere die Frage.

Wie viel muss ein Erwachsener im Monat bezahlen, wenn 3000 € monatlich benötigt werden und jeder Jugendliche weiterhin 5 € bezahlt?

Schritt 3:
Übersetze die Informationen in Terme.
Rechne anschließend.

Die 100 Jugendlichen bezahlen pro Monat weiterhin:
$100 \cdot 5\,€ = 500\,€$
Die 250 Erwachsenen müssen in Zukunft zahlen:
$3000\,€ - 500\,€ = 2500\,€$
Diesen Betrag auf 250 Erwachsene verteilen:
$2500\,€ : 250 = 10\,€$

Schritt 4:
Beantworte die Frage und mache die Probe.

Die Erwachsenen müssen in Zukunft monatlich 10 € bezahlen, das heißt 2 € mehr pro Monat.
Probe: 250 Erwachsene bezahlen $250 \cdot 10\,€ = 2500\,€$.
Dazu kommen die 500 € der Jugendlichen, zusammen sind es 3000 €.

Beispiele

A Ein Altersrätsel

Anni, Ben und Christian sind zusammen doppelt so alt wie Derya. Christian ist fünf Jahre jünger als Anni, Ben ist zwei Jahre älter als Christian. Anni ist 18 Jahre alt. Wie alt ist Derya?

Lösung:
Strategie: Suche die Textstelle, die ein erstes Ergebnis liefert. Suche mit diesem Ergebnis die nächste Textstelle, die ein zweites Ergebnis liefert…

Textstelle	Anni	Ben	Christian	Derya
Anni ist 18 Jahre alt.	18			
Christian ist fünf Jahre jünger als Anni			$18 - 5 = 13$	
Ben ist zwei Jahre älter als Christian		$13 + 2 = 15$		
Anni, Ben und Christian sind zusammen doppelt so alt wie Derya				$(18 + 15 + 13) : 2$ $= 46 : 2 = 23$

Derya ist 23 Jahre alt.

B Ein zweiter Lösungsweg

Löse die Aufgabe aus dem Basiswissen auf eine andere Art.

Lösung:

Welcher Betrag wird bisher monatlich bezahlt?	$250 \cdot 8\,€ + 100 \cdot 5\,€ = 2500\,€$
Welcher Betrag fehlt?	$3000\,€ - 2500\,€ = 500\,€$
Die 500 € auf die 250 Erwachsenen verteilen.	$500\,€ : 250 = 2\,€$
Mehrbetrag zu altem Beitrag addieren	$8\,€ + 2\,€ = 10\,€$

Übungen

1 Eisessen

Die Eltern der Klasse 5c haben für das Eisessen ihrer Kinder 250 € gespendet. 6 Schülerinnen und Schüler essen einen Fruchteisbecher, außerdem werden 14 Spaghettieis und 7 gemischte Eis gegessen. Es werden 9 Gläser Wasser, 18 Gläser Cola und 14 Flaschen Fruchtsaft getrunken.

a) Reichen die 250 € aus?

b) Wie viele Kinder haben mehr als ein Getränk getrunken?

Fruchteisbecher	6,00 €
Spaghettieis	5,00 €
Gemischtes Eis	4,00 €
Wasser	1,50 €
Cola	2,00 €
Fruchtsaft	2,50 €

2 Ein Fußballspiel

In einem Fußballstadion gibt es 9000 Stehplätze und 3000 Sitzplätze. Nach einem Spiel blieben 942 Sitzplatzkarten und 2835 Stehplatzkarten übrig. Insgesamt wurden 65 802 € eingenommen. Ein Stehplatz kostet 6 €.

a) Was kostet eine Sitzplatzkarte?

b) Wie hoch sind die Einnahmen, wenn alle Karten verkauft werden?

3 Ein Konzert

Das Konzert der Popgruppe „Blindfische" ist ausverkauft. Es gibt 240 Stehplätze, 180 Plätze im Rang und 320 Plätze im Parkett.

a) Wie hoch sind die Einnahmen für das Konzert?

b) Beim nächsten Konzert sollen alle Eintrittskarten einheitlich 15 € kosten. Was schätzt du, gibt es mehr Einnahmen, wenn das Konzert ausverkauft ist? Rechne.

c) Würden genau dieselben Besucher kommen, wenn der Eintrittspreis einheitlich 15 € beträgt? Was meinst du?

Karten und Preise

Stehplatz	9 €
Rang	13 €
Parkett	20 €

4 Schulfest für einen guten Zweck

Das Wilhelm-Busch-Gymnasium hat eine Partnerschule in Afrika. Die SV (Schülervertretung) beschließt, für die neuen Klassenräume der afrikanischen Schule 60 Stühle und 30 Tische zu spenden. Dazu wollen sie den Gewinn aus dem Schulfest verwenden. Notfalls soll der Elternverein helfen.

60 Stühle kosten 1200 €,

30 Tische kosten 1500 €.

Übertrage die Abrechnung in dein Heft und vervollständige sie.

Abrechnung Schulfest

Klassen	*Einnahmen*	*Ausgaben*
5	337 €	212 €
6	208 €	96 €
7	596 €	231 €
8	453 €	395 €
9	461 €	222 €
10	515 €	419 €
11	1061 €	491 €
12	962 €	433 €

5 Ein Kanuausflug

Die fünften Klassen machen einen Kanuausflug. Es sind 82 Kinder und 6 Lehrerinnen und Lehrer. Es gibt Boote für 8 Personen, die 30 € kosten und Boote für 12 Personen, die 40 € kosten. Kai meint: „Wir nehmen die großen Boote, das ist billiger.“
Ist Kais Vorschlag sinnvoll?
Prüfe verschiedene Bootsverteilungen.
Finde eine Verteilung, die am günstigsten ist.

6 Wassertropfen

Aus einem Wasserhahn tropft gleichmäßig Wasser, alle 5 Sekunden ein Tropfen. Ein Liter Wasser besteht aus ungefähr 20 000 Tropfen Wasser.

a) Welche Wassermenge tropft in einer Stunde aus dem Hahn?
b) Wie viele Literflaschen könnte man mit dem Wasser füllen, das in einem Jahr aus dem undichten Hahn tropft?
c) Stell dir vor, eine Stadt hat 3000 Haushalte. In jedem ist ein Wasserhahn defekt. Wie groß ist dann die Verschwendung an einem Tag und in einem Jahr? Wovon musst du stillschweigend ausgehen, um hier rechnen zu können?

Problemlösen

7 Altersrätsel

① Emil ist drei Jahre jünger als Gesa, die 5 Jahre älter ist als Fiona. Fiona ist 14 Jahre alt. Emil und Fiona sind zusammen so alt wie Hubert.

② Jan, Karolin, Lena und Malte sind zusammen 62 Jahre alt. Malte ist so alt wie Lena und Jan so alt wie Karolin. Karolin, Lena und Jan sind zusammen 38 Jahre alt.

Eine Skizze hilft:

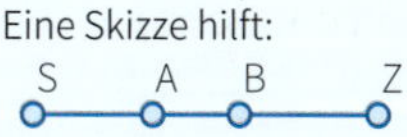

8 Wanderwege

Bestimme die Länge aller Etappen und die Gesamtlänge der Wanderwege.
Die Wanderungen führen vom Start S an den Hütten A und B vorbei zum Ziel Z.

① Von A bis Z sind es 12 km, von S bis B 17 km und von A bis B 2 km.

② Von B bis Z sind es 10 km, von S bis A sind es 7 km und von A bis Z 15 km.

9 Auf der Autobahn von Hamburg nach Aachen

Bestimme die Entfernungsangaben, die auf den Schildern fehlen.

Münster	260 km
Dortmund	330 km
Köln	■■■ km
Aachen	■■■ km

Münster	■■■ km
Dortmund	270 km
Köln	■■■ km
Aachen	450 km

Münster	90 km
Dortmund	■■■ km
Köln	260 km
Aachen	■■■ km

10 Jan angelt

Jan angelt gerne. Er geht fünf Tage auf Angeltour. Am ersten Tag angelt er eine gewisse Menge Fische, in den fünf Tagen insgesamt 60 Fische. Er angelt jeden Tag 3 Fische mehr als am Vortag. Wie viele Fische hat er an den einzelnen Tagen geangelt?

11 ☰ Kyrill

In der Nacht vom 18. Januar auf den 19. Januar 2007 gab es in Europa einen verheerenden Orkan, „Kyrill“. In Nordrhein-Westfalen wurden durch Kyrill ungefähr 25 Millionen Bäume umgelegt. In Südwestfalen mussten 15 Millionen Festmeter Holz aus den Wäldern abtransportiert werden. Das entspricht der Ladung von 450 000 Lastwagen. Nach drei Monaten waren erst 3 Millionen Festmeter abtransportiert. Wegen des Überangebots an Holz sank der Holzpreis nach dem Sturm von 55 Euro pro Festmeter auf 32 Euro pro Festmeter.

Aufgabe 17 aus 2.5 hilft

a) Schätze und berechne, wie viele Festmeter Holz ungefähr auf einen Lastwagen passen.

b) Berechne, wie viel Wertverlust am Holz durch den Sturm entstanden ist.

c) Schätze und berechne, wie viele Lastwagenladungen Holz in den drei Monaten nach dem Sturm aus den Wäldern in Südwestfalen täglich abtransportiert worden sind.

12 ☰ So rechnen Archäologen

Archäologen sind Forscher, die versuchen herauszufinden, wie Menschen in der Vergangenheit gelebt haben. Häufig finden sie bei ihren Grabungen Teile menschlicher Skelette. Die Wissenschaftler wollen wissen, wie groß Menschen vor mehreren Tausend Jahren waren. Es gibt eine Faustregel, mit der man die Größe eines Menschen in Zentimeter gut schätzen kann, wenn man die Länge des Oberarmknochens kennt. Die Formel ist für Frauen und Männer verschieden.

> Multipliziere die Länge des Oberarmknochens mit 29 und addiere 700. Teile das Ergebnis durch 10. Bei Frauen muss man die Länge des Oberarmknochens mit 28 multiplizieren und 715 addieren.

a) Welcher der Rechenausdrücke beschreibt die Faustregel für Männer richtig? Begründe deine Wahl. Wie lautet die Faustregel für Frauen?

① $\square \cdot (29 + 700) : 10$ ② $\square \cdot 29 + (700 : 10)$ ③ $\square \cdot 29 + 700) : 10$

b) Bei Ausgrabungen wurde ein 26 cm langer Oberarmknochen eines erwachsenen Mannes gefunden. Bestimme die Größe des Mannes mit der Faustregel. Vergleiche die Größe des Mannes mit der Größe eines Mannes heutzutage.

c) Wie groß war eine Frau, deren Oberarmknochen 25 cm lang war?

d) Was denkst du: Sind die Faustregeln sehr unterschiedlich?

e) Zum Forschen: Gibt es die Länge eines Oberarmknochens, bei der ein Mann genauso groß gewesen wäre wie eine Frau?

Grundwissen
zum Wiederholen

1 Die Schattenbilder zeigen einen Körper von oben und von vorn. Welcher geometrische Körper könnte es sein?

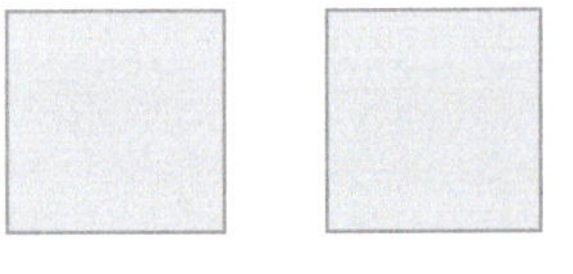

2 Finde den größten und den kleinsten Betrag:
1,85 €; 2,80 €; 3,20 €; 2,75 €; 0,80 €; 4,00 €.

+

Exkurs

EAN – Europäische Artikelnummer

Wird im Supermarkt ein Artikel über eine Scannerkasse gezogen, so wird der Artikel anhand des Strichcodes eindeutig erkannt. Der Strichcode stellt eine dreizehnstellige Nummer, die EAN (**E**uropäische **A**rtikel **N**ummer) so dar, dass sie für den Scanner lesbar ist. Diese EAN steht auch noch einmal unter dem Strichcode. Zu jeder EAN ist in der Kasse der entsprechende Preis gespeichert, der auf dem Kassenbon angegeben wird. Die Ziffern der EAN enthalten verschiedene Informationen:

4 001057 906112

Ländernummer: 4
Firmennummer: 001057
Artikelnummer: 90611
Prüfnummer: 2

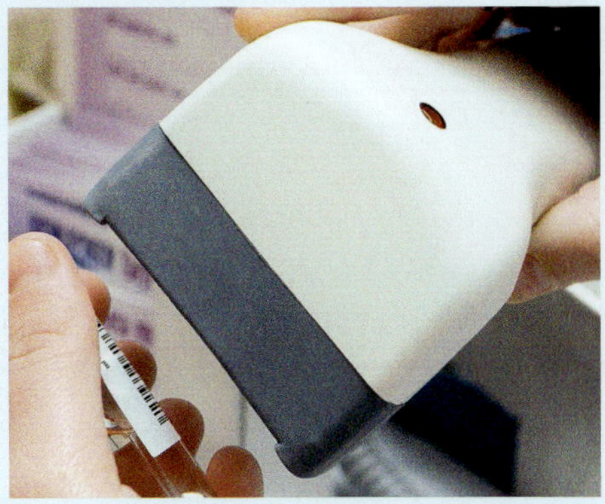

Die letzte Ziffer ist die sogenannte Prüfziffer. Mit ihr kann der Scanner berechnen, ob die Information richtig eingelesen wurde. Die Prüfziffer wird mithilfe der anderen Ziffern berechnet. Dazu multipliziert man die Ziffern von links nach rechts abwechselnd mit 1 und 3. Dann bildet man die Summe der Produkte. Die Zahl, die man zu dieser Summe noch addieren muss, damit sich eine Zehnerzahl ergibt, ist die Prüfziffer. Die Rechnung lässt sich übersichtlich in einer Tabelle darstellen:

EAN ohne Prüfziffer	4	0	0	1	0	5	7	9	0	6	1	1	
Faktor	1	3	1	3	1	3	1	3	1	3	1	3	**Summe**
Produkt	4	0	0	3	0	15	7	27	0	18	1	3	**78**

$78 + \mathbf{2} = 80$ (nächste Zehnerzahl), deshalb ist die Prüfziffer **2**.

QR-Codes im Buch

Sogenannte QR-Codes kann man ebenfalls scannen, sogar mit einem Smartphone. Findest du solche QR-Codes im Buch? Scanne sie und schau dir die Zusatzmaterialien an.

13 Prüfziffern bestimmen

Bei den EAN-Nummern sind die Prüfziffern nicht lesbar. Kannst du sie bestimmen? Eine Tabelle wie im Exkurs kann helfen.

9 783507 85620▮   3 433422 40531▮   4 014361 07702▮

14 Prüfziffer schnell berechnet

Maria ist die Arbeit mit der Tabelle zu aufwändig. Um die fehlende Prüfziffer zu bestimmen, rechnet sie für die EAN-Nummer 40 0105 79061 1 wie in der Tabelle im Exkurs:
$(4+0+0+7+0+1)\cdot 1+(0+1+5+9+6+1)\cdot 3=12\cdot 1+22\cdot 3=12+66=78.$
Also ist die Prüfziffer 2. Kannst du Marias Verfahren erklären? Rechne auf dem gleichen Weg für die EAN-Nummern aus Aufgabe 16.

Rechenvorteile
Vertauschen der Reihenfolge und Zusammenfassen verschaffen häufig Rechenvorteile.

Kommutativgesetz
$a + b = b + a$

$25 + 37 + 75$
$= 25 + 75 + 37$
$= \quad 100 \quad + 37 = 137$

$a \cdot b = b \cdot a$

$4 \cdot 38 \cdot 25$
$= 4 \cdot 25 \cdot 38$
$= \quad 100 \quad \cdot 38 = 3800$

Assoziativgesetz
$a + b + c = a + (b + c)$

$18 + (94 + 6)$
$= 18 + \quad 100 = 118$

$a \cdot b \cdot c = a \cdot (b \cdot c)$

$56 \cdot (5 \cdot 20)$
$= 56 \cdot \quad 100 = 5600$

Schriftliches Addieren
Addiere zunächst die Einer, dann die Zehner, dann die Hunderter usw. Achte auf die Überträge.

Summanden			4	9	2	0
	+			8	7	5
	+	$_1$	6$_2$	9$_1$	4	2
Summe		1	2	7	3	7

Schriftliches Subtrahieren
Ergänze zunächst die Einer, dann die Zehner, dann die Hunderter usw. Achte auf die Überträge.

Minuend		7	3	1	8
Subtrahend	–	2$_1$	3$_1$	6	7
Differenz		4	9	5	1

Überschlagsrechnung
Vor dem Rechnen ist eine Überschlagsrechnung empfehlenswert. Sie liefert ein ungefähres Ergebnis. So können zumindest grobe Fehler schnell erkannt werden.

Aufgabe: $587 \cdot 7$
↓ ↓
Überschlag: $600 \cdot 7 = 4200$

Check-up

1 Rechenvorteile nutzen
Berechne die Rechenausdrücke. Nutze Rechenvorteile.

a) $37 + 14 + 23$
b) $103 + 84 + 47 + 6$
c) $35 + 28 - 15 + 12$
d) $12 + 14 + 16 + 16 + 18 + 20$

2 Kopfrechnen
Rechne möglichst geschickt im Kopf. Welches Gesetz wendest du bei der Rechnung an?

a) $17 \cdot 8$
b) $43 \cdot 7$
c) $96 : 8$
d) $132 : 12$
e) $12 \cdot 25$
f) $23 \cdot 19$
g) $99 \cdot 13$
h) $369 : 9$
i) $1785 : 17$
j) $644 : 7$
k) $125 \cdot 8$
l) $102 : 3$

3 Addieren und Subtrahieren
Mache zunächst einen Überschlag und rechne dann.

a) $234 + 5002 + 96 + 3304$
b) $345 - 258 + 711$
c) $1000 - (341 + 205 + 184)$
d) $99 + 999 + 9999 + 99\,999$

4 Zahlenmauer
In der Zahlenmauer steht die Summe der beiden direkt darunterliegenden Zahlen. Berechne den Spitzenstein.

a)
□
□ | 134
□ | □ | □
12 | 53 | 20 | 41

b)
□
1547 | □
□ | □ | □
562 | 87 | 811 | 187

5 Schriftlich subtrahieren
Berechne schriftlich.

a) $857 - 253$
b) $9198 - 2457$
c) $49\,231 - 13\,294$
d) $11\,111 - 9999$

e)

	1	0	0	0
–		3	4	5
–			2	7
–		1	8	7
	□	□	□	□

f)

		7	8	3	4	5
–			9	9	9	9
–		2	3	0	4	5
–				1	8	7
	□	□	□	□	□	□

g) $99\,999 - 9999 - 999 - 99 - 9$
h) $98\,765 - 9876 - 987 - 98 - 9$

6 Fehlende Zahlen
a) □ + 346 = 738
b) 6587 – □ = 5082
c) □ – 2222 = 444
d) 621 – □ – 78 = 400
e) 754 – □ + 2501 = 0
f) 7264 + 2736 = □

7 Lücken füllen
Ersetze die fehlenden Stellen passend.

a)

	1	3	□	0	4	□
+		□	5	□	□	5
	□	2	5	9	2	8

b)

	7	□	2	□	4
–	□	6	□	5	2
	5	3	2	8	□

c)

	□	0	□	0	2
–	1	□	3	□	5
		7	8	5	□

Schriftliches Multiplizieren

5	8	7 (6)	· (4)	7
	4	1	0	9

Übertrag

3	4	1	·	2	7	
		6	8	2	0	341 · 20
		2 (1)	3 (1)	8	7	341 · 7
		9	2	0	7	

Multipliziere mit jeder Ziffer wie mit einem einstelligen Faktor und schreibe passend untereinander auf. Addiere anschließend die Produkte.

Halbschriftliches Dividieren

Strategie: Man zerlegt den Dividenden so, dass man Zahlen erhält, die man einfach durch den Divisor teilen kann.

6	8	4	:	1	2	=	■	
6	0	0	:	1	2	=	5	0
	6	0	:	1	2	=		5
	2	4	:	1	2	=		2
							5	7

Schriftliches Dividieren

Aufgabe: 4374 : 3
Überschlag: 4500 : 3 = 1500

	T	H	Z	E				T	H	Z	E
	4	3	7	4	:	3	=	1	4	5	8
−	3					·3					
	1	3									
−	1	2				·3					
		1	7								
	−	1	5			·3					
			2	4							
		−	2	4		·3					
				0							

Probe:
Das Ergebnis wird mit der Umkehraufgabe überprüft: 1458 · 3 = 4374

Division mit Rest

In vielen Situationen, in denen dividiert werden muss, geht die Division nicht auf. Es bleibt ein Rest übrig:

17 : 3 = 5 Rest 2   Probe: 3 · 5 + 2 = 17

8 Überschlagsrechnen

Mache zunächst eine Überschlagsrechnung im Kopf. Runde oder schätze die Zahlen so ab, dass du leicht rechnen kann. Rechne dann genau. Schaffst du manche der Aufgaben auch im Kopf?

a) 23 · 38 b) 78 · 89 c) 618 · 49 d) 189 · 97
e) 392 : 7 f) 6489 : 9 g) 572 : 11 h) 1904 : 34

9 Schriftlich multiplizieren

Berechne schriftlich.

a) 4378 · 6 b) 79 263 · 4 c) 9090 · 9 d) 40 309 · 8
e) 5643 · 12 f) 8657 · 38 g) 90 909 · 909 h) 24 816 · 128

10 Auf Fehlersuche

Finde die Fehler und berechne richtig.

a)

3	7	·	5
1	8	3	5

b)

1	7	·	4	2
		4	8	
			3	4
		5	1	4

c)

6	7	·	5	0	2
	3	3	5		
		1	3	4	
	3	4	8	4	

11 Fehlende Zahlen

Versuche im Kopf eine Lösung zu finden.

a) ■ · 24 = 216 b) 15 · ■ = 165 c) ■ · 3 = 333 d) 200 : ■ = 25
e) ■ : 8 = 402 f) 6060 : ■ = 60 g) 213 · ■ = 2 130 000

12 Zahlenmauer

In der Zahlenmauer steht das Produkt der beiden direkt darunterliegenden Zahlen. Berechne den Spitzenstein.

a)

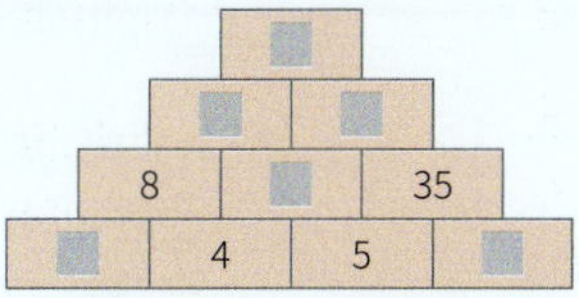

b)

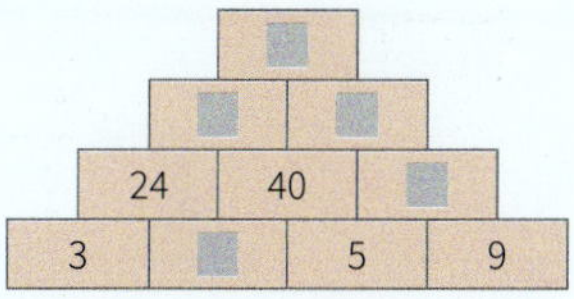

13 Halbschriftlich dividieren

Berechne halbschriftlich. Manche Aufgaben kannst du vielleicht auch im Kopf zu lösen.

a) 4218 : 6 b) 9090 : 9 c) 40 008 : 8 d) 5412 : 12
e) 38 760 : 38 f) 79 992 : 4 g) 90 900 : 101 h) 5580 : 18

14 Schriftlich dividieren

a) 4446 : 6 b) 8632 : 4 c) 65 128 : 7 d) 98 760 : 8
e) 7896 : 12 f) 14 274 : 18 g) 35 265 : 15 h) 70 840 : 20

15 Division mit Rest

Berechne und mache die Probe.

a) 266 : 4 b) 734 : 8 c) 1304 : 12 d) 465 : 354

16 Kopfrechnen – trotz großer Zahlen

Berechne im Kopf.

a) 300 000 − 25 000 b) 200 · 4000 c) 12 000 : 400
d) 33 333 + 66 666 e) 5000 · 5000 f) 800 000 : 200

Vorfahrtsregeln

Nur Strichrechnungen oder nur Punktrechnungen

Von links nach rechts rechnen

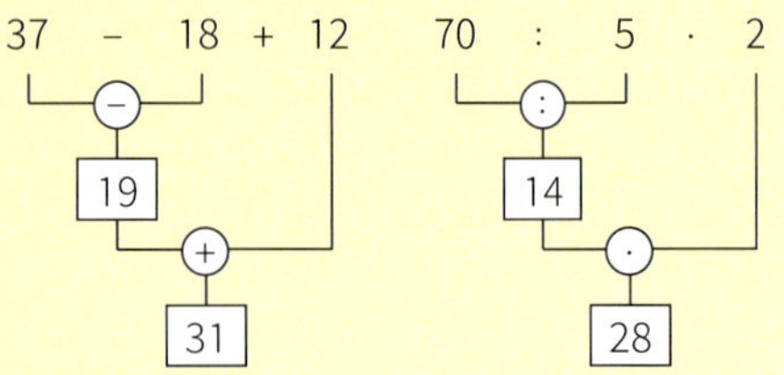

Punkt- vor Strichrechnungen

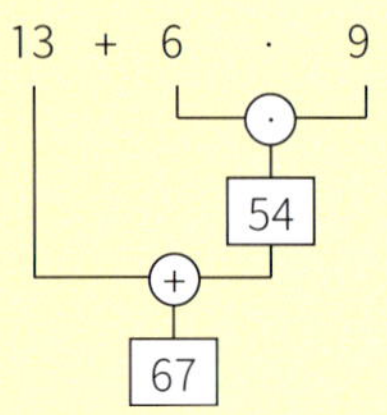

$13 + 6 \cdot 9$

$= 13 + 54$

$= 67$

Klammern zuerst

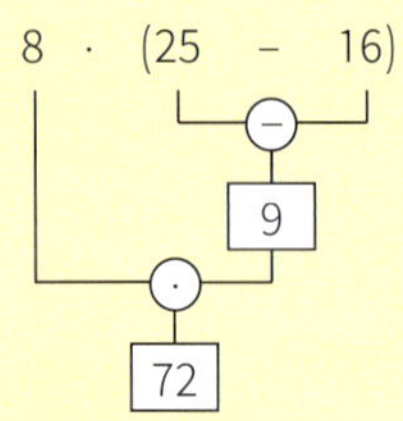

$8 \cdot (25 - 16)$

$= 8 \cdot 9$

$= 72$

Zerlegen

Statt $14 \cdot 3$ kann man geschickt $10 \cdot 3 + 4 \cdot 3$ rechnen. Man zerlegt die Zahl 14 in die Summe $10 + 4$ und multipliziert dann beide Summanden einzeln mit 3.

$14 \cdot 3 = (10 + 4) \cdot 3 = 10 \cdot 3 + 4 \cdot 3 = 30 + 12 = 42$

Zusammenfassen

Statt $4 \cdot 13 + 6 \cdot 13$ kann man geschickt $10 \cdot 13$ rechnen. Man fasst dazu zunächst 4 und 6 als Summe zusammen und multipliziert erst dann mit 13.

$4 \cdot 13 + 6 \cdot 13 = (4 + 6) \cdot 13 = 10 \cdot 13 = 130$

Distributivgesetz

$(a + b) \cdot c = a \cdot c + b \cdot c$

Beispiel: $(4 + 6) \cdot 11 = 4 \cdot 11 + 6 \cdot 11$

Von links nach rechts: Zerlegen:
Aus dem Produkt wird eine Summe
Von rechts nach links: Zusammenfassen:
Aus der Summe wird ein Produkt.

17 Größte Zahl gesucht

Welcher Rechenausdruck ergibt die größte Zahl?

Ⓐ $2 + 3 + 4$ Ⓑ $2 \cdot (3 + 4)$ Ⓒ $2 \cdot 3 + 4$
Ⓓ $2 \cdot 3 \cdot 4$ Ⓔ $4 \cdot (2 + 3)$ Ⓕ $3 \cdot (2 + 4)$

18 Rechenbäume

Schreibe zu jedem Rechenbaum den zugehörigen Rechenausdruck auf. Rechne.

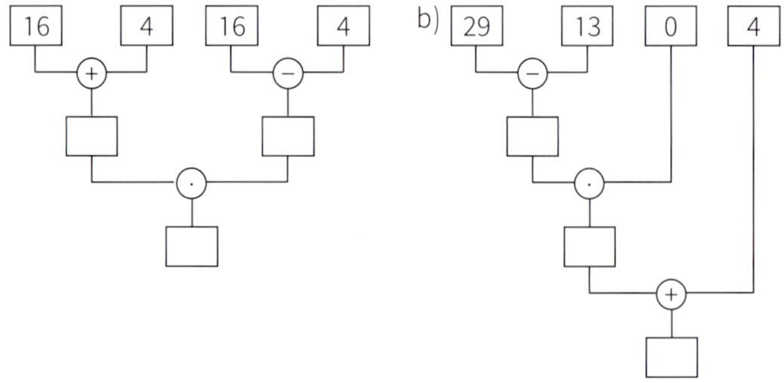

19 Rechenausdrücke berechnen

a) $9 \cdot (36 - 27)$ b) $38 - 19 - 9$ c) $(29 + 35) : (19 - 15)$
d) $24 \cdot (16 \cdot 5 - 60)$ e) $36 : 9 \cdot 4$ f) $(36 + 64) \cdot (32 - 8 \cdot 4)$

20 Vom Text zum Rechenausdruck

Übersetze die Texte in Rechenausdrücke. Berechne im Kopf oder schreibe die Einzelschritte als Nebenrechnung auf.

a) Multipliziere 3 und 12, subtrahiere vom Ergebnis 8 und teile durch 7.
b) Multipliziere die Summe von 5 und 8 mit der Differenz von 9 und 6.
c) Dividiere 72 durch 6 und addiere 3.
d) Dividiere 72 durch die Summe von 6 und 3.

21 Vom Rechenausdruck zum Text

Übersetze die Rechenausdrücke in Text und berechne sie.
Ein Rechenbaum kann beim Erstellen des Textes hilfreich sein.

a) $14 \cdot 6 + 3 \cdot 16$ b) $14 \cdot (6 + 3) \cdot 16$ c) $14 + 3 \cdot 6 + 16$
d) $(14 + 3) \cdot 6 + 16$ e) $(14 + 3) \cdot (6 + 16)$ f) $(14 + 3 \cdot 6) \cdot 16$

22 Geschickt rechnen

Rechne im Kopf, indem du geschickt zerlegst oder zusammenfasst.

a) $13 \cdot 4 + 17 \cdot 4$ b) $6 \cdot (21 + 19)$ c) $3 \cdot 29 + 7 \cdot 29$
d) $34 \cdot 7 + 3 \cdot 34$ e) $5 \cdot 42 + 12 \cdot 42 - 7 \cdot 42$ f) $(13 + 12 + 5) \cdot 12$

23 Passende Zahl gesucht

a) $4 \cdot (\square + 5) = 32$ b) $(24 - \square) \cdot 2 = 36$ c) $5 \cdot \square - 12 = 33$
d) $2 \cdot (\square \cdot 6 + 1) = 14$ e) $6 \cdot 12 - \square = 58$ f) $(12 - \square) \cdot 3 + 2 = 20$

24 Klammern setzen

Setze Klammern so, dass die Rechnung stimmt.

a) $4 + 3 \cdot 6 + 2 = 56$ b) $2 + 4 \cdot 5 + 6 = 66$ c) $3 \cdot 4 + 5 \cdot 2 = 34$

Textaufgaben

Benni hat einen 10 € Schein zum Einkauf beim Bäcker mitbekommen. Er kauft 8 Brötchen zu je 30 Cent ein, 3 Milchhörnchen, die 65 Cent pro Stück kosten. Außerdem möchte er noch möglichst viele Croissants mitnehmen, die 1,20 € das Stück kosten.

1. Informationen:
- 8 Brötchen, 30 Cent das Stück
- 3 Milchhörnchen, 65 Cent das Stück
- Ein Croissant kostet 1,20 €

2. Fragen
- Wie viele Croissants kann er kaufen?
- Wie Rückgeld erhält er?

3. Rechenausdrücke erstellen und rechnen

Lösungsweg und Rechnung:
(alle Rechnungen in Cent)
- Gesamtpreis der Brötchen und Milchhörnchen berechnen:
  $8 \cdot 30 = 240$; $3 \cdot 65 = 195$
  Preis der Brötchen und Milchhörnchen:
  $240 + 195 = 435$
- Möglicher Preis aller Croissants:
  $1000 - 435 = 565$
- Anzahl der Croissants:
  $565 : 120 = 4$ Rest 85

4. Antwort und Überprüfung:

Benni kann vier Croissants kaufen und bekommt 85 Cent Rückgeld.
$4 \cdot 120 + 8 \cdot 30 + 3 \cdot 65 + 85 = 1000$

Problemlösen

Carlotta hat sich eine Zahl ausgedacht. Sie addiert 4 und teilt das Ergebnis durch 2. Sie erhält 10. Welche Zahl hat Carlotta sich ausgedacht?

Strategie: Textstelle suchen, die das erste Teilergbenis liefert.
- Teilen durch 2 liefert 10, also ist die vorletzte Zahl 20.
- 4 addieren, also ist die gedachte Zahl $20 - 4 = 16$

25 Planung einer Klassenfahrt

Die Kinder der 5 a planen eine Klassenreise. Sie haben von August bis Mai jeden Monat 5 € gespart. Die 4 Tage in der Jugendherberge und die Anreise kosten für alle 26 Schüler insgesamt 1482 €. Wie viel muss jedes Kind noch zuzahlen?

26 Lebensmitteltransport

Ein großer Lastwagen verlässt eine Konservenfabrik. Er hat mittelgroße Dosen mit Erbsen geladen, wie du sie aus dem Supermarkt kennst. Die Dosen sind in Kartons verpackt. Auf der Ladefläche sind $25 \times 10 \times 15$ Kartons gestapelt. Berechne die Anzahl der Dosen auf dem Lkw, wenn in jedem Karton 36 Dosen sind.

27 Schlüsseldienst

Die Firma „Türauf" hilft, wenn man sich ausgeschlossen oder den Schlüssel verlegt hat. Im Stadtgebiet verlangt die Firma „Türauf" eine Grundgebühr von 55 €. Dafür ist die erste Arbeitsstunde kostenlos. Jede weitere Arbeitsstunde kostet 29 €. Schreibe eine Rechnung, wenn die Firma 1 Stunde (2 Stunden, 4 Stunden) arbeitet.

28 Blitz und Donner

Obwohl bei einem Gewitter Blitz und Donner gleichzeitig eintreten, hören wir den Donner oft viel später, als wir den Blitz sehen.
Das liegt daran, dass der Schall eine Sekunde braucht, um ca. 330 Meter zurückzulegen.

a) Evi zählt 13 Sekunden zwischen Blitz und Donner. Wie weit ist das Gewitter von ihr entfernt?

b) Wie viele Sekunden nach dem Blitz hört man den Donner eines 6 km entfernten Gewitters?

29 Fehlende Ziffern

Ergänze die fehlende Ziffern.

a)

2	8	4	·	6	■
	■	■	■	■	
		■	■	2	■
	■	■	■	■	0

b)

4	0	8	·	■	■
	1	2	2	4	
		■	■	3	■
	■	■	■	■	2

30 Schokokekse

a) Anna hat im Supermarkt eine Packung mit 20 Schokokeksen gekauft.
Auf dem Rückweg isst sie an der ersten Kreuzung ein paar Kekse, an der zweiten doppelt so viele wie an der ersten Kreuzung, nämlich 6 und an der dritten Kreuzung noch einen mehr als an der ersten Kreuzung. Wie viele Kekse hat sie zuhause noch?

b) Annas Bruder Ben hat auch Kekse gekauft. Er isst auf dem Rückweg genauso viele wie Anna und hat zuhause noch 17 Kekse. Wie viele Kekse waren in seiner Packung?

Sichern und Vernetzen

Vermischte Aufgaben zu Kapitel 2

Trainieren

WES-125764-050

Lösungen

1 Gemischtes – zum Testen

Hier treten alle Rechenarten und Rechenregeln auf, die in diesem Kapitel behandelt wurden. Du kannst mit den Aufgaben testen, wie fit du bist. Wenn du alle Aufgaben in 30 Minuten schaffst, bist du schnell.

a) $2920 : 8$ b) $34 \cdot 76$ c) $10\,013 : 17$
d) $13 \cdot 24 \cdot 50$ e) $34\,567 + 5432$ f) $(4391 - 3645) \cdot 13$
g) $(3427 + 1397) : (36 - 27)$ h) $2464 : 11 : 16$ i) $2400 : (13 - 9) \cdot 2$

2 Geschickt rechnen

Berechne möglichst geschickt im Kopf. Nutze dazu Rechenvorteile aus.

a) $295 + 37 - 95$ b) $213 \cdot 11$ c) $26 + 97 + 74$
d) $435 : 3 - 135 : 3$ e) $148 + 12 + 67 + 15 + 33$ f) $450 \cdot 9$
g) $32 \cdot 130 + 32 \cdot 870$ h) $4880 : 8$ i) $3208 : 8$

3 Lücken füllen

Fülle die Lücken.

a) ■ + 96 = 341 b) 563 – ■ = 212 c) 8 · ■ = 136
d) ■ : 6 = 25 e) 84 : ■ = 4 f) ■ – 82 = 410
g) (64 + ■) · 3 = 240 h) (■ – 12) · 12 = 12 i) ■ : (12 – 8) = 12
j) 18 + 3 · ■ = 30 k) 360 – ■ · 2 = 200 l) (360 – ■) · 2 = 200

4 Rechentabellen – Intensivtraining

a) Fülle die Tabelle aus.
b) Ersetze das „Plus“ durch „Mal“.
c) Ersetze das „Plus“ durch
① „Minus“ ② „Geteilt durch“
Welche Felder müssen in c) leer bleiben?

+	45	128	100	72	8
9	■	■	■	■	■
23	■	■	■	■	■
156	■	■	■	■	■
200	■	■	■	■	■
412	■	■	■	■	■

5 Viele Subtrahenden

Berechne. Eine Aufgabe geht auch gut im Kopf.

a) $34\,561 - 768 - 1201 - 51$ b) $7865 - 679 - 8 - 2000$
c) $40\,563 - 2400 - 163 - 600$ d) $200\,008 - 2008 - 208 - 28$
e) $12\,265 - 67 - 197 - 3005$ f) $65\,536 - 32\,768 - 16\,384 - 8192 - 4096$

6 Additionsmauer und Multiplikationsmauer

a) Additionsmauer

\+

■
■ | 5275
■ | 3005 | ■
3424 | ■ | 1028 | ■

b) Multiplikationsmauer

·

■
■ | ■
36 | ■ | ■
12 | ■ | 4 | 20

7 ☰ Schriftlich dividieren

Mache zunächst einen Überschlag. Berechne dann und mache die Probe. Berücksichtige, dass manchmal ein Rest auftritt.

a) 218 988 : 7 b) 3492 : 12 c) 52 448 : 6
d) 68 472 : 18 e) 9 002 008 : 8 f) 123 456 789 : 2
g) 52 500 : 350 h) 25 135 : 25 i) 789 789 : 13

8 ☰ Vorfahrtsregeln beachten

Berechne unter Beachtung der Vorfahrtsregeln.

a) $38 - 4 \cdot 9$ b) $2 \cdot 7 + 3 \cdot 5 - 4 \cdot 6$
c) $(5 \cdot 11 - 10) : 9$ d) $(8 + 13) \cdot 6 - 5$
e) $58 : 2 + (65 + 23) : 8$ f) $(88 - 33 : 11) : 5$
g) $4 \cdot (50 + 12 \cdot 3 - 36)$ h) $[30 - (257 + 23) : 14] \cdot 17$

Skizziere jeweils einen Rechenbaum.

9 ☰ Vom Rechenbaum zum Rechenausdruck

Übersetze in Rechenausdrücke und berechne.

a)
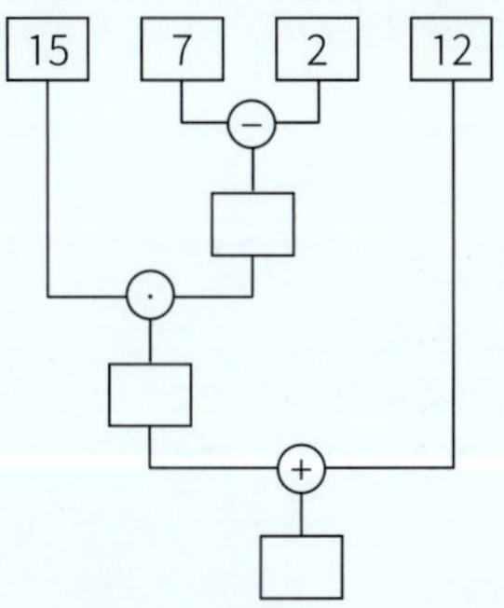

b)
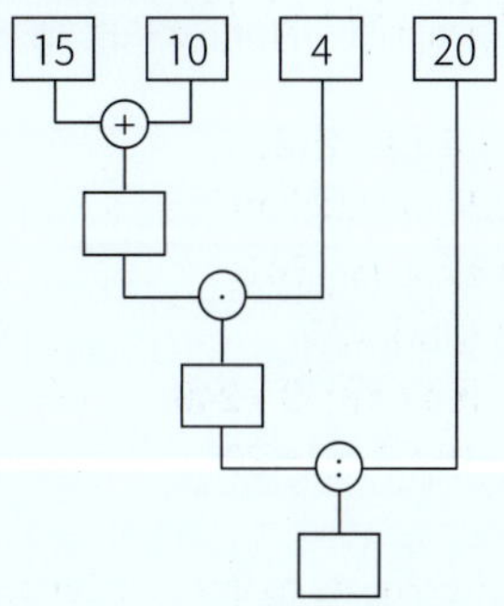

c)
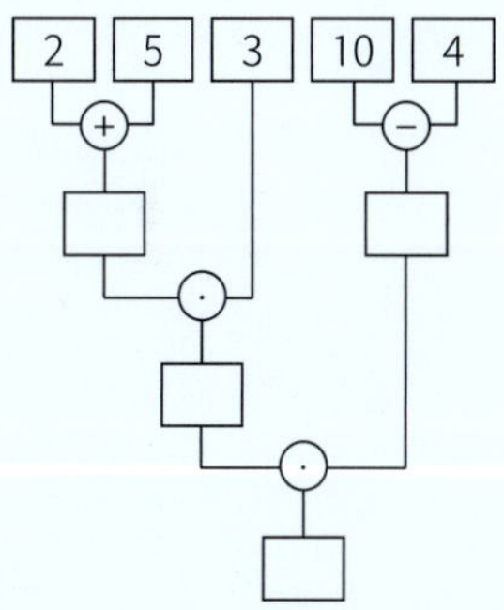

Verstehen

10 ☰ Ja oder nein?

Gib jeweils ein Beispiel an.

a) Kann ein Produkt kleiner sein als einer der Faktoren?
b) Gibt es Subtraktionsaufgaben, bei denen Subtrahend und Differenz übereinstimmen?
c) Können Quotient und Dividend gleich sein?
d) Kann ein Quotient größer sein als der Divisor?
e) Kann sich eine Summe verdoppeln, wenn man einen der Summanden verdoppelt?

11 ☰ Was passiert?

Wie verändert sich der Wert eines Produkts, wenn du

a) einen Faktor verdoppelst? b) zwei Faktoren verdoppelst?

12 ☰ Was passiert, wenn?

Wie verändert sich der Wert eines Quotienten, wenn du

a) den Divisor verdoppelst?
b) den Dividenden verdreifachst?
c) Dividend und Divisor verzehnfachst?
d) den Dividenden halbierst und den Divisor verdoppelst?

13 ☰ Die Sache mit der Null

Welche der folgenden Gleichungen ist richtig, welche falsch? Begründe. Du kannst z. B. mit der Umkehraufgabe argumentieren.

a) $0 : 2 = 0$ b) $3 : 0 = 3$ c) $5 : 5 = 0$ d) $0 : 123 = 0$ e) $9 : 0 = 0$ f) $6 : 6 = 1$

14 ≡ **Klammern richtig setzen**
Bei den Rechenausdrücken sind die Klammern verloren gegangen. Setze sie so, dass die Gleichung stimmt.

a) $15 + 18 : 3 = 11$ b) $7 \cdot 3 + 7 : 10 = 7$
c) $2 \cdot 9 + 8 - 14 : 2 = 6$ d) $24 + 3 + 2 + 1 \cdot 3 - 42 = 0$

15 ≡ **Was haben die Zahlen gemeinsam?**
Schreibt man eine dreistellige Zahl zweimal nebeneinander, so erhält man eine sechsstellige Zahl (z.B. 456 456). Solche Zahlen sind immer durch 7, 11 und 13 teilbar.

a) Teile 456 456 (528 528) durch 7. Dividiere das Ergebnis durch 11 und das neue Ergebnis durch 13. Probiere das gleiche Verfahren auch mit selbst ausgedachten Zahlen. Fällt dir etwas auf?
b) Multipliziere die Zahlen 7, 11 und 13 miteinander. Kannst du damit erklären, warum alle zweimal aneinandergehängten dreistelligen Zahlen durch 7, 11 und 13 teilbar sind?

Anwenden

16 ≡ **So viel läuft ein Fußballspieler**
Ein Fußballspieler läuft pro Spiel durchschnittlich 8500 Meter. In einem Jahr finden ca. 40 Spiele statt. Welche Strecke legt ein Spieler bei allen Spielen insgesamt zurück, wenn er 7 Jahre in der Mannschaft spielt? Schätze zuerst.

17 ≡ **Puzzle**
Bei den meisten Puzzlen sind die Teile ungefähr gleich groß und in Reihen geordnet.

a) Ein Puzzle hat 1000 Teile. In einer Reihe sind 40 Teile. Wie viele Reihen sind es?
b) Ein anderes Puzzle hat 864 Teile. Es liegen 36 Teile in einer Reihe. Könnten es auch 54 Teile sein? Ermittle jeweils die Anzahl der Reihen.
c) Ein Puzzle hat 720 Teile. Finde so viele Aufteilungen wie möglich. Welche ergeben ein sinnvolles Puzzle?

18 ≡ **Ein Smartphone**
Ein Smartphone kostet bei Barzahlung 500 €. Man kann es aber auch in Raten bezahlen. Dann zahlt man über einen längeren Zeitraum monatlich nur einen bestimmten Betrag. Insgesamt hat man dann aber mehr als bei Barzahlung bezahlt. Ein Laden macht folgende drei Angebote.

	Rate	Zeitraum
A	50 €	12 Monate
B	30 €	24 Monate
C	20 €	48 Monate

a) Welcher Gesamtpreis ergibt sich jeweils bei den Angeboten? Wie viel spart man bei Barzahlung?
b) Der Händler möchte noch zwei weitere Angebote machen. Bestimme einen sinnvollen Zeitraum für D und eine sinnvolle monatliche Rate für E.

	Rate	Zeitraum
D	10 €	
E		6 Monate

19 So viel fährt ein Geschäftsmann

Herr Hurtig arbeitet im Vertrieb eines Pharmaunternehmens, d. h. er besucht Ärzte, um für Medikamente zu werben. Dazu ist er sehr viel unterwegs. Am 1.1.2018 weist der Kilometerzähler seines Firmenwagens einen Stand von 35 748 auf. Am 31.12.2018 ist der Kilometerstand auf 62 798 gestiegen. Sein Dienstfahrzeug verbraucht durchschnittlich 8 Liter Benzin auf 100 Kilometer.

Wie viel Benzin hat Herr Hurtig im Jahr 2018 verfahren? Wie hoch waren die Benzinkosten, wenn ein Liter durchschnittlich 1,50 € gekostet hat?

1 Tonne sind 1000 Kilogramm

20 Ein Containerschiff

Ein Containerschiff hat 113 430 Tonnen geladen. Die Ladung befindet sich in Containern, von denen jeder ungefähr 15 Tonnen wiegt.

a) Schätze zunächst, wie viele Container sich auf dem Schiff befinden und rechne dann.

b) Die Container stehen auf dem Schiff in 18 Reihen mit jeweils 30 Containern. Wie viele Container stehen übereinander, wenn der Platz vollständig genutzt wird?

c) Ein Container ist ca. 6 m lang. Wenn man alle Container hintereinander aufstellt, wie lang wird die Reihe?

21 Passende Formel gesucht

Familie Travel möchte ein Wohnmobil ausleihen, um durch Norwegen zu fahren. Der Mietpreis beträgt 90 € pro Tag. Dazu kommen noch 125 € Versicherungsgebühren.

a) Für wie viele Tage kann Familie Travel das Wohnmobil mieten, wenn sie maximal 2000 € ausgeben möchte?

b) Markus Travel erstellt eine Formel, in die er nur noch die Tage einsetzen muss, um den Gesamtpreis zu errechnen. Welche Formel passt?

① $(90 + 125) \cdot ■$ ② $90 \cdot ■ + 125$ ③ $90 \cdot (■ - 2) + 125$

Findest du für die beiden anderen Formeln eine passende Situation?

Problemlösen

22 Der Markt von Dunkeldorf

In der Stadt Dunkeldorf findet jährlich ein Markt statt. Bevor die Bauern dort aber ihre Ware verkaufen dürfen, will der gierige Fürst einen Teil der Ware als Zoll haben. An jedem Stadttor möchte er die Hälfte und noch ein Stück dazu haben.

a) Der Apfelbauer Kurt hat 1614 Äpfel und muss drei Stadttore passieren. Wie viele Äpfel hat er nach dem ersten Stadttor? Mit wie vielen Äpfeln kommt er auf dem Markt an?

b) Der Birnenbauer Adelbert muss auch drei Stadttore passieren und kommt mit 30 Birnen auf dem Markt an. Wie viele Birnen hatte Adelbert noch vor dem letzten Stadttor? Mit wie vielen Birnen ist er losgegangen?

23 Ein Füllproblem

Du hast zwei Eimer zur Verfügung. In den einen Eimer passen genau 4 Liter Wasser und in den anderen 9 Liter. Es gibt keine Markierungen an den Eimern. Du darfst die Eimer so oft mit Wasser füllen, wie du möchtest und auch so oft Wasser von einem Eimer in einen anderen umfüllen, wie du möchtest. Am Ende sollen in dem 9-Liter-Eimer nur noch genau 6 Liter Wasser sein. Tipp: Beginne mit dem gefüllten 9-Liter-Eimer.

3 Größen und Einheiten

Der Große Panda oder Bambusbär ist ein Säugetier aus China. In der freien Wildbahn leben weniger als 2000 Tiere. Ein Panda kann ausgewachsen etwa 80 bis 160 kg schwer und bis zu 140 cm groß werden. Er erreicht ein Alter von bis zu 20 Jahren. Täglich fressen Pandas 10 bis 16 Stunden und genießen dabei 10 bis 14 kg Bambus.
Schon drei Monate nach der Befruchtung bringt das Weibchen ein bis drei Junge zur Welt. Ein neugeborener Panda wiegt ungefähr 100 g, also so viel wie eine Tafel Schokolade.

3.1 Längen

E1 Von Ellen und Füßen

Vor mehr als 5000 Jahren herrschte der Pharao als Gottkönig über das Volk von Ägypten. Seine eigenen Körperabmessungen wurden verwendet, um den Handel und das Messen von Entfernungen zu regeln.

a) Betrachte das Bild. Welche Körpermaße verwendeten die Ägypter zum Messen?

b) Schätze die entsprechenden Längen deiner Körpermaße und überprüfe deine Schätzung durch Nachmessen mit einem Lineal.

c) Mit zwei Kreidestrichen könnt ihr die Länge eurer eigenen Elle an der Tafel auftragen. Gebt eure Ellenlänge in Zentimetern an und erstellt eine Klassenrangliste.

d) Früher benutzten Kaufleute ihre eigene Elle zum Abmessen. Angenommen, jeder Kaufmann würde eine Elle Stoff zum selben Preis verkaufen.
Welcher Kaufmann macht das beste Geschäft?

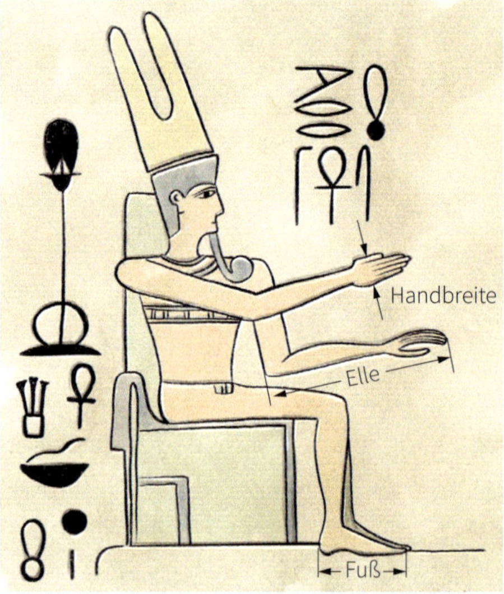

E2 Das Lineal ist unbestechlich

Für diese Aufgabe brauchst du nur ein unliniertes Blatt, einen Bleistift, ein Lineal und ein wenig Münzgeld.

a) Zeichne ohne zu messen gerade Linien von geschätzten 3 cm und 10 cm Länge. Überprüfe die Längen mit dem Lineal.

b) Schätze die Durchmesser der verschiedenen Geldmünzen und schreibe sie in einer Tabelle auf. Miss dann nach und vergleiche die Messwerte mit deinen Schätzwerten.
Wie groß waren die Abweichungen?

Münze	Durchmesser in mm		Abweichung
	Schätzwert	Messwert	
2 Euro	▒	▒	▒
1 Euro	▒	▒	▒
10 Cent	▒	▒	▒
1 Cent	▒	▒	▒

E3 Spannweiten

Bei Vögeln nennt man den Abstand von Flügelspitze zu Flügelspitze Spannweite. Ordne die Spannweiten der Größe nach und lege im Heft eine Rangliste an. Lege anschließend die Spannweiten mit einer Schnur aus.

Vogel	Kolibri	Uhu	Albatros	Buntspecht	Blaumeise
Spannweite	72 mm	75 cm	3,2 m	48 cm	200 mm

Basiswissen

WES-125764-013

Größen – Maßzahl und Maßeinheit

Größen begegnen dir als messbare Eigenschaften von Gegenständen aber auch von Zuständen und Vorgängen. Die Länge ist ein Beispiel für eine Größe. Größen sind aus Maßzahl und Maßeinheit zusammengesetzt.
Verschiedene Maßeinheiten sind wichtig: Es ergibt keinen Sinn, die Entfernung nach Mainz in Millimetern anzugeben.

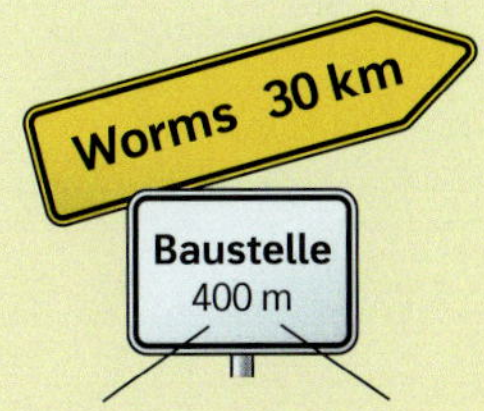

Maßzahl Maßeinheit

Vorsilben
Kilo – tausend
Dezi – ein Zehntel
Zenti – ein Hundertstel
Milli – ein Tausendstel

Längeneinheiten

1 Kilometer (km)

kurzer Spaziergang

1 Meter (m)

großer Schritt

1 Dezimeter (dm)

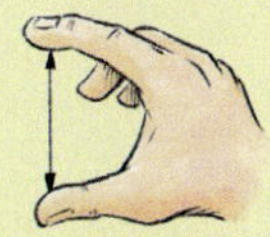

„U“ mit der Hand

1 Zentimeter (cm)

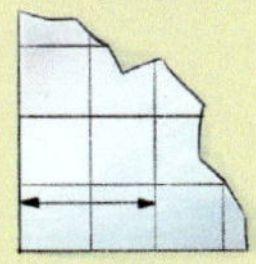

2 Kästchen

1 Millimeter (mm)

Breite eines i-Punkts

Längeneinheiten umwandeln mit Umrechnungszahlen

Umrechnungszahlen

1 km = 1000 m (km → m: · 1000; m → km: : 1000)

1 m = 10 dm (m → dm: · 10; dm → m: : 10)

1 dm = 10 cm (dm → cm: · 10; cm → dm: : 10)

1 cm = 10 mm (cm → mm: · 10; mm → cm: : 10)

Beispiele

A Von einer größeren in eine kleinere Einheit umwandeln
Rechne die Länge in die angegebene Einheit um. a) 21 km in m b) 8 dm in mm

Lösung:
Multipliziere mit der Umrechnungszahl.

a) 21 km = 21 000 m (· 1000)

b) 8 dm = 80 cm = 800 mm (· 10, · 10)

B Von einer kleineren in eine größere Einheit umwandeln
Rechne die Länge in die angegebene Einheit um. a) 42 000 m in km b) 300 mm in dm

Lösung:
Dividiere durch die Umrechnungszahl.

a) 42 000 m = 42 km (: 1000)

b) 300 mm = 30 cm = 3 dm (: 10, : 10)

Übungen

1 Messen in der Schule
Schätzt zuerst und messt dann nach.
Wie breit sind eure Schulflure? Wie hoch ist euer Klassenraum?
Erstellt eine Tabelle und überlegt euch noch weitere Längen, die ihr schätzen und messen könnt.

2 Längen in die nächstkleinere Einheit umrechnen

Rechne mithilfe der Umrechnungszahlen alle Längen in die nächstkleinere Einheit um.

a) 25 cm b) 20 dm c) 450 km d) 850 cm e) 67 m f) 42 km

3 Längen in die nächstgrößere Einheit umrechnen

Rechne mithilfe der Umrechnungszahlen alle Längen in die nächstgrößere Einheit um.

a) 250 cm b) 20 dm c) 450 mm d) 850 cm e) 22 000 m f) 500 m

4 Notiere in anderen Längeneinheiten

Gib mithilfe der Umrechnungszahlen alle Längen in jeweils zwei anderen Maßeinheiten an, falls möglich.

a) 30 cm b) 20 dm c) 450 mm d) 850 cm e) 6700 m f) 45 mm

Umwandeln mit der Einheitentabelle

Die **Einheitentabelle** ist ein nützliches Werkzeug, um die gleiche Länge mit verschiedenen Längeneinheiten darzustellen.
Tipp: Ergänze Nullen.

km			m			dm	cm	mm
H	Z	E	H	Z	E			
				1	2	6	5	
					0	7	3	
		2	5	0	0			

Das Komma trennt die Einheiten.
1265 cm = 12 m 65 cm = 12,65 m
73 cm = 7,3 dm = 0,73 m
2,5 km = 2 km 500 m = 2500 m

5 Längen vergleichen

Gib jeweils die größere der beiden Längen an. Wandle dazu vorher in eine gemeinsame Einheit um. Die Einheitentabelle ist dabei hilfreich.

a) 6 m; 50 dm b) 2500 m; 3 km c) 65 cm; 600 mm d) 580 cm; 5 dm

6 Mit der Einheitentabelle in eine kleinere Einheit umwandeln

Wandle in die nächstkleinere Einheit um. Verwende dazu eine Einheitentabelle.

a) 6,2 cm; 3,59 m; 15 km; 8,2 dm b) 2,005 km; 34,75 m; 37 dm; 11,1 m

7 Mit der Einheitentabelle in eine größere Einheit umwandeln

Wandle in die nächstgrößere Einheit um. Setze auch hier eine Einheitentabelle ein.

a) 75 dm; 340 m; 0,7 m; 45 mm b) 2,6 cm; 72 m; 172 dm; 321 cm

8 Längen beurteilen und vergleichen

Mein Schulweg ist 31 178 800 cm lang.

Ich fahre jeden Morgen mit dem Bus 156 320 dm.

Mein Kinderzimmer ist 4524 mm lang.

Können die Angaben stimmen? Wandle die Längenangaben so um, dass praktisch sinnvolle Angaben entstehen. Runde die Angaben.

9 Umwandeln mit gemischten Einheiten

Wandle in die angegebene Einheit um.

a) 1 km 250 m in m; 5 m 215 mm in mm; 30,5 cm in mm; 64 km 32 m in km
b) 157 cm in m; 2730 m in km; 0,29 m in cm; 103,4 cm in mm

10 Längen ordnen

Ordne die Längen der Größe nach. Wandle sie dazu zunächst in Größen mit gleichen Maßeinheiten um.

a) 400 mm; 2 dm 7 cm; 32 cm; 3,4 dm
b) 3,2 km; 2300 m; 3 km 75 m; 2 km 350 m
c) 202 m; 2002 dm; 200 m 27 dm; 200,2 m
d) 80 cm 7 mm; 8,7 dm; 87,2 cm; 7 dm 8 cm

11 Mit Längen rechnen

Berechne und gib das Ergebnis in der größeren und der kleineren der gegebenen Maßeinheit an.

a) 3 km – 700 m
b) 37 mm + 18 cm
c) 48 cm 9 mm + 27 cm 5 mm
d) 520 m – 37 m 5 dm
e) 12,3 m + 8 dm
f) 27,4 dm – 1 dm 6 cm
g) 32,7 m + 8 m 9 dm
h) 7,5 cm – 9 mm
i) 5,005 m – 5,1 cm

Die richtige Lösung ist dabei:
20 65 10
25 40

12 Umzugskisten

Auf einer Rolle sind 32 m Klebeband. Mit dem Klebeband sollen Umzugskisten zugeklebt werden. Für eine Kiste braucht man für Deckel und Boden jeweils 80 cm lange Klebestreifen. Berechne, wie viele Kisten man mit der Rolle zukleben kann.

13 Höhe berechnen

Das Auto von Lisas Eltern ist 1,61 m hoch. Auf dem Autodach ist eine Gepäckbox auf einem Dachträger montiert. Der Dachträger ist 9 cm hoch, die Gepäckbox 38 cm.
Können Lisas Eltern in ein Parkhaus mit einer Durchfahrtshöhe von 2,10 m hineinfahren?

14 Olympische Leistungen

In der Tabelle sind Ergebnisse von vier Disziplinen aus über 100 Jahren Olympia aufgelistet. Es fehlen die Maßeinheiten und Kommas.

Disziplin	Athen 1896	Seoul 1988	Rio 2016
Weitsprung	635	872	838
Hochsprung	181	238	238
Dreisprung	1371	1762	1786
Kugelstoßen	1122	2247	2252

a) Übertrage die Tabelle in dein Heft und ergänze Maßeinheiten und Kommas.
b) Berechne die Unterschiede zwischen den Ergebnissen von 1896 und 2016.
c) Berechne die Unterschiede zwischen den Ergebnissen von Seoul und Rio de Janeiro.

15 Sägearbeiten

Ein 1,80 m langes Brett soll in neun gleich lange Stücke zerschnitten werden.
Berechne, wie lang jedes Stück wird. Gib an, wie viele Schnitte notwendig sind.

16 Schneckentagebuch

Mo	Di	Mi	Do	Fr	Sa	So
394 cm	140 dm	2 000 mm	400 cm	6,1 m	33 dm	111 dm

Berechne, welche Strecke die Schnecke in einer Woche zurücklegt.

Grundwissen zum Wiederholen

1 Schreibe die Zahlen in Ziffern.
a) dreihundertfünfundvierzigtausend
b) fünfundzwanzigtausenddreißig

2 Berechne im Kopf.
a) 35 – 7 · 3
b) 48 · 2 – 90
c) 20 · 20 – 2 · 20

3 Runde die Zahlen auf die angegebene Stelle.
a) 725 480 auf Zehntausender
b) 4570 auf Hunderter
c) 14 500 auf Tausender

17 **Haarig, haarig**

Jedes einzelne deiner Kopfhaare wächst jeden Monat um 10 mm.

a) Miss die Länge eines deiner Haare. Berechne, wie lange es gedauert hat, um diese Länge zu erreichen.

b) Angenommen, du hast 100 000 Kopfhaare. Berechne, wie viel Meter alle Kopfhaare zusammen in einem Monat wachsen.

18 **Kleine Große Panda Babys**

a) Um das Wievielfache größer als das Baby ist die Mutter des kleinen Pandas mit ihrer Größe von 1,26 m?

b) Wie ist das Größenverhältnis beim Menschen: Baby 50 cm, Mutter 175 cm?

Nachricht aus dem Zoo:
Nachwuchs bei unserem Großen Panda angekommen. Das Baby ist sehr klein, blind, ist rosa und hat wenig Haare. Seine Körperlänge beträgt ungefähr 18 cm.

19 **Längenrekorde im Tierreich**

Tier	Blauwal	Zwergspitzmaus	afrikanischer Elefant	Goldhamster	Grizzly-Bär
Länge	33 m	66 mm	7,5 m	19,8 cm	300 cm

a) Zeichne für Wal, Elefant und Bär ein Säulendiagramm zum Vergleich ihrer Körperlängen.

b) Ein Blauwal ist 500-mal so lang wie eine Spitzmaus. Vergleiche entsprechend die Längen von Blauwal und Grizzly-Bär, sowie die Längen von Goldhamster und Zwergspitzmaus.

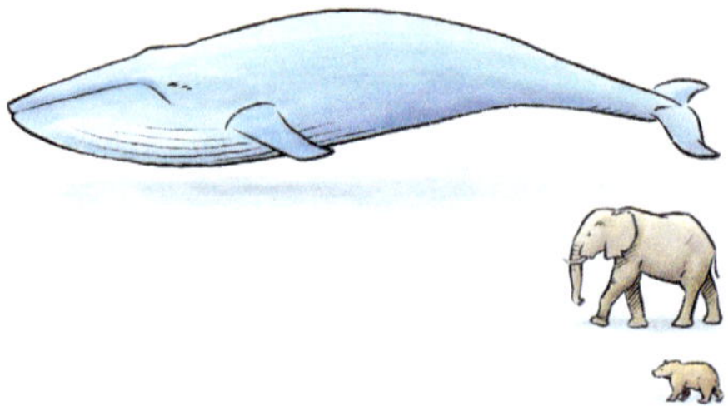

Exkurs

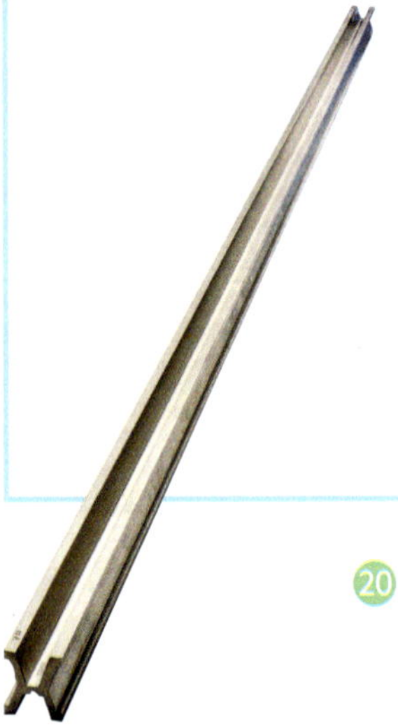

Woher stammt der Meter?

1795, vor mehr als 200 Jahren, wurde der Meter als der vierzigmillionste Teil des Erdumfangs festgelegt. Denkst du dir ein Band um den Äquator, so hätte dies die unglaubliche Länge von 40 000 000 Meter. Das sind 40 000 km.

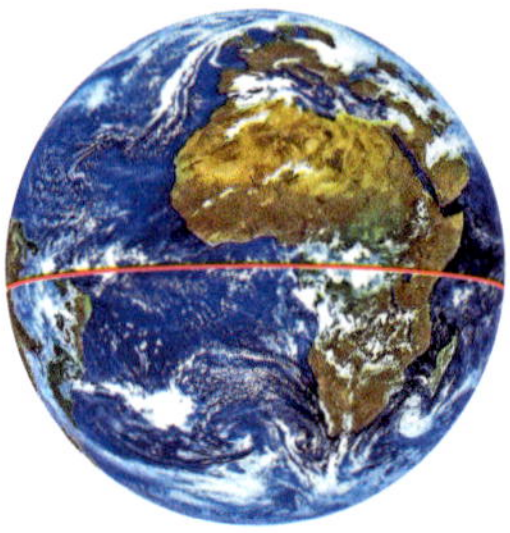

Im Jahr 1889 entschied man sich, ein dauerhaftes Modell eines Meters herzustellen, das sogenannte Urmeter.

Dieses Modell wird noch heute in Paris aufbewahrt.
Alle Zollstöcke, Lineale und Bandmaße sind durch direkten oder indirekten Vergleich mit dem Urmeter entstanden.

20 **Allerlei mit Längen**

Überlege dir eine passende Fragestellung und löse sie.

a) Ein Wohnhaus besteht aus drei Stockwerken und einem Spitzdach. Jedes Stockwerk ist 2,75 m hoch. Das Spitzdach besitzt eine Höhe von 6,52 m.

b) Paul misst nach. Wenn sich die Räder seines Fahrrades beim Schieben genau einmal um ihre eigene Achse gedreht haben, ist das Fahrrad um 2,10 m vorwärts gerollt. Während einer Fahrradtour hat sich jedes der Räder des Fahrrades 10 000-mal um die eigene Achse gedreht.

c) Auf der Landkarte liegen Düsseldorf, Frankfurt und München fast auf einer geraden Linie. Frankfurt ist von Düsseldorf längs der Luftlinie 180 km entfernt. München ist von Frankfurt entsprechend 330 km entfernt.

3.2 Maßstäbe

1 : 18 sprich: „1 zu 18“

E1 Auf den Maßstab kommt es an

Moritz betrachtet die Modelle eines Polizeiautos in den Maßstäben 1 : 18 und 1 : 72.
Unter dem Maßstab 1 : 18 versteht man, dass 1 cm im Modell 18 cm in der Wirklichkeit entspricht.

a) Was versteht man unter dem Maßstab 1 : 72?
b) Welcher Maßstab gehört zu welchem Modell? Begründe.
c) Das größere der beiden Modellautos ist 24 cm lang. Wie lang ist wohl das Original und wie lang ist das andere Modell?
d) Auch bei dir zuhause begegnen dir viele unterschiedliche Maßstäbe: Auf Wander- und Straßenkarten oder Hausplänen, aber auch bei Tierfiguren und Modellen. Welche unterschiedlichen Maßstäbe findest du?

E2 Verschiedene Karten – verschiedene Maßstäbe

a)

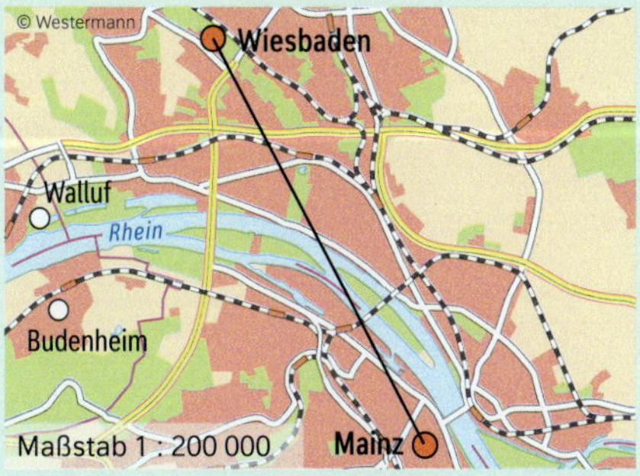

Maßstab: 1 : 200 000 (0 2 4 km)

Wie lang ist die eingezeichnete Luftlinie von Wiesbaden nach Mainz auf der Karte und in Wirklichkeit?

b)

Die Entfernung von Mainz nach Sprendlingen beträgt 25 km (Luftlinie). Wie lang ist diese Linie auf der Karte? Wie viel Kilometer entsprechen 1 cm auf der Karte? Berechne den Maßstab.

E3 Läusegefahr

In Luises Kindergarten gibt es Läuse. Luises älterer Bruder Tim zeigt ihr die Abbildung einer Laus. Luise sagt: „Oh je, die sieht aber ziemlich gefährlich aus.“
Tim beruhigt Luise: „Du musst keine Angst haben. Die Laus ist in der Abbildung im Maßstab 10 zu 1 vergrößert.“
Sollte sich Luise Sorgen machen? Wie groß ist die hier abgebildete Laus in Wirklichkeit ?

Basiswissen

WES-125764-014

Maßstäbe

Landkarten, Baupläne und viele Zeichnungen geben die Wirklichkeit verkleinert wieder. In manchen Fällen wird etwas auch vergrößert dargestellt, wie z.B. ein Augenmodell im Biologiebuch. Der Maßstab gibt an, wievielmal so groß oder wievielmal so klein eine Strecke in Wirklichkeit im Vergleich zu Abbildung oder Modell ist.

Modell zu Wirklichkeit

Verkleinerung

Der Maßstab 1 : 100 bedeutet:
1 cm auf dem Plan entspricht 100 cm = 1 m in der Wirklichkeit.

Sprechweise: „Maßstab 1 zu 100"

Auto im Maßstab 1 : 100

Vergrößerung

Der Maßstab 500 : 1 bedeutet:
500 mm in der Vergrößerung entsprechen 1 mm in der Wirklichkeit.

Sprechweise: „Maßstab 500 zu 1"

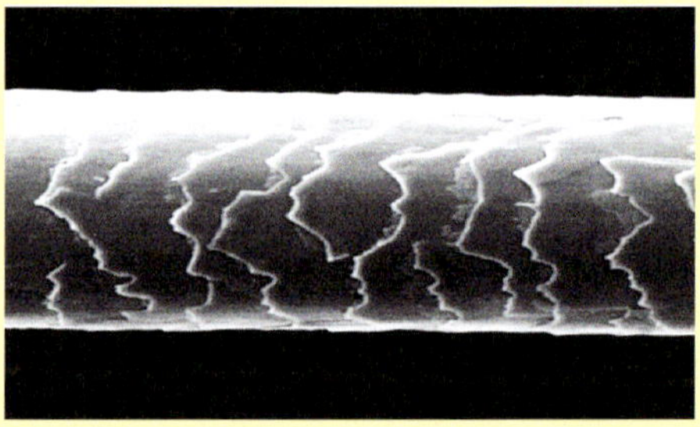

Menschliches Haar im Maßstab 500 : 1

Beispiele

A Karte richtig lesen

a) Auf einer Karte mit dem Maßstab 1 : 4 000 000 beträgt die Entfernung von Mainz nach Trier 3 cm Luftlinie. Wie weit ist dies in der Wirklichkeit?

b) Die Entfernung von Mainz zur französischen Hauptstadt Paris beträgt 440 km Luftlinie. Wie viel Zentimeter beträgt die Luftlinie auf derselben Karte?

Lösung:

a) 1 cm auf der Karte entspricht 4 000 000 cm in Wirklichkeit. Das sind umgerechnet in Kilometer: 4 000 000 cm = 40 000 m = 40 km.
3 cm auf der Karte entsprechen $3 \cdot 40$ km = 120 km.
Die Entfernung von Mainz nach Trier beträgt 120 km Luftlinie.

b) Wandle die Entfernung in Zentimeter um: 440 km = 440 000 m = 44 000 000 cm
44 000 000 cm : 4 000 000 = 11 cm
440 km Luftlinie entsprechen auf der Karte 11 cm .

B Vergrößerung

Ein Mikroskop vergrößert im Maßstab 20 : 1. Der Fühler eines Käfers erscheint unter dem Mikroskop mit einer Länge von 4 cm. Wie lang ist der Fühler in der Wirklichkeit?

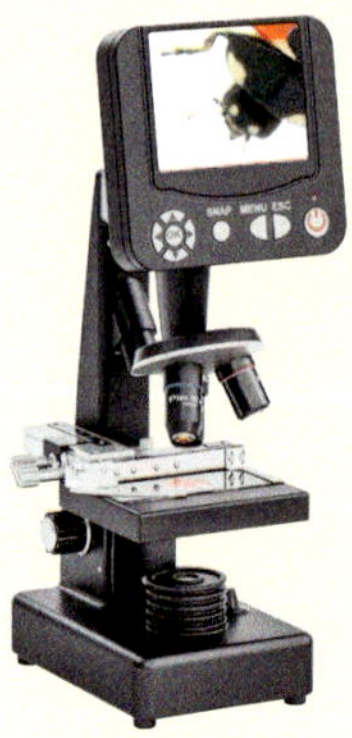

Lösung:

Eine Vergrößerung von 20 : 1 bedeutet: 20 mm in der Vergrößerung entsprechen 1 mm in der Wirklichkeit, d. h. das Mikroskop vergrößert um das 20-fache.
Die Länge des Fühlers ist unter dem Mikroskop 4 cm = 40 mm.
Die Länge des Fühlers in der Wirklichkeit ist 40 mm : 20 = 2 mm.
Der Fühler hat in der Wirklichkeit eine Länge von 2 mm.

Übungen

1 Maßstab 1 : 200

a) Eine Sporthalle mit einer Länge von 40 m und einer Breite von 30 m wird auf einem Plan im Maßstab 1 : 200 eingezeichnet. Wie lang und breit ist diese Halle auf dem Plan?

b) Auf dem Plan ist bereits ein Gebäude eingezeichnet. Es hat auf dem Plan eine Länge von 10 cm und eine Breite von 8 cm. Wie lang und breit ist dieses Gebäude in Wirklichkeit?

2 Entfernungen auf der Karte und in der Wirklichkeit

a) Bestimme die Länge der Luftlinie von Koblenz nach Mainz. Verwende die Karte, die im Maßstab 1 : 1 500 000 gezeichnet ist. Beschreibe, wie du vorgehst.

b) Die Entfernung von Mainz nach Rüdesheim beträgt ca. 24 km Luftlinie. Wie lang müsste die Entfernung zwischen den beiden Städten auf der Karte sein? Überprüfe.

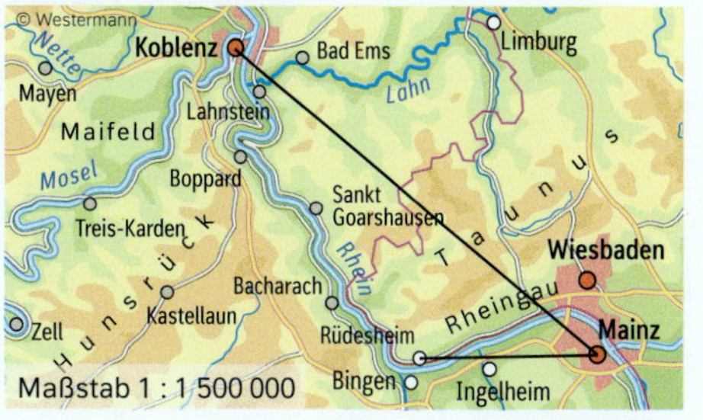

3 Mit Maßstäben rechnen

Maßstäbe bei Karten:
Wanderkarten
1 : 15 000
Radkarten
1 : 50 000
Europakarte
1 : 16 000 000

Übertrage die Tabelle in dein Heft und fülle die Lücken.

Maßstab	Länge in der Wirklichkeit	Länge auf der Karte
1 : 15 000	■	7 cm
1 : 50 000	10 km	■
1 : 16 000 000	■	3 cm
1 : 16 000 000	800 km	■

4 Mathematik mit dem Schulatlas

a) Suche in deinem Schulatlas Übersichtskarten von Deutschland und Madagaskar. Finde die benutzten Maßstäbe und gib sie an. Vergleiche die beiden Maßstäbe und zeichne jeweils eine passende Maßstabsleiste.

b) Gib an, in welchem Maßstab euer Atlas eine Weltkarte zeigt. Schätze zuerst.

c) Gib an, welche Maßstäbe überhaupt in eurem Atlas verwendet werden.

5 Vergrößerung

Wasserflöhe sind kleine Krebstiere. Sie leben vorwiegend in kleinen Teichen sowie in Uferzonen größerer Gewässer. Unter dem Mikroskop betrachtet, besitzt das Bild eines Wasserflohs eine Länge von 2 cm. Der Maßstab der Vergrößerung beträgt 10 : 1. Wie groß ist der Wasserfloh in Wirklichkeit?

6 Die Maßstabsleiste – auf fast jeder Landkarte

a) Warum ist die Maßstabsleiste nützlich?

b) Übertrage die Maßstabsleisten in dein Heft und bestimme die passenden Maßstäbe. Beschreibe, wie du vorgegangen bist.

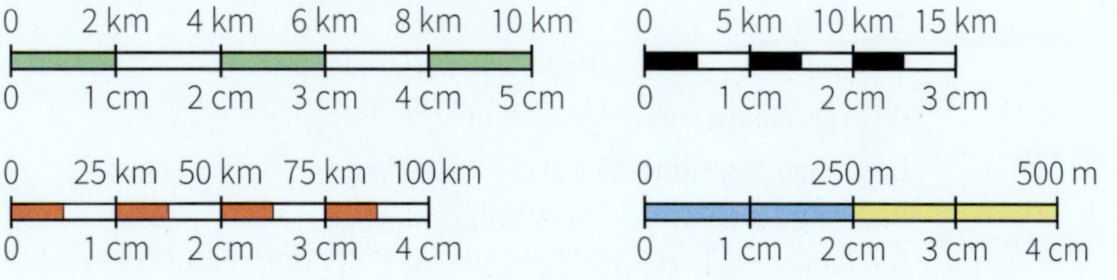

7 **Maßstab gesucht**

Anna misst auf einem Kartenausschnitt die Entfernung von Köln nach Berlin. Sie stellt fest: Auf der Karte ist die Luftlinie 12 cm lang. Leider fehlt auf dem Kartenausschnitt der Maßstab. Im Internet hat Anna gefunden: Die Luftlinie Köln-Berlin ist ungefähr 480 km lang. In welchem Maßstab ist die Karte gezeichnet?

8 **Maßstäbe bringen die Welt in ein Haus**

In Hamburg gibt es ein ganz besonderes Museum, das Miniatur Wunderland. In diesem Museum ist die „Welt" im Maßstab 1 : 87 aufgebaut.

a) Ein Zug im Miniatur Wunderland hat eine Länge von 150 cm. Wie lang ist der Zug in Wirklichkeit?

b) Wie lang müsste ein Modellgüterzug sein, wenn er in Wirklichkeit 870 m lang ist?

c) In der Miniaturstadt hat die Rialtobrücke in Venedig eine Durchfahrtshöhe von 9 cm. Kann in Wirklichkeit ein Schiff mit einer Höhe von 8 m unter der Rialtobrücke herfahren?

d) Die gesamte Gleislänge beträgt in der Modellstadt 10 000 m. Welcher Gleislänge entspricht diese Länge in der Wirklichkeit?

9 **Modelle**

a) Anjas Mutter würde ihrem Mann gern seinen geliebten Oldtimer auch als Modellauto schenken. Sie hat online einen Händler gefunden, der das entsprechende Modell im Maßstab 1 : 26 anbietet. Sie fragt Anja: „Wie groß ist das Modell? Ich habe den Oldtimer genau gemessen und festgestellt, dass er 4,42 m lang ist."
Wie wird Anja rechnen und welches Ergebnis wird sie ihrer Mutter mitteilen?

b) Sammle und bestimme weitere Maßstäbe von Puppen, Modelleisenbahnen, Modellautos und Landkarten.

10 **Maßstabsgerechten Plan zeichnen**

Ein Architekt hat einen Lageplan des Grundstücks der Familie Klein mit dem Haus und der Garage skizziert. Zum Glück hat er die Skizze mit Maßen versehen, sodass Jonas einen genauen Lageplan im Maßstab 1 : 200 zeichnen kann.

a) Berechne alle auf der Skizze angegebenen Längen für den genauen Lageplan.

Beispiel:
Wirklichkeit: 30 m = 3000 cm
Lageplan: 3000 cm : 200 = 15 cm

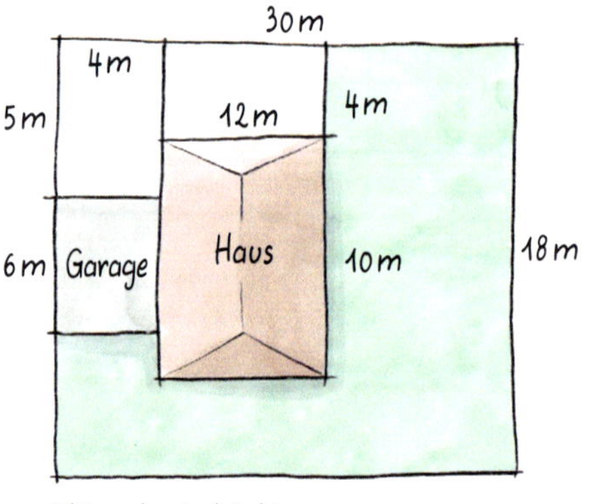

Skizze des Architekten

b) Zeichne für Jonas den genauen Lageplan des Grundstücks mit Haus und Garage.

Grundwissen
zum Wiederholen

1 Nenne drei Zahlen, die auf Tausender gerundet 234 000 ergeben.

2 Berechne schriftlich.

a) 4669 + 905　　b) 8531 − 788　　c) 9888 + 1222　　d) 1234 + 4321

3 Wenn man zu einer Zahl zuerst 50 und dann 430 addiert, so erhält man 900.
Wie lautet die Zahl?

+

11 So machen es die Geographen

„Wenn du an der Maßstabszahl 5 Nullen wegstreichst, kannst du die Entfernung, die 1 cm auf der Karte entspricht, direkt in km angeben!“

a) Probiere für folgende Maßstäbe aus. Überprüfe auch an Landkarten aus deinem Schulatlas.

1 : 600 000 1 : 100 000 1 : 6 500 000 1 : 200 000 1 : 13 000 000

b) Zeichne zu jedem der Maßstäbe eine Maßstabsleiste in dein Heft.

c) Begründe mit der Einheitentabelle für Längen, warum das Verfahren funktioniert.

P Projekt: Eine Radtour – gut geplant ist halb gefahren

Johanna hat in der Tageszeitung den Vorschlag für eine Radtour entdeckt. Sie fragt sich, wie lange sie für die Tour wohl brauchen wird.

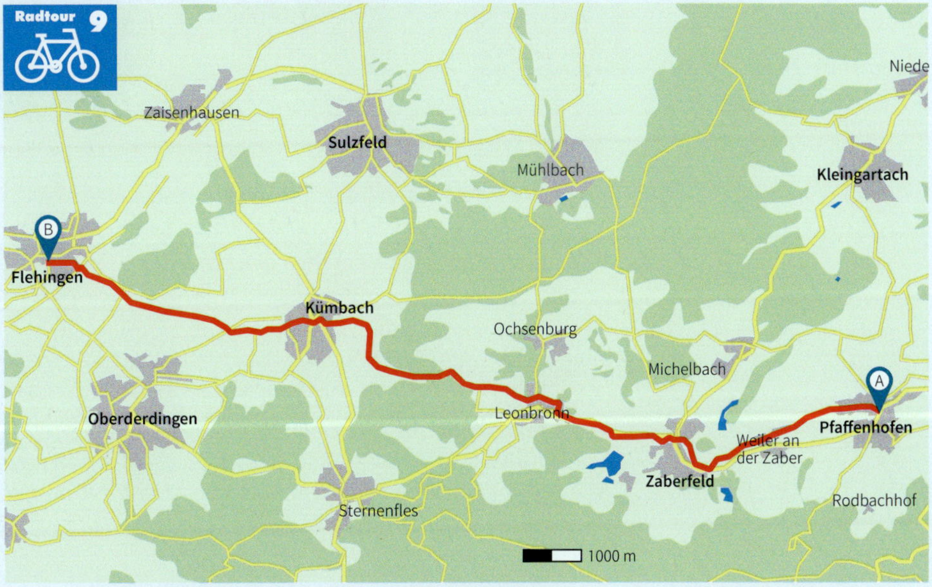

Vorbereitung

In welchem Maßstab ist die Radkarte abgebildet? Wie könnt ihr die Länge von Johannas Tour bestimmen? Findet ihr verschiedene Möglichkeiten?
Was schätzt ihr, wie lange wird sie für die Tour benötigen?

Projektarbeit

Sammelt selbst Ideen für eine Radtour in eurer Umgebung und stellt sie euren Mitschülern vor. Welche Ziele lohnen sich? Radwanderkarten, Reiseführer und das Internet können euch helfen.

Präsentation

In Gruppen könnt ihr eure Vorschläge für die Tour ausarbeiten.
Die folgenden Anregungen können euch bei der Ausarbeitung helfen:

- Smartphones und eine Tracking-App mit GPS können bei Planung und Tour sehr nützlich sein.
- Bestimmt Länge und Dauer der Radtour.
- An welchen Stellen sollen größere Pausen oder Aufenthalte eingelegt werden?
- Wer kümmert sich um Verpflegung und Unterkunft?

Jede Gruppe kann ihre Radtour mit einem Plakat vorstellen. Aus den verschiedenen Vorschlägen könnt ihr ein Tourenheft zusammenstellen.

3.3 Zeit und Zeitspannen

E1 Zeitspanne ermitteln

Warten ist langweilig. Sicher hast du beim Warten schon mal wiederholt auf die Uhr geschaut. Wie viel Zeit ist schon verstrichen? Auf der oberen Uhr siehst du die Uhrzeit, bei der du zum ersten Mal auf die Uhr geschaut hast. Die untere Uhr zeigt die Uhrzeit an, bei der das Warten ein Ende hatte. Welche Zeitspanne ist jeweils vergangen?

a) 

b) 

c) 

d) 

Exkurs

Uhren zum Messen der Zeit

Die Zeit ist eines der merkwürdigsten Geheimnisse unserer Welt. Man sagt „die Zeit verrinnt" oder „die Zeit läuft". Schon seit mehr als 5000 Jahren nutzen die Menschen den „Lauf der Sonne" zum Messen der Zeit mit Sonnenuhren.

Eine Sonnenuhr zeigt mithilfe des Stands der Sonne am Himmel die Tageszeit an. Als Zeiger dient meistens der Schatten eines Stabes. Sonnenuhren haben einen großen Vorteil. Sie funktionieren ausschließlich mit erneuerbarer Energie. Aber was macht man bei schlechtem Wetter oder nachts oder wenn man kürzere Zeitspannen messen möchte?

Zum Messen von Zeitspannen erfanden Menschen bereits vor mehreren Tausend Jahren Wasser- und Sanduhren.

E2 Klassenausflug

Die Klasse 5 b aus Siegburg möchte den Zoo in Köln besuchen. Die Klasse plant mit dem Zug von Siegburg nach Köln zu fahren. Die Abfahrt in Siegburg ist um 8.37 Uhr und die Ankunft am Kölner Hauptbahnhof um 9.09 Uhr.
Für den Fußweg vom Bahnhof zum Zoo sind 35 Minuten eingeplant.

a) Wie lange dauert die Zugfahrt? Wann kommt die Klasse laut der Planung am Zoo an?
b) Für einen Spaziergang durch den Zoo sind 2 Stunden 30 Minuten vorgesehen. Anschließend möchten die Schülerinnen und Schüler noch ein Picknick am Rheinufer in der Nähe des Bahnhofs machen. Ist dafür noch Zeit, wenn die Klasse 5 b um 14.01 Uhr wieder vom Kölner Hauptbahnhof zurückfahren will?

E3 Reise zum Mars

Ein Raumfahrtunternehmen plant, 2040 zum Mars zu fliegen. Die Flugzeit soll 960 Stunden betragen. Das geplante Abflugdatum soll der 5. Juli 2040 sein. Berechne das Datum der geplanten Landung auf dem Mars.

Basiswissen

WES-125764-015

Zeitpunkt und Zeitspanne

Zeitangaben können Zeitpunkte (wann?) oder Zeitspannen (wie lange?) beschreiben.

Zeitpunkt
Unterrichtsbeginn
Frage: **wann?**
8.15 Uhr

Zeitspanne
erste Stunde
Frage: **wie lange?**
45 min

Maßeinheiten für Zeitspannen

d steht für „dies" (lateinisch Tag).
h steht für „hora" (lateinisch Stunde).

Auch im Englischen passen die Akürzungen: „day" und „hour".

1 Tag (d)

Sonnenaufgang bis Sonnenaufgang

1 Stunde (h)

Handballspiel

1 Minute (min)

100 m gehen

1 Sekunde (s)

Sprung vom 5-Meter-Turm

Zeiteinheiten umwandeln mit Umrechnungszahlen

Umrechnungszahlen

1 d = 24 h (·24 / :24)

1 h = 60 min (·60 / :60)

1 min = 60 s (·60 / :60)

Beispiele

A Von einer größeren in eine kleinere Einheit umwandeln

a) Wie viele Minuten hat ein Tag?
b) Wie viele Sekunden hat eine Stunde?

Lösung:

a) 1 d = 24 h = 1440 min (·24, ·60)

b) 1 h = 60 min = 3600 s (·60, ·60)

B Von einer kleineren in eine größere Einheit umwandeln

Rechne die angegebene Zeitspanne um:
a) 192 h in d
b) 72 000 s in h

Lösung:

a) 192 h = 8 d (:24)

b) 72 000 s = 1200 min = 200 h (:60, :60)

Übungen

1 Schätzen

a) Wie lange schläfst du für gewöhnlich?
b) Wie lange putzt du deine Zähne?
c) Wie lange dauert ein Fußballspiel und wie lange dauert die Pause in einem Fußballspiel?
d) Wie lange dauert eine Sportstunde, wie lange eine Mathematikstunde?
e) In welcher Zeit läuft ein sehr guter Sportler 100 m?
f) Wie lange benötigt ein Wanderer für eine Strecke von 10 km?

2 Zeitspannen umwandeln

a) Wandle in die nächstkleinere Einheit um:	6 h	4 d	9 min	1 h 3 min
b) Wandle in die nächstgrößere Einheit um:	180 s	72 h	300 min	3000 s

3 Einheiten umwandeln

Wandle in die angegebene Einheit um.

a) 6 h in min b) 3 d in min c) 3600 s in h d) 7 h in s
e) 4800 h in d f) 1 d in s g) 30 d in h h) 30 d in min

4 Gemischte Einheiten umrechnen

Wandle in die angegebene Einheit um.

a) 3 h 16 min in min b) 2 d 4 h in h c) 15 min 15 s in s d) 2 d 12 min in min

Wandle die folgenden Zeitangaben in gemischte Einheiten um.

e) 200 s in min und s f) 136 h in d und h g) 2894 min in d und min

5 Vergleichen

Die 5000 m-Läufer Jonas und Leon unterhalten sich. Leon erzählt: „Beim letzten Rennen bin ich über 5000 m eine Zeit von 12 min 13 s gelaufen." Jonas entgegnet: „Da war ich schneller. Ich bin nur 750 s gelaufen." Hat Jonas Recht?

6 Ordnen

Ordne die Zeitspannen der Größe nach.

a) 27 h; 1 d 1 h; 1400 min; 90 000 s b) 800 s; 65 min; 1 h 15 min; 73 min 45 s

7 Ironman

Die beiden Erstplatzierten beim Ironman auf Hawaii im Jahr 2017 erzielten die folgenden Zeiten. Wer hat gewonnen und mit welcher Gesamtzeit?

	Schwimmen	Radfahren	Laufen
Patrick Lange	48 min 45 s	4 h 28 min 53 s	2 h 39 min 59 s
Lionel Sanders	53 min 41 s	4 h 14 min 19 s	2 h 51 min 53 s

8 Zeitspanne und Zeitpunkt berechnen

Übertrage den Fahrplan in dein Heft und ergänze die fehlenden Zeitangaben.

	Montag	Dienstag	Mittwoch	Donnerstag	Freitag	Samstag
Abfahrt	11.23 Uhr	14.55 Uhr	13.27 Uhr	18.48 Uhr		
Ankunft	12.05 Uhr	18.09 Uhr			18.00 Uhr	15.01 Uhr
Fahrtdauer			1 h 47 min	4 h 18 min	3 h 14 min	2 h 55 min

9 Umsteigezeit

Frau Kleinschmitt möchte von Essen nach Saarbrücken fahren.

a) Wie lange dauert die Fahrt von Essen nach Saarbrücken?
b) Wie lang sind die Fahrzeiten auf den einzelnen Streckenabschnitten?
c) Wie lang ist die „reine" Fahrzeit, d.h. die Fahrzeit ohne die Umsteigezeiten?

08.14 Essen
10.50 Bingen
10.55 Bingen
11.15 Bad Kreuznach
11.26 Bad Kreuznach
13.12 Saarbrücken

Grundwissen
zum Wiederholen

1 Pia verteilt 270 Gummibärchen gerecht auf 30 Kinder. Erstelle dazu eine Rechenaufgabe.

2 Schreibe „eine Million" mit Ziffern. Wie viele Nullen hast du verwendet?

3 Wie viele Seiten hat ein Sechseck?

4 Wie viele kleine Würfel werden für den Bau des Körpers benötigt?

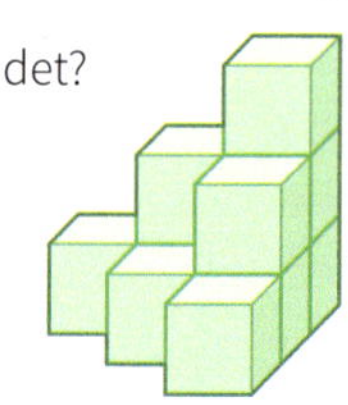

+

10 Schlafgewohnheiten

Unter den Tieren gibt es Langschläfer und Tiere, die wenig Schlaf brauchen. Löwen dösen bis zu 20 Stunden am Tag, Giraffen schlafen täglich nur 10 Minuten. Wie viele Stunden verschläft jedes Tier in einer Woche (in 100 Tagen)?

11 Im Weltall

Die internationale Raumstation benötigt ungefähr 90 min, um die Erde einmal zu umrunden.

a) Wie lange benötigt sie für 5 Umrundungen? Gib das Ergebnis in Stunden und Minuten an.

b) Wie viele Umrundungen schafft die ISS an einem Tag?

c) Eine neue Besatzung fliegt mit einem Sojus-Raumschiff zur ISS. Das Andockmanöver beginnt um 14.15 Uhr, das Raumschiff dockt um 15.07 Uhr an, die Einstiegsluke zur ISS öffnet sich um 17.05 Uhr. Welche Zeit vergeht von Beginn des Andockmanövers bis zum Öffnen der Luke? Wie viele Erdumrundungen hat die ISS in dieser Zeit in etwa gemacht?

Exkurs

Tag- und Nachtseite der Erde

In New York gehen die Uhren anders

In einem Reisebüro hängen drei Uhren, die verschiedene Zeiten anzeigen. Woher kommt das? Hier lohnt sich der Blick aus dem Weltraum: Ist es in Berlin 12 Uhr mittags, so steht dort die Sonne jetzt am höchsten. New York liegt weiter westlich. Von dort aus sieht man gerade, wie die Sonne aufgeht. Es ist 6 Uhr morgens. Tokio liegt von Berlin aus im Osten. Dort sehen die Menschen um 20 Uhr, wie die Sonne gerade untergeht. Die Uhrzeit an einem Ort hängt von dessen Lage auf der Erdkugel ab. Man nennt daher die Zeit, die die Uhren an einem Ort anzeigen, „Ortszeit“.

12 Ruhestörung?

Frau Hein ruft von Berlin aus eine Firma in Tokio an. In Berlin ist es 8 Uhr morgens. Die Zeitdifferenz ist 8 Stunden. Wie viel Uhr ist es in Tokio?

13 Flugdauer

Familie Franz fliegt von Frankfurt nach Orlando in Florida.
Das Flugzeug startet laut Ticket um 13.30 Uhr Ortszeit in Frankfurt. Es landet um 17.52 Uhr Ortszeit in Orlando.
Wie lange dauert der Flug?

Ortszeit	Frankfurt	Orlando
	13.30 Uhr	7.30 Uhr

14 Kurzer Flug?

Kann das sein?

Abflug:	Amsterdam	10.00 Uhr
Ankunft:	London	9.55 Uhr

3.4 Gewichte

E1 Wie viel wiegt eine Münze?

Gegenstand	Gewicht (Schätzwert)	Gewicht (Messwert)	Abweichung +/–
ein Stift			
2-Euro-Münze			
ein Apfel			

a) Übertrage die Tabelle in dein Heft und schätze die Gewichte. Ergänze noch fünf weitere Gegenstände (z. B. dein Mathebuch, ein Päckchen Butter, eine Brille, ein Teebeutel, eine Tafel Schokolade, eine Banane).

b) Überprüfe deine Schätzungen mit einer Waage (Briefwaage, Haushaltswaage oder eine aus der Schulsammlung).

c) Wo ist die größte Abweichung aufgetaucht? Suche nach Erklärungen.

E2 Neulich in der Tageszeitung

Schulkinder als Packesel

TV7. Ärzte, Krankenkassen und Elternverbände sind sich einig: Das Gewicht des Schulrucksacks sollte höchstens ein Zehntel des Kindergewichtes betragen. Doch allzu oft ist der Rucksack viel zu schwer. Auch die Lehrer schlagen Alarm, …

a) Wie schwer dürften eure Rucksäcke sein – wie schwer sind sie tatsächlich?

b) Macht Vorschläge, wie sich das Gewicht verringern lässt.

E3 Wie viele Eier sind so schwer wie ein Elefant?

Diese Knobelaufgabe bereitet Isabell und Anna großes Kopfzerbrechen. Mit der Haushaltswaage bestimmt Isabell das Gewicht von zehn Eiern. Sie stellt fest: 10 Eier wiegen 602 g.

a) Was meinst du, wie Isabell und Anna weitergerechnet haben? Überlege zusammen mit deiner Nachbarin oder deinem Nachbarn.

b) Wievielmal so schwer wie du ist der Elefant?

In einem Tierlexikon findet Anna folgenden Abschnitt:

… Afrikanische Elefanten haben sehr große Ohren, asiatische kleine. Bei den afrikanischen Elefanten haben sowohl die Bullen als auch die Elefantenkühe Stoßzähne, bei den asiatischen nur die Bullen. Der afrikanische Elefant ist das mächtigste heute lebende Landtier. Er wird bis zu 4 m hoch und bis zu 6 Tonnen schwer.

E4 Einkauf

Die Einkaufstasche von Familie Heinze wird heute besonders schwer. Wie schwer wird die Tasche?

1 kg Karotten

1 kg Tomaten

1500 g Brot

2500 g Kartoffeln

250 g Butter

2000 g Waschmittel

Basiswissen

WES-125764-016

Maßeinheiten für Gewichte (Massen)

Wenn wir von Kilogramm, Gramm und Milligramm sprechen, meinen wir genau genommen Maßeinheiten für die Masse. Im Alltag spricht man zumeist von Gewichten.

Vorsilben
Kilo – tausend
Milli – ein Tausendstel

1 Tonne (t)	1 Kilogramm (kg)	1 Gramm (g)	1 Milligramm (mg)

Kleinwagen	1 l-Getränke-Pack	Tintenpatrone	Floh

Gewichtseinheiten umwandeln mit Umrechnungszahlen

Umrechnungszahlen

1 t = 1000 kg (t → kg: · 1000; kg → t: : 1000)

1 kg = 1000 g (kg → g: · 1000; g → kg: : 1000)

1 g = 1000 mg (g → mg: · 1000; mg → g: : 1000)

Beispiele

A Von einer größeren in eine kleinere Einheit umwandeln

Rechne in die angegebene Einheit um. a) 3 kg in mg b) 12 t in kg

Lösung:
Multipliziere mit der Umrechnungszahl.

a) 3 kg = 3000 g = 3 000 000 mg (jeweils · 1000)

b) 12 t = 12 000 kg (· 1000)

B Von einer kleineren in eine größere Einheit umwandeln

Rechne in die angegebene Einheit um. a) 25 000 kg in t b) 16 000 000 mg in kg

Lösung:
Dividiere durch die Umrechnungszahl.

a) 25 000 kg = 25 t (: 1000)

b) 16 000 000 mg = 16 000 g = 16 kg (jeweils : 1000)

Übungen

1 Passende Gewichtseinheit I

Welche Gewichtseinheit passt am besten zu den folgenden Gegenständen?

a) Körpergewicht b) Güterzug c) Basketball d) Briefmarke
e) Smartphone f) Feder g) Fahrrad h) Wal

2 Passende Gewichtseinheit II

Welche Gewichtseinheit passt zu der betreffenden Maßzahl?

a) Ein Erwachsener wiegt 75 ▇. b) Eine Fliege wiegt 60 ▇.
c) Ein Elefant wiegt 4 ▇. d) Eine 1 €-Münze wiegt 7500 ▇.

3 Umrechnungen

Rechne in die angegebene Einheit um.

a) 3 t in kg	4 kg in g	17 t in g
b) 12 000 g in kg	13 000 000 mg in kg	25 000 000 g in t
c) 3 t 475 kg in kg	1 g 5 mg in mg	2 t 2 g in g
d) 2520 kg in t und kg	2002 g in kg und g	1063 mg in g und mg

4 Vergleich von Gewichten

Gib jeweils das größere der beiden Gewichte an. Wandele dazu vorher in eine gemeinsame Einheit um.

a) 5000 mg; 4 g b) 25 000 kg; 10 t c) 10 kg; 9 000 000 mg d) 17 t; 1700 kg

Einheitentabelle

Um gleiche Gewichte in verschiedenen Gewichtseinheiten darzustellen, hilft eine Einheitentabelle.

t		kg			g			mg			
Z	E	H	Z	E	H	Z	E	H	Z	E	
				1	5	0	0				1500 g = 1,5 kg
							2	7	0	0	2,7 g = 2700 mg
	3	0	5	0							3,05 t = 3050 kg

5 Eintragen in die Einheitentabelle

Erstelle in deinem Heft eine Einheitentabelle und trage die Gewichte ein.

a) 35 kg und 20 g b) 2 t und 94 kg c) 4 t und 200 g d) 99 g und 90 mg

6 Übung macht den Meister

Benutze zum Umwandeln die Umrechnungszahlen oder die Einheitentabelle.

a) 37 t in kg; 40 kg in g; 281 000 g in kg; 12 000 mg in g
b) 12,543 kg in g; 3,2 t in kg; 9,83 kg in g; 12,05 kg in g
c) 375 g in kg; 15 000 mg in kg; 512 kg in t; 1301 g in kg
d) 0,8 kg in g; 5120 kg in t; 11,04 kg in g; 3,247 g in kg

7 Gewichte ordnen

Ordne die Gewichte der Größe nach, beginne mit dem größten Gewicht.

a) 2,5 t; 3045 kg; 9520 g; 13 kg; 1 kg 7 g; 1070 g; 170 mg; 3 kg 46 g
b) 75 kg; 75 g; 750 g; 7500 mg; 750 750 g; 75 t; 0,75 t; 7575 kg; 7,5 kg
c) 16 016 g; 16 kg; 16 000 mg; 1,616 kg; 160 g; 16 kg 160 g; 1,6 t

8 Training

Schreibe die Gewichte ohne Komma. Achte dabei auf die Einheiten.
Versuche die Teilaufgaben a), b) und c) in je 2 Minuten zu lösen.

a) 3,75 kg; 0,029 kg; 41,5 kg; 7,483 kg; 0,63 kg
b) 2,84 t; 35,8 t; 0,875 t; 0,038 t; 0,004 t
c) 0,25 kg; 0,25 g; 2,5 kg; 2,5 g; 2,525 t

9 Rechnen mit Gewichten

Wandele zunächst in eine gemeinsame Einheit um.

a) 700 mg + 120,3 g + 7 g b) 8 kg − 3400 g c) 210 g − 65 000 mg
d) 12 t 250 kg − 8000 kg e) 15 t − 8 t 750 kg f) 6 t 530 kg + 915 kg

10 Autos – leer und beladen

Übertrage die Tabelle in dein Heft und ergänze die fehlenden Gewichte.

	Pkw	Lieferwagen	Lkw	SUV
Leergewicht	1,4 t	2 t		1,845 t
Ladung	420 kg		3 400 kg	535 kg
Gesamtgewicht		3,5 t	7,5 t	

11 **Tierbabys**

Mütter sind natürlich sehr viel größer und schwerer als ihre Kinder.

a) Ein Gorilla-Baby wiegt ungefähr 2 kg. Die Gorilla-Mutter ist etwa 80 kg schwer. Wievielmal so schwer ist die Mutter?

b) Ein Nilpferd-Baby wiegt ca. 50 kg. Die Nilpferd-Mama bringt 60-mal so viel auf die Waage. Wie viel wiegt die Mutter?

c) Das Junge eines Großen Pandas ist bei der Geburt 100 g schwer. Wievielmal so schwer ist das Muttertier, das ein Gewicht von 140 kg hat?

12 **Gewicht von Dosen**

Auf einer 530 g schweren Konservendose findest du folgende Angaben:
Füllmenge 400 g, Abtropfgewicht 240 g.

a) Erkläre die unterschiedlichen Bedeutungen.

b) Wie viel Gramm Flüssigkeit sind in der Dose?

c) Wie schwer ist eine Palette mit zwölf vollen Dosen?

13 **Flugverkehr**

Eine Fluggesellschaft schätzt das Gewicht der Zuladung. Es wird angenommen, dass jeder der 400 Passagiere mit Gepäck ungefähr 90 kg wiegt. Doch damit noch nicht genug: 70 Tonnen Treibstoff und 30 Tonnen Fracht kommen noch dazu.

a) Wie schwer ist die Zuladung beim Start?

b) Schätze: Wie schwer wird das Flugzeug bei der Landung sein?

Die Boing 777-200 hat ein Leergewicht von knapp 135 t.

14 **Wie schwer ist Geld?**

Ein 10 €-Schein wiegt 720 mg, eine 1 €-Münze wiegt 7,5 g.

a) Ein Lottospieler hat 1 500 000 € gewonnen. Er möchte den Gewinn in 10 €-Scheinen nach Hause geliefert bekommen. Kann ein Mitarbeiter das Geld in einem Koffer anliefern?

b) Zum Geburtstag wünscht sich Melanie von allen ihren Freundinnen, Freunden und Familienmitgliedern zusammen 1,5 kg in 1 €-Münzen. Was haltet ihr von diesem Wunsch?

Exkurs

Masse oder Gewicht – Das ist hier die Frage

Wenn du auf die Waage steigst, sagst du: „Ich habe ein Gewicht von 35 kg.“ Physiker unterscheiden jedoch zwischen der Masse, die in Kilogramm angegeben wird, und dem Gewicht. Sie tun dies, weil das Gewicht davon abhängt, wo du dich befindest: Eine Personenwaage zeigt für einen Astronauten auf der Erde ein Gewicht von 70 kg an. Auf dem Mars würde dieselbe Waage für den Astronauten aber nur etwa 26 kg anzeigen, da die Gravitationskraft dort geringer ist als auf Erde.

Die Masse des Astronauten ist aber die gleiche wie auf der Erde.
Vereinbarung: Auch wenn wir eine Angabe in kg machen, sprechen wir von dem Gewicht.

Grundwissen
zum Wiederholen

		a)	b)	c)
1	Multipliziere.	a) $25 \cdot 33$	b) $46 \cdot 105$	c) $40 \cdot 1201$
2	Dividiere.	a) $156 : 13$	b) $4400 : 44$	c) $2002 : 11$

P ☰ Projekt: Graue Riesen

Ohne direkten Kontakt zu den Pflegern leben 16 asiatische (früher sagte man indische) Elefanten angeführt von einer Leitkuh im Kölner Elefantenpark. Das Foto zeigt eines der Jungtiere mit dem Namen „Kitai", das im Juni 2017 geboren wurde.

„Kitai" ist japanisch und heißt „Hoffnungsvoller Herrscher".

Steckbrief des asiatischen Elefanten
(Elephas maximus)

- wird bis zu 2,70 m hoch und 5 t schwer
- badet gern und schwimmt gut
- hat einen Rüssel mit zwei Greiffingern
- liebt Gras, Heu, Äste, Baumrinde, Früchte
- frisst jeden Tag 150 kg Futter und trinkt 150 Liter Wasser
- Der älteste asiatische Elefant lebte im Zoo von Taipeh und wurde 86 Jahre alt.

Aufgaben zum Projektstart

A Der Zoo muss für 100 kg Grünfutter 10 € bezahlen. Was kostet das Futter täglich? Erstellt auch einen Plan für die Wochen-, Monats- und Jahreskosten.

B Wie viele Tage braucht ein Elefant, bis er so viel wie sein Körpergewicht „gefuttert" hat?

C Hannibal war ein berühmter afrikanischer Feldherr, der mit seinen Truppen vor mehr als 2000 Jahren gegen die Römer kämpfte. Er überquerte mit seinen 37 Kriegselefanten sogar die verschneiten Alpen. Welche Futtermenge benötigte er für seine Elefanten in einer Woche? Vergleiche mit einer normalen Lkw-Ladung; diese beträgt 7,5 t.

Tierwal

Bestimmt hast du ein Lieblingstier oder dich interessiert eine bedrohte Tierart. Besorge dir aus einem Tierlexikon oder dem Internet möglichst viele Angaben zu deinem Lieblingstier. Beispiele:

Informationssammlung

Geburtsgewicht, Länge/Größe, Lebensdauer, Futterbedarf, Tragezeit der Mutter, Schlafdauer, Herzschläge pro Minute, …

Ideen zur Posterstellung

Erstellt Poster mit passenden Tabellen und Diagrammen, auf denen ihr eure Lieblingstiere mit einem Menschen und dem asiatischen Elefant vergleicht.

Beschriftet die Abbildungen eurer Tiere mit einem passendem Maßstab. So kann sich jeder vorstellen, wie groß (oder klein) das Tier in Wirklichkeit ist.
Denkt euch knifflige Sachaufgaben rund um die gefundenen Größen aus und stellt sie euren Mitschülerinnen und Mitschülern vor.

Präsentation

Überlegt euch, wo und wie ihr die Poster präsentieren wollt. Wer hat das beste Poster gestaltet? Von wem stammt die interessanteste Aufgabe?

Größen
Eine Größe ist immer aus **Maßzahl** und **Maßeinheit** zusammengesetzt.
Länge, Zeit und Gewicht sind Beispiele für Größen.

Längen
Übersicht über die Längeneinheiten

1 km | 1 m | 1 dm | 1 cm | 1 mm

Umrechnung von Längeneinheiten

1 km = 1000 m (· 1000 / : 1000)

1 m = 10 dm (· 10 / : 10)

1 dm = 10 cm (· 10 / : 10)

1 cm = 10 mm (· 10 / : 10)

Einheitentabelle
Ergänze, wenn nötig, Nullen.

km		m			dm	cm	mm
Z	E	H	Z	E			
	3	5	2	0			
				0	5	0	8

3,52 km = 3 km 520 m = 3520 m
0,508 m = 508 mm = 50,8 cm

Maßstab
Der Maßstab gibt an, wievielmal so groß oder klein eine Strecke in Wirklichkeit im Vergleich zu der Karte, der Zeichnung oder dem Modell ist.

Verkleinerungsmaßstab 1 : 5000
1 cm auf der Karte entspricht 5000 cm in Wirklichkeit, d. h. 50 m.

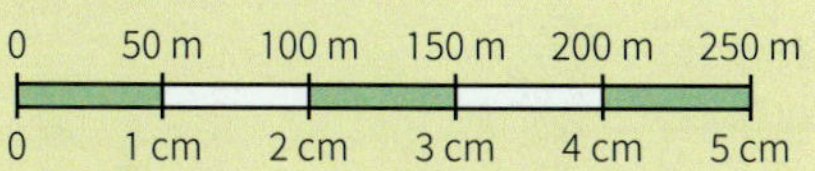

Vergrößerungsmaßstab 80 : 1
1 mm in der Wirklichkeit entspricht 80 mm auf dem Bild.

Check-up

1 Wie lang ist etwas?
Ordne die passende Längeneinheit zu.
a) Ein Fußballfeld ist ungefähr 100 ■ lang.
b) Mit einem Fahrrad kannst du in der Stunde 18 ■ fahren.
c) Der Fuß von Laura ist 25 ■ lang.
d) Ein Marienkäfer ist 8 ■ groß.

2 Einheiten umwandeln
Wandle in die angegebene Einheit um.
a) 400 cm in m
b) 700 000 mm in m
c) 7,034 km in m
d) 6 m 66 cm in cm
e) 0,8 km in m
f) 5 km 25 m in dm

3 Einheitentabelle
Rechne die Längeneinheiten mit der Einheitentabelle um.
a) 5,4 m in mm
b) 0,22 km in cm
c) 54 km in cm
d) 77,05 m in mm
e) 0,855 m in cm
f) 1001 mm in dm

4 Es geht auch ohne Komma
Wandle um und schreibe ohne Komma.
a) 0,2 km
b) 0,02 km
c) 0,002 km
d) 4,25 m
e) 0,37 m
f) 6,82 dm

5 Weitsprung
Verrückte Längeneinheiten. Wer springt am weitesten?
Peter 3,8 m; Ida 380 cm; Paul 39 dm; Claudia 3080 mm

6 Rechnen mit Längen
Berechne. Gib die Ergebnisse ohne Komma an.
a) 20 km + 2540 m + 4,4 km
b) 73,90 m – 99 cm

7 Tabelle ergänzen

Maßstab	Zeichnung	Wirklichkeit
40 : 1	■	2 mm
1 : 400	5 cm	■
1 : 2 000 000	■	150 km

8 Maßstabsleiste
Wie lautet der passende Maßstab zu der angegebenen Maßstabsleiste?

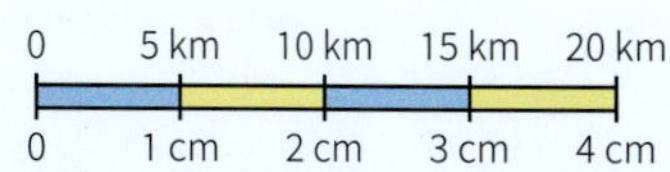

9 Entfernungen auf der Karte
a) Auf einer Karte ist die Luftlinie von Köln nach Izmir in der Türkei ca. 13 cm. Der Kartenmaßstab ist 1 : 16 000 000. Berechne die Entfernung Köln – Izmir in Wirklichkeit.
b) Wie weit ist es auf derselben Karte von Oldenburg nach Göteborg in Schweden, wenn die Luftlinie 800 km lang ist?

Zeit – Zeitdauer

Zeitpunkt
Antwort auf die Frage „wann?"
Die Tagesschau beginnt um 20.00 Uhr.

Zeitspanne
Antwort auf die Frage „wie lange?"

Abfahrt: 13:20	Fahrtdauer 45 min →	Ankunft: 14:05

Übersicht über die Zeiteinheiten

1 d   1 h   1 min   1 s

Umrechnung von Zeiteinheiten

1 d = 24 h (·24 / :24)   1 h = 60 min (·60 / :60)   1 min = 60 s (·60 / :60)

Gewicht (Masse)

Übersicht über die Gewichtseinheiten

1 t   1 kg   1 g   1 mg

Umrechnung von Gewichtseinheiten

1 t = 1000 kg (·1000 / :1000)   1 kg = 1000 g (·1000 / :1000)   1 g = 1000 mg (·1000 / :1000)

Beachte: Bei Gewichten ist die Umwandlungszahl immer 1000.

Einheitentabelle

Ergänze, wenn nötig, Nullen.

t	kg			g			mg		
E	H	Z	E	H	Z	E	H	Z	E
8	7	5	0						
8	7	5	0	0	0	0			
			0	3	5	0			
		1	2	3	0	0	0	0	0

8,750 t = 8 t 750 kg = 8750 kg
0,350 kg = 350 g
12,3 kg = 12 300 000 mg

10 Verwandle in die angegebene Einheit

a) 900 s in min b) 2 h 35 min in s c) 168 h in d
d) 250 h in d und h e) 6960 s in h und min

11 Zeitspannen

Vergleiche die Zeitspannen. Welche ist die größere?

a) 7 min; 430 s b) 72 min; 1 h 2 min c) 5 d; 125 h
d) 1 h; 86400 s e) 90 h; 1140 min 50 s f) 1 d; 86 000 s

12 Fahrplan ergänzen

Ergänze die fehlende Zeitspanne bzw. die fehlenden Zeitpunkte.

Abfahrt	Fahrtdauer	Ankunft
7.55 Uhr	5 h 47 min	□
6.48 Uhr	□	9.13 Uhr
□	2 h 27 min	14.03 Uhr

13 Sport

Ein 3000-m-Läufer läuft den ersten Kilometer in 2:58 min, den zweiten Kilometer in 3:12 min. Welche Zeit benötigte er für den dritten Kilometer, wenn seine Gesamtlaufzeit 9:05 min ist?

14 Zeitverschiebung

Wenn es in Frankfurt/Main 12 Uhr ist, ist es in San Francisco 3 Uhr morgens. In Frankfurt startet ein Flugzeug um 10.30 Uhr und landet nach einer Flugzeit von 11 h 25 min in San Francisco.
Welche Zeit zeigen die Uhren bei der Landung in San Francisco?

15 Einheiten anpassen

Welche Einheiten passen zu den folgenden Gewichten?

a) Paket in □ b) Lastwagen in □ c) Amsel in □
d) Smartphone in □ e) Brief in □ f) Pkw in □

16 Gewichtseinheiten umwandeln

Wandele in die angegebene Gewichtseinheit um.

a) 6 kg in g b) 8 kg 2 g in g c) 5 kg in mg
d) 0,4 t in g e) 7300 g in kg f) 120 kg in t

17 Verschiedene Gewichtsangaben – gleiches Gewicht

5350 g	6250 g	□	□
5,350 kg	□	4,300 kg	□
5 kg 350 g	□	□	10 kg 100 g

18 Gewichte mit Komma

a) Schreibe ohne Komma: 3,5 kg; 3,05 kg; 3,055 kg
b) Schreibe mit Komma: 4560 kg in t; 500 g in kg; 5050 mg in g

19 Abfall

Auf jeden der 4000 Einwohner einer Kleinstadt entfallen pro Tag 1200 g Haushaltsabfall. Wie viel Abfall entsteht täglich, wie viel in einer Woche? Gib das Ergebnis in einer sinnvollen Einheit an.

Sichern und Vernetzen

Vermischte Aufgaben zu Kapitel 3

Trainieren

WES-125764-050

Lösungen

1 Umrechnen von Längeneinheiten

a) 30 dm in m b) 30 dm in cm c) 41 km in m d) 5 cm in mm
e) 4 m in cm f) 4,5 m in cm g) 4,05 m in cm h) 4000 m in km

2 Einheitentabelle für Längen

Wandle die folgenden Längen in die angegebenen Einheiten um. Verwende dafür die Einheitentabelle wie in dem Beispiel.

a) 517 cm in m b) 30 500 m in km c) 543 mm in cm d) 4,3 m in dm

km			m			dm	cm	mm
H	Z	E	H	Z	E			
					6	2	8	

628 cm = 6,28 m

3 Umrechnen von Gewichtseinheiten

a) 12 000 g in kg b) 7 kg in g c) 5000 kg in t d) 0,5 kg in g
e) 6500 g in kg f) 500 kg in t g) 8 g in mg h) 4500 mg in kg

4 Einheitentabelle für Gewichte

Wandle die folgenden Größen in die angegebenen Einheiten um. Verwende dafür die Einheitentabelle wie in dem Beispiel.

a) 20,3 t in kg b) 500 kg in t c) 0,250 kg in g d) 40 400 mg in g

t			kg			g			mg		
H	Z	E	H	Z	E	H	Z	E	H	Z	E
					8	5	0	0			

8,5 kg = 8500 g

5 Zeiteinheiten umwandeln

a) Wandle in Sekunden um. ① 8 min ② 9 h ③ 3 h 14 min ④ 8 min 5 s
b) Wandle in Minuten um. ① 4 h ② 4 d ③ 300 s ④ 2 d 4 h 20 min

6 In andere Einheiten umwandeln

Rechne in die angegebene Einheit um.

a) 5 m in dm b) 3000 mm in m c) 10 dm in cm d) 1500 m in km
e) 3 t in kg f) 5500 g in kg g) 3 kg in mg h) 5600 kg in t
i) 2 h in min j) 4 d in h k) 18 000 s in min l) 2 d in min

7 Von der Karte zur Wirklichkeit

Auf der Karte hat eine Strecke eine Länge von 5 cm. Wie lang ist die Strecke in der Wirklichkeit für folgende Maßstäbe?

a) 1 : 100 b) 1 : 2000 c) 1 : 3 500 000 d) 1 : 16 000 000?

8 Von der Wirklichkeit zum Plan

In der Wirklichkeit hat eine Strecke eine Länge von 400 km. Wie lang ist die Strecke auf der Karte für folgende Maßstäbe?

a) 1 : 100 000 b) 1 : 2 000 000 c) 1 : 40 000 000

9 Was sind Größen?

Lege in deinem Heft eine Liste an, in der du alle Größen aufzählst, die du kennen gelernt hast. Überprüfe anschließend, ob deine Liste vollständig ist.

Verstehen

10 Passende Einheiten gesucht

In den folgenden Aufgaben sind die Einheiten verloren gegangen. Übertrage in dein Heft und ergänze so, dass die Rechnungen stimmen.

a) 5 km + 1200 ▒ = 6,2 km b) 2 ▒ + 5 min = 125 min c) 2 ▒ + 5 min = 302 s
d) 600 ▒ + 400 ▒ = 1 t e) 0,25 ▒ − 150 kg = 100 kg f) 980 ▒ + 2 ▒ = 1 m

11 Zeitspannen

Welche Zeiteinheiten könnten stimmen?

a) Dauer eines Marathonlaufs	4 h	100 min	2 d
b) Kochen eines Frühstückeis	100 s	6 min	1 h
c) Länge eines Werbespots im Fernsehen	30 min	2 s	90 s
d) Zeit für das Zähneputzen	30 s	3 min	1200 s

12 Umrechnungszahlen

a) Erkläre mit wenigen Sätzen, wozu du die Umrechnungszahlen bei den Größen brauchst. Notiere anschließend zwei Beispiele.
b) Schreibe auf, welche Umrechnungszahlen bei den verschiedenen Größen eine Rolle spielen. Kontrolliere deine Zusammenstellung mit dem Basiswissen.
c) Hanna liest in einem Lexikon: *Zur kleineren Maßzahl gehört die größere Einheit.* Finde dafür ein Beispiel und erkläre, was dieser Satz beim Umwandeln bedeutet.

13 Maßstab erklären

a) Erläutere, was man unter einem Maßstab von 1 : 1 000 000 versteht.
b) Die Entfernung zwischen zwei Städten beträgt in Wirklichkeit 11 km. Welcher Entfernung auf einer Karte im Maßstab 1 : 1 000 000 entspricht dies?
c) Auf einer Karte des Maßstabs 1 : 1 000 000 ist die Entfernung von zwei Städten 2,3 cm. Welcher Strecke entspricht dies in Wirklichkeit?
d) Die Entfernung zwischen Köln und Athen beträgt ca. 2 000 km Luftlinie. Bei welchem Maßstab wäre diese Entfernung auf der Karte 10 cm?

14 Rechnen mit Zeiten

Ein LKW-Fahrer fährt eine weite Strecke. Er beginnt die Fahrt um 9.10 Uhr. Das Ende der Fahrt ist am nächsten Tag um 03.00 Uhr. Der Fahrer macht zwischen 16.12 Uhr und 16.58 Uhr und zwischen 23.00 Uhr und 00.30 Uhr Pausen. Wie lang ist die reine Fahrtzeit?

Anwenden

15 Flugzeiten

Ein Flugzeug nach Moskau startet in Frankfurt um 12.50 Uhr. Die Flugzeit beträgt 3 h 55 min. In Moskau gehen die Uhren gegenüber Deutschland um 2 Stunden vor. Was zeigen die Moskauer Uhren zum Zeitpunkt der Ankunft an?

16 Herzenssache

Das Herz eines erwachsenen Menschen wiegt etwa 300 g, das Herz eines Kolibris nur ungefähr 100 mg.

a) Wievielmal so schwer wie das Kolibriherz ist das menschliche Herz?
b) Das Herz eines Blauwals wiegt 2000-mal so viel wie ein menschliches Herz. Wie schwer ist es?

Anwenden

17 Sprunghöhen

Tier	Größe	Sprunghöhe
Floh	1 mm	300-fache Körperlänge
Heuschrecke	30 mm	15-fache Körperlänge
Frosch	70 mm	7-fache Körperlänge
Mensch	1,80 m	1-fache Körperlänge

a) Gib in Metern und Zentimetern an, wie hoch die einzelnen Lebewesen springen können.

b) Könnte ein Mensch auf den Eiffelturm springen, wenn er so sprungkräftig wie ein Floh wäre?

Eiffelturm: Höhe 321 m

18 Autoindustrie

In einer Autofabrik fährt alle 20 Sekunden ein neues Auto vom Fließband. Es wird fünf Tage in der Woche rund um die Uhr gearbeitet.

a) Wie viele Autos werden in einer Stunde (in einer Woche, in einem Jahr) produziert?

b) Ein Durchschnittsauto ist ungefähr 4 m lang. Wie lang ist wohl die Autoschlange, die in einer Woche produziert wird?

19 Fernsehkonsum

Im Jahre 2018 schauten die drei bis 13-jährigen Kinder täglich 51 Minuten fern. Ein Zeitungsreporter wählte als Überschrift für seinen Bericht: „Bereits Kinder sitzen 13 Tage im Jahr vor dem Fernseher.“ Hat der Reporter richtig gerechnet?

20 Müll

Pro Kopf erzeugt jeder Bürger in Deutschland pro Tag ungefähr 600 g Verpackungsmüll, darunter sehr viel Plastikmüll.

a) Das scheint nicht viel zu sein. Berechne, wie viel Verpackungsmüll in kg jeder Bürger pro Jahr erzeugt. Was meinst du jetzt?

b) Berechne, wie viel Müll (in t) täglich in Deutschland anfällt. Gehe dabei von 83 Millionen Einwohnern aus.

21 Wanderkarte

a) Auf einer Wanderkarte im Maßstab 1 : 25 000 ist eine Strecke 7,5 cm lang. Wie lang ist diese in Wirklichkeit?

b) Auf einer Karte ist eine Strecke, die in Wirklichkeit 50 km lang ist, genau 4 cm lang. In welchem Maßstab ist die Karte gezeichnet?

22 Maßstäbe und Modelle

a) Die R.M.S. Titanic sank auf ihrer Jungfernfahrt im April 1912. Sie hatte eine Länge von 269 m. In welchem Maßstab zeigt die Abbildung die Titanic? Miss und rechne.

b) Tom baut ein Modell der Titanic im Maßstab 1 : 400. Welche Länge hat das Modell?

c) Das menschliche Auge hat einen Durchmesser von 24 mm. In der Biologiesammlung gibt es ein Modell im Maßstab 4 : 1. Bestimme den Durchmesser des Augenmodells.

4 Entdeckungen bei natürlichen Zahlen

Einer Legende nach sollte der indische Erfinder des Schachspiels von seinem König entlohnt werden. Der Erfinder hatte dazu einen Wunsch frei.
Er wünschte sich ein Schachbrett voller Reis.
Auf dem ersten Feld sollte nur ein Reiskorn liegen. Auf dem zweiten Feld zwei Reiskörner, auf dem dritten vier Reiskörner und so weiter.
Die Anzahl der Reiskörner sollte von einem zum nächsten Feld einfach verdoppelt werden.
Der König lachte und zeigte sich erbost über die vermeintliche Bescheidenheit.

Wie viele Reiskörner liegen auf dem zehnten Feld?

Nach wie vielen Feldern ist 1 kg Reis zusammen, wenn 1 kg Reis ungefähr 35 000 Reiskörner umfasst?

Wie viele Reiskörner sind es insgesamt?

4.1 Zahlenfolgen und Muster

E1 Inventur in der Imkerei

Imker Wagner zählt: „4, 8, …“
Hilf ihm und zähle weiter.
Natürlich könnte Herr Wagner auch noch schneller zählen. Du auch?

E2 Blütenstände

Lichtnelke

Betrachtet man die Blütenstände von Pflanzen, so kann man Regelmäßigkeiten entdecken. Die weiße Lichtnelke verzweigt sich dreimal in zwei Äste. Sie verzweigt sich also sehr regelmäßig. Zählt man die Äste von unten beginnend, so erhält man die Zahlenfolge 1, 2, 4, 8.

Weiße Lichtnelke Schleierkraut Kümmel

a) Zähle die Äste beim Schleierkraut und beim Kümmel. Welche Zahlenfolge erkennst du?
b) Skizziere die Blütenstände nach den folgenden Beschreibungen.

Efeublüte
Die Blütenstände der Efeublüte verzweigen sich zweimal in jeweils vier Äste.

Wolfsmilchblüte
Die Blütenstände der Wolfsmilchblüte verzweigen sich zweimal, zuerst in vier, dann in jeweils zwei Äste.

E3 Faustgruß

Zur Begrüßung geben sich sieben Kinder „Fistbumps“. Das kommt aus dem Englischen und bedeutet soviel wie Faustgruß.
Jeder gibt jedem einen Faustgruß. Wie viele „Fistbumps“ sind dies insgesamt? Die Kinder gehen systematisch vor.

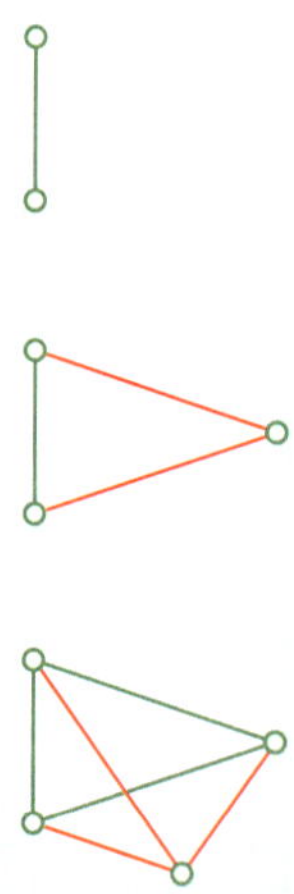

Bei zwei Personen gibt es einen Faustgruß:	1
Bei drei Personen kommen zwei Faustgrüße hinzu:	$1 + 2 = 3$
Bei vier Personen kommen drei Faustgrüße hinzu:	$(1 + 2) + 3 = 6$

a) Schreibe auf, wie es bei fünf und sechs Personen weitergeht. Zeichne auch die Skizzen dazu. Wie viele Faustgrüße sind es insgesamt bei sieben Personen?
b) Erkennst du eine einfache Regel wie du schneller zählen kannst? Bei wie vielen Personen kommt es zu 55 Faustgrüßen? Ab wie vielen Personen sind es mehr als 100?

Basiswissen

WES-125764-017

Zahlenfolgen und Muster

Zahlenfolgen und Muster sind häufig nach bestimmten Regeln aufgebaut. Kennt man diese Regeln, so kann man die Zahlenfolgen fortsetzen und die Muster weiterzeichnen.

Rechtecksmuster
Es wird immer die gleiche Zahl addiert.

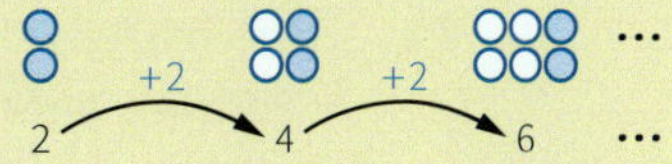

Baummuster
Es wird immer mit der gleichen Zahl multipliziert.

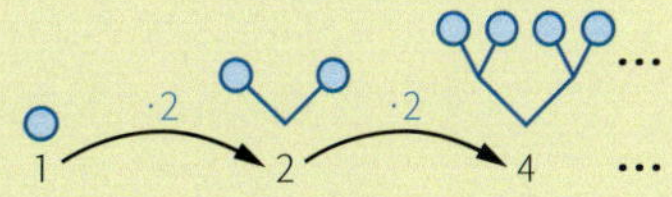

Dreiecksmuster
Es wird immer eine um eins größere Zahl addiert.

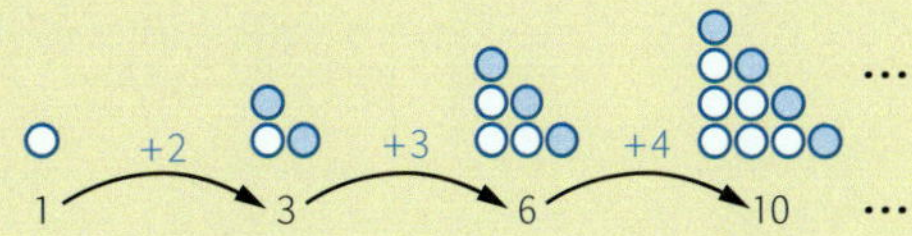

Beispiele

A Rechtecksmuster
Berechne, ohne zu zeichnen, wie es weitergeht.

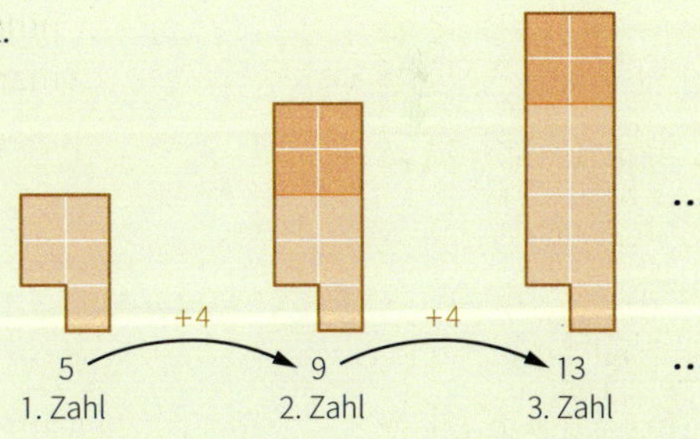

Lösung:
Auch das ist ein Rechtecksmuster:

1. Zahl	$5 = 5$
2. Zahl	$5 + 4 = 5 + \mathbf{1} \cdot 4 = 9$
3. Zahl	$5 + 4 + 4 = 5 + \mathbf{2} \cdot 4 = 13$
4. Zahl	$5 + 4 + 4 + 4 = 5 + \mathbf{3} \cdot 4 = 17$
⋮	
10. Zahl	$5 + \mathbf{9} \cdot 4 = 41$

B Baummuster
Am Baummuster erkennst du die Folge 1, 3, 9 …
Berechne, wie es weiter geht.

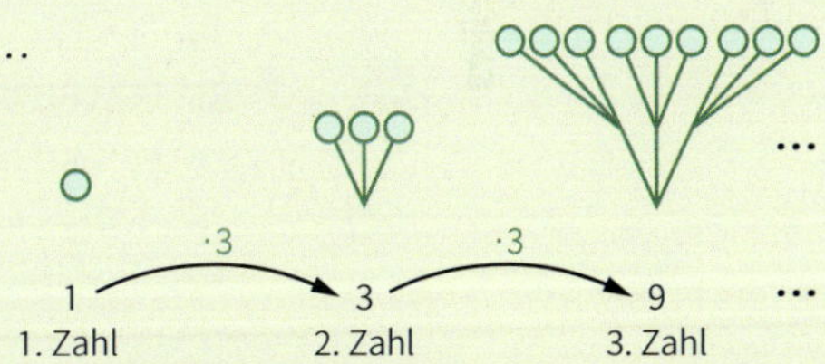

Lösung:

1. Zahl	$1 = 1$
2. Zahl	$1 \cdot 3 = 3$
3. Zahl	$1 \cdot 3 \cdot 3 = 9$
4. Zahl	$1 \cdot 3 \cdot 3 \cdot 3 = 27$
⋮	
10. Zahl	$1 \cdot 3 \cdot 3 \cdot 3 \cdot 3 \cdot 3 \cdot 3 \cdot 3 \cdot 3 \cdot 3 = 19\,683$

C Dreiecksmuster
Am Dreiecksmuster erkennst du die Folge 1, 3, 6, 10 …
Berechne, wie es weiter geht.

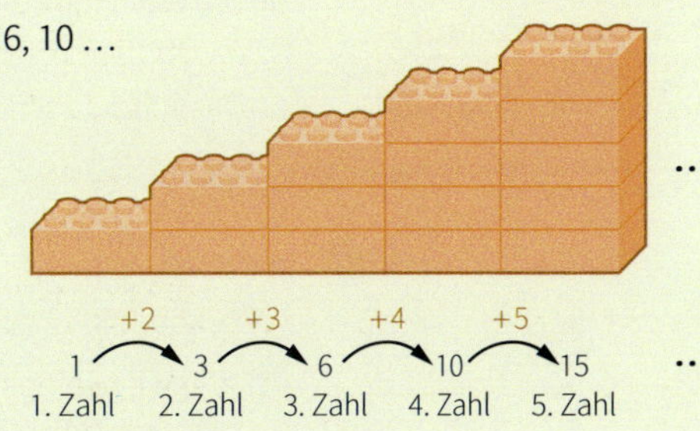

Lösung:

1. Zahl	$1 = 1$
2. Zahl	$1 + 2 = 3$
3. Zahl	$1 + 2 + 3 = 6$
4. Zahl	$1 + 2 + 3 + 4 = 10$
⋮	
10. Zahl	$1 + 2 + 3 + \ldots + 9 + 10 = 55$

Übungen

1 Rechteck-, Baum- und Dreiecksmuster

Betrachte die Zahlenfolgen und Muster im Basiswissen.

a) Setze die Zahlenfolgen bis zur 5. Zahl fort und die Muster bis zur 5. Figur.

b) Berechne zu jeder Zahlenfolge die 10. Zahl.

2 Strichlisten

a) Notiere die ersten sechs Zahlen der Folge.

b) Wie lautet die 21. Zahl der Folge?

3 Erkennst du die Regel?

Zeichne das Muster ab und ergänze es um zwei weitere Figuren. Welche Zahlenfolgen gehören dazu? Schreibe die ersten fünf Zahlen auf. Berechne dann die 8. Zahl der Folge, ohne das Muster weiter zu zeichnen.

Lösungen sind dabei
16, 17, 26, 29, 30, 36, 37

a)

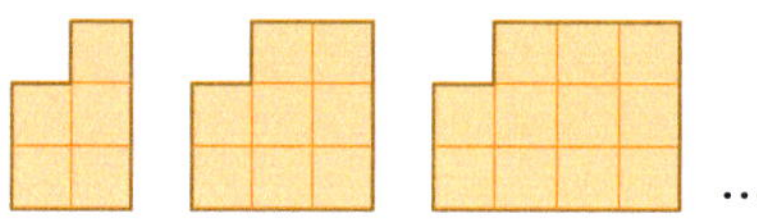

b)

c)

d)

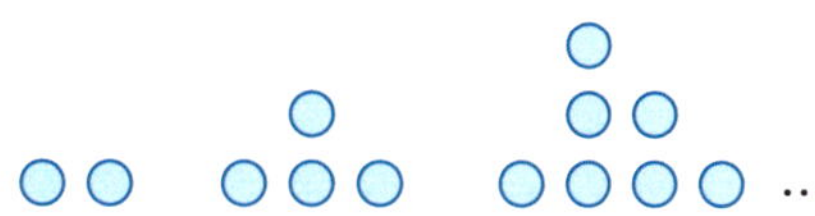

4 Zahlenfolgen-Training

Lösungen
Fortsetzung nächste Zahl:
2 7 10 16 22
26 32 35 96

Erkennst du die Regeln? Manchmal muss man genau hinschauen. Setze jede Zahlenfolge mit fünf weiteren Zahlen fort.

a) 2, 8, 14, 20, 26, …
b) 1, 4, 7, 10, 13, …
c) 1, 2, 5, 10, 17, …
d) 3, 5, 4, 6, 5, …
e) 1, 2, 4, 5, 7, 8, …
f) 4, 5, 7, 11, 19, …
g) 3, 6, 12, 24, 48, …
h) 2, 4, 5, 10, 11, …
i) 5, 0, 6, 1, 7, …

5 Regel erkennen

① …100, 1000, 10000 …
② …110, 121, 133…
③ … 29, 34, 39,
④ …68, 136, 272…
⑤ …13, 18, 23 …
⑥ …117, 135, 153…

a) Setze die Zahlenfolge um jeweils zwei Zahlen fort.

b) Setze die Zahlenfolge rückwärts fort, soweit es geht.

6 Zahlenrätsel

Gib jeweils die ersten fünf Zahlen der Folge an:

a) Die erste Zahl ist 1. Die weiteren Zahlen der Folge ergeben sich jeweils, indem man mit 3 multipliziert.

b) Die erste Zahl ist 12. Die weiteren Zahlen der Folge ergeben sich jeweils, indem man verdoppelt und dann vier subtrahiert.

c) Die erste Zahl ist 2. Die weiteren Zahlen der Folge ergeben sich, indem man die Zahl mit sich selbst multipliziert.

7 Kerze

Eine neue Kerze wird angezündet und brennt gleichmäßig nieder.

Brenndauer in h	1	2	3	4
Resthöhe in cm	24	21	18	

a) Wie lange kann die Kerze insgesamt brennen?

b) Wie hoch müsste die Kerze zu Beginn sein, wenn sie 24 Stunden lang brennen soll?

8 ≡ **„Zahlenfamilien" in der Multiplikationstabelle**

Beim Rechnen mit dem kleinen Einmaleins ist dir bestimmt schon die Multiplikationstabelle begegnet.

a) In der Tabelle sind bereits bestimmte „Zahlenfamilien" farbig eingetragen. Finde jeweils einen passenden Namen für sie.

b) Übertrage die Multiplikationstabelle in dein Heft (10 cm breit und 10 cm lang) und trage auch die folgenden Familien farbig ein.
- die geraden Zahlen
- die ungeraden Zahlen
- die 4er und die 7er-Reihe

c) Addierst du zwei ungerade Zahlen, so ist die Summe gerade. Gilt das auch für die Multiplikation? Erkläre!

	1	2	3	4	5	6	7	8	9	10
1	1	2	3	4	5	6	7	8	9	10
2	2	4	6	8	10	12	14	16	18	20
3	3	6	9	12	15	18	21	24	27	30
4	4	8	12	16	20	24	28	32	36	40
5	5	10	15	20	25	30	35	40	45	50
6	6	12	18	24	30	36	42	48	54	60
7	7	14	21	28	35	42	49	56	63	70
8	8	16	24	32	40	48	56	64	81	90
9	9	18	27	36	45	54	63	72	81	90
10	10	20	30	40	50	60	70	80	90	100

Exkurs

Die Menge der natürlichen Zahlen

Natürliche Zahlen sind die Zahlen, die du schon als kleines Kind entdeckt hast, also 1; 2; 3; 4; … Die Mathematiker zählen auch die 0 zu den natürlichen Zahlen. Für die Menge aller natürlichen Zahlen wird als Symbol ℕ (ein großes N mit einem Doppelstrich) verwendet. Bei Größen sind dir als Maßzahlen auch schon andere Zahlen begegnet wie. 1,47 m oder $\frac{3}{4}$ h, diese Zahlen gehören nicht zu den natürlichen Zahlen.

9 ≡ **Fünfecke**

Mit Fünfecken kann man ein interessantes Muster bilden. Schreibe die ersten zehn Zahlen der zugehörigen Zahlenfolge auf.

10 ≡ **Diagonalen**

Zähle in den Figuren jeweils die Zahl der orangen Linien (Diagonalen). Wie viele Linien sind in der dritten (neunten) Figur eingezeichnet?

1. Figur   2. Figur   3. Figur   9. Figur

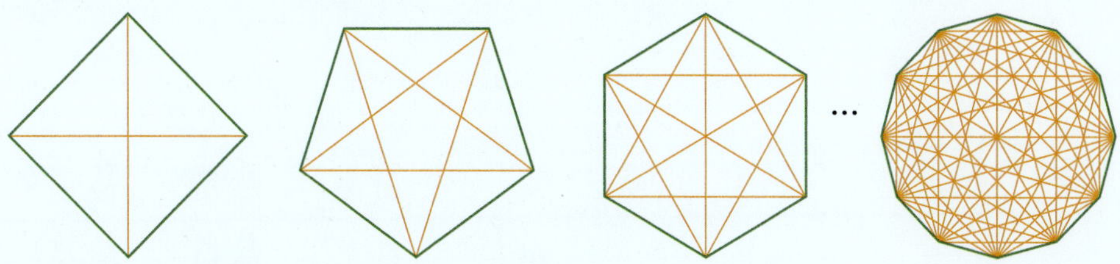

Grundwissen zum Wiederholen

1. Wie heißen Vierecke, die nur rechte Winkel besitzen?
2. Wahr oder falsch: „Ein Fußballfeld ist etwa 105 m lang."
3. Berechne im Kopf: a) 317 – 31   b) 450 + 69   c) 250 : 5

11 Mustererkennung

Viele große Firmen veranstalten Eignungstests um herauszufinden, was Bewerber besonders gut können und was nicht so gut. Oft gibt es auch Aufgaben mit Mustern. Die Bewerber sollen die Regelmäßigkeit in dem Muster erkennen und das Muster dann fortsetzen. Findest du für die Muster die richtigen Fortsetzungen?

①

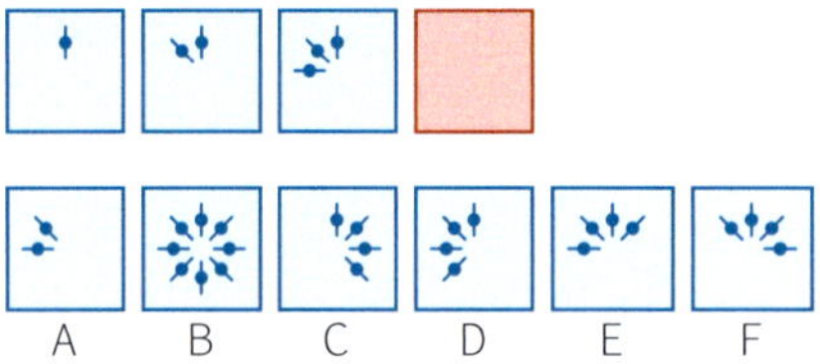

②

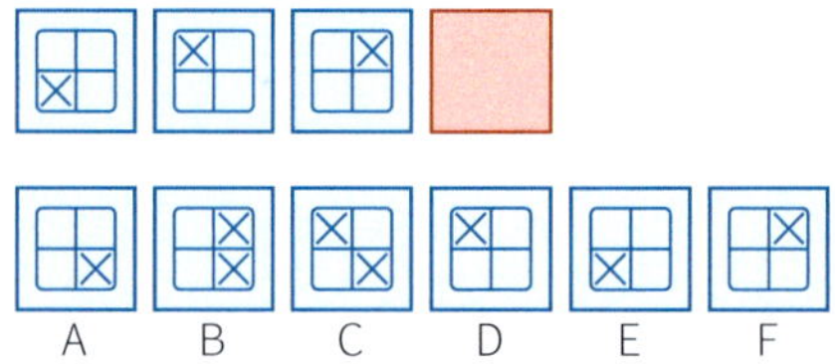

③

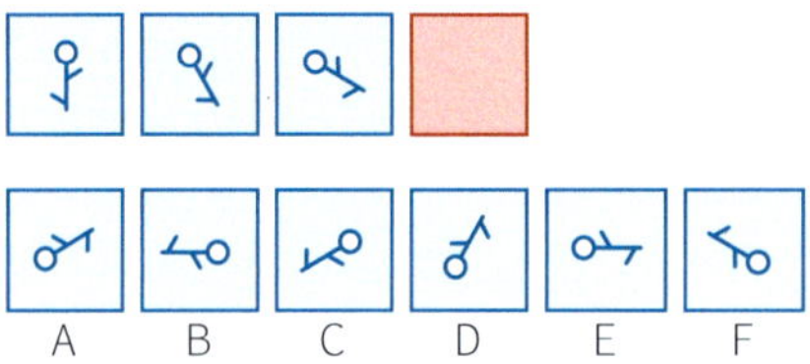

④

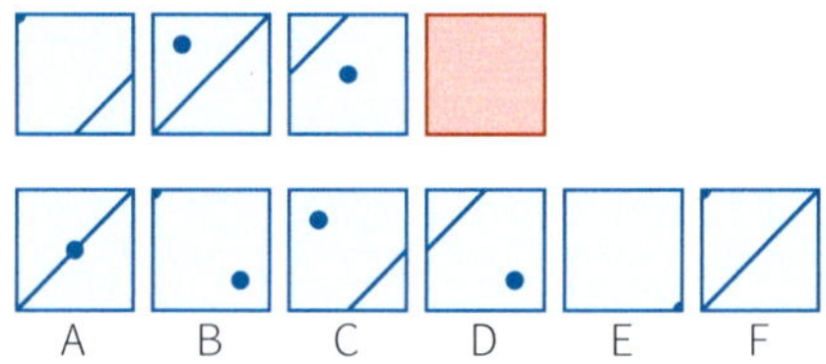

⑤

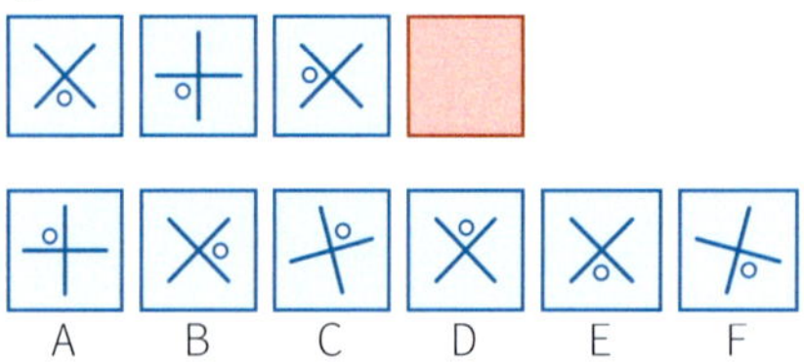

⑥

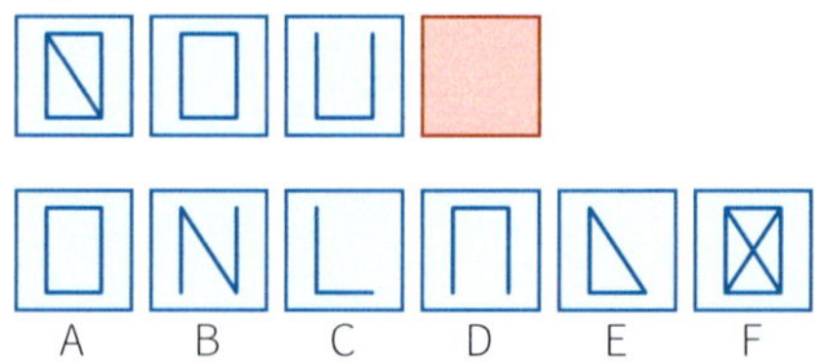

12 Zahlenfolgen in der Natur

Im Jahre 1202 wollte der Mathematiker Fibonacci von Pisa herausfinden, wie schnell eine Kaninchenpopulation unter bestimmten Bedingungen wächst.
Er ging von drei Bedingungen aus:

1. Ein Kaninchen wird nach einem Monat geschlechtsreif.
2. Die Schwangerschaft eines Kaninchens dauert einen Monat.
3. Ein weibliches, geschlechtsreifes Kaninchen bekommt jeden Monat Nachwuchs und zwar immer ein männliches und ein weibliches Kaninchen

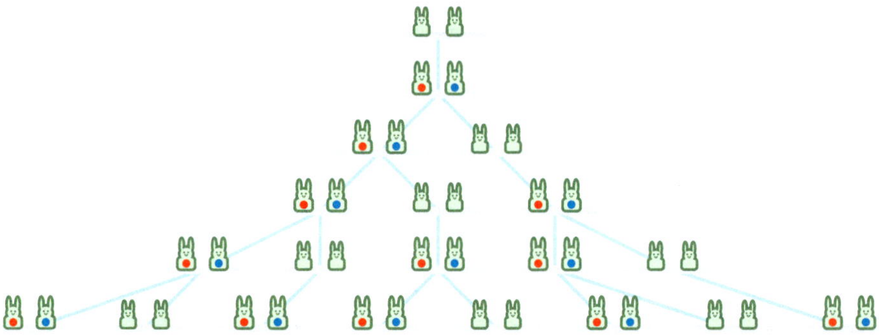

a) Wie viele Kaninchenpaare gibt es im sechsten und siebten Monat?
b) Erkenne die Regel, nach der diese Folge aufgebaut ist. Berechne die Anzahl der Kaninchen im zehnten und zwölften Monat.

4.2 Quadratzahlen und weitere Potenzzahlen

E1 Quadratzahlen

Linda malt ein Muster in ihr Matheheft.
Sie beginnt mit einem blauen Karo. Dann baut sie nach rechts und nach unten weitere Karos an. Die neuen Karos werden immer in einer anderen Farbe gefärbt, sodass das entstehende Quadrat in jeder Figur vergrößert wird.
Die ersten drei Figuren des Musters siehst du hier:

1. Figur

2. Figur

3. Figur

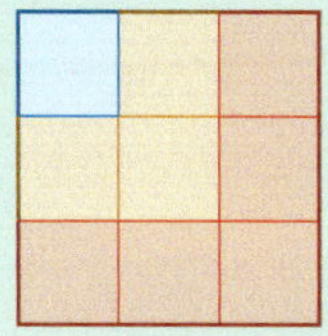

a) Zeichne das Muster ab und füge die vierte Figur hinzu. Kannst du vorhersagen, wie viele Karos das neue Quadrat haben wird?
b) Wie viele Karos haben die weiteren Quadrate? Übertrage die Tabelle in dein Heft und ergänze die Tabelle bis zehn Farben.

Anzahl der Farben	Anzahl der Karos
1	1
2	4
3	9
…	…

E2 Centtürme auf einem Schachbrett

Auf 3 × 3-Mini-Schachbrettern werden auf den einzelnen Feldern Türme aus 1-Cent-Münzen aufgebaut.
Auf jedem Brett gilt eine spezielle Regel:

Zum Glück ist dies eine Denkaufgabe und du musst die Türme nicht wirklich bauen.

2 Cent auf das Startfeld legen. Von Feld zu Feld wird die Anzahl der Cent-Münzen verdoppelt.

5 Cent auf das Startfeld legen. Von Feld zu Feld wird die Anzahl der Cent-Münzen verfünffacht.

10 Cent auf das Startfeld legen. Von Feld zu Feld wird die Anzahl der Cent-Münzen verzehnfacht.

Welche Höhe hätten jeweils die Türme auf Feld 9? Ein Turm mit zehn 1-Cent-Münzen ist etwa 17 mm hoch. Schreibe zunächst drei Schätzwerte auf. Zeichne die Spielbretter in dein Heft und trage die passenden Zahlen ein. Berechne dann die jeweiligen Höhen auf dem letzten Feld.

Basiswissen

WES-125764-018

Quadratzahlen und weitere Potenzzahlen

Potenzzahlen (kurz: Potenzen)

In manchen Rechnungen kommt der gleiche Faktor mehrmals vor,

z. B. $\mathbf{2 \cdot 2 \cdot 2 \cdot 2 \cdot 2 = 2^5}$

(5-mal Faktor 2)

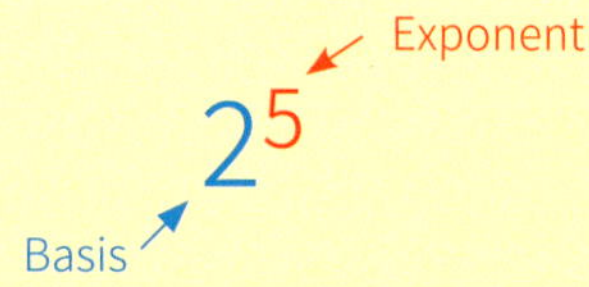

Sprechweise: 2 hoch 5

2^5 wird Potenz genannt.

Die Zahl 2 wird **Basis** (Grundzahl) genannt, die Zahl 5 wird **Exponent** (Hochzahl) genannt.

Potenzen mit gleichen Exponenten

Quadratzahlen

Potenzen mit dem Exponenten 2

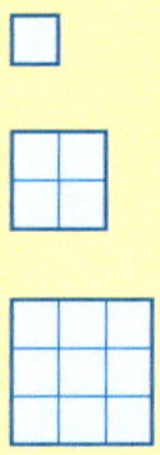

$1^2 = 1$
$2^2 = 4$
$3^2 = 9$
$4^2 = 16$
$5^2 = 25$
$6^2 = 36$
…

Kubikzahlen

Potenzen mit dem Exponenten 3

$1^3 = 1$
$2^3 = 8$
$3^3 = 27$
$4^3 = 64$
$5^3 = 125$
$6^3 = 216$
…

Potenzen mit gleicher Basis

Zweierpotenzen

Potenzen mit der Basis 2

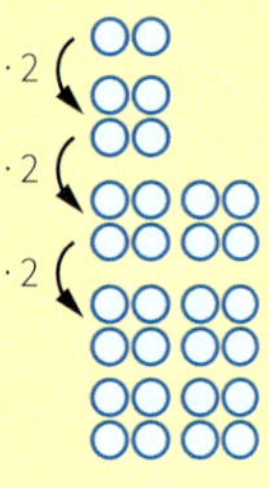

2
$2^2 = 4$
$2^3 = 8$
$2^4 = 16$
$2^5 = 32$
$2^6 = 64$
…

Dreierpotenzen

Potenzen mit der Basis 3

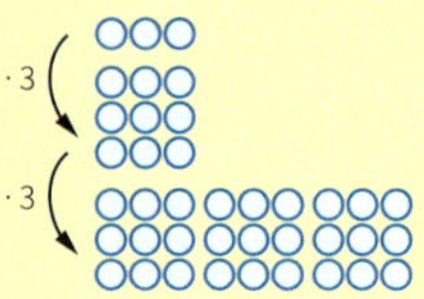

3
$3^2 = 9$
$3^3 = 27$
$3^4 = 81$
$3^5 = 243$
$3^6 = 729$
…

Beispiele

A Potenzschreibweise

a) Schreibe als Potenz: $4 \cdot 4 \cdot 4$

b) Berechne: 3^4

Lösung:

a) $4 \cdot 4 \cdot 4 = 4^3$

b) $3 \cdot 3 \cdot 3 \cdot 3 = 81$

B Tennisturnier

Ein Tennisturnier wird über 5 Tage im K.o.-System durchgeführt, d. h. in jedem Spiel scheidet der Verlierer aus. Im Endspiel stehen sich 2 Spieler gegenüber. An jedem Tag wird eine Runde gespielt. Wie viele Spieler können eingeladen werden?

Lösung:

Die Anzahl der Spieler sind Zweierpotenzen.

Endspiel:	1 Spiel mit 2 Spielern	2 Spieler
Halbfinale:	2 Spiele mit je 2 Spielern	$2 \cdot 2 = 2^2 =$ 4 Spieler
Viertelfinale:	4 Spiele mit je 2 Spielern	$2 \cdot 2 \cdot 2 = 2^3 =$ 8 Spieler
Achtelfinale:	8 Spiele mit je 2 Spielern	$2 \cdot 2 \cdot 2 \cdot 2 = 2^4 =$ 16 Spieler
Vorrunde:	16 Spiele mit je 2 Spielern	$2 \cdot 2 \cdot 2 \cdot 2 \cdot 2 = 2^5 =$ 32 Spieler

Somit können $2^5 = 32$ Spieler eingeladen werden.

Übungen

1 Potenzen schreiben
Schreibe als Potenz und rechne aus.
a) $2\cdot2\cdot2\cdot2$ b) $3\cdot3\cdot3$ c) $5\cdot5\cdot5\cdot5\cdot5$ d) $4\cdot4$
e) $2\cdot2\cdot2\cdot2\cdot2$ f) $10\cdot10\cdot10$ g) $10\cdot10\cdot10\cdot10$ h) $6\cdot6\cdot6$

2 Kubikzahlen
Berechne die Kubikzahlen.
a) 2^3 b) 3^3 c) 4^3 d) 6^3 e) 7^3 f) 8^3 g) 9^3 h) 10^3

3 Potenzen berechnen
Berechne die Potenzen.
a) 2^3 b) 2^6 c) 4^2 d) 5^3 e) 10^2 f) 10^6 g) 6^3 h) 10^3

4 Potenzen und Produkte
Schreibe gleiche Faktoren als Potenz.
$3\cdot5\cdot3\cdot3\cdot2\cdot5 = 2\cdot3\cdot3\cdot3\cdot5\cdot5 = 2\cdot3^3\cdot5^2$
a) $2\cdot2\cdot7\cdot2\cdot2$ b) $3\cdot4\cdot3\cdot4\cdot3$ c) $5\cdot2\cdot5\cdot5\cdot2$ d) $4\cdot5\cdot6\cdot4\cdot5\cdot6$
e) $2\cdot2\cdot3\cdot2\cdot5\cdot2\cdot2$ f) $6\cdot6\cdot8\cdot6\cdot10\cdot8$ g) $11\cdot11\cdot9\cdot13\cdot11\cdot9$ h) $1\cdot2\cdot3\cdot1\cdot11\cdot1\cdot11$

5 Zehnerpotenzen
Potenzen mit der Basis 10 heißen Zehnerpotenzen. Mit Zehnerpotenzen kann man sehr große Zahlen darstellen.
a) Berechne die ersten fünf Zehnerpotenzen.
b) Betrachte deine Ergebnisse aus a). Finde eine Regel, um ohne zu rechnen 10^7 und 10^9 zu bestimmen.

Tipp
Erst die Potenzen ausrechnen:
$2\cdot3^2 = 2\cdot3\cdot3$
$= 2\cdot\ 9\ = 18$

6 Rechnen mit Potenzen
Berechne die Produkte.
a) $12^2\cdot2^3$ b) $6^2\cdot5$ c) $10^4\cdot3^2$ d) $17^2\cdot4$ e) $6^2\cdot2^6$
f) $13^2\cdot2$ g) $5^3\cdot8$ h) 100^2 i) $4^4\cdot2$ j) $19^2\cdot10^2$

Siehe Beispiel B

7 Damen-Tennisturnier
Ein Tennisturnier startet im K.o.-System mit 128 Spielern.
a) Wie viele Spielerinnen starten in jeder Runde und wie viele Spiele gibt es in jeder Runde?
b) Wie viele Spiele bestreitet eine Spielerin, die das Endspiel erreicht?
c) Wie viele Spiele umfasst das Turnier insgesamt?

8 Wer wächst am schnellsten?
Die Zweierpotenzen und die Quadratzahlen treten zum Wettkampf auf dem Zahlenstrahl an. Die Positionen für die ersten zwei Zahlen sind auf den Bahnen im Gitterpapier eingetragen, nach zehn Zahlen ist das Rennen zu Ende.
a) Übertrage den Zahlenstrahl auf Karopapier und trage die Positionen bis zum 6. Schritt ein (DIN-A4-Blatt quer).
b) Setze die Reportage fort. Wer gewinnt das Rennen, welchen Vorsprung hat der Sieger vor dem Zweitplatzierten?

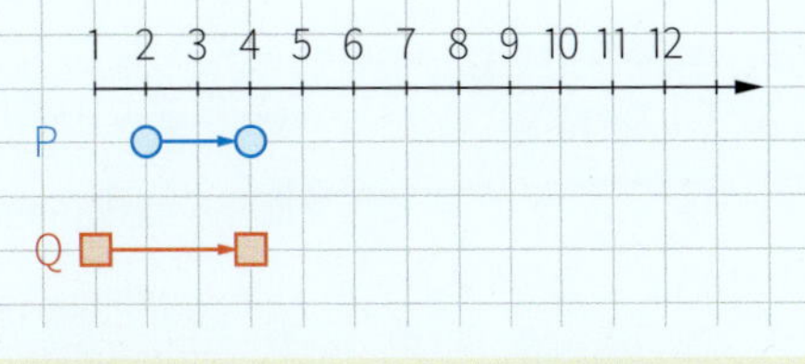

Reportage:
Die Zweierpotenzen haben einen Startvorteil. Im 2. Schritt liegen Zweierpotenzen und Quadratzahlen gleich auf, im nächsten Schritt…

9 ≡ **Stammbaum**

Zeichne einen Stammbaum bis zur 4. Generation deiner Vorfahren in dein Heft. Welche Namen kennst du? Du kannst auch deine Eltern oder weitere Vorfahren fragen. Wie viele Eltern, Großeltern, Urgroßeltern und Ururgroßeltern sind es? Wie viele müsstest du in der 8., 9. und 10. Generation eintragen?

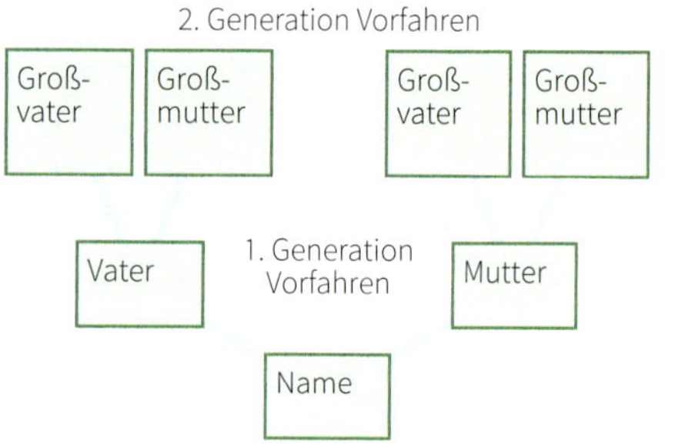

10 ≡ **Entdeckungen an Quadratzahlen**

a) Ergänze die Subtraktionsmauer in dem du immer die Differenz zweier aufeinanderfolgender Quadratzahlen bildest.

1	4	9	16	25	36	49	64
3	5	■	■	■	■	■	

b) Betrachte deine Ergebnisse aus a), was fällt dir auf?

11 ≡ **Summe von Quadratzahlen**

An Hochschulen und Universitäten erforschen Mathematikprofessoren die Zahlen immer weiter und genauer. Dabei kam man zu nebenstehender Vermutung.
Kannst du die Vermutung für die Zahlen zwischen 50 und 60 [zwischen 160 und 170] bestätigen?

Vermutung
Jede Zahl lässt sich als Summe von höchstens vier Quadratzahlen schreiben.
$21 = 4^2 + 2^2 + 1^2$
$120 = 10^2 + 4^2 + 2^2$
$249 = 15^2 + 4^2 + 2^2 + 2^2$

12 ≡ **Differenz von Quadratzahlen**

Die ungeraden Zahlen lassen sich als Differenz von zwei Quadratzahlen schreiben.

a) Schreibe als Differenz von zwei Quadratzahlen:

5 11 15 21 29 31 45 99

Tipp
$7 = 16 - 9$
$13 = 49 - 36$
$23 = 144 - 121$
$81 = 225 - 144$

b) Findest du auch gerade Zahlen, die sich als Differenz von nur zwei Quadratzahlen schreiben lassen?

c) Suche Quadratzahlen, die sich als Differenz zweier anderer Quadratzahlen schreiben lassen.

13 ≡ **Gerade oder ungerade?**

Überprüfe die Aussagen und begründe.

Zweierpotenzen
Die Zweierpotenzen sind alle gerade.

Quadratzahlen
Die Quadratzahlen sind abwechselnd ungerade und gerade.

Grundwissen
zum Wiederholen

1 Der Schulweg von Jonas beträgt von der Wohnung bis zur Schule 4 km. Mit dem Fahrrad benötigt er dafür 16 Minuten. Berechne die wöchentliche Fahrzeit von und zur Schule.

2 Nenne die kleinste sechsstellige Zahl.

3 Wahr oder falsch: „Zwei senkrechte Geraden bilden einen rechten Winkel miteinander."

4 Wie viele Würfel werden für den Bau benötigt?

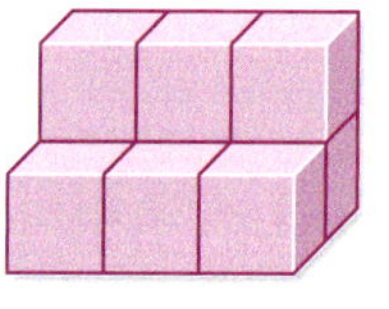

+

14 **Zahlenschlösser**

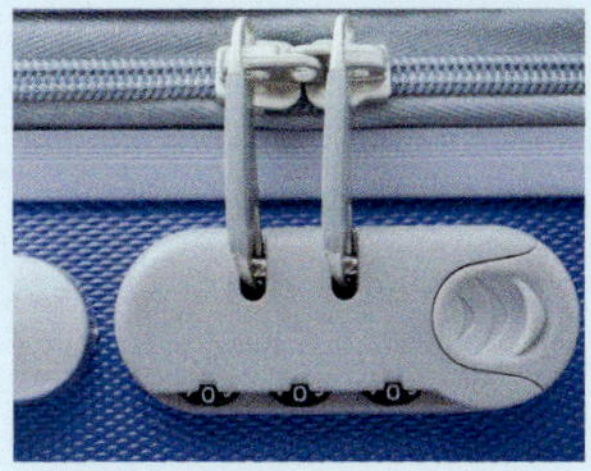

Julius hat die Kombination seines Zahlenschlosses mit drei Rädern vergessen.

a) Wie lange dauert es, alle Kombinationen auszuprobieren, wenn jeder Test einer Kombination drei Sekunden dauert?

b) Wie lange dauert es, wenn er weiß, dass die beiden letzten Ziffern gleich und von der ersten verschieden sind?

Exkurs

Sicherheit durch Zeichenkombinationen

Im Alltag werden verschiedene Zeichenkombinationen zum Schutz des Eigentums und der Privatsphäre verwendet:

Zahlenkombinationen

Fahrräder werden oft mit Zahlenkombinationsschlössern geschützt. Hierbei gilt, je mehr Zahlenringe das Schloss hat, desto aufwändiger ist es die Zahlenkombination herauszufinden. Bei einem Zahlenschloss mit fünf Rädern und zehn Ziffern gibt es beispielsweise $10 \cdot 10 \cdot 10 \cdot 10 \cdot 10 = 100\,000 = 10^5$ Möglichkeiten.

Passwörter

Ob E-Mail-Konto, Onlineshop oder Chat, überall dienen Passwörter zur Identifikation der Nutzer.

Beim Umgang mit Passwörtern sollte beachtet werden

- Keine im Wörterbuch (Duden) zu findenden Wörter
- Keine Namen von Haustieren oder Personen
- Keine Lieblingsmannschaften oder Lieblingsfarben
- Nicht dasselbe Passwort für mehrere Webdienste
- Passwörter nicht in E-Mails oder Ähnlichem weitergeben
- Passwörter nicht auf einem Zettel in der Nähe des PCs aufbewahren

Starkes Passwort

Der beste Schutz ist die Wahl eines „starken“ Passwortes.

- Es sollte aus mindestens acht Zeichen bestehen
- Es sollte aus Zahlen, Buchstaben (Groß- und Kleinschreibung) und Sonderzeichen bestehen (zum Beispiel q3w5G#a+8)

Die Wahl eines starken Passwortes ist wichtig, da es Passwort-Knacker-Programme gibt, die innerhalb weniger Minuten alle Wörter aus dem Duden probieren.
Auch das Einfügen von verschiedenen Zeichen sollte beachtet werden.
Für ein Passwort, das beispielsweise aus drei verschiedenen Buchstaben von a–z besteht, gibt es $26 \cdot 26 \cdot 26 = 26^3 = 17\,576$ Kombinationsmöglichkeiten.
Passwörter, die jedoch aus Zahlen, Buchstaben und Sonderzeichen bestehen, können viel schwieriger geknackt werden, da es viel mehr Möglichkeiten gibt, sie zu kombinieren.

15 **Passwörter**

Wie lange benötigt ein Computer, alle Kombinationen eines vierstelligen Passwortes (Ziffern, Buchstaben, Umlaute, Groß- und Kleinschreibung, Sonderzeichen) auszuprobieren, wenn pro Sekunde eine Million Kombinationen getestet werden?
Wie lange dauert es bei einem sechsstelligen oder achtstelligen Passwort?

4.3 Stellenwertsysteme und andere Zahldarstellungen

E1 Das Zweiersystem

Der Computer rechnet nicht wie wir im Zehnersystem, sondern übersetzt unserere Zahlen ins Zweiersystem. Dazu nutzt er nur zwei Zustände und stellt jede Zahl unseres Systems mit einer 0 oder 1 dar. Martina will ihrer Klasse das Zweiersystem vorstellen. Dazu hat sie Karten vorbereitet.

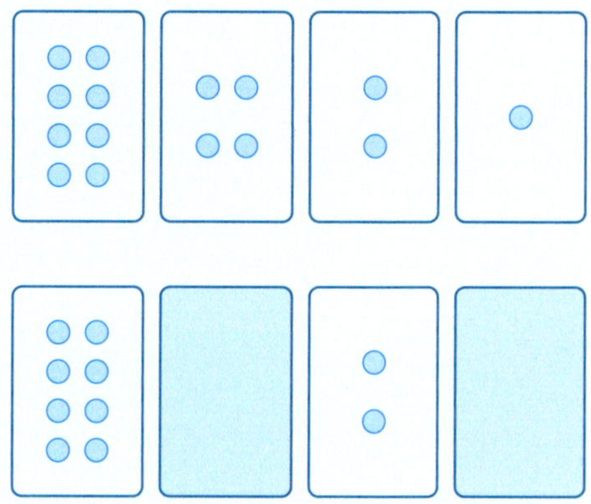

a) Tina möchte eine weitere Karte hinzufügen. Wie viele Punkte müsste die neue Karte aufweisen? Erkennst du eine Regelmäßigkeit in der Kartenreihe?

b) Tina sagt:
„Um die Zahl 10 im Zweiersystem darzustellen, muss ich einige Karten umdrehen und erhalte die Zahl $(1010)_2$."
Was meint Tina mit dieser Aussage? Stelle die Zahlen 5, 6, 7, 8 mit den Karten dar. Welches ist die größte Zahl, die du mit diesen 4 Karten darstellen kannst?

c) Wie heißen die Zahlen $(1111)_2$, $(101)_2$ und $(11)_2$ aus dem Zweiersystem in unserem Zehnersystem?

E2 Die Schatzsuche

Thilo und Marvin haben sich mithilfe von Geocaching auf die Suche nach einem Schatz gemacht. Nach langem Suchen haben sie einen Tresor gefunden. Nun stehen sie vor einem großen Problem und brauchen Hilfe:

Hilf Marvin und Thilo bei der Lösung des Problems.

E3 Zahlen aus Einsen und Nullen

Im Zehnersystem werden die Ziffern 0, 1, 2, ..., 9 benutzt, um Zahlen wie zum Beispiel 914 zu bilden. Wie können Zahlen gebildet werden, wenn nur die Ziffern 0 und 1 vorhanden sind?

a) Welche Zahl stellt $(101)_2$ im Zehnersystem dar?

b) Stelle die Zahlen 1 bis 16 aus dem Zehnersystem nur mit den Ziffern 0 und 1 dar.

Basiswissen

WES-125764-019

Stellenwertsysteme

Zahlen werden mit den zehn verschiedenen Ziffern 0 bis 9 geschrieben (Zehnersystem). Zahlen größer als 9 haben dann mehrere Stellen. Je nachdem, an welcher Stelle die Ziffer steht, hat sie einen bestimmten Wert. Man rechnet also mit einem **Stellenwertsystem**. Man kann Zahlen auch nur mit den Ziffern 0 und 1 aufschreiben (Dualsystem).

Zehnersystem oder Dezimalsystem:

			$\xleftarrow{\cdot 10}$	$\xleftarrow{\cdot 10}$	$\xleftarrow{\cdot 10}$	
Zahl 1101			**$10\cdot 10\cdot 10=10^3$**	**$10\cdot 10=10^2$**	**10**	**1**
	Stellenwert	**...**	**Tausender**	**Hunderter**	**Zehner**	**Einer**
	Zahl		1	1	0	1

Die Zahl 1101 im Dezimalsystem bedeutet: $1\cdot 1000+1\cdot 100+0\cdot 10+1\cdot 1$

Zweiersystem oder Dualsystem:

			$\xleftarrow{\cdot 2}$	$\xleftarrow{\cdot 2}$	$\xleftarrow{\cdot 2}$	
Zahl $(1101)_2$			**$2\cdot 2\cdot 2=2^3$**	**$2\cdot 2=2^2$**	**2**	**1**
	Stellenwert	**...**	**Achter**	**Vierer**	**Zweier**	**Einer**
	Zahl		1	1	0	1

Die Zahl $(1101)_2$ im Zweiersystem bedeutet: $1\cdot 8+1\cdot 4+0\cdot 2+1\cdot 1$ und entspricht der Zahl 13 im Dezimalsystem.
Dualzahlen liest man „EinsEinsNullEins“ und schreibt $(1101)_2$.

Beispiele

A Vom Zweiersystem ins Zehnersystem umwandeln
Wandle die Zahl $(11010)_2$ ins Zehnersystem um.

Lösung:
Dualzahlen kann man mit einer Stellenwerttafel in eine Zahl im Zehnersystem umwandeln.

Stellenwert	**16er**	**8er**	**4er**	**2er**	**1er**
$(11010)_2$	1	1	0	1	0

$1\cdot 16+1\cdot 8+0\cdot 4+1\cdot 2+0\cdot 1=26$

B Vom Zehnersystem ins Zweiersystem umwandeln
Stelle die Zahl 35 im Zweiersystem dar.

Lösung:
Zerlege die Zahl 35 schrittweise in eine Summe von Zweierpotenzen.

$35=1\cdot 32+3$
$\quad=1\cdot 32+0\cdot 16+0\cdot 8+0\cdot 4+3$
$\quad=1\cdot 32+0\cdot 16+0\cdot 8+0\cdot 4+1\cdot 2+1\cdot 1$

Stellenwert	**32er**	**16er**	**8er**	**4er**	**2er**	**1er**
Zahl	1	0	0	0	1	1

Die Zahl 35 wird im Zweiersystem als $(100011)_2$ geschrieben.

Übungen

1 Umwandeln vom Zehnersystem ins Zweiersystem
a) 5 b) 11 c) 27 d) 32 e) 54 f) 99

2 Umwandeln vom Zweiersystem ins Zehnersystem
a) $(10)_2$ b) $(110)_2$ c) $(1010)_2$ d) $(1100)_2$ e) $(1111)_2$ f) $(10001)_2$

3 Stellenwerte im Zweiersystem

a) Übertrage die Tabelle in dein Heft. Ergänze die Stellenwerte und übersetze die eingetragene Zahl ins Zehnersystem.

	$\cdot 2$	$\cdot 2$	$\cdot 2$	$\cdot 2$	$\cdot 2$	$\cdot 2$	$\cdot 2$	$\cdot 2$	$\cdot 2$	$\cdot 2$	
Stellenwert	■	■	■	■	■	■	■	**8er**	**4er**	**2er**	**1er**
Zahl	1	0	1	0	0	1	1	1	0	1	0

b) Übertrage mithilfe der Tabelle folgende Zahlen aus dem Zweiersystem ins Zehnersystem.

$(111\,110)_2$ $(1\,000\,101)_2$ $(10\,001\,000\,011)_2$

4 Umwandeln vom Zehnersystem ins Zweiersystem

a) 12, 57 b) 99, 256 c) 112, 145 d) 300, 120 e) 111, 124 f) 2000, 1024

5 Umwandeln vom Zweiersystem ins Zehnersystem

Wandle die folgenden Zahlen aus dem Zweiersystem ins Zehnersystem um.

a) $(11011)_2$ b) $(100001)_2$ c) $(11001100)_2$ d) $(10011)_2$
e) $(10101010)_2$ f) $(11111)_2$ g) $(10010010)_2$ h) $(10111)_2$

6 Dualzahlen mit LED-Leuchten

Man kann mit LED-Leuchten Dualzahlen darstellen.

a) Wie lauten die Dualzahlen? Wie heißen sie im Zehnersystem?

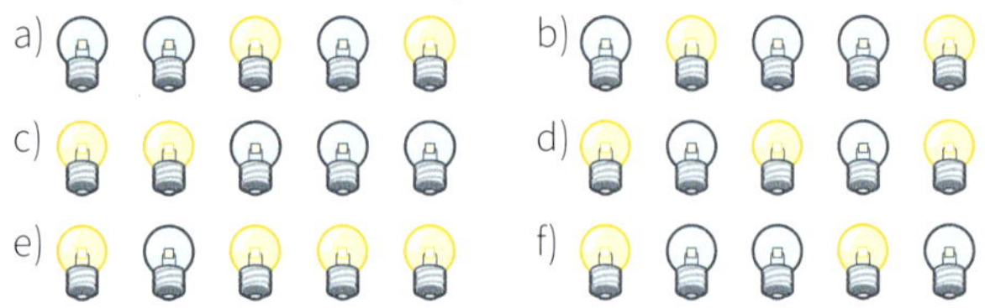

b) Warum kann man Dualzahlen mit LED-Leuchten darstellen und warum geht dies nicht so einfach mit Zahlen im Zehnersystem? Vielleicht hast du eine Idee, wie man Zahlen aus dem Zehnersystem mit LED-Leuchten darstellen könnte.

7 Vorgänger und Nachfolger

Gib jeweils den Vorgänger und den Nachfolger der Dualzahl an.

a) $(1)_2$ b) $(100)_2$ c) $(1111)_2$ d) $(1001)_2$ e) $(10101)_2$ f) $(10110)_2$

8 Kleinste – größte Zahlen

Wie heißt die kleinste und die größte dreistellige (sechsstellige) Zahl im Zehnersystem, wie im Zweiersystem? Übersetze die Dualzahlen ins Zehnersystem.

9 Uhrzeiten ablesen

Welche Uhrzeiten zeigen die Dualuhren an?

a)
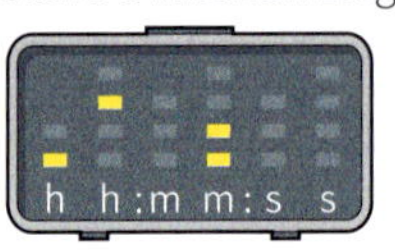

b)
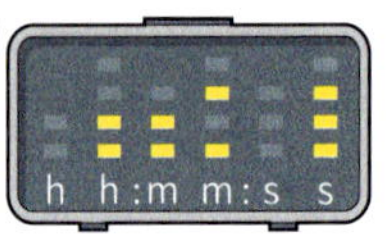

c)
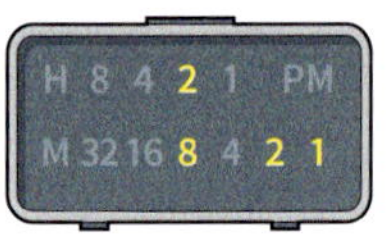

d)
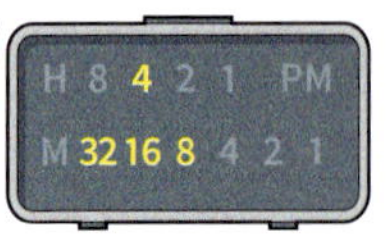

Grundwissen
zum Wiederholen

1 Was kann eine Tonne schwer sein?
① deine Schultasche ② ein Pkw ③ der Mond ④ ein Krokodil

2 Die Kuh Elsa gibt pro Woche 350 Liter Milch. Wie viel Milch wird pro Tag abgemolken? Erstelle eine Rechenaufgabe.

+ Exkurs

Addieren und multipizieren im Zweiersystem

Addieren im Zweiersystem

Das Addieren im Zweiersystem funktioniert genauso wie das schriftliche Addieren im Zehnersystem.

1. Schreibe die Zahlen untereinander.
2. Addiere die Zahlen stellenweise.
3. Bei einer Summe größer als 1 muss der Übertrag beachtet werden.

			8er	4er	2er	1er		
				(	1	1	$)_2$	
	+	(	1	0	1	1	$)_2$	
				1	1			
		(	1	1	1	0	$)_2$	

Multiplizieren im Zweiersystem

Die Multiplikation im Zweiersystem funktioniert wie das schriftliche Multiplizieren im Zehnersystem.

1. Schreibe die beiden Faktoren nebeneinander.
2. Multipliziere die Zahlen stellenweise. Beachte den Übertrag.
3. Addiere die Zahlen.

(	1	1	$)_2$	·	(	1	1	$)_2$
					1	1		
						1	1	
				1	1			
			(	1	0	0	1	$)_2$

10 ≡ **Addieren im Zweiersystem**

Beispiel

	0			1			0				1
+	0		+	0		+	1		+	1	1
	0			1			1			1	0

Additionstabelle

+	$(0)_2$	$(1)_2$	$(10)_2$	$(11)_2$
$(0)_2$	$(0)_2$	$(1)_2$	$(10)_2$	$(11)_2$
$(1)_2$	$(1)_2$	$(10)_2$	$(11)_2$	$(100)_2$

Addiere.

a) $(111)_2 + (1)_2$
b) $(101010)_2 + (10101)_2$
c) $(11011)_2 + (101)_2$
d) $(10111)_2 + (101)_2$
e) $(11011)_2 + (110)_2$
f) $(10001)_2 + (111)_2$

11 ≡ **Multiplizieren im Zweiersystem**

a) Überprüfe deine Fertigkeit, indem du schriftlich $17 \cdot 45$ im Zehnersystem berechnest.

b) Multipliziere nach demselben Verfahren zwei Dualzahlen. Überprüfe, ob du richtig gerechnet hast, indem du die Zahlen und die Ergebnisse aus dem Zweiersystem in das Zehnersystem umwandelst.

$(11)_2 \cdot (10)_2$ $\quad$ $(101)_2 \cdot (11)_2$ $\quad$ $(1101)_2 \cdot (101)_2$ $\quad$ $(11)_2 \cdot (111)_2$

Beispiel
Multiplikationstabelle

·	$(0)_2$	$(1)_2$
$(0)_2$	$(0)_2$	$(0)_2$
$(1)_2$	$(0)_2$	$(1)_2$

12 ≡ **Etwas zum Nachdenken**

a) Weißt du noch, was das kleine „Einmaleins" ist? Überprüft eure Fähigkeiten, indem ihr euch gegenseitig Aufgaben zum kleinen Einmaleins stellt.
b) Wie sieht das kleine Einmaleins mit Dualzahlen aus?
c) Was meinst du, ist das Rechnen mit Dualzahlen einfacher als im Zehnersystem?

13 ≡ **Zeit zum Recherchieren**

a) Informiere dich, wie das Subtrahieren und Dividieren im Zweiersystem funktioniert.
b) Wieso geht das Subtrahieren und Dividieren im Zweiersystem nicht so einfach?
c) Es gibt ein weiteres Zahlensystem: das Fünfersystem. Recherchiere im Internet nach dem Fünfersystem und bereite einen kleinen Vortrag zu dem Thema vor.

Exkurs

Römische Zahlzeichen

Die Römer hatten kein Stellenwertsystem. Sie verwendeten für Zahlen verschiedene Zahlzeichen, die nach ganz bestimmten Regeln aufgeschrieben (aneinander gereiht) werden.

M = 1000 D = 500 C = 100 L = 50 X = 10 V = 5 I = 1

Regeln für die römische Zahlschreibweise

Wenn der größere Wert vor dem kleinen steht, so wird addiert:
XI = X + I = 10 + 1 = 11

Wenn der kleinere Wert vor dem größeren steht, so wird subtrahiert:
CM = M – C = 1000 – 100 = 900

Römische Zahlen → 10er System

MDCCXLVIII

M	DCC	XL	VIII
1000	700	40	8

1748

10er System → römische Zahlen

2179

2000	100	70	9
MM	C	LXX	IX

MMCLXXIX

Unsere Ziffern von 0 bis 9 nennt man auch **arabische Ziffern**.

14 Uhrzeiten

Häufig sieht man Uhren, die ein römisches Ziffernblatt haben. Lies die Uhrzeiten und schreibe mit arabischen Ziffern.

a) 
b) 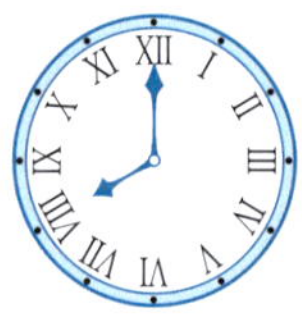
c) 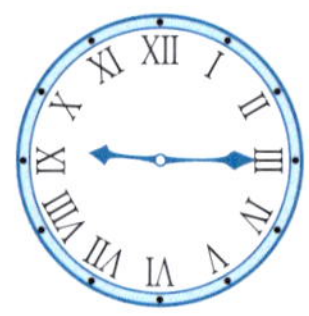
d) 

15 Römische Zahlzeichen

Schreibe mit arabischen Ziffern.

a) XII, LX, DCC, ML, DII, CLXVI
b) IX, XC, LXXIV, CCXL, CML
c) DCCCXX, MDCCCV, MMXLIX
d) MMXII, DCCCVIII, DCCLXXVII

16 Schreiben in römischen Zahlzeichen

Schreibe mit römischen Zahlzeichen.

a) 17, 85, 103, 984
b) 177, 654, 483
c) 130987, 1456
d) 707, 7007, 77

17 Inschriften

Auf vielen Gebäuden sieht man römische Zahlen, die das Erbauungsjahr angeben.

a) Wann wurden die abgebildeten Gebäude errichtet?
b) Wie könnte eine Inschrift auf einem Haus lauten, das 1843 gebaut und 1907 renoviert wurde?
c) Gibt es in deiner Umgebung Häuser, Kirchen oder andere Bauten mit römischen Zahlen? Schreibe die Zahlen ab und übersetze sie. Was könnten sie bedeuten? Berichte in der Klasse von deinen Erkundungen.

Erkunden

18 **Würfelspiel**

Auch die alten Römer kannten Würfelspiele.
Beklebe drei Würfel jeweils mit den Buchstaben D, C, L, X, V, I.
Wirf die drei Würfel. Wer aus den gewürfelten drei Buchstaben die größte Zahl bilden kann, hat gewonnen.

19 **Vorgänger – Nachfolger**

Schreibe jeweils die beiden benachbarten Zahlen auf.

X XXV XL L LXXXV CCXIX CCLXV CCCLXXXIX D CMXCIX MM

20 **Knobelaufgaben**

Wenn du ein Streichholz umlegst, wird die Rechnung richtig. Gibt es mehrere Lösungen?

a) V + III = VI
b) XI – IX = XIX
c) XII + V = VI
d) XI + I = X
e) Wieso ist vier die Hälfte von neun? Wieso zwölf das Doppelte von sieben?
Erfinde eigene Streichholzaufgaben.

Exkurs

Morsen

Über größere Entfernungen wurden Nachrichten früher mit Buschtrommeln, Feuer- oder Rauchzeichen übertragen. Vor mehr als 150 Jahren gelang dem amerikanischen Erfinder und Maler SAMUEL MORSE der entscheidende Durchbruch. Er erfand einen Schreibtelegrafen, mit dem Nachrichten über weite Entfernungen durch elektrische Leitungen sehr schnell übertragen werden können. Dazu kodiert man die Nachrichten Zeichen für Zeichen mithilfe des Morsealphabets. Das geschieht mit Punkten und Strichen. Ein Strich ist etwa dreimal so lang wie ein Punkt. Zwischen den Zeichenfolgen für einen Buchstaben oder eine Ziffer wird eine kurze Pause gemacht, zwischen einzelnen Wörtern eine etwas längere.

Das Morsealphabet

a	.-	j	.---	s	...	1	.----
b	-...	k	-.-	t	-	2	..---
c	-.-.	l	.-..	u	..-	3	...--
d	-..	m	--	v	...-	4	....-
e	.	n	-.	w	.--	5	.....
f	..-.	o	---	x	-..-	6	-....
g	--.	p	.--.	y	-.--	7	--...
h	....	q	--.-	z	--..	8	---..
i	..	r	.-.			9	----.
						0	-----

21 **Welche Nachrichten sind hier kodiert?**

a) -- .- - .... .

... - . .-.. .-.. . -. .-- . .-. - ... -.-- ... - . -- .

-- --- .-. ... . .- .-.. .--. .... .- -... . -

b) Kodiere Nachrichten mithilfe des Morsealphabets. Wer kann die Nachricht „knacken“?

22 **Brailleschrift**

a) Schreibe deinen Namen in Blindenschrift.

b) Schreibe die Zahlen 49 und 2010 in Blindenschrift. Denke daran, dass alle Zahlen mit dem Zahlenzeichen beginnen.

c) Versuche das Wort zu entschlüsseln.

Exkurs

Blindenschrift - Brailleschrift

Aus bis zu sechs Punkten werden alle Buchstaben, Ziffern und Zeichen gebildet.

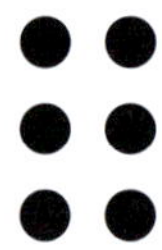

Die einzelnen Punkte sind erhaben.

Wegen des fehlenden Augenlichts müssen Blinde Informationen mit anderen Sinnen aufnehmen, z. B. mit ihrem Gehör oder durch Fühlen.
Als Abtastschrift entwickelte 1825 der Franzose Louis Braille (1809–1852), der im Alter von drei Jahren erblindete, eine Punktschrift, die noch heute gebräuchlich ist.
Sie besteht aus einer Gruppe von sechs Punkten, die in zwei senkrechten Dreierreihen angeordnet sind. Einer oder mehrere dieser Punkte sind jeweils erhaben, sodass sie vom Blinden mit den Fingern ertastet werden können. Bei sechs Punkten ergeben sich damit $2^6 = 64$ verschiedene Kombinationen, sodass das ganze Alphabet und etliche Sonderzeichen dargestellt werden können.

Es dauerte allerdings mehr als 50 Jahre, bis die Schrift offiziell anerkannt wurde. Die Blindenschrift wird zu Ehren ihres Erfinders auch Brailleschrift genannt.
Viele Bücher und Zeitschriften erscheinen auch in Brailleschrift.

Weitere Informationen zur Blindenschrift gibt es im Internet unter dem Stichwort Brailleschrift.

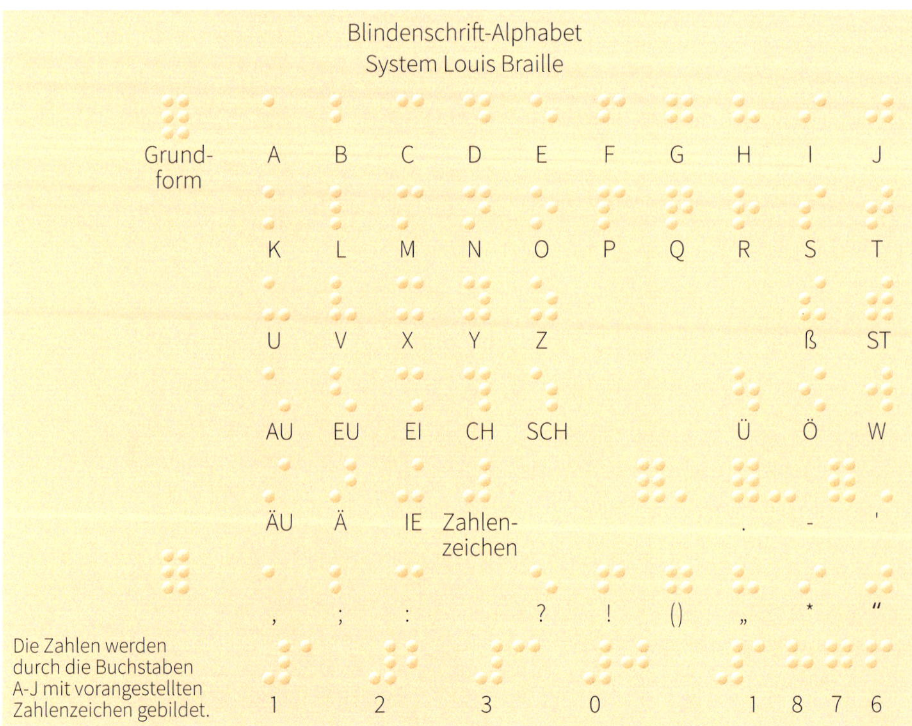

Auf Arzneimittelschachteln findet man die Blindenschrift zum Fühlen.

Natürliche Zahlen ℕ
0; 1; 2; 3; 4; 5 ...

Zahlenfolgen und Muster
Rechtecksmuster

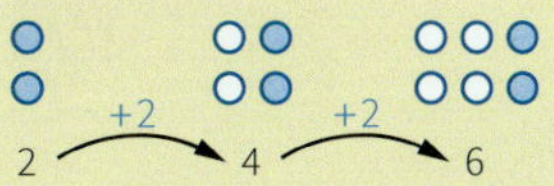

Immer die gleiche Zahl addieren.

Baummuster

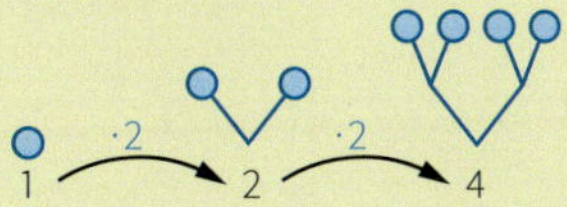

Stets mit der gleichen Zahl multiplizieren.

Dreiecksmuster

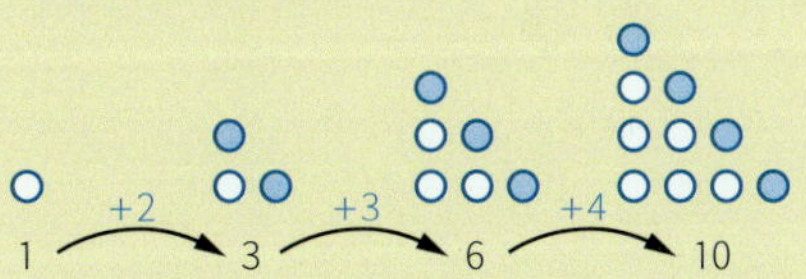

Stets eine um eins größere Zahl addieren.

Quadratzahlen

1	2^2	3^2	4^2	5^2	6^2	7^2	8^2	9^2	10^2
1	4	9	16	25	36	49	64	81	100

Zweierpotenzen

2^1	2^2	2^3	2^4	2^5	2^6	2^7	2^8	2^9	2^{10}
2	4	8	16	32	64	128	256	512	1024

Zehnersystem
·10 ·10

	10·10	10	1
Stellenwert	H	Z	E
Zahl	3	0	2

$302 = 3 \cdot 100 + 0 \cdot 10 + 2 \cdot 1$

Zweiersystem
·2 ·2

	2·2	2	1
Stellenwert	4er	2er	1er
Zahl	1	0	1

$(101)_2 = 1 \cdot 4 + 0 \cdot 2 + 1 \cdot 1 = 5$

Römische Zahlen

M	D	C	L	X	V	I
1000	500	100	50	10	5	1

Check-up

1 Zahlenfolgen fortsetzen

Erkenne Regelmäßigkeiten in der jeweiligen Zahlenfolge und setze sie um drei Zahlen fort.

a) 1, 3, 5, 7, 9, ... b) 1, 2, 4, 8, 16, ... c) 1, 4, 9, 16, ...
d) 1, 4, 7, 10, 13, ... e) 1, 3, 9, 27, 81, ... f) 1, 3, 7, 13, 21, ...

2 Sechseckzahlen

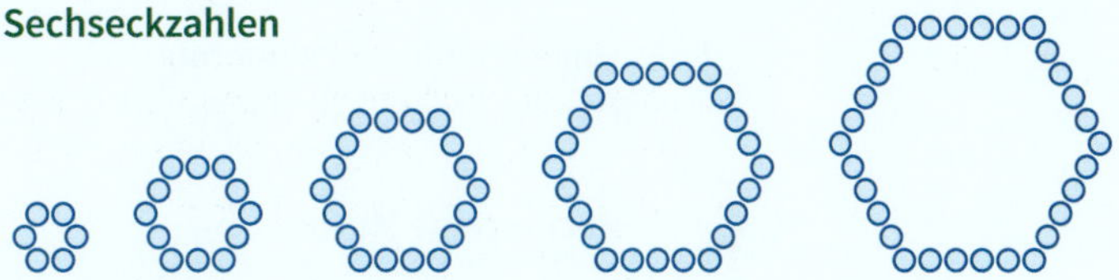

Finde die Anzahl der Punkte. Kannst du eine Regel erkennen?

3 Schnelle Zunahme

Setze die Zahlenfolge um fünf weitere Zahlen fort.

a) 1, 10, 100, 1000, … b) 1, 5, 25, 125, …

4 Was ist was wert?

Gib den Wert der angegebenen Ziffer der Zahl im Zehnersystem an.

a) Ziffer 3 in der Zahl 43 501 b) Ziffer 6 in der Zahl 5 060 000

5 Quadratzahlen gesucht

Ergänze die fehlenden Quadratzahlen.

a) $3^2 + 4^2 = ■$ b) $■ + 5^2 = 13^2$ c) $8^2 + ■ = 17^2$
d) $24^2 + 7^2 = ■$ e) $10^2 - ■ = 8^2$ f) $■ - 4^2 = 3^2$

6 Umwandeln von einem Zahlsystem in ein anderes

a) Wandle die folgenden Zahlen aus dem Zehnersystem in die entsprechende Zahl im Zweiersystem um.
① 11 ② 21 ③ 35 ④ 88 ⑤ 128

b) Wandle die folgenden Zahlen aus dem Zweiersystem in die entsprechende Zahl im Zehnersystem um:
① $(101)_2$ ② $(100100)_2$ ③ $(111111)_2$ ④ $(1010101)_2$

7 Römische Zahlen

Schreibe die römischen Zahlen ins Zehnersystem um.

a) DCXII b) CDXII c) XXXVI d) MMIV e) MDCLX

8 In römische Zahlen übersetzen

Schreibe als römische Zahl.

a) 63 b) 555 c) 1648 d) 2020 e) 2494

9 Vorgänger gesucht

Gib den Vorgänger der Zahl an.

a) 1000 b) 9090 c) $(1000)_2$ d) $(10110)_2$ e) XX

Bei den Zahlen in den Aufgaben c) und d) handelt es sich um Zahlen im Zweiersystem.

Sichern und Vernetzen

Vermischte Aufgaben zu Kapitel 4

Trainieren

WES-125764-050

Lösungen

1 Zahlenfolgen

Erkenne Regelmäßigkeiten und setze die Zahlenfolgen um drei Zahlen fort.

a) 2, 4, 6, 8, 10, …
b) 1, 5, 9, 13, 17, …
c) 1, 2, 6, 24, 120, …
d) 1, 3, 6, 10, 15, …
e) 3, 6, 9, 12, 15, …
f) 1, 10, 100, 1000, …

2 Ungewöhnliche Zahlenfolge

Wie lautet die 19. Zahl der Folge?

1, 2, 5, 6, 1, 2, 5, 6, 1, 2, …

3 Rechteckige Muster

1) 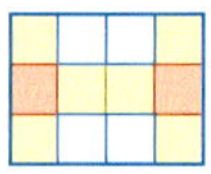

2) 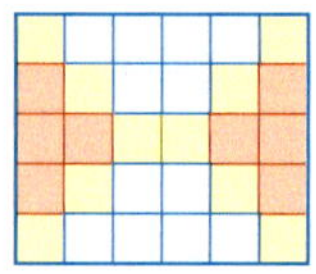

3) 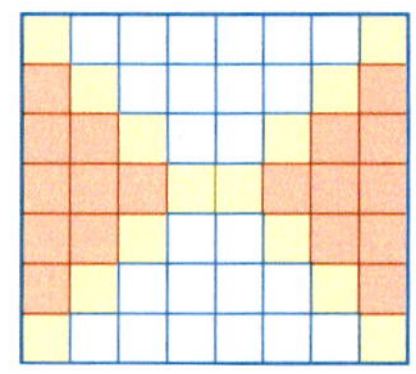

a) Schaue dir die Abbildungen genau an. Wie könnte die 4. Abbildung aussehen?
b) Übertrage die Tabelle in dein Heft und fülle sie aus.

Anzahl	1. Abbildung	2. Abbildung	3. Abbildung	4. Abbildung
rote Felder				
blaue Felder				
grüne Felder				
Gesamtanzahl				

c) Versuche herauszufinden, wie viele von jedem der Felder in der 8. Abbildung sein werden.

4 Zahlensalat

Suche aus dem Zahlensalat alle Quadratzahlen und Zweierpotenzen.
Trage die Zahlen in eine Tabelle ein.
Achtung, eine Zahl kann mehrere Eigenschaften haben.

5 Zweierpotenzzahlen

Wie viele Quadratzahlen befinden sich unter den ersten zehn Zweierpotenzzahlen?

Tipp
Erst die Potenzen ausrechnen.

6 Rechnen mit Potenzen

Berechne.

a) $3^2 \cdot 4^3$
b) $3^2 + 2^3$
c) $7^2 + 2^4$
d) $2^5 \cdot 3^2$

7 Zehner- und Zweiersystem

Wandle jeweils um.

a) 9, 12, 17, 24
b) 63, 64, 65, 1024
c) $(111)_2$, $(1010)_2$, $(10101)_2$, $(110110)_2$

8 Römische Zahlen

Schreibe mit arabischen Ziffern.

a) XXIII, VIII, CCXV, CLVII, XXIX, XC
b) DCL, CIX, XLV, MMXIV, MCMXL

Verstehen

9 ≡ **„Weit entfernte“ Zahlen**

Kennt man die Regel, nach der die Zahlen einer Zahlenfolge berechnet werden, kann man häufig schnell „weit entfernte“ Zahlen der Folge berechnen. Finde die Regel und berechne jeweils die 50. und 100. Zahl.

a) 2, 5, 8, 11, … b) 8, 13, 18, 23, …
c) 9, 20, 31, 42, … d) 42, 55, 68, 81, …
e) 7, 14, 21, 28, … f) 15, 24, 33, 42, …

Tipp

1. Zahl	7	7
	+3	
2. Zahl	10	$7 + 1 \cdot 3 = 10$
	+3	
3. Zahl	13	$7 + 2 \cdot 3 = 13$
	+3	
4. Zahl	16	$7 + 3 \cdot 3 = 16$
	+3	
…		
50. Zahl		$7 + 49 \cdot 3 = 154$
…		
100. Zahl		$7 + 99 \cdot 3 = 304$

10 ≡ **Geschicktes Zählen**

Diese Figur kannst du zum Beispiel mit Münzen, Unterlegscheiben oder Bonbons legen. Die verwendeten Kreisscheiben müssen nur alle die gleiche Größe haben.
Bestimme die Anzahl der Münzen.
Rechne geschickt.

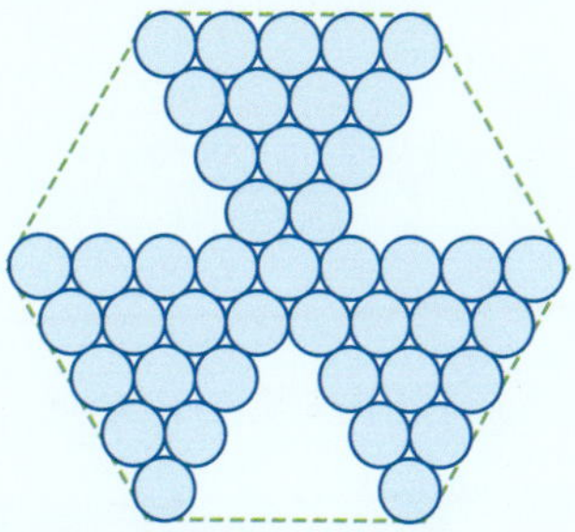

11 ≡ **Was passt zu wem?**

Ordne jeweils die Zahl im Dezimalsystem der entsprechenden römischen Zahl zu, ohne groß zu rechnen.

157 | 355 | 1032 | 25 MXXXII | XXV | CLVII | CCCLV

Anwenden

12 ≡ **Wäschetrockner**

Bernd geht mit Hans ins Lager und zählt die Wäschetrockner: „2, 5, 8, …“.
„Du zählst doch viel zu kompliziert“, unterbricht ihn Hans. Wie könnte Hans rechnen, um die Zahl der vorrätigen Wäschetrockner schnell zu bestimmen?

13 ≡ **Folge der Dreieckszahlen**

a) Erinnere dich an die Zahlen aus dem Dreiecksmuster. Schreibe die ersten zehn dieser sogenannten Dreieckszahlen auf.
b) Die 100. Dreieckszahl wirst du sicher mit großer Ausdauer ermitteln können. Die Griechen kannten aber schon vor mehr als 2000 Jahren einen Trick, wie man die hundertste Dreieckszahl schnell ausrechnen kann. Versuche den Trick zu entdecken und berechne die 100. Dreieckszahl.

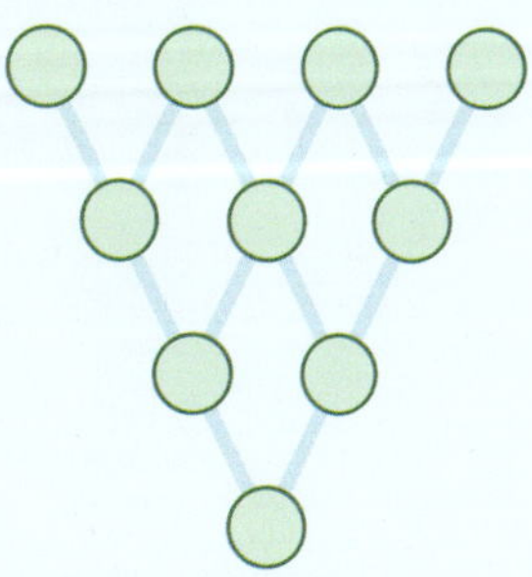

14 ≡ **Obelix und die Wildschweine**

In der Tabelle ist die Anzahl der Wildschweine, die Obelix in den vergangenen 6 Wochen erlegt hat, dargestellt.

Woche	1	2	3	4	5	6
Wildschweine	11	14	21	19	27	7

a) Übersetze die Tabelle so, dass Römer sie lesen können.
b) Stimmt es, dass Obelix insgesamt CX Wildschweine erlegte?

5 Geometrie

Kater Atze liebt Kartons. Selbst wenn er nicht komplett reinpasst, quetscht sich der Stubentiger gern so weit wie möglich hinein. Ist er fertig mit dem Spielen, bleibt der Karton leer zurück.
In der Mathematik wird die Gestalt eines solchen Kartons Quader genannt. Kennst du noch andere Gegenstände, die diese Quader-Form besitzen?

Um den Karton platzsparend zu lagern, faltest du ihn am besten flach auseinander. Dann sieht man, dass er aus nur einem einzigen Stück Pappe hergestellt wurde. Wo stecken dann die sechs Rechtecke, die beim gebauten Karton erkennbar sind?

5.1 Körper und Figuren erkennen und beschreiben

E1 Geometrische Körper und Gegenstände

a) Ordne die Gegenstände geometrischen Körpern zu und notiere diese in einer Tabelle. Suche in deiner Umgebung nach weiteren Gegenständen und trage diese ebenfalls in die Tabelle ein.

Körper	Gegenstand
Kugel	Ball, ...
Zylinder	Konservendose, Trinkflasche, ...
Kegel	...
...	Buch, ...
...	...

b) Die Gegenstände in unserer Umgebung haben meist nicht genau die Form der geometrischen Körper. Beschreibe die Abweichungen.

Beispiel Trinkflasche
Die Trinkflasche ist zylinderförmig mit einem Griff und Einkerbungen.

E2 Dachformen

Dächer siehst du überall. Wenn du genau hinschaust, entdeckst du immer wiederkehrende Formen. Ein Dachdecker muss die Namen für häufige Dachformen kennen.

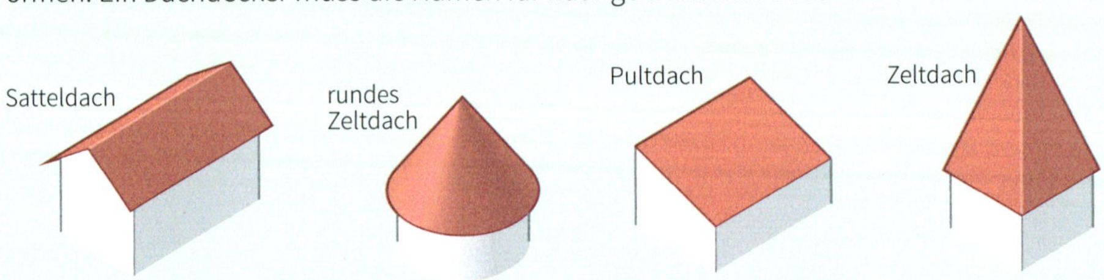

a) Ordne jeder Dachform das jeweils passende Foto zu.

b) Welche Art von Dach hat das Haus, in dem du lebst?

c) Hinter den Dachformen verstecken sich geometrische Körper: die Pyramide, der Kegel und das Dreiecksprisma. Welche Dachform gehört zu welchem geometrischen Körper?

d) Ein Satteldach in vereinfachter Form besteht aus zwei Dreiecken und drei Rechtecken. Löse das folgende Rätsel: Wer bin ich? Ich bin eine Dachform und bestehe aus vier Dreiecken und einem Quadrat.

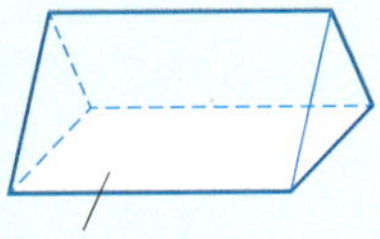

Basiswissen

WES-125764-020

Geometrische Körper

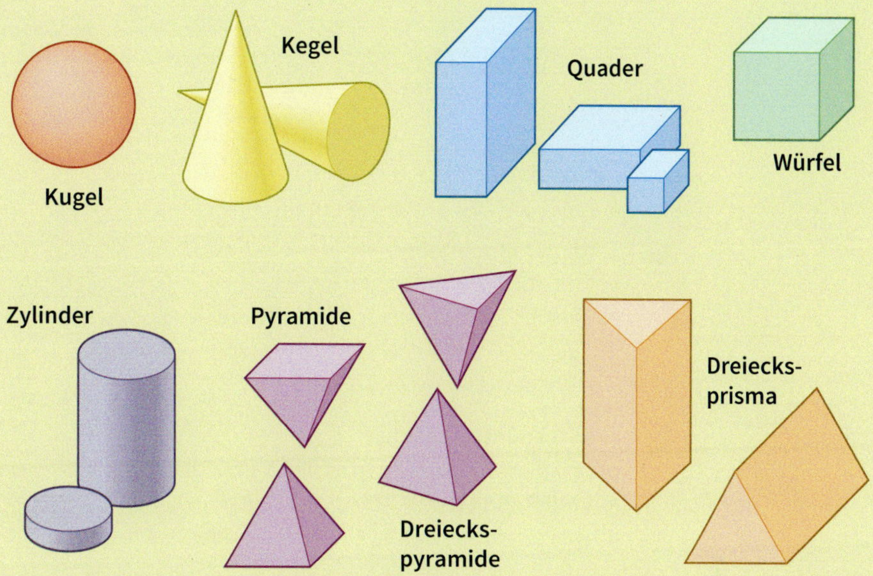

Grundformen ebener geometrischer Flächen

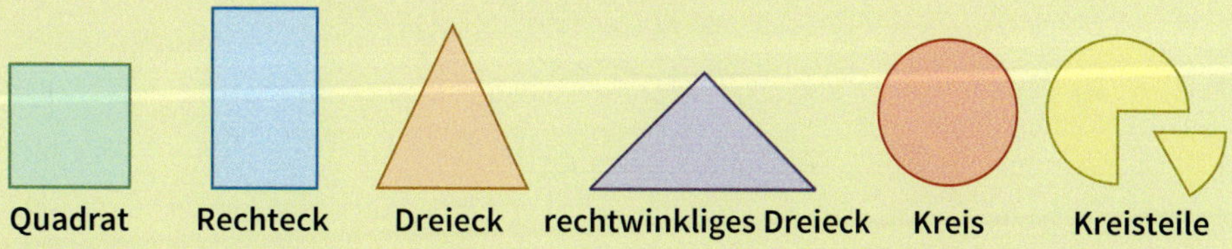

Flächen eines Körpers

Ein Quader hat 6 Seitenflächen. Die untenliegende Fläche wird auch als Grundfläche, die oben liegende auch als Deckfläche bezeichnet.

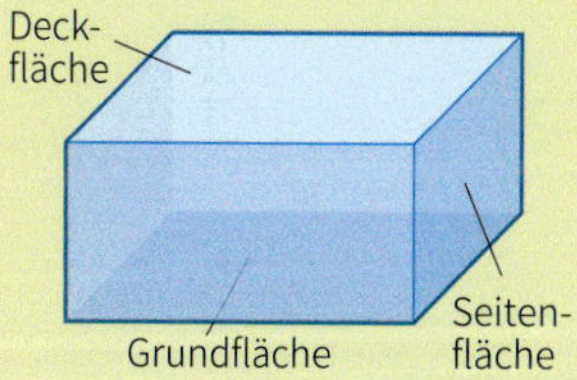

Beispiele

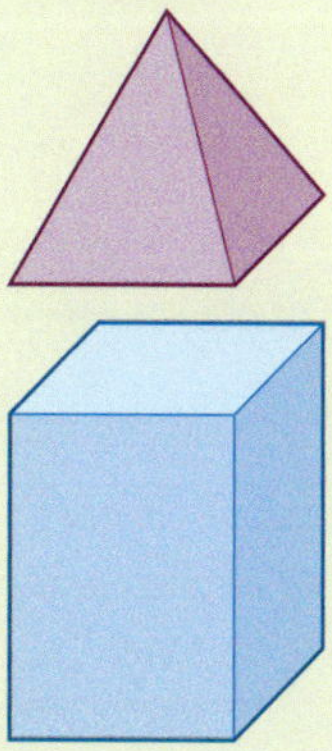

A Körper beschreiben

Beschreibe die geometrischen Körper.

a) Würfel b) quadratische Pyramide

Lösung:

a) Ein Würfel hat 6 Seitenflächen. Die Seitenflächen sind Quadrate, die alle gleich groß sind.

b) Eine quadratische Pyramide besitzt eine quadratische Grundfläche, vier dreieckige Seitenflächen und eine Spitze.

B Zusammengesetzter Körper

Beschreibe den Turm als zusammengesetzten Körper.

Lösung:

Der Turm besteht aus zwei Körpern: Der untere Teil ist ein Quader. Das Dach hat die Form einer Pyramide.

Übungen

1 Alltägliche Gegenstände
Suche in deiner Umgebung nach Gegenständen, die du in die Tabelle einträgst.

Gegenstand	Körper
Dose	Zylinder
Globus	...
...	...

2 Körper beschreiben
Beschreibe den Körper.
a) Quader b) Prisma c) Pyramide
d) Zylinder e) Kegel f) Kugel

Wichtige Begriffe:
Seitenfläche, Grundfläche, Deckfläche, Spitze, kreisförmig, eckig, rund

3 Körper unterscheiden
Nenne die Unterschiede zwischen den Körpern.
a) Würfel und Prisma b) Pyramide und Quader c) Würfel und Quader
d) Quader und Zylinder e) Zylinder und Kegel f) Quader und Prisma

4 Eine Schokolade
Die Abbildung zeigt eine Verpackung. Um welchen Körper handelt es sich? Beschreibe den Körper.

5 Zusammengesetzte Körper
Aus welchen möglichst einfachen Grundformen bestehen die Körper? Finde selbst Körper, die aus mehreren Grundformen zusammengesetzt sind und beschreibe diese.
Beispiel B hilft dir bei der Beschreibung.

6 Körper und Flächen
Übertrage die Tabelle in dein Heft und fülle sie aus. Ergänze die Tabelle um weitere Körper.

Körper	Welche Flächen?	Wie viele Flächen?	Gleiche Flächen?
Quader	Rechtecke	6	Je 2 gegenüberliegende Rechtecke
Würfel			
Dreiecksprisma			
Quadratische Pyramide	Quadrat Dreiecke	1 4	
...			

7 ≡ **Grundfiguren entdecken**

Übertrage die Figuren in dein Heft und zerteile sie in die Grundfiguren aus dem Basiswissen. Findest du mehrere Möglichkeiten?

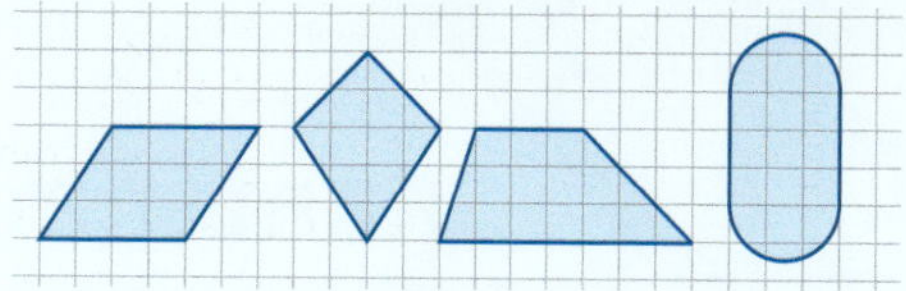

8 ≡ **Körper im Sack**

In dem Sack sind geometrische Körper. Wähle vorab einen Körper aus, den du aus dem Sack ziehen möchtest. Beschreibe, wie du den Körper von den anderen Körpern unterscheidest, damit du den richtigen Körper ziehst.

Beispiel: *Ich möchte einen Zylinder ziehen. Ich suche eine kreisförmige Form. Ein Zylinder hat keine Spitze, aber eine zweite kreisförmige Fläche. Wenn ich einen Körper mit zwei kreisförmigen Flächen gefunden habe, ist der Körper ein Zylinder.*

9 ≡ **Quader und Würfel**

a) Beschreibe die Gemeinsamkeiten und Unterschiede von einem Würfel und einem Quader.

b) Was meinst du zu den Bemerkungen von Linus und Meike?

Linus: „Würfel und Quader sind zwar unterschiedlich, ich finde aber, dass ein Würfel auch ein Quader ist."
Meike: „Ist ein Quader auch ein Würfel?"

10 ≡ **Quader aus Kartoffeln herstellen**

Schneide aus einer Kartoffel einen Quader aus. Dies ist nicht ganz einfach und gelingt nicht gleich beim ersten Versuch. Gib einige Hinweise, worauf man beim Schneiden achten muss. Du kannst anstatt einer Kartoffel auch ein entsprechend geformtes Stück Knetgummi verwenden.

11 ≡ **Ziegelsteine**

Die Ziegelsteine der Firma Geobau sind quaderförmig (24 cm lang, 12 cm breit und 6 cm hoch). Kann man damit einen Raum umbauen, der von außen wie ein Würfel aussieht? Wie muss man dann die Ziegelsteine anordnen, und wie viele Ziegelsteine braucht man?

Grundwissen
zum Wiederholen

1 Berechne. a) $3 \cdot 100 + 8 \cdot 10 + 2 \cdot 1$ b) $5 \cdot 1000 + 7 \cdot 10$ c) $4 \cdot 100 + 7 \cdot 1 + 5 \cdot 10$

2 Aus den Buchstaben O, L, E soll ein Wort gebildet werden. Das Wort kann auch sinnlos sein. Wie viele Möglichkeiten gibt es?

3 Mia kauft neun Brötchen für je 50 Cent. Sie bezahlt mit einem 10-Euro-Schein. Wie viel Geld bekommt Mia zurück?

5.2 Kantenmodelle herstellen

E1 Kantenmodelle von Verpackungen

In Geschäften findest du Verpackungen in ganz unterschiedlichen Formen.

a) Wähle Verpackungen aus und betrachte sie genauer. Bestimme die Anzahl der Ecken, Kanten und Flächen, Anzahl der Kanten an einer Ecke, Anzahl der Kanten gleicher Länge und Form der Fläche. Erstelle dazu in deinem Heft folgende Tabelle und fülle sie aus.

Verpackung	Anzahl der Ecken	Anzahl der Kanten	Anzahl der Flächen	Anzahl der Kanten an einer Ecke	Anzahl der Kanten gleicher Länge	Form der Flächen

Kantenmodelle von Verpackungen

b) Stelle für verschiedene Verpackungen Kantenmodelle her. Forme für die Ecken kleine Knetkugeln, in die du die Kanten steckst. Schneide die Kanten in passender Länge aus Strohhalmen.
Baue das Kantenmodell eines Würfels, eines Quaders, einer quadratischen Pyramide, einer anderen beliebigen Verpackung.

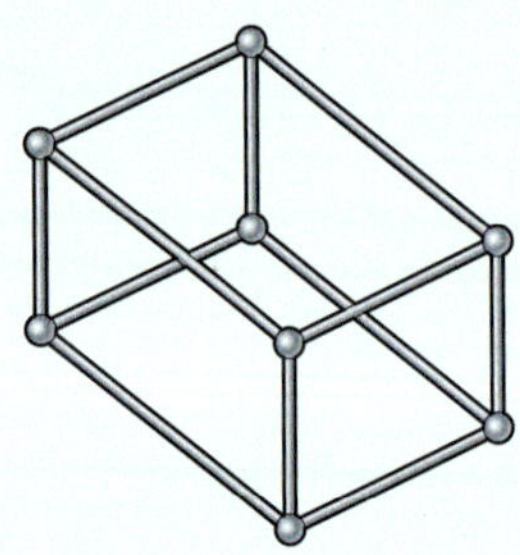

Kantenmodell eines Quaders

E2 Kantenmodelle und Dachformen

① Satteldach

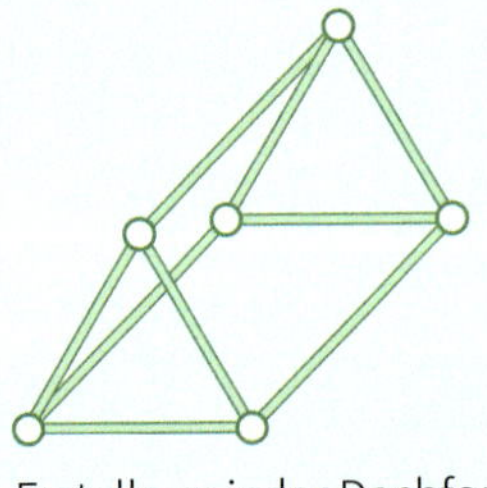

② Walmdach

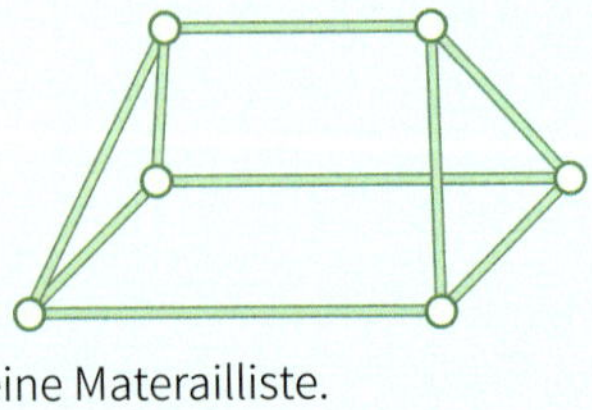

③ Zeltdach

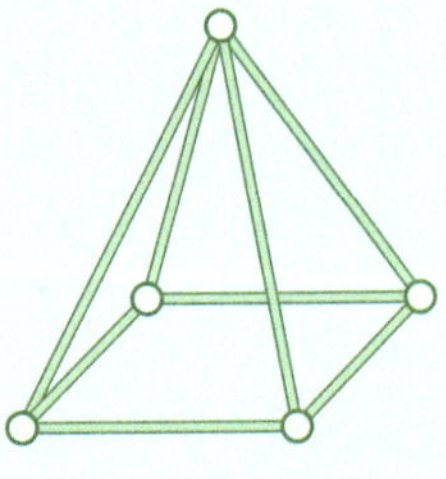

a) Erstelle zu jeder Dachform eine Materailliste.
b) Stelle je ein Kantenmodell der jeweiligen Dachform her.

Basiswissen

WES-125764-021

Kantenmodelle von Körpern

Kantenmodelle stellen Körper dar, die nur aus Ecken und Kanten bestehen. An den Kantenmodellen erkennt man den Aufbau einfacher Körper.

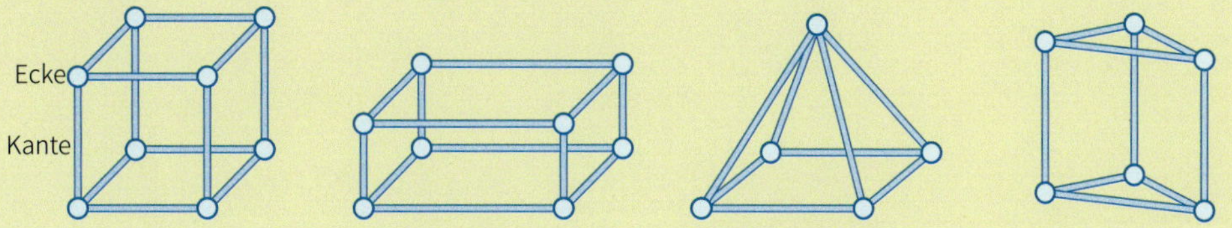

Würfel **Quader** **quadratische Pyramide** **Dreiecksprisma**

Beispiele

(A) Kantenmodell eines Quaders beschreiben
Beschreibe das Kantenmodell eines Quaders.

Lösung:
Ein Quader hat 8 Ecken und 12 Kanten. Jeweils 4 Kanten sind gleich lang.

(B) Kantenmodell einer Dreieckspyramide
Wie viele Ecken und Kanten benötigst du für den Bau eines Kantenmodells einer Dreieckspyramide?

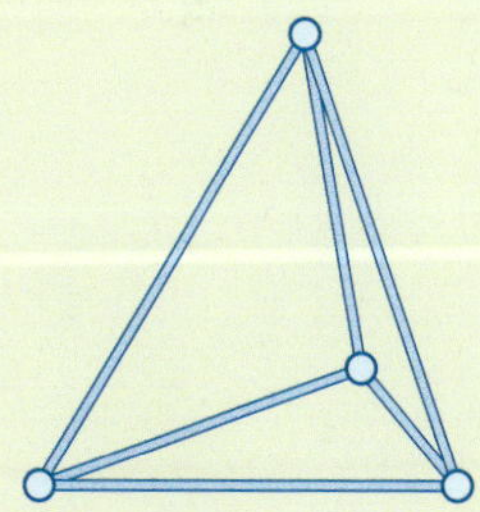

Lösung:
Das Kantenmodell der Dreieckspyramide hat 4 Ecken und 6 Kanten.
3 gleich lange Kanten bilden die Grundfläche und 3 gleich lange Kanten führen zur „Spitze".

Übungen

1 Kantenmodelle beschreiben
Beschreibe das Kantenmodell des Körpers.
a) Würfel b) Quader
c) quadratische Pyramide d) Dreiecksprisma

Wichtige Begriffe:
Ecke, Kante, Spitze, gleich lang

2 Kantensatz
Ordne die Kantensätze ① – ③ den Kantenmodellen Ⓐ – Ⓒ zu.

①
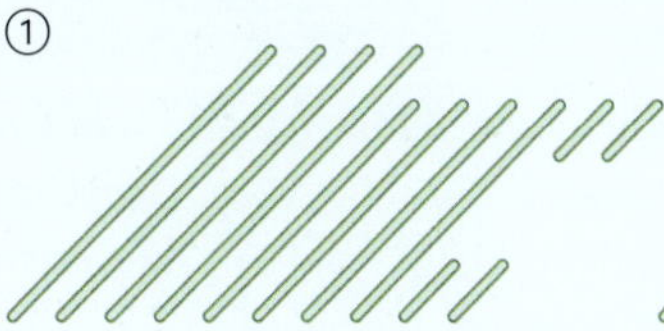
②
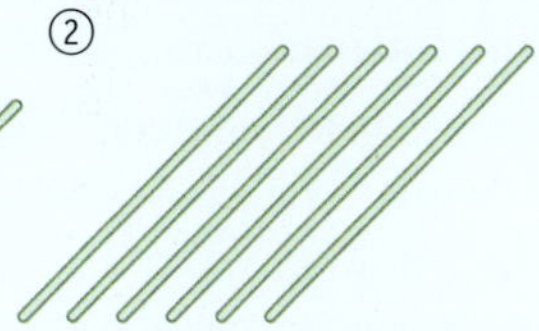
③
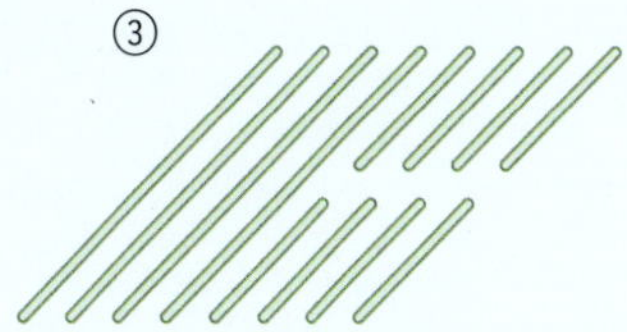

Ⓐ
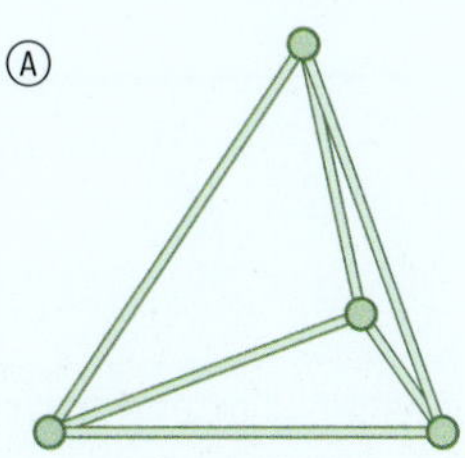
Ⓑ
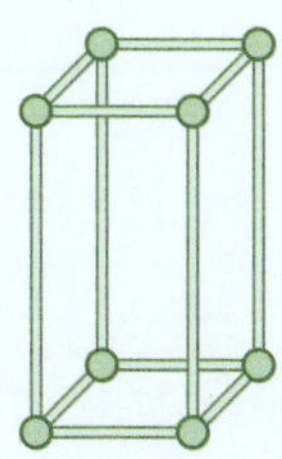
Ⓒ
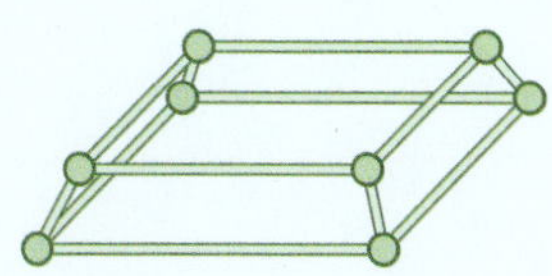

3 Kantenmodell

Das abgebildete Kantenmodell soll jeweils aus dem Kantensatz zusammengesetzt werden. Leider fehlen entweder einige Kanten oder es sind sogar zu viele vorhanden. Gib an, wie du das in Ordnung bringen kannst.

a) 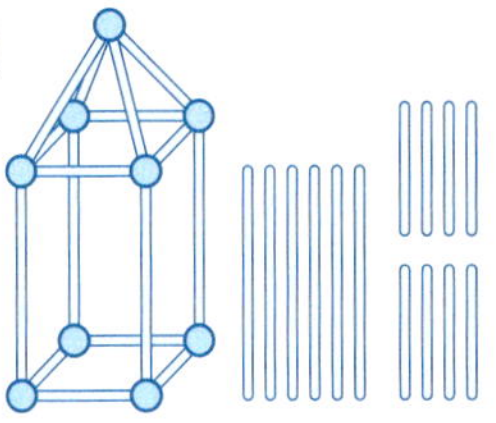

b) 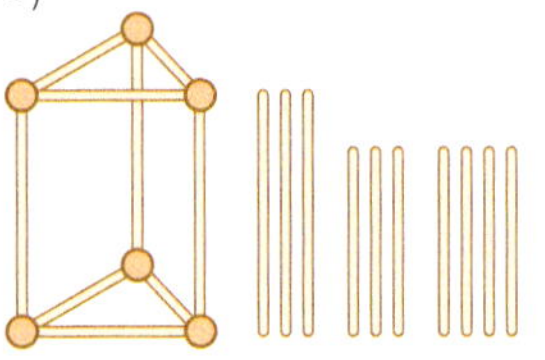

c) 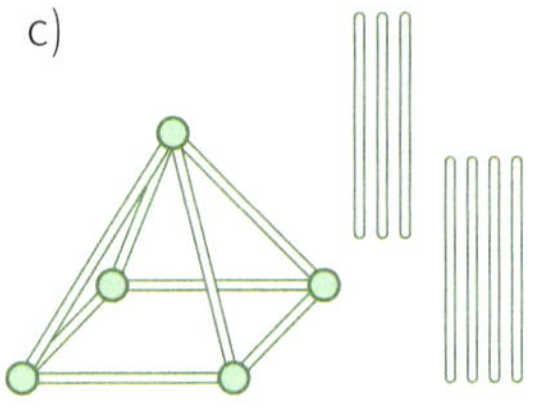

4 Sechsseitige Körper

Wie viele Ecken und Kanten benötigst du für den Bau des Kantenmodells?

a) Sechsseitiges Prisma

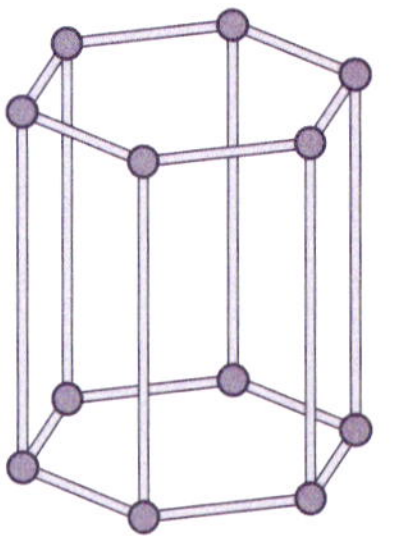

b) Sechsseitige Pyramide

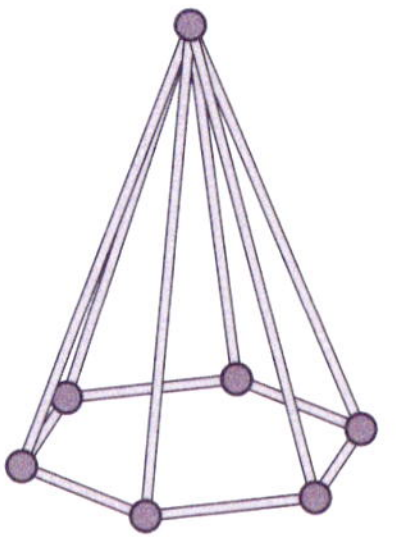

5 Erkennst du mich?

Ich bin ein Kantenmodell aus

a) 12 gleich langen Kanten und 8 Ecken,

b) 8 gleich langen Kanten und 5 Ecken,

c) 9 gleich langen Kanten und 6 Ecken,

d) 6 gleich langen Kanten und 4 Ecken.

Gibt es mehrere Möglichkeiten?

6 Ein Würfel mit zu vielen Kanten?

a) Moritz denkt sich gerne Rätsel aus.

„Ein Würfel hat sechs Seitenflächen. Jede dieser Flächen ist ein Quadrat. Jedes Quadrat hat vier Seiten. Also hat ein Würfel $6 \cdot 4 = 24$ Kanten. Ich zähle aber immer nur 12 Kanten. Was ist los?"

b) Schreibe ein ähnliches Rätsel für die quadratische Pyramide auf.

7 Drahtmodell eines Würfels

Lauras Vater ist Installateur. Er will für die Schule ein anschauliches Kantenmodell eines Würfels aus festen Drahtstücken zusammenschweißen. Der Würfel soll eine Kantenlänge von 24 cm haben. Wie viel Draht benötigt er dafür? Wie viel Zentimeter Draht braucht er mehr, wenn die Kantenlänge 6 cm länger sein soll?

Grundwissen
zum Wiederholen

1. Nenne die größte Zahl, die 12 und 18 teilt.
2. In einer Tüte sind 350 g Zucker. Wie viel fehlt bis zu 1 kg?
3. Berechne geschickt. a) $87 + 156 + 13$ b) $48 + 116 + 12$ c) $31 + 217 + 69$
4. Welcher geometrische Körper kann gemeint sein: „Dieser Körper kann rollen, aber er rollt nicht geradeaus."?

Wichtig: Stelle die Kantenmodelle auf eine ebene Tischplatte.

8 Kantenmodelle verändern sich

Das aus Knetkugeln und Strohhalmen gebaute Kantenmodell eines Würfels lässt sich mühelos verformen, die Kanten stehen dann nicht mehr alle senkrecht aufeinander. Untersuche auf die gleiche Weise das Kantenmodell eines Quaders, eines Dreiecksprismas und einer quadratischen Pyramide.

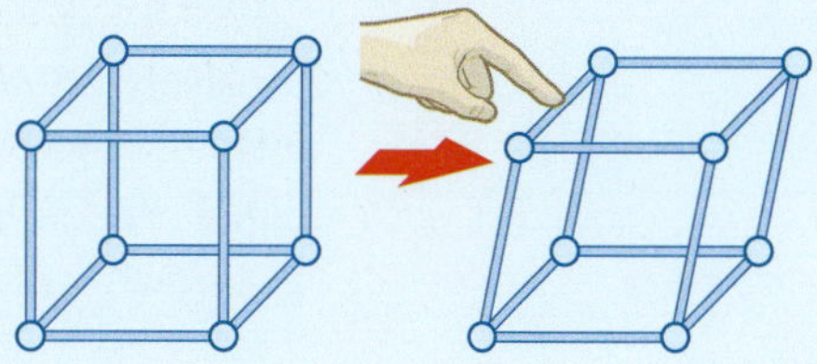

Welches dieser Modelle ist am stabilsten?
Beim Verformen der Körper verändert sich auch die Form der Begrenzungsflächen. Welche Formen nehmen die Begrenzungsflächen an?

9 Regelmäßige Körper

Yvonne ist von der Regelmäßigkeit des Würfels begeistert:

- Alle zwölf Kanten sind gleich lang.
- An jeder Ecke treffen drei Kanten aufeinander.
- Alle Flächen des Würfels sind gleich große Quadrate.

a) Gibt es noch andere Körper mit vollkommener Regelmäßigkeit?

„Tetraeder“ und „Oktaeder“ sind griechische Namen, sie bedeuten „Vierflächner“ und „Achtflächner“. Was findest du im Lexikon unter „Hexaeder“?

b) Baue aus sechs gleich langen Trinkhalmen das Kantenmodell einer „Pyramide mit vier Ecken“. Von welchen Seitenflächen wird die Pyramide begrenzt? Wie viele dieser Flächen gibt es? Wie viele Kanten treffen an einer Ecke zusammen?

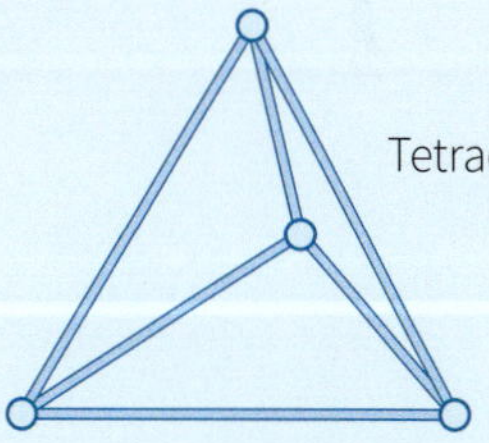

Tetraeder

c) Baue aus zwölf gleich langen Kanten und sechs Ecken das Kantenmodell einer „Doppelpyramide“. Von welchen Seitenflächen wird die Doppelpyramide begrenzt? Wie viele dieser Flächen gibt es? Wie viele Kanten treffen an einer Ecke zusammen?

Oktaeder kommen in der Natur bei vielen Mineralien in Kristallform vor.

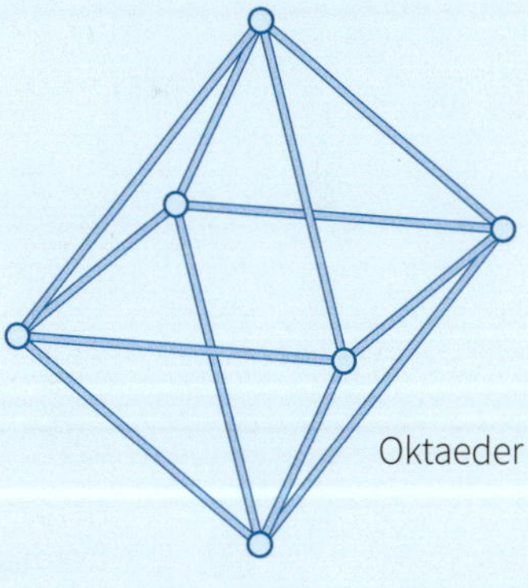

Oktaeder

10 Krabbelkäfer

a) Ein Käfer sitzt auf der vorderen Ecke 1 des Kantenmodells eines Würfels und möchte zur Ecke 7 krabbeln. Dabei soll aber keine Kante mehrmals durchlaufen werden.
Notiere fünf verschiedene Wege. Wie lang ist der kürzeste, wie lang der längste Weg?

b) Nun will der Käfer jede Ecke des Würfels erkrabbeln. Auch dabei will er keine Kante zweimal durchlaufen. Ist das möglich?

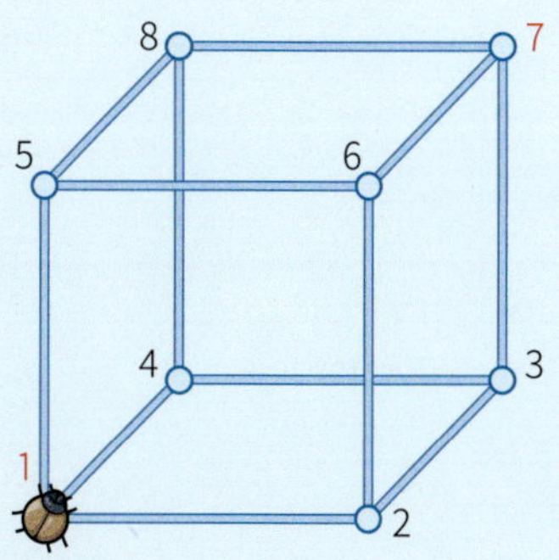

Exkurs

Platonische Körper

Die Menschen waren schon immer von der Regelmäßigkeit und Schönheit mancher geometrischer Körper fasziniert. So fanden die alten Griechen schon vor mehr als 2000 Jahren heraus, dass es nur wenige Körper gibt, die eine so vollkommene Regelmäßigkeit wie der Würfel aufweisen.

Bei jedem Würfel sind alle Kanten gleich lang, an jeder Ecke treffen gleich viele Kanten aufeinander und alle Flächen sind gleiche, regelmäßige Vielecke – im Fall des Würfels also Quadrate.

Wenn in deiner Schule die entsprechenden Baumaterialien vorhanden sind, kannst du die fünf platonischen Körper selbst bauen.

Insgesamt gibt es nur fünf solch vollkommene, regelmäßige Körper. Man nennt sie Platonische Körper. Drei davon konntest du bereits entdecken: den Würfel, den Tetraeder (die regelmäßige Dreieckspyramide) und den Oktaeder, den du dir aus zwei quadratischen Pyramiden zusammengebaut vorstellen kannst.

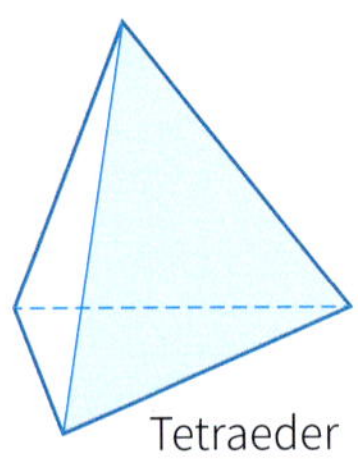

Tetraeder

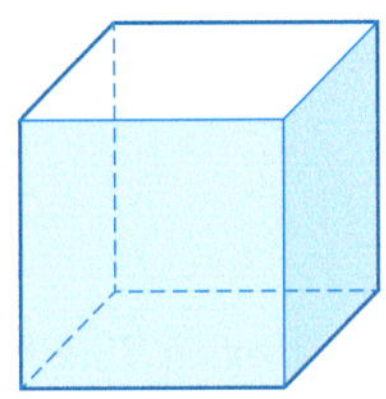

Würfel

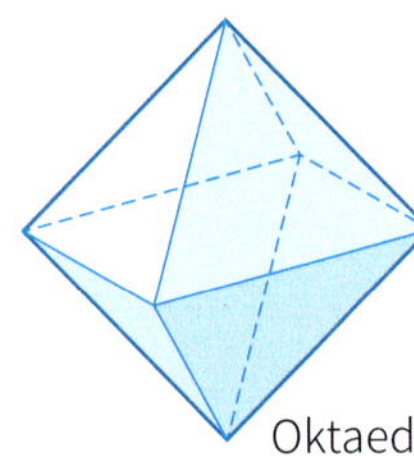

Oktaeder

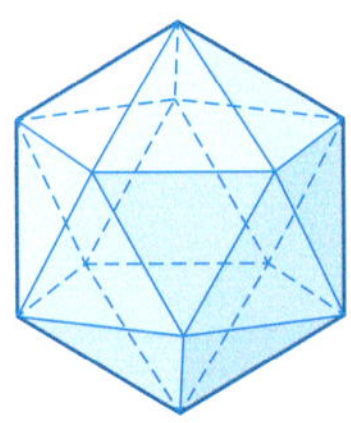

Ikosaeder

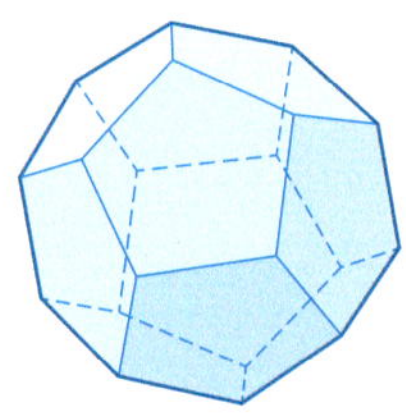

Dodekaeder

Mit Ausnahme des Würfels haben wir die griechischen Namen der platonischen Körper übernommen. Sie werden nach der Anzahl der Flächen benannt, aus denen der jeweilige Körper besteht:

Tetraeder – Tetra (griechisch vier)
Oktaeder – Okta (griechisch acht)
Ikosaeder – Ikosa (griechisch zwanzig)
Dodekaeder – Dodeka (griechisch zwölf)

11 Ξ Platonische Körper beschreiben

a) Mit Hilfe von Flächen, Ecken und Kanten können alle platonischen Körper beschrieben werden. Übertrage die Tabelle in dein Heft und ergänze sie.

Körper	Flächen	Ecken	Kanten
Tetraeder	4	4	
Würfel	6		
Oktaeder			
Ikosaeder			
Dodekaeder			

b) Etwas zum Entdecken: Vergleiche für jeden platonischen Körper die Summe aus Eckenanzahl und Flächenanzahl mit der Anzahl der Kanten. Was beobachtest du?

5.3 Schrägbilder zeichnen

E1 Schrägbilder von Körpern aufspannen auf dem Geobrett

Auf einem Geobrett kannst du ohne Lineal und Bleistift Schrägbilder von Körpern z. B. mithilfe von Gummibändern aufspannen.

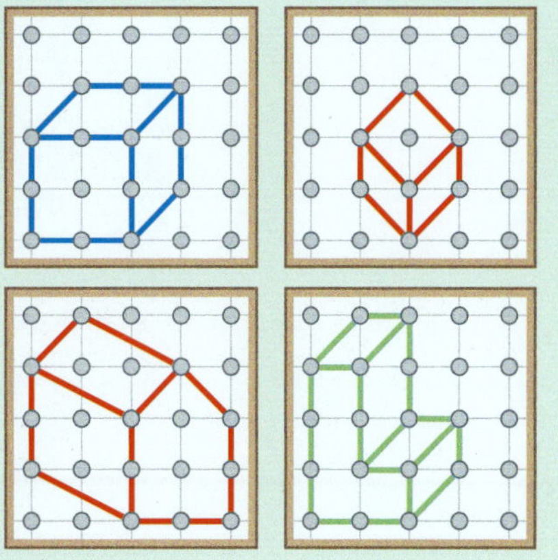

a) Welche Körper erkennst du? Spanne mit Gummibändern die vier gezeigten Schrägbilder auf.

b) In einem der Schrägbilder erkennst du ein L. Auch ein T kannst du gut darstellen. Spanne ein Schrägbild für den Großbuchstaben T auf.

c) Findest du noch andere Buchstaben, von denen du ein Schrägbild aufspannen kannst?

d) Spanne noch weitere Schrägbilder von einfachen Körpern auf dem Geobrett auf.

E2 Schrägbilder von Körpern zeichnen auf Karopapier

Auf Karopapier kannst du Schrägbilder von Körpern leicht zeichnen, wenn du die Eckpunkte auf dem Gitter genau auszählst und passend verbindest.

a) Welche Körper erkennst du in den Zeichnungen? Zeichne die vier Schrägbilder ab. Färbe in deinen Schrägbildern die parallelen Kanten jeweils in der gleichen Farbe.

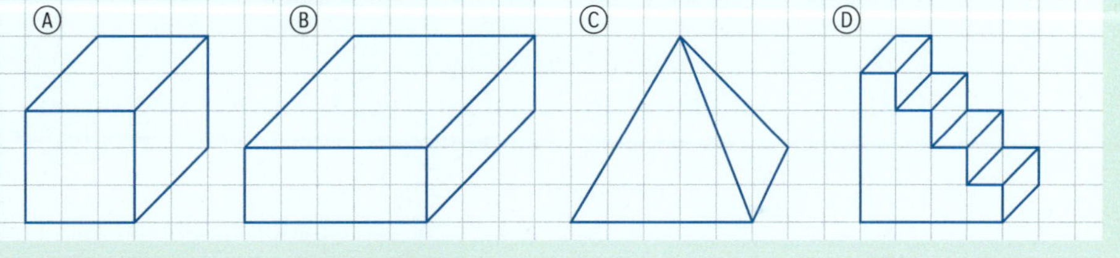

b) Bei den Quadern Ⓐ und Ⓑ sind die verdeckten Kanten als gestrichelte Linien eingezeichnet. Zeichne die Quader ab und färbe dann die Flächen, auf die du draufschauen kannst, in verschiedenen Farben. Was geschieht mit den gestrichelten Linien?

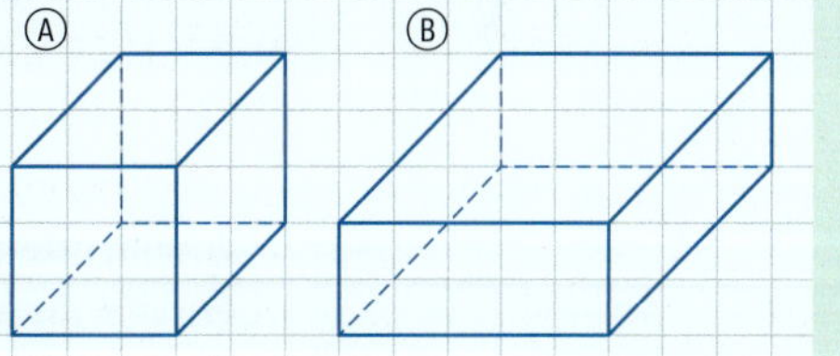

E3 Schrägbilder von Körpern zeichnen durch Verbinden von Figuren

a) Zeichne zwei gleich große Quadrate in dein Heft und nummeriere die Ecken. Verbinde anschließend jeweils die Eckpunkte mit den gleichen Nummern. So entsteht das Schrägbild eines Quaders.

b) Zeichne auf diese Weise das Schrägbild eines liegenden Dreiecksprismas, indem du von gleichen Dreiecken ausgehst.

c) Entwirf selbst Schrägbilder nach diesem Verfahren.

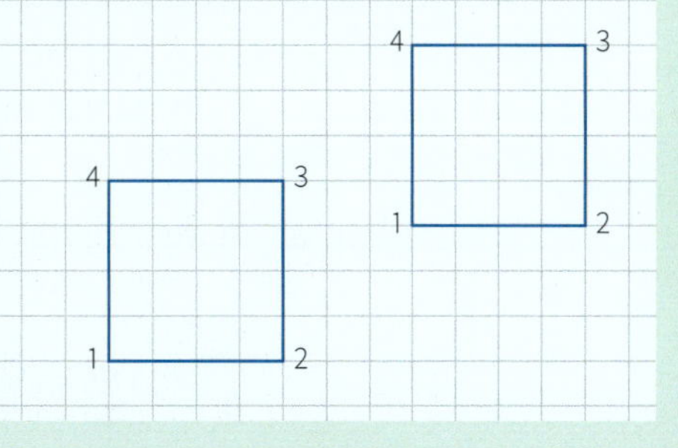

Basiswissen

WES-125764-022

Das Schrägbild eines (undurchsichtigen) Würfels entsteht

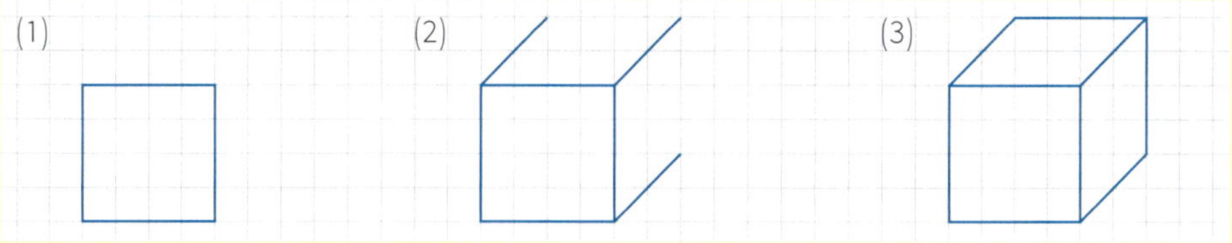

(1) Zeichne die Vorderfläche des Würfels.
(2) Zeichne die Kanten, die von vorne nach hinten laufen, schräg und verkürzt. Oft benutzt man dazu die Kästchendiagonalen. Eine Kästchendiagonale entspricht dabei 1 cm.
(3) Ergänze die fehlenden Kanten des Würfels.

Schrägbild eines durchsichtigen Würfels

Soll der Würfel durchsichtig erscheinen, ergänze auch noch die „verdeckten" Kanten als gestrichelte Linien.

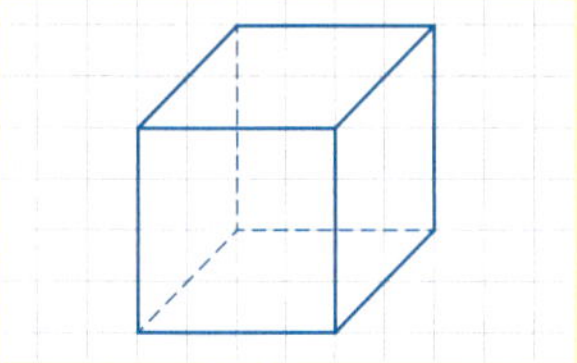

Übungen

1 Schrägbild eines Würfels

a) Zeichne das Schrägbild eines Würfels mit der Kantenlänge 4 cm in dein Heft.
b) Kennzeichne alle parallelen Kanten in der gleichen Farbe.
c) Ergänze gestrichelte Linien so, dass der Würfel durchsichtig aussieht.

2 Schrägbild eines Quaders

a) Übertrage das Schrägbild des Quaders in dein Heft und ergänze die verdeckten Kanten.
b) Gib die Maße des Quaders in cm an.
c) Zeichne einen durchsichtigen Quader mit den Maßen 3 cm, 4 cm und 6 cm.
d) Zeichne einen undurchsichtigen Quader mit den Maßen 5 cm, 5 cm und 8 cm.

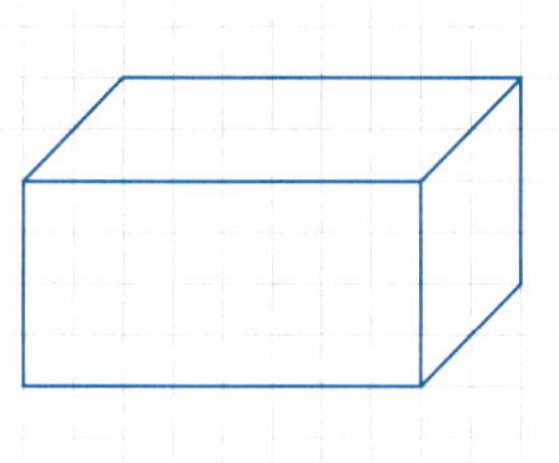

3 Unvollendete Schrägbilder

Übertrage das angefangene Schrägbild eines durchsichtigen Quaders in dein Heft und zeichne es fertig. Gib auch die Maße des Quaders an.

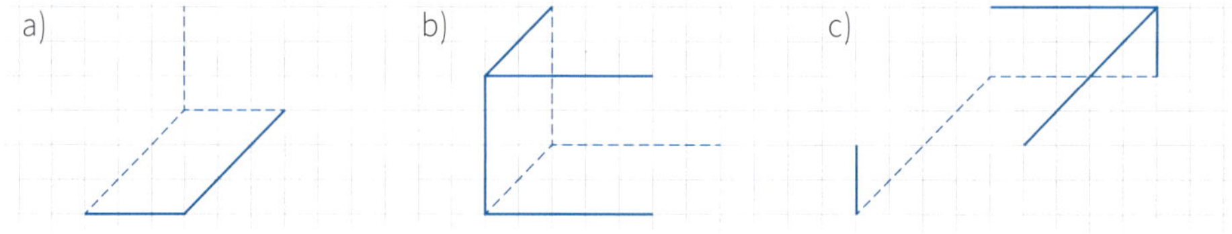

4 Siegertreppchen

Ein Platz auf dem Siegertreppchen ist für viele Sportler das Schönste. Hier ist die Treppe aus vier Quadern zusammengesetzt. Zeichne das Schrägbild eines Siegertreppchens in dein Heft.

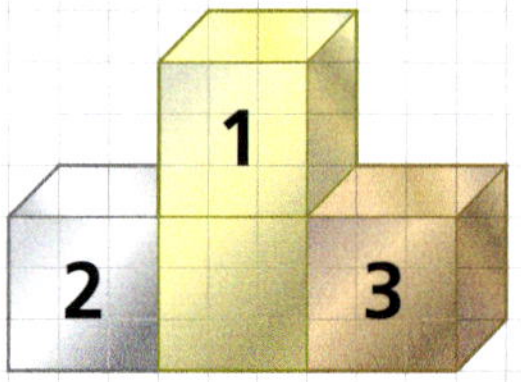

5 Quader in verschiedenen Positionen

Für einen Quader mit den Maßen 1 cm, 4 cm und 8 cm kannst du verschiedene Schrägbilder zeichnen.

a) Zeichne das Schrägbild so, dass die Höhe des Quaders 4 cm ist.

b) Zeichne das Schrägbild so, dass der Quader mit einer Höhe von 1 cm durchsichtig ist.

c) Zeichne das Schrägbild so, dass der Quader 8 cm hoch ist. Du kannst dir aussuchen, ob er durchsichtig oder undurchsichtig sein soll.

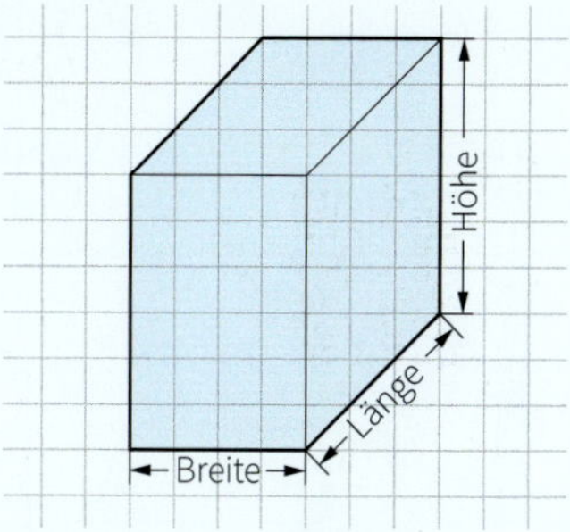

6 Würfelfiguren

Niklas baut mit Würfeln: Buchstaben, Treppen und sogar eine Schlange hat er bereits fertig.

a) Zeichne die Schrägbilder in dein Heft.

b) Erfinde weitere „Würfelfiguren" und zeichne ihre Schrägbilder in dein Heft.

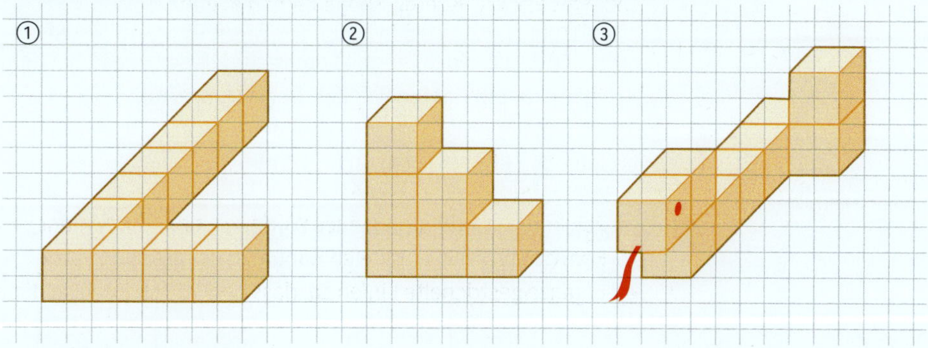

7 Streichholzschachtel

a) Zeichne das Schrägbild der geöffneten Schachtel in dein Heft.

b) Kannst du erkennen, wie weit sie geöffnet ist?

c) Zeichne ein Schrägbild der Schachtel, wenn sie noch weiter geöffnet ist.

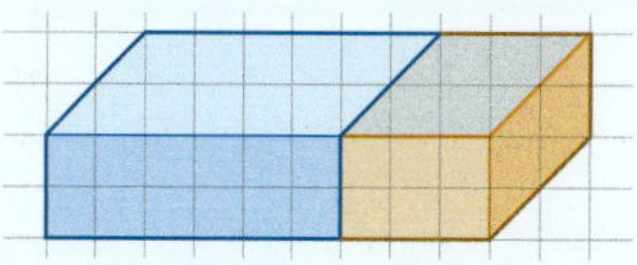

8 Geburtstagsgeschenk

Hanna packt für ihre Freundin Leni ein Geburtstagsgeschenk ein. Sie benutzt einen quaderförmigen Karton mit den Maßen 40 cm, 30 cm und 20 cm.

a) Zeichne den Geschenkkarton im Maßstab 1 : 10.

b) Zeichne ein Geschenkband so ein, dass man es auf jeder Fläche des Kartons sehen kann.

c) Wie lang muss es mindestens sein, wenn du für eine Schleife 30 cm Band brauchst?

9 Würfelburg

Christin hat das Schrägbild einer Würfelburg gezeichnet. Sie besteht aus acht orangen, einem blauen und einem grünen Würfel.

a) Zeichne das Schrägbild der Würfelburg ab.
Vorsicht: Christin hat den Würfel aus der Mitte herausgenommen!

b) Zeichne nun ein Schrägbild der Burg, bei dem der blaue Würfel vorne links und der grüne hinten rechts sitzt.

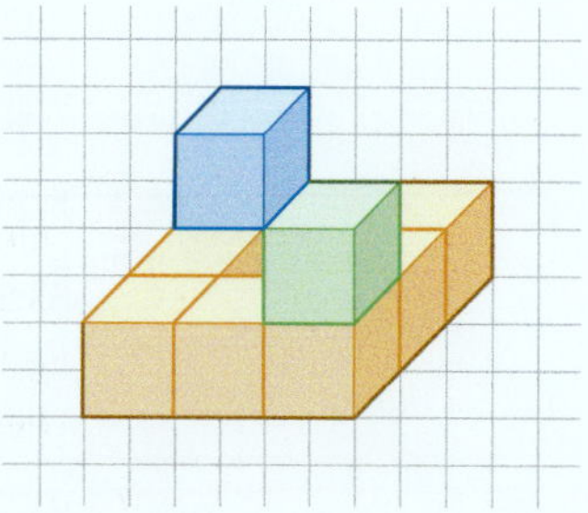

⑩ Fehler in Schrägbildern

Beim Zeichnen der Schrägbilder sind dem Zeichner leider einige Fehler unterlaufen. Benenne jeweils die Fehler und zeichne die Schrägbilder fehlerfrei.

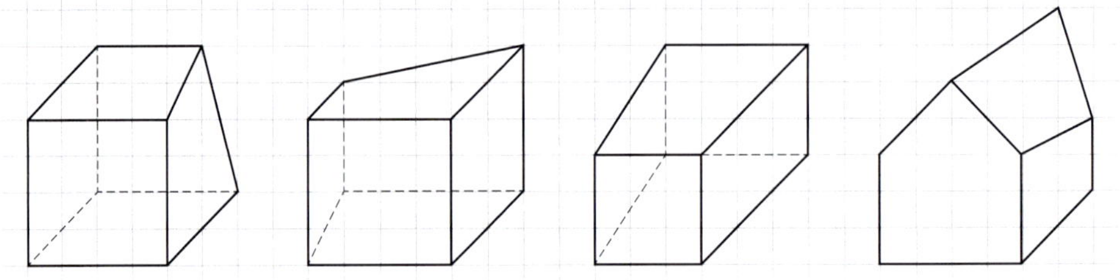

⑪ Verschiedene Darstellungen eines Würfels

Warum müssen beim Schrägbild eines Würfels die nach hinten verlaufenden Kanten eigentlich verkürzt werden? Überzeuge dich selbst, indem du ein Schrägbild eines Würfels zeichnest, bei dem alle gezeichneten Kanten vier Zentimeter lang sind. Experimentiere dann mit verschiedenen Längen für die nach hinten verlaufenden Kanten (3 cm, 2 cm, 1 cm).

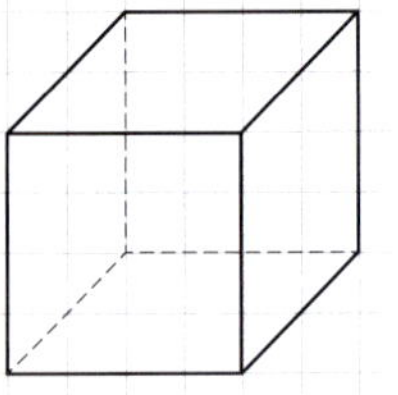

⑫ Würfel aus verschiedenen Blickwinkeln

Melanie zeichnet Schrägbilder mit verdeckten Kanten.

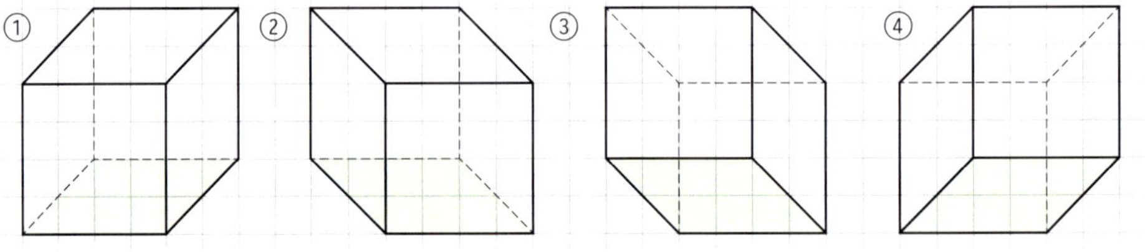

a) Zeichne die vier Würfelschrägbilder in dein Heft.
b) Beim ersten Würfel blickt man auf die Vorderfläche, die rechte Seitenfläche und die Deckfläche des Würfels.Auf welche Flächen blickst du jeweils bei den Würfeln ②, ③ und ④?

Grundwissen
zum Wiederholen

1. Äpfel werden für 1,20 € pro Kilogramm angeboten. Emma kauft 15 kg. Berechne den Preis.
2. Dem Quadrat fehlt ein Teil. Ist es ①, ②, ③ oder ④?

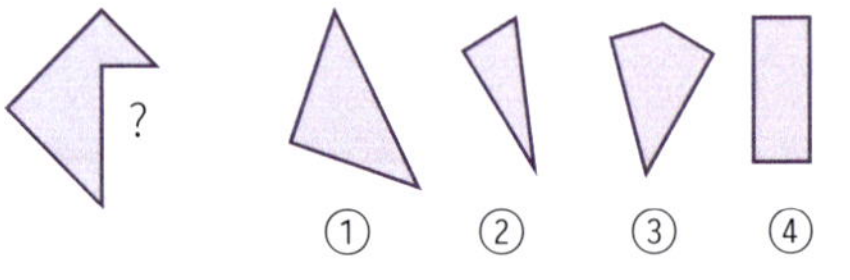

3. Gesucht ist die kleinste Zahl (größer null), die sowohl durch 20 als auch durch 30 ohne Rest teilbar ist.
4. Wandle in cm um. a) 0,5 m b) 50 mm c) 15 dm
5. Schreibe mit arabischen Ziffern. a) XXXIV b) MDCLXVI
6. Simon, ein begeisterter Fußballfan, möchte sich ein Spiel der Kategorie A (Ticketpreis 35 €) und vier Spiele der Kategorie B (Ticketpreis 25 € pro Spiel) im Stadion ansehen. Wie viel Geld muss er für die Tickets ausgeben?
7. Wie viele Steine fehlen mindestens bis zu einem Würfel?

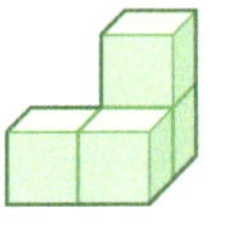

P Projekt: Würfelhäuser

Aus gleich großen Würfeln lassen sich viele verschiedenartige Würfelhäuser aufbauen.

Teamarbeit
Wenn ihr selbst Würfelhäuser baut, teilt euch die Arbeit. Jeder in der Klasse baut zwei Würfel mit der Kantenlänge 5 cm. Ihr könnt viele verschiedene Würfelhäuser aufbauen.

A Paul meint, dass das Würfelhaus aus 12 kleinen Würfeln aufgebaut wurde.
Ricarda sagt, dass man sich da nicht sicher sein kann, es könnten auch 13 sein. Hat sie recht?

Das Schrägbild eines Würfelhauses verrät nicht alles.
Deshalb gibt es als Zusatzinformation den „Grundriss“.

1. Die Bodenfläche des Würfelhauses wird aus Quadraten gezeichnet.
2. In jedes Quadrat wird eingetragen, wie viele Würfel darüber gebaut sind.

Für das Schrägbild des Würfelhauses in A ist der Grundriss nicht eindeutig erkennbar. Weitere Würfel könnten verdeckt sein.
Beispiele für mögliche Grundrisse sind rechts abgebildet.

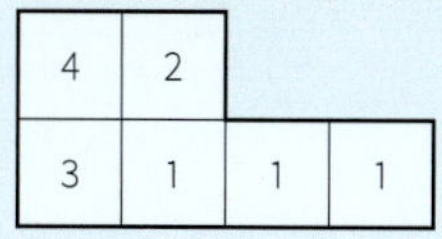

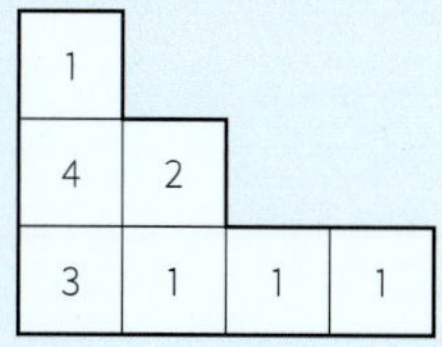

Grundriss

B Zeichne den Grundriss zu dem Würfelhaus in dein Heft und trage die Anzahl der Würfel über den Quadraten ein.
Wie viele zusätzliche kleine Würfel brauchst du, um das Würfelhaus zu einem großen Würfel zu ergänzen?

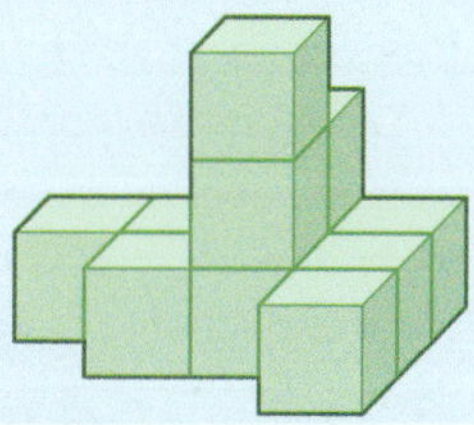

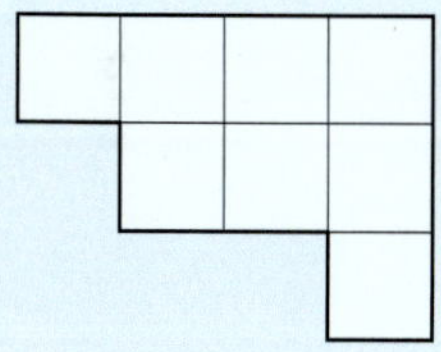

C Welcher Grundriss passt zu welchem Schrägbild?

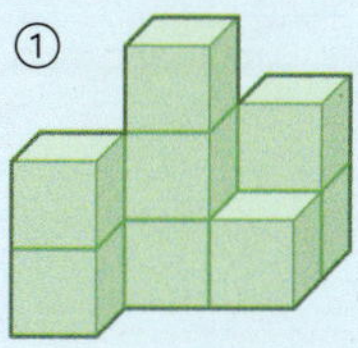

①

②

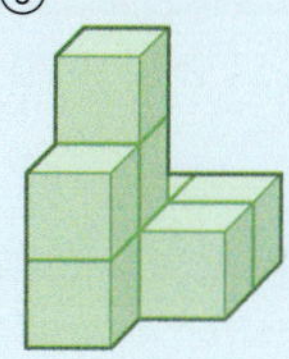

③

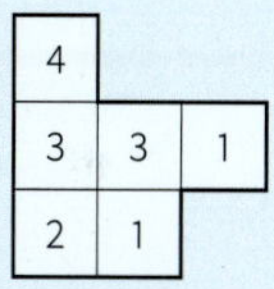

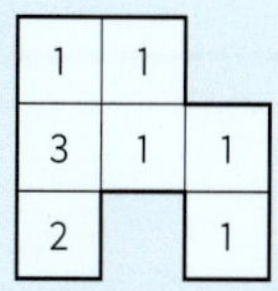

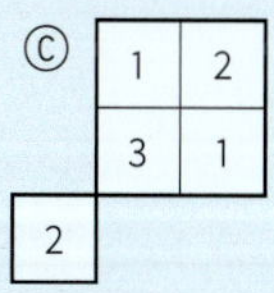

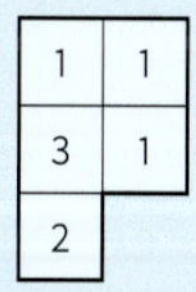

D Entwirf eigene Grundrisse und zeichne die zugehörigen Würfelhäuser.

E Nun bauen wir Quaderhäuser aus Streichholzschachteln, zunächst in der Vorstellung.
Welcher Grundriss gehört zu welchem Haus? Ergänzt die fehlenden Zahlen.

①

②

③

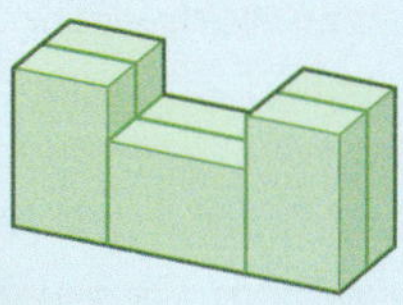

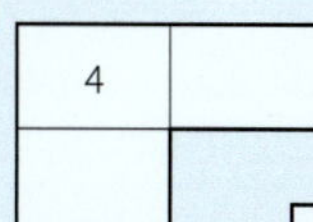

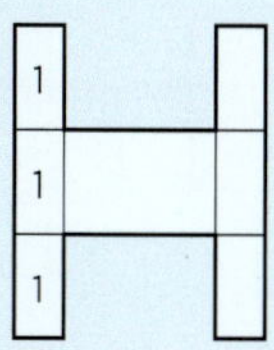

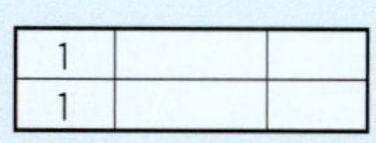

Baut nun zu zweit Häuser nach Plan. Zeichnet einen Grundriss und baut diesen mit Streichholzschachteln nach.

5.4 Würfel- und Quadernetze erstellen

E1 Verpackung

a) Falte eine würfelförmige Verpackung vorsichtig an den Kanten auseinander. So erhältst du ein Würfelnetz. Findest du verschiedene Netze für diese Verpackung?

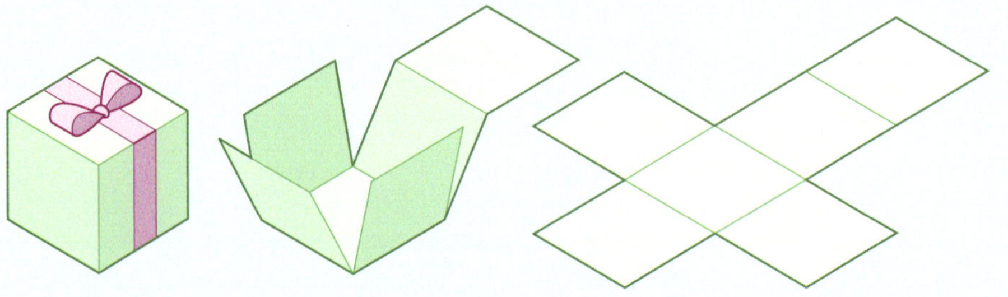

b) Schneide quaderförmige Verpackungen an den Kanten auseinander. Du erhältst ein Quadernetz. Findest du verschiedene Quadernetze?
Aber aufpassen: Das Netz muss zusammenhängend bleiben.

E2 Spielwürfel

Ein Spielwürfel ist so aufgebaut, dass die Summe der Augenzahlen auf gegenüberliegenden Flächen jeweils sieben ergibt. Zeichne die Netze in dein Heft und trage die richtigen Zahlenmuster in die Flächen ein. Gibt es verschiedene Möglichkeiten?

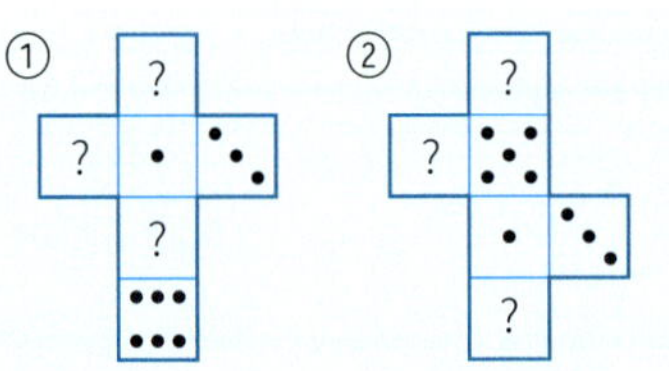

E3 Verschiedene Würfelnetze

Meist zeichnet man Würfelnetze in T-Form oder Kreuzform. Es geht aber auch anders.

a) Zeichne die abgebildeten Netze auf Karopapier, schneide sie aus und falte sie zu Würfeln.

b) Findest du noch weitere Würfelnetze? Vergleiche deine Ergebnisse mit denen deiner Tischnachbarn. Wie viele wirklich verschiedene Würfelnetze findet ihr zusammen?

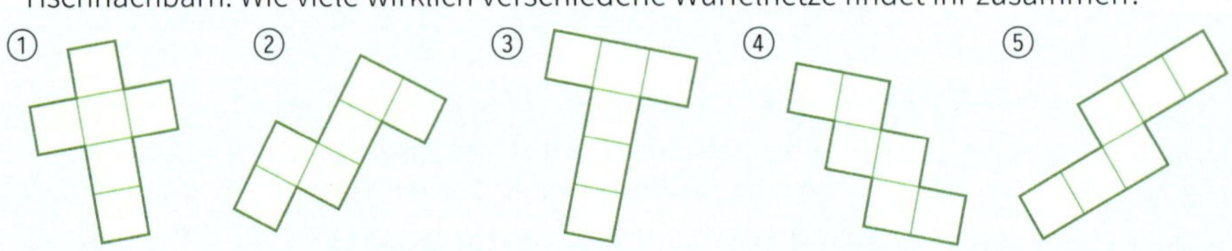

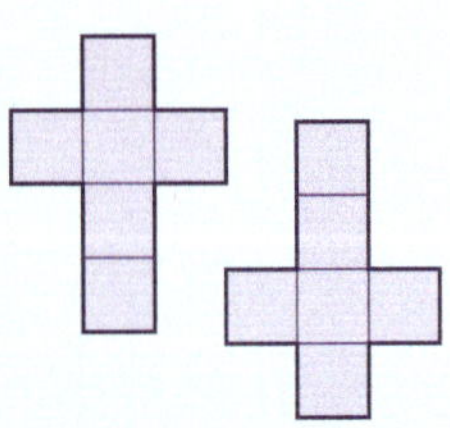

Diese beiden Netze sind nicht verschieden. Das siehst du sofort, wenn du das Buch umdrehst.

Basiswissen

WES-125764-023

Netz eines Würfels

Vom **Würfel** — Auseinanderfalten → zu einem **Würfelnetz**

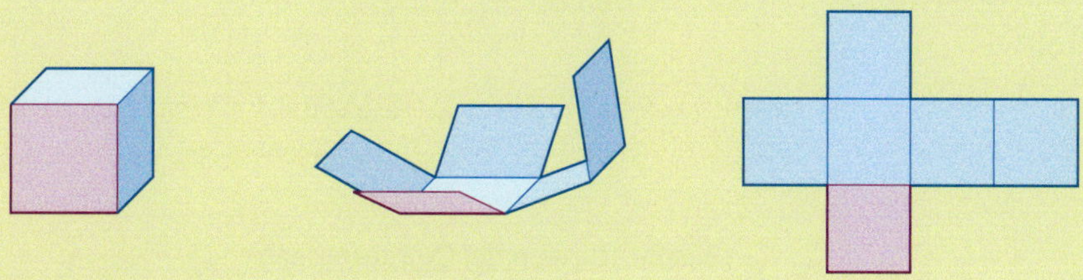

Das Netz eines Würfels besteht aus sechs gleich großen Quadraten.

Netz eines Quaders

Vom **Quader** — Auseinanderfalten → zu einem **Quadernetz**

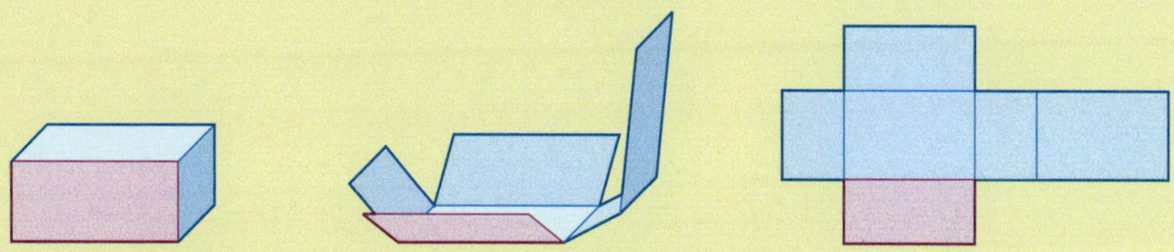

Das Netz eines Quaders besteht aus sechs Rechtecken, gegenüberliegende Flächen sind immer gleich groß.

Beispiele

A Vom Körper zum Netz

Welche der Netze sind Quadernetze?

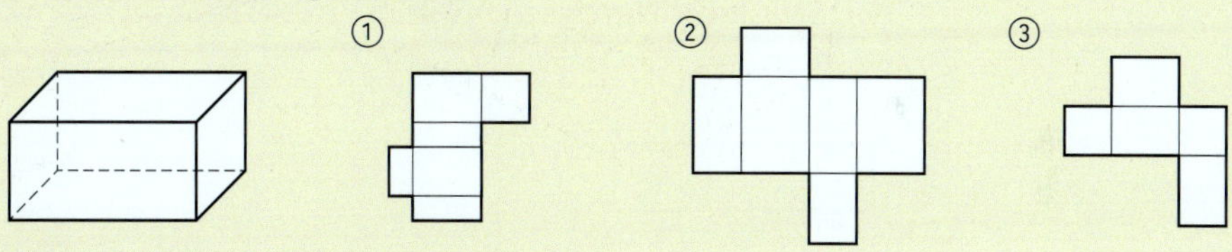

Lösung:

① ist kein Quadernetz, denn es gibt zwei gegenüberliegende Flächen, die nicht gleich groß sind.

② ist ein passendes Quadernetz.

③ ist kein Quadernetz, denn es sind nur fünf Flächen gezeichnet.

Übungen

1 Gegenüberliegende Fläche färben

Zeichne die Netze in dein Heft. Eine Fläche ist bereits gefärbt. Färbe die gegenüberliegende Fläche.

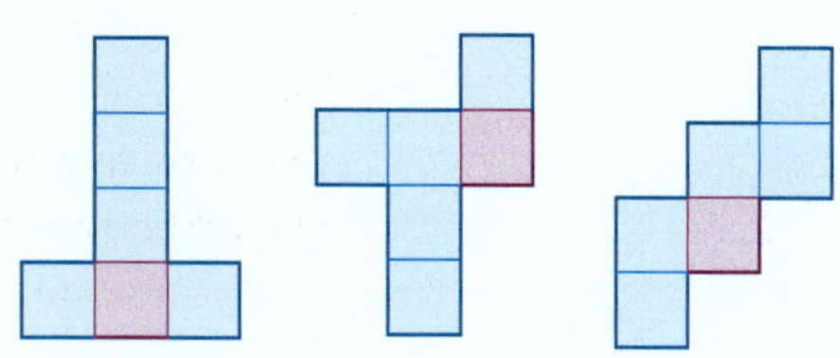

2 Unvollständige Netze

Zeichne die angefangenen Netze ab. Zeichne das fehlende Quadrat so ein, dass ein Würfelnetz entsteht. Gibt es verschiedene Möglichkeiten?

a) 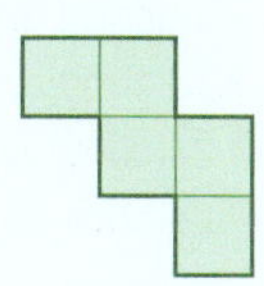

b) 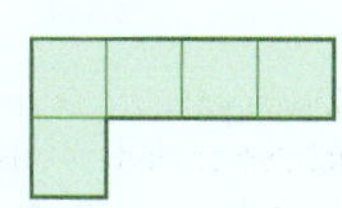

3 Korrekte Würfelnetze?

Welche Netze sind Würfelnetze?

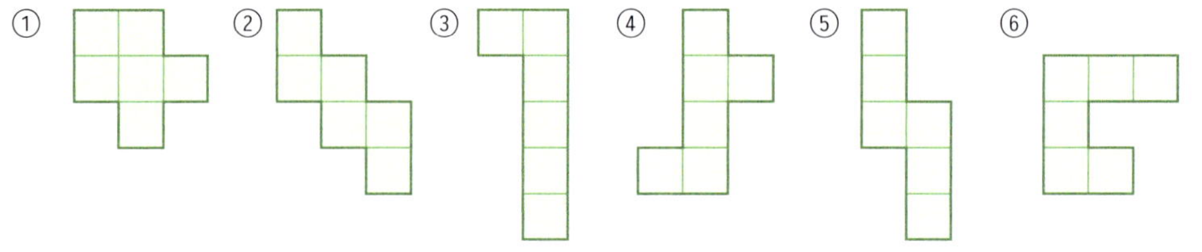

4 Beschriftungen bei Quadernetzen

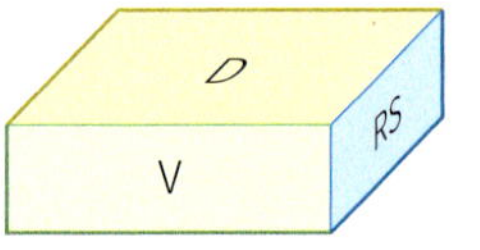

Aus dem Netz wird der Quader zusammengebaut, sodass die Fläche B die Bodenfläche ist. Welche Fläche des Netzes wird zur Deckfläche (D), zur linken (LS) und zur rechten Seitenfläche (RS), zur Vorder- (V) und zur Rückfläche (R)?

Zeichne die Netze in dein Heft und beschrifte dann die einzelnen Flächen.

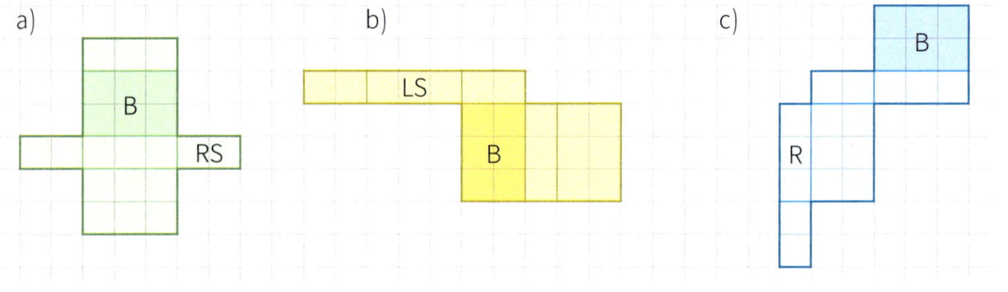

5 Ist das ein Quadernetz?

Aus welchen Netzen lassen sich Quader basteln, bei welchen klappt das nicht? Begründe deine Entscheidung wie im Beispiel A.

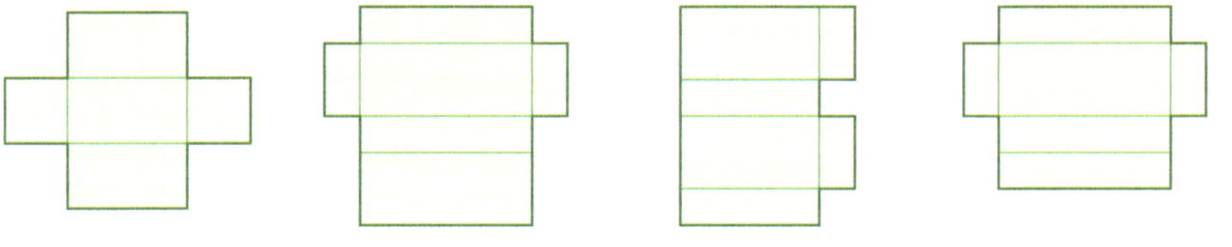

6 Unvollständige Netze

Zeichne die angefangenen Netze ab. Zeichne die fehlenden Rechtecke so ein, dass ein Quadernetz entsteht. Gibt es verschiedene Möglichkeiten?

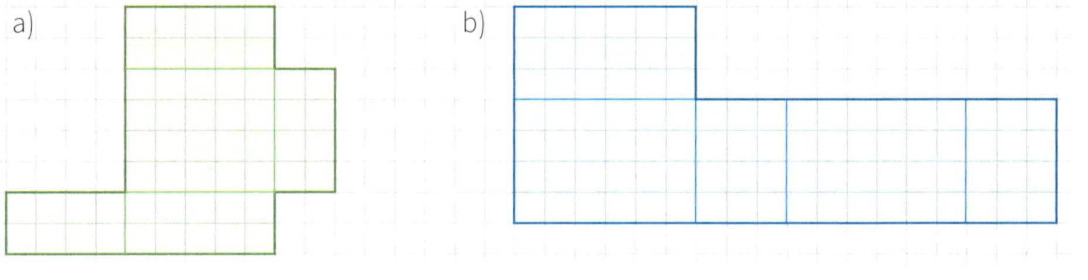

7 Quadernetz zeichnen

a) Zeichne das Netz eines Würfels mit der Kantenlänge 3 cm.

b) Zeichne zu dem Würfel aus a) zwei andere Netze.

c) Zeichne das Netz eines Quaders, der 5 cm lang, 3 cm breit und 2 cm hoch ist.

d) Zeichne zu dem Quader aus c) ein weiteres Netz.

8 Würfelnetz mit Muster

Zeichne das Würfelnetz mit dem Muster ab und schneide es aus. Ergänze das Muster auf der freien Fläche so, dass du auf dem zusammengebauten Würfel ein geschlossenes Muster erhältst. Das ist nicht ganz einfach, aber du kannst den Erfolg durch Falten überprüfen.

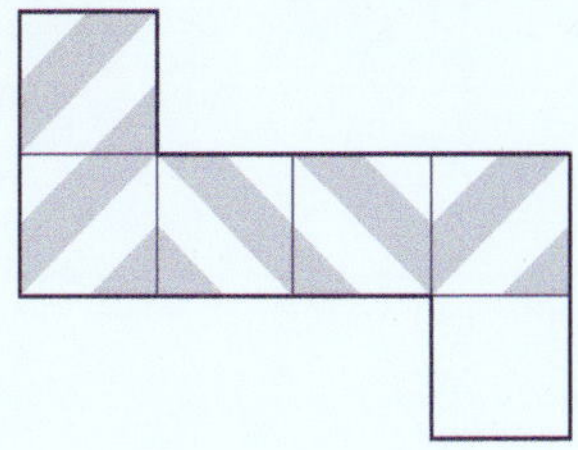

9 Intelligenter Käfer

Ein „intelligenter Käfer" sitzt in der hinteren Ecke C eines oben offenen Würfels und möchte auf kürzestem Weg in die vordere Ecke E gelangen.
Den roten Weg C → B → A → E und den blauen Weg C → A → E hat er schon ausprobiert.

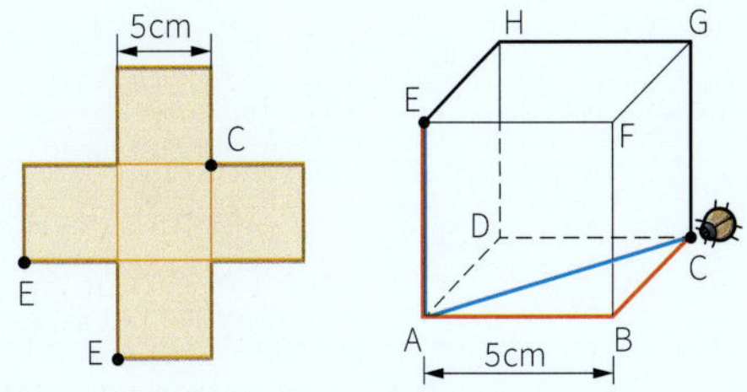

a) Zeichne das Netz in der richtigen Größe auf ein Blatt Papier. Übertrage dann die farbigen Wege in das Netz und miss jeweils die Länge.
b) Finde im Netz den kürzesten Weg. Zeichne ihn in grüner Farbe und miss die Länge. Vergleiche.
c) Wenn du das Netz nun ausschneidest und zur Schachtel zusammenfaltest, kannst du im Inneren den grünen Weg sehen.

10 Weitere Netze

Welche Körper entstehen aus den Netzen?

a) 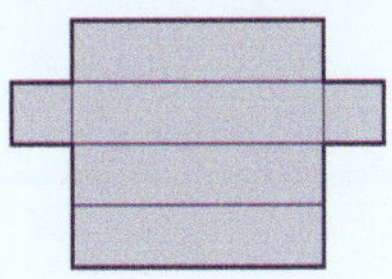
b) 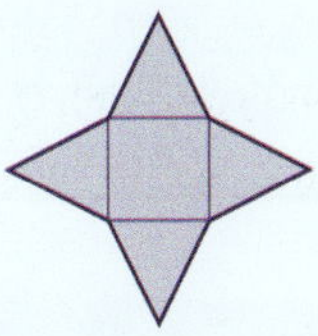
c) 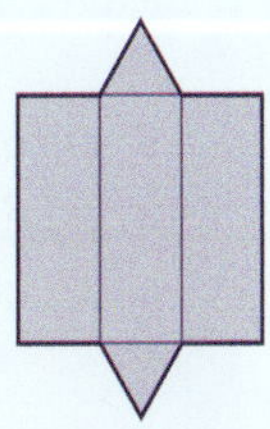
d) 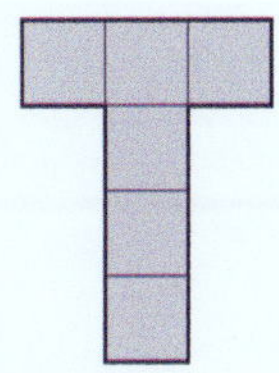

11 Kanten färben

Zeichne das Netz in dein Heft. Markiere die Kanten, die sich nach dem Zusammenfalten berühren, mit der gleichen Farbe.

a) 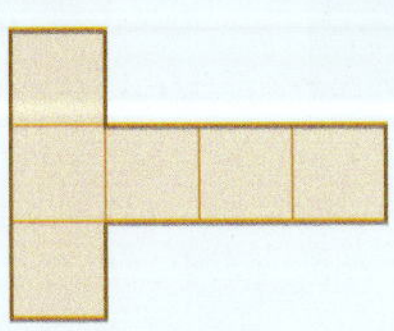
b) 
c) 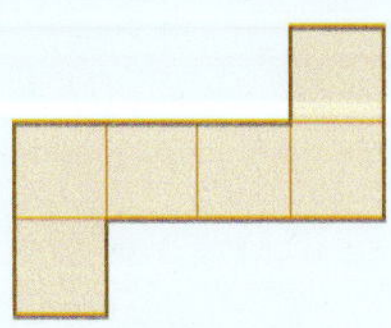

Grundwissen
zum Wiederholen

1. Wandle die Angabe in Cent um. a) 5 € b) 7 € 20 ct
2. Wandle die Angabe in Meter um. a) 70 cm b) 34,5 km
3. Berechne im Kopf. a) 96 : 8 b) 116 : 4
4. a) Ein Auto ist im Maßstab 1 : 72 modelliert worden. Das Modellauto ist 5 cm lang. Wie lang ist das Original?
   b) Eine Elefant ist 3,30 m groß (Schulterhöhe). Für ein Spiel soll ein Modell im Maßstab 1 : 300 erstellt werden. Wie groß wird die Spielfigur?

12 **Bastelbögen für Zylinder**

Recht einfach kann man Bastelbögen (Netze) für Körper herstellen, die von ebenen Flächen begrenzt sind.

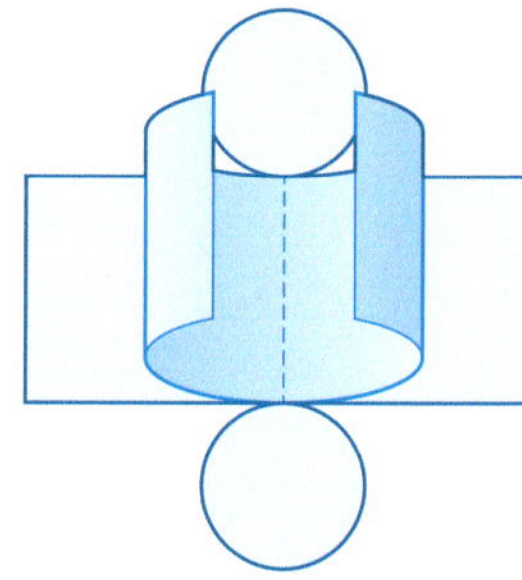

a) Aus welchen Figuren besteht ein Bastelbogen für einen runden Turm (Zylinder)?

b) Was fehlt an dem Bastelbogen (dem Netz) des Zylinders, damit man ihn leicht zusammen kleben kann?

c) Schneide eine Toilettenrolle durch einen geraden Schnitt auf und breite sie dann flach auf einen Tisch aus. Welche Figur erkennst du?

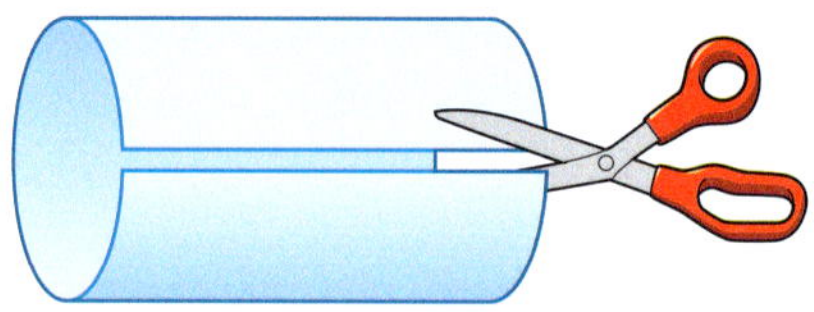

d) Beklebe eine zylinderförmige Getränkedose mit farbigem Papier. Du brauchst dazu drei Papierflächen. Wie sehen diese aus?

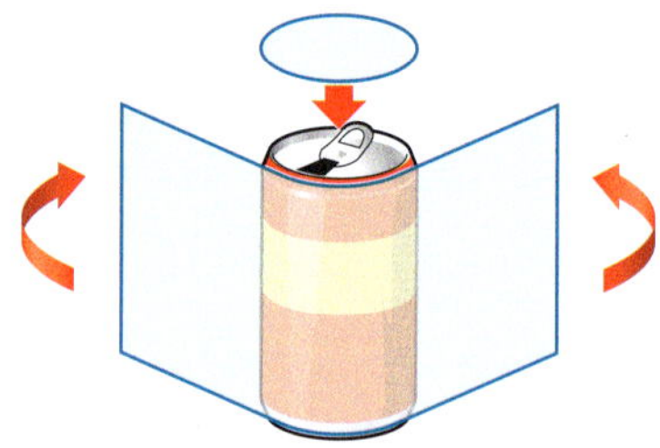

e) Jetzt kannst du selbst einen Zylinder basteln.

13 **Bastelbögen für Kegel**

Wie sieht ein Bastelbogen für den Kegel aus? Es ist klar, dass man als Grund- oder Deckfläche einen Kreis benötigt. Aber wie sieht das Netz des Kegels aus?
Hier hilft die Erinnerung an eine Bastelvorschrift für den Kindergeburtstag weiter:

„Die gefüllte Maus."

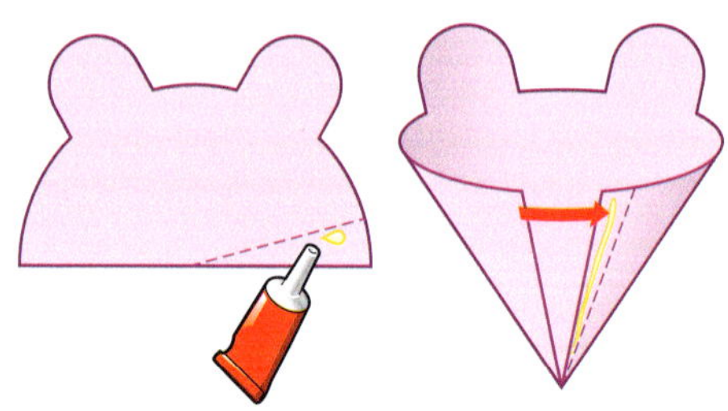

a) Schneide aus dünnem Karton einen Halbkreis aus und klebe ihn wie in der Anleitung zu einer „Tüte" zusammen. Die „Tüte" nimmt die Form eines Kegels an.

b) Schneide nun einen Viertelkreis und einen Dreiviertelkreis aus und klebe diese jeweils wie oben zusammen. Vergleiche die Form dieser Kegel mit dem aus Aufgabe a).

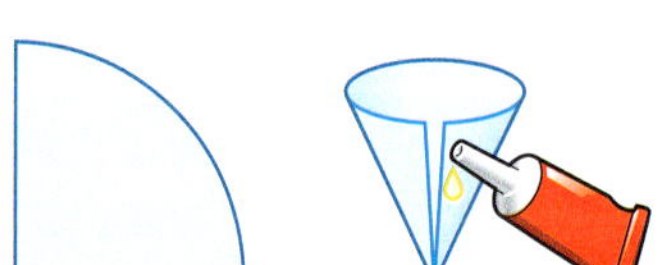

Viertelkreis

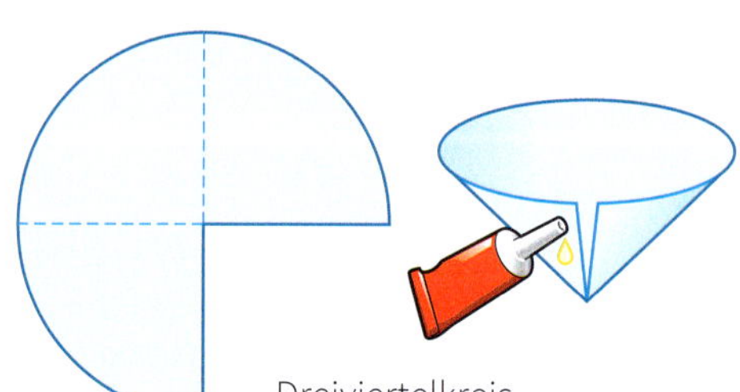

Dreiviertelkreis

5.5 Senkrechte und parallele Geraden erkennen und zeichnen

E1 Linien erkennen

Beim Jägerzaun, bei Eisenbahnenschienen und an Zebrastreifen siehst du gerade Linien, die parallel oder senkrecht zueinander liegen.

Finde in deiner Umgebung weitere Beispiele. Besorge Bilder davon oder fertige Skizzen an.

E2 Senkrecht und parallel beim Papierfalten

Falte ein Stück Papier wie folgt und beschreibe deine Faltungen.

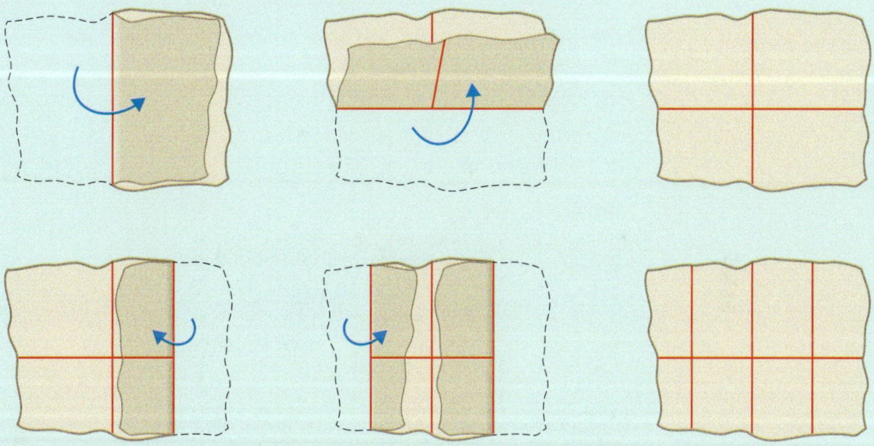

a) Welche Linien in den Bildfolgen sind parallel zueinander und welche sind senkrecht zueinander?

b) Suche auf dem Geodreieck gerade Linien, die senkrecht oder parallel zueinander sind. Mit ihnen kannst du die Lage der Faltkanten auf dem Papier überprüfen.
Hast du genau nach Vorschrift gefaltet?

Mit dem Geodreieck prüfen:

senkrecht

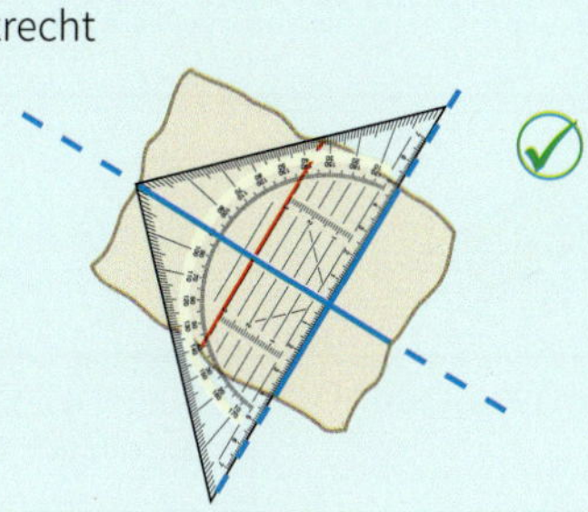

parallel

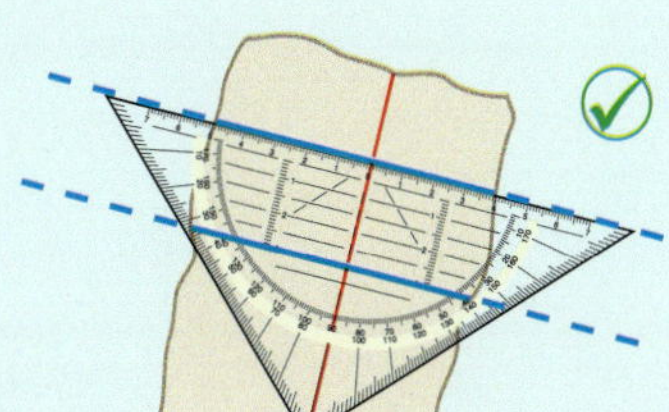

Basiswissen

WES-125764-024

Gerade

Eine **Gerade** ist eine zu beiden Seiten unbegrenzte gerade Linie, die weder Anfangs- noch Endpunkt hat.
Auf einem Blatt Papier kann nur ein Stück der Geraden gezeichnet werden.

Geraden werden mit kleinen Buchstaben g, h, j, k, l, … bezeichnet.

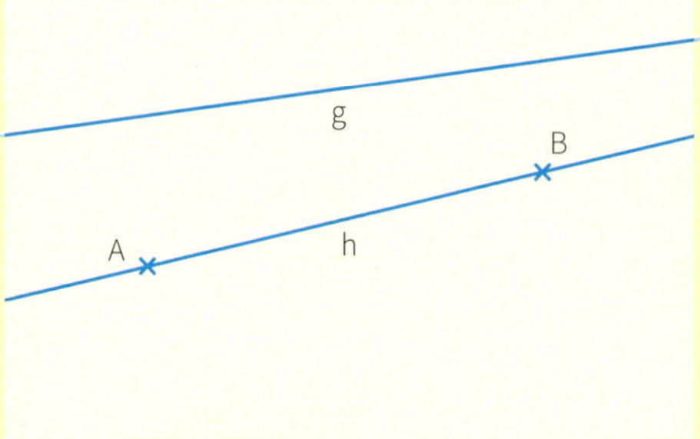

Strecke

Eine **Strecke** verbindet zwei Punkte durch eine gerade Linie. Eine Strecke hat einen Anfangs- und einen Endpunkt.

Eine Strecke von Punkt A zu Punkt B wird mit $\overline{AB}$ oder kleinen Buchstaben a, b, c, … bezeichnet.

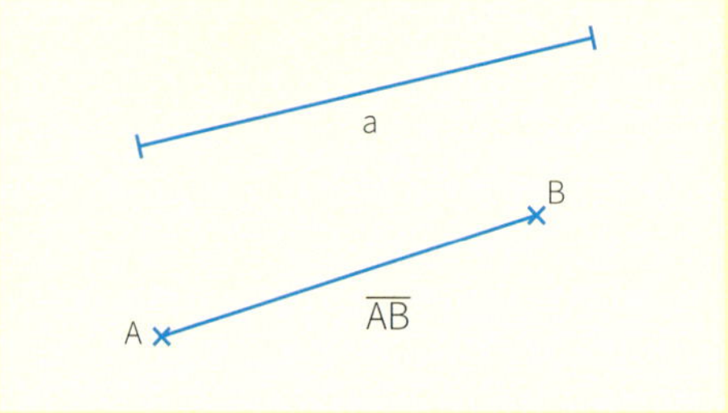

Senkrecht

Andere Bezeichnungen für senkrecht sind: orthogonal, vertikal, lotrecht

Zwei Geraden sind **senkrecht zueinander**, wenn sie einen rechten Winkel bilden.

Schreibweise: $g \perp h$

Sprechweise: „Die Geraden g und h sind senkrecht zueinander."

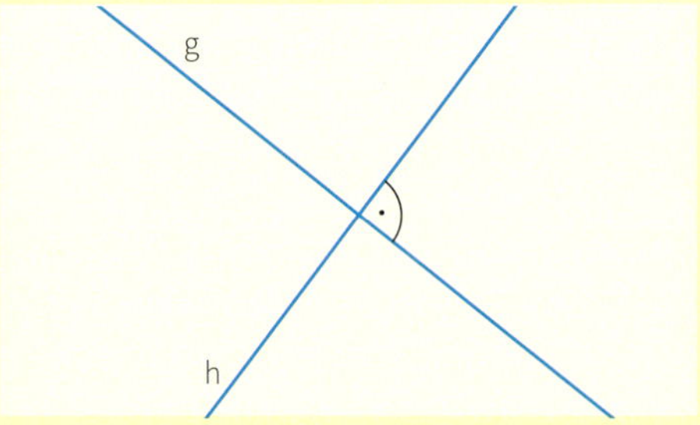

Parallel

Die Geraden g und h sind **parallel zueinander**.

Schreibweise: $g \parallel h$

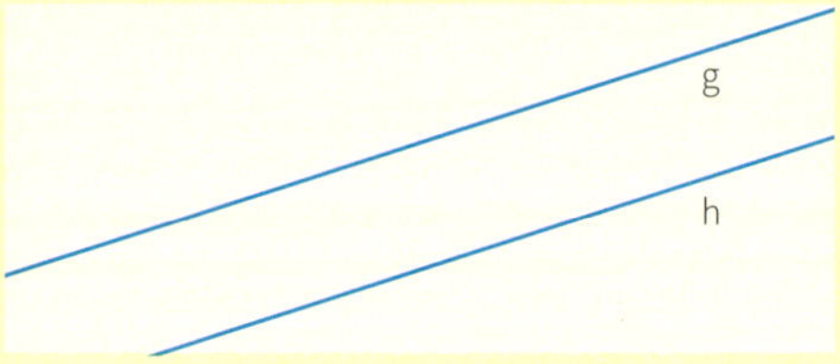

Beispiele

A Senkrecht und parallel, prüfe mit dem Geodreieck
Wie prüft man mit dem Geodreieck, ob die beiden Geraden g und h parallel bzw. senkrecht zueinander sind?

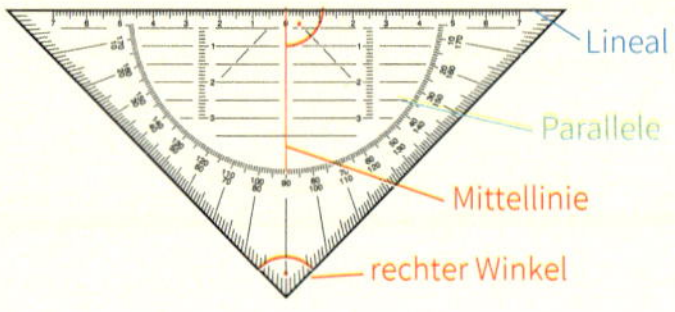

Lösung:

Prüfen, ob g und h senkrecht sind

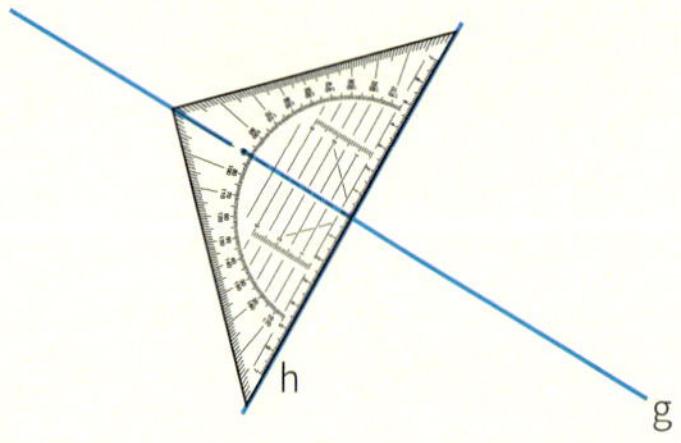

Lege das Geodreieck mit der Mittellinie auf die eine Gerade und prüfe, ob die Geraden einen rechten Winkel bilden.

Prüfen, ob g und h parallel sind

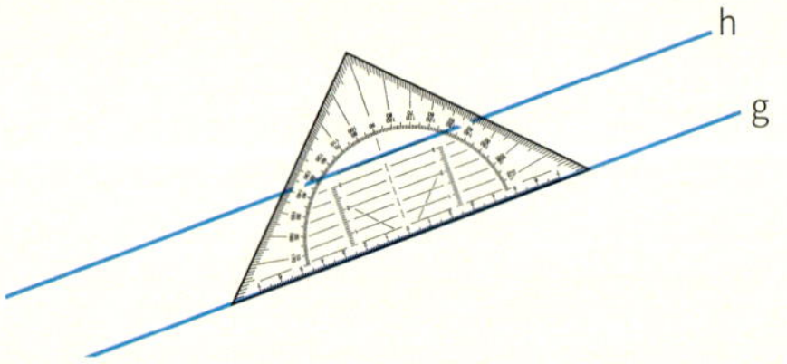

Lege das Geodreieck an einer der Geraden an und prüfe, ob die zweite Gerade auf einer Parallelen im Geodreieck liegt.

Beispiele

B Zueinander senkrechte und parallele Geraden konstruieren

Zeichne zueinander senkrechte und parallele Geraden. Beschreibe, wie man dazu das Geodreieck verwenden kann.

Lösung:

Konstruieren einer parallelen Geraden

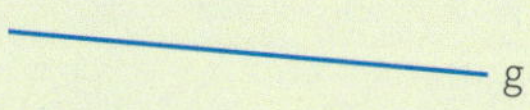

Zeichne eine Gerade g.

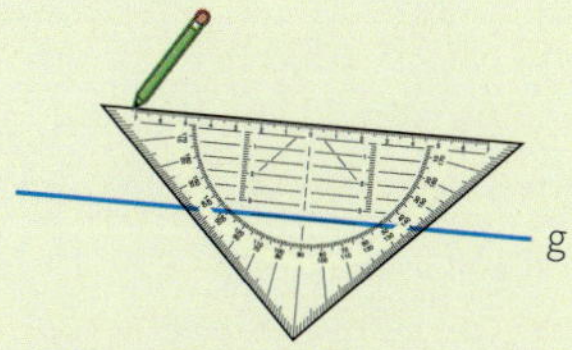

Lege das Geodreieck so an, dass die Gerade g auf einer Parallelen im Geodreieck liegt.

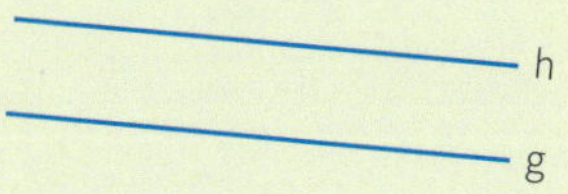

Zeichne die Gerade h, die parallel zur Geraden g liegt.

Konstruieren einer senkrechten Geraden

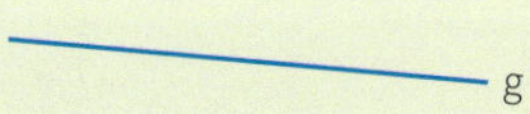

Zeichne eine Gerade g.

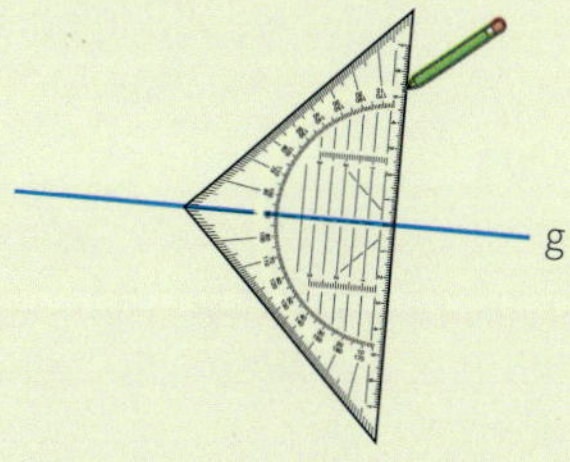

Lege das Geodreieck so, dass die Mittellinie auf g liegt.

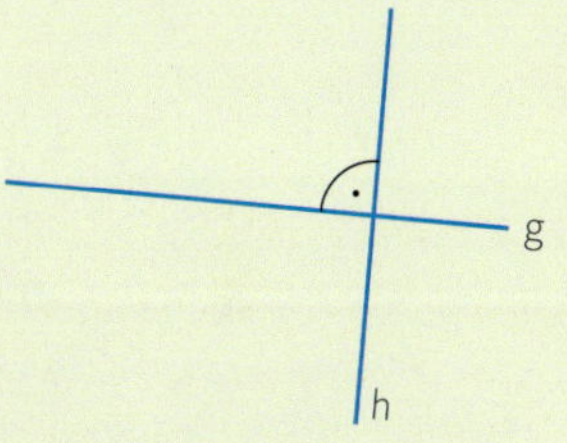

Zeichne die Gerade h, die senkrecht zur Geraden g liegt. Markiere den rechten Winkel.

Übungen

1 Parallele und senkrechte Geraden?

Prüfe mit dem Geodreieck, ob die Geraden zueinander parallel oder senkrecht sind. Gib auch die entsprechende Schreibweise an. Nutze dazu ∥ und ⊥.

a)

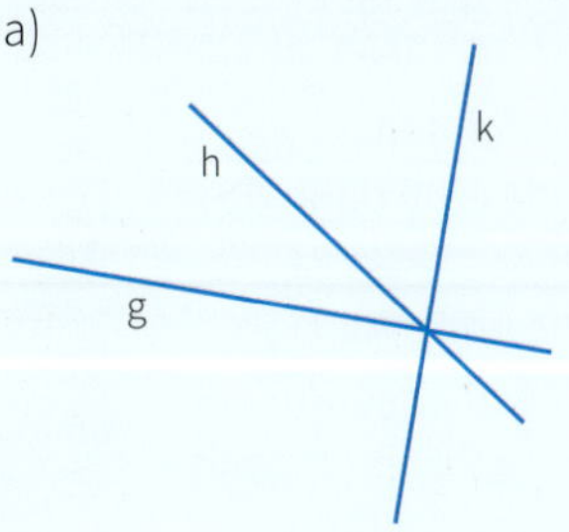

b)

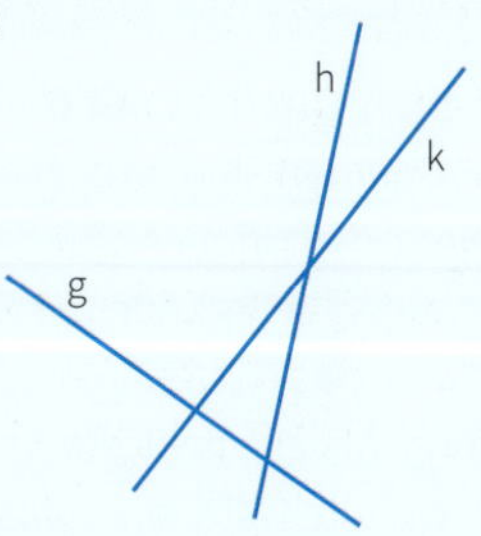

c)

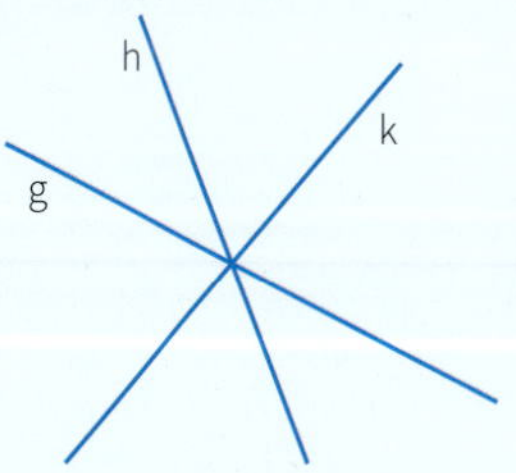

d)

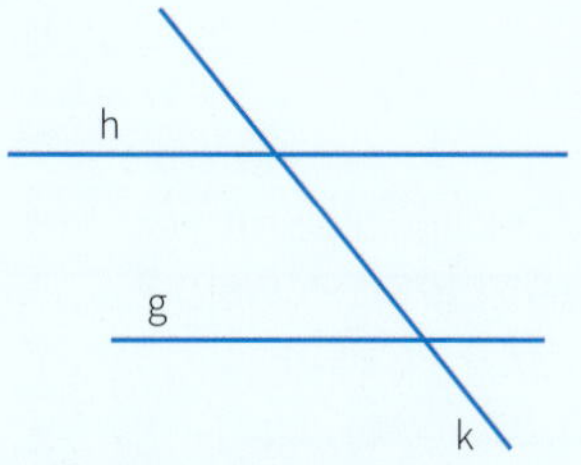

e)

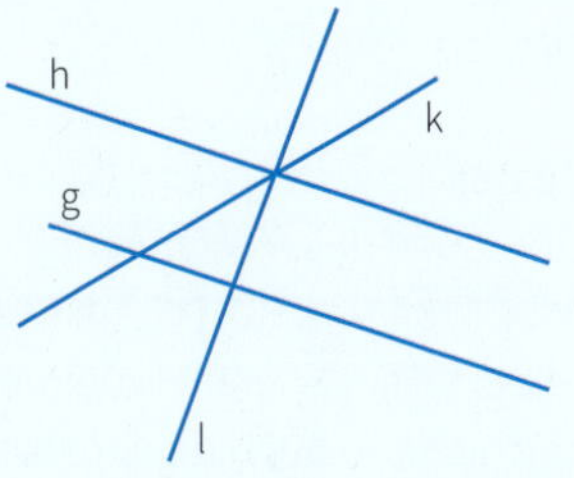

f)

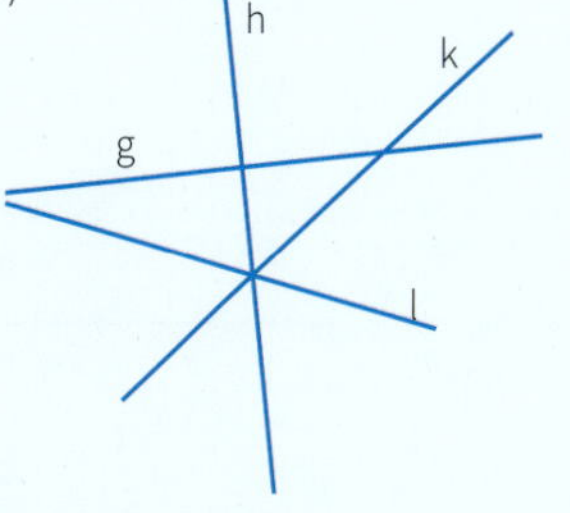

2 Quadrat konstruieren

Zeichne ein Quadrat mit der Kantenlänge 3 cm so in dein Heft, dass es „schräg" zu den Karos liegt.

3 Senkrechte Geraden

Zeichne eine Gerade g, die nicht parallel zu den Gitterlinien in deinem Heft verläuft und einen Punkt P, der nicht auf der Geraden liegt. Konstruiere mithilfe des Geodreiecks:

a) eine Gerade h, die senkrecht zu g verläuft und durch den Punkt P geht.

b) eine Gerade k, die parallel zu g verläuft und durch den Punkt P geht.

4 Punkte finden

a) Jill soll zur Geraden g im Punkt P eine senkrechte Gerade h zeichnen. Durch welchen Punkt verläuft die Gerade h?

b) Michel soll zur Geraden g im Punkt Q eine senkrechte Gerade s zeichnen. Durch welchen Punkt auf der Geraden g verläuft die Senkrechte s?

c) Lina soll zur Geraden g eine parallele Gerade k durch den Punkt Q zeichnen. Durch welche Punkte verläuft die Gerade k?

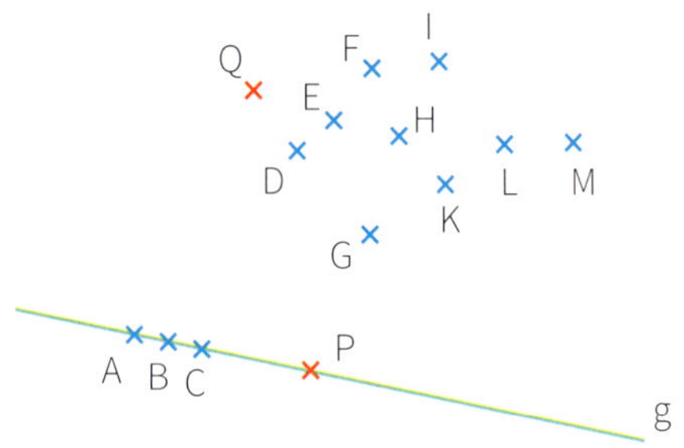

5 Flugzeug

Ein Flugzeug fliegt auf geradlinigem Kurs von Hannover nach Düsseldorf.

a) Überfliegt es auf diesem Kurs die Stadt Bielefeld?

b) Findest du in deinem Atlas drei (oder vier) größere Städte in Deutschland, die auf einer Geraden liegen?

c) Findest du in deinem Atlas drei Städte in Rheinland-Pfalz, die auf einer Geraden liegen?

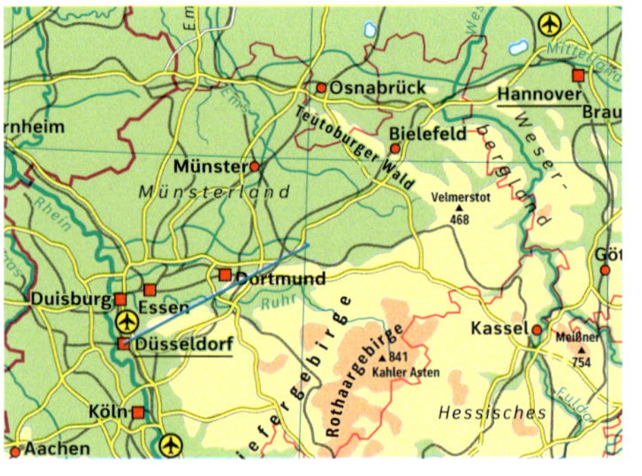

d) Die abgebildete Karte hat den Maßstab 1 : 10 000 000. Wie lang ist die Luftlinie Hannover – Düsseldorf in der Realität?

6 Netz eines Quaders mit Geraden zeichnen

Die acht Geraden sind so gezeichnet, dass du darin das Netz eines oben offenen Quaders erkennen kannst.

a) Übertrage die Geraden auf ein unliniertes Blatt. Schneide das Netz aus und falte den offenen Quader.

b) Zeichne das gleiche Netz. Ergänze die Zeichnung mit einer weitere Gerade, so dass du das vollständige Netz des Quaders erhältst. Wie viele Möglichkeiten gibt es?

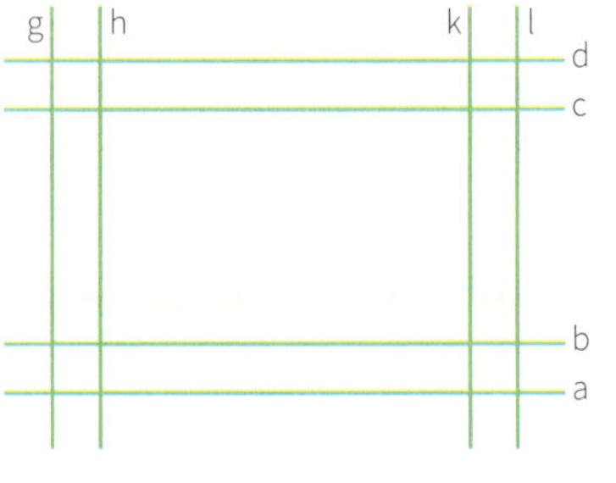

7 Muster

a) Übertrage das Muster in dein Heft. Zeichne die Strecken $\overline{AC}$, $\overline{CE}$, $\overline{EA}$ und $\overline{BD}$, $\overline{DF}$, $\overline{FB}$. Es entsteht ein Stern. Welche Strecken sind parallel zueinander? (z. B. $\overline{EC} \parallel \overline{FB}$)

b) Zeichne nun auch die Strecken $\overline{AD}$, $\overline{BE}$ und $\overline{CF}$. Zu welchen Strecken ist $\overline{AD}$ senkrecht? Prüfe mit dem Geodreieck, ob $\overline{BE} \perp \overline{DF}$.

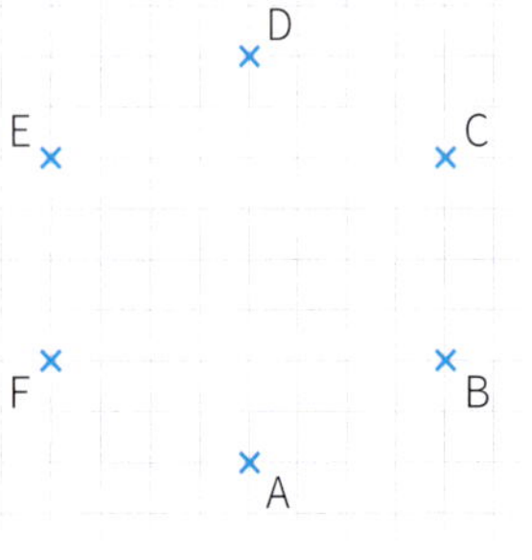

Exkurs

Worte in der Umgangssprache und in der Mathematik

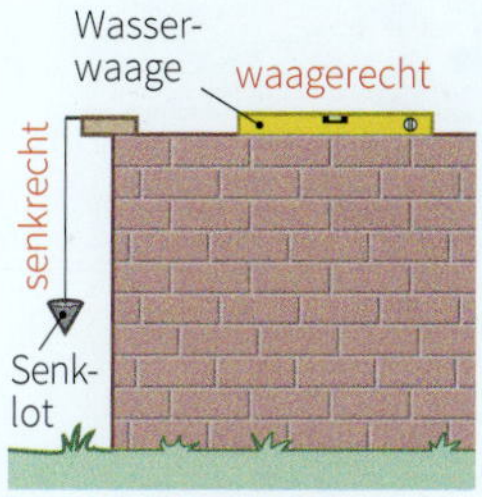

Beim Hausbau muss man darauf achten, dass Wände oder Fenster- und Türrahmen genau „senkrecht" („lotrecht") sind, der Fußboden muss exakt „waagerecht" liegen. Zur Prüfung benutzt der Handwerker spezielle Werkzeuge wie „Wasserwaage" oder „Senklot". Ein Geodreieck alleine genügt nicht. Mit ihm kann man nur feststellen, ob Wand und Fußboden senkrecht zueinander sind. Dies kann aber (im geometrischen Sinne) auch dann der Fall sein, wenn das Fundament eines Hauses etwas schief geraten ist. Senkrecht bzw. lotrecht beim Bau bedeutet „senkrecht zur Erdoberfläche", entsprechend bedeutet waagerecht bzw. horizontal dann „parallel zur Erdoberfläche". Es ist oft so, dass sich Begriffe in der Mathematik und in der Alltagssprache in ihrer Bedeutung etwas unterscheiden.

Wasserwaage als Smartphoneapp

8 **Wasserwaage**

a) Bei welchen Gelegenheiten hast du zu Hause eine Wasserwaage eingesetzt? Wie bist du dabei vorgegangen?

b) Überprüfe in deiner Wohnung (im Klassenraum) mithilfe eines Senklotes oder einer Wasserwaage, ob der Türrahmen genau lotrecht eingesetzt ist. Was passiert, wenn der Türrahmen nicht genau „im Lot" ist?

c) Katrin meint: „Wenn der Fußboden genau waagerecht ist, kann ich den lotrechten Einbau des Türrahmens auch mit dem Geodreieck überprüfen." Hat sie recht?

d) Zeichne mithilfe einer Wasserwaage zwei zueinander senkrechte Geraden an der Wandtafel. Warum gelingt dies nicht auf der Tischplatte?

9 **Optische Täuschung?**

Welche der roten Linien verlaufen gerade, welche sind senkrecht oder parallel zueinander? Was sagen dir deine Augen? Überprüfe in den Abbildungen mit dem Geodreieck.

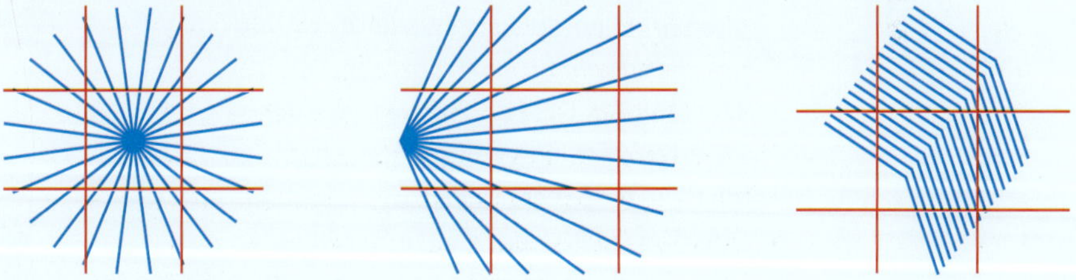

Grundwissen
zum Wiederholen

1 Ergänze die fehlenden Beschriftungen am Zahlenstrahl.

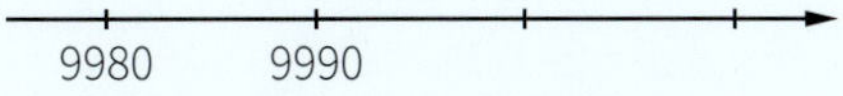

2 Schreibe in Cent. a) 0,10 € b) 0,01 € c) 1,01 €

3 Berechne im Kopf. a) 357 : 7 b) 714 : 7 c) 125 : 25

4 Wie viele Flächen eines Quaders stoßen an einer Ecke zusammen?

5 Die Entfernung zwischen Hamburg und New York beträgt ca. 6100 km.
Ein Flugzeug legt etwa 800 km in einer Stunde zurück. Schätze die Dauer des Fluges.

6 Das Katzenfutter „Royal" wird in 4 kg-Paketen zum Preis von 30 € verkauft. Für eine Katze reicht ein Paket Katzenfutter für 2 Monate. Wie lange reicht ein Paket für vier Katzen?

5.6 Abstände messen

E1 Auf dem Schulhof

a) Zwei Schüler stellen sich im Abstand von 20 m auf dem Schulhof auf. Sechs weitere Schüler stellen sich so, dass sie mit den beiden anderen in einer geraden Reihe stehen.
Wie gelingt das möglichst exakt?

b) Eine Schülerin stellt sich nun irgendwo, aber in einer deutlichen Entfernung davon, gegenüber der geraden Reihe auf.
Welcher Schüler bzw. welche Schülerin in der Reihe hat den kürzesten Abstand zu ihr? Begründe.

c) Nun stellen sich sechs weitere Schülerinnen und Schüler so auf, dass sie alle den gleichen Abstand zu der Linie der ersten Reihe haben. Wie stehen die beiden Reihen zueinander?

d) Alle weiteren Schülerinnen und Schüler stellen sich so auf, dass sie von beiden Reihen den gleichen Abstand haben. Wo stehen diese Schülerinnen und Schüler nun?

e) Dokumentiere die verschiedenen Positionen der einzelnen Schülerinnen und Schüler in Form einer Skizze.

E2 Schatzsuche

Der alte Seebär hat auf dem eingezäunten Grundstück einen Schatz vergraben. In seinem Testament verrät er die Lage.

Südlich von meiner Hütte gibt es einen alten Brunnen. Suche die Stelle X des Zaunes, die du vom Brunnen am schnellsten erreichst. Am Fuße der Kastanie, die den kleinsten Abstand zu dieser Stelle hat, wirst du den Schatz finden.

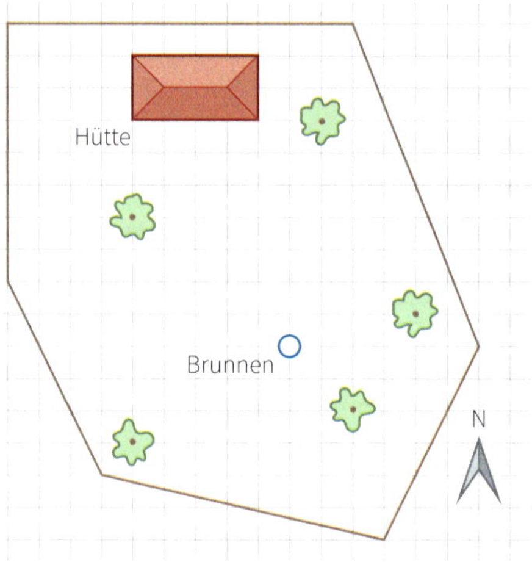

Übertrage die Skizze in dein Heft und zeichne die Lage des Schatzes ein.

E3 Straße überqueren

Julia möchte zu ihrer Freundin Maria, die auf der anderen Seite der Straße steht.

a) Gib verschiedene mögliche Wege an.

b) Welches ist der kürzeste Weg?

c) Welches ist der „sicherste" Weg?

Basiswissen

WES-125764-025

Abstände

Abstand zwischen den Punkten A und B
Miss die Länge der Strecke $\overline{AB}$.

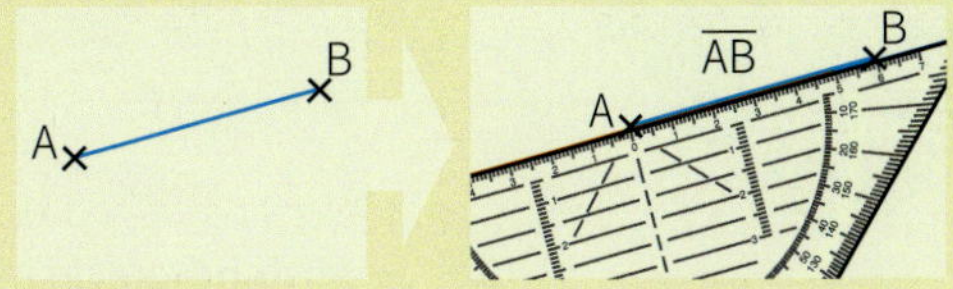

Abstand vom Punkt P zur Geraden g
Zeichne eine Gerade k durch den Punkt P, die senkrecht zu g ist.
Markiere den Schnittpunkt F der Geraden k und g.
Miss die Länge der Strecke $\overline{PF}$.

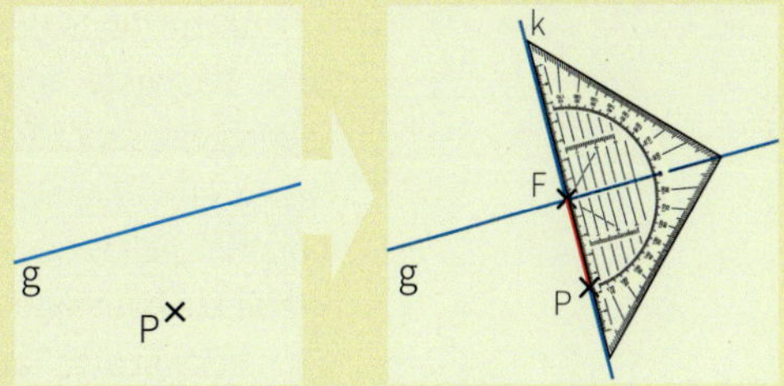

Abstand zweier Parallelen g und h
Zeichne eine Gerade k, die senkrecht zu g und h ist.
Markiere die Schnittpunkte P und Q mit den Parallelen.
Miss die Länge der Strecke $\overline{PQ}$.

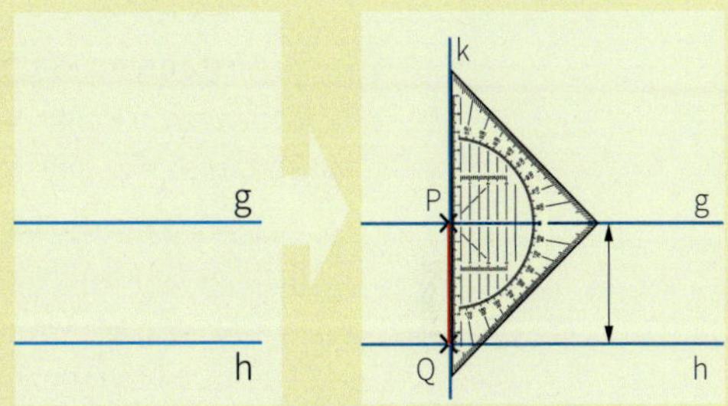

Übungen

1 Streckenlängen
Miss alle Streckenlängen, runde falls nötig auf Millimeter und notiere die Längen in der richtigen Schreibweise. (Beispiel: $|\overline{AB}| = 3\,cm$)

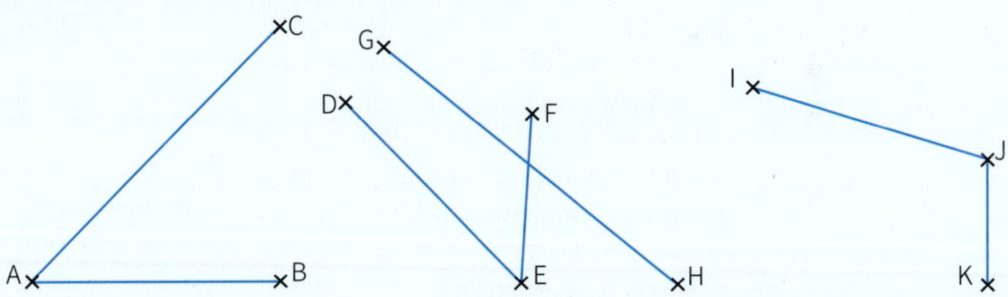

2 Abstände bestimmen

a) Bestimme mit dem Geodreieck jeweils den Abstand des Punktes Q von den Geraden g und h.

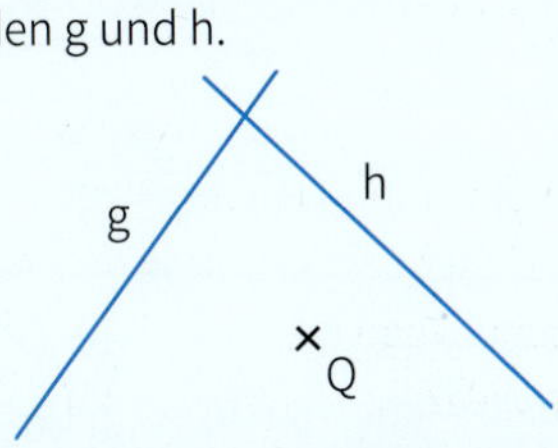

b) Stimmt es, dass die beiden parallelen Geraden den Abstand von 1,5 cm haben?

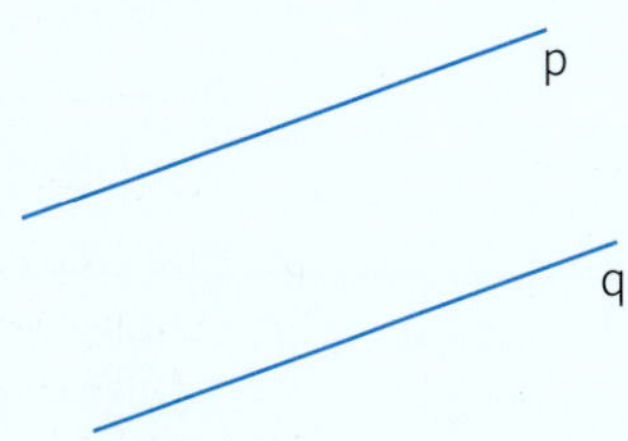

3 Konstruieren von parallelen Geraden

a) Zeichne zwei parallele Geraden, die den Abstand 2 cm haben.

b) Zeichne eine Gerade g. Zeichne eine Gerade, die parallel zu g ist und von g einen Abstand von 5 cm hat. Wie viele Lösungen findest du?

4 **Parallelen zeichnen**
Zeichne vier Parallelen mit gleichem Abstand von je 2 cm mit der Verschiebemethode.

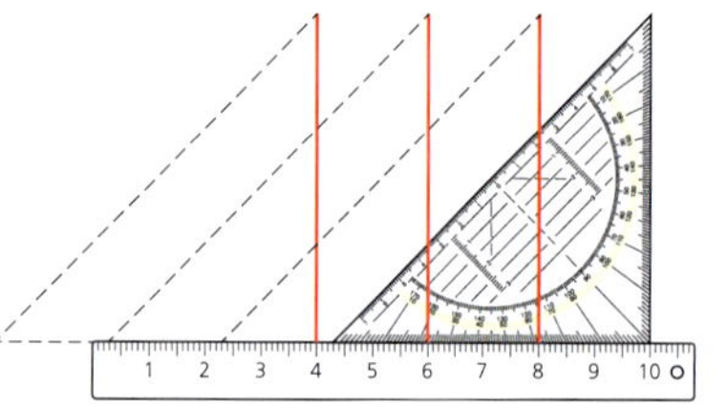

5 **Mittendreiecksmuster**
Zeichne in die Mitte eines unlinierten Blattes ein Dreieck, dessen längste Seite 4 cm lang ist. Zeichne dann durch jeden Eckpunkt eine Gerade, die parallel zur gegenüberliegenden Dreiecksseite ist. Ein neues größeres Dreieck entsteht. Zu diesem Dreieck kannst du auf die gleiche Weise ein neues Dreieck zeichnen. Färbe das entstandene „Dreiecksmuster" bunt.

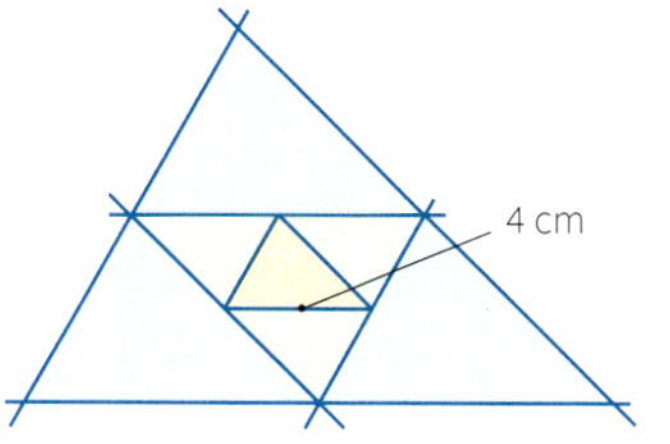

6 **Abstand im Rechteck**
Zeichne ein Rechteck ABCD mit den Kantenlängen 8 cm und 6 cm.
a) Bestimme die Länge der Diagonalen.
b) Bestimme den Abstand des Eckpunktes B von der Diagonalen $\overline{AC}$.

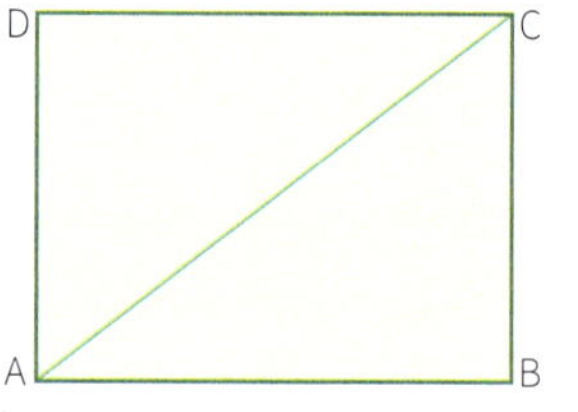

7 **Überfahrt**
Die Fähre fährt auf geradem Kurs von A nach B. Welche Entfernung legt sie dabei zurück? An welchem Punkt des Kurses ist sie dem Ort C am nächsten?
Zeichne eine maßstabsgetreue Skizze in dein Heft (1 Kästchen entspricht 1 km).

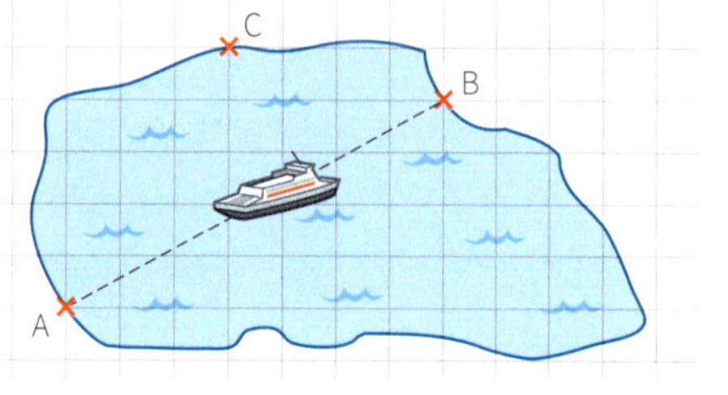

8 **Abstand**
Mit welcher Strecke kann der Abstand des Punktes P von der Geraden durch A und B bestimmt werden? Begründe.

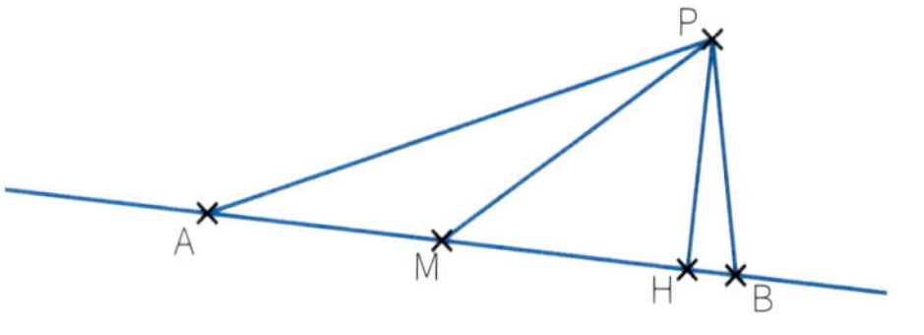

9 **Abstände im Dreieck**
Zeichne drei Geraden, deren drei Schnittpunkte ein Dreieck ABC bilden.
a) Bestimme jeweils den Abstand eines Punktes des Dreiecks von der Geraden durch die beiden anderen Punkte.
b) Untersuche die Abstände an unterschiedlichen Dreiecken. Was fällt dir auf?

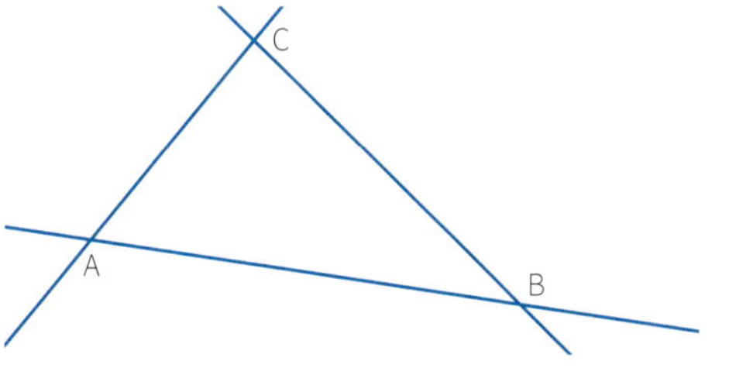

Grundwissen
zum Wiederholen

1 Liz muss an der Kasse 15,38 € bezahlen.
Sie gibt einen 20-Euro-Schein. Berechne das Wechselgeld.

2 Berechne im Kopf. a) 9090 : 90 b) 4080 : 40 c) 2436 : 12

3 Zu sehen sind die Schattenbilder eines Körpers von oben und von vorn. Welcher Körper könnte es sein?

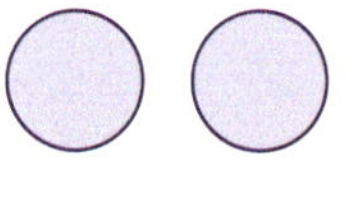

+

10 ≡ Steckbriefe – Punkte gesucht

Übertrage die Skizzen in dein Heft und finde die steckbrieflich gesuchten Punkte.

Insgesamt findest du 7 Punkte

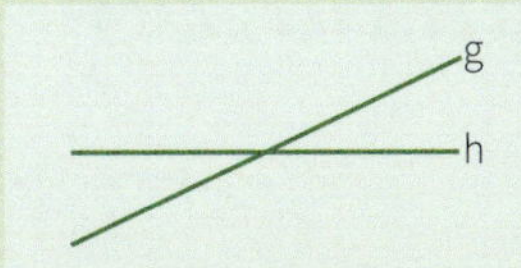

a) Die Punkte liegen auf der Geraden g und haben zu h einen Abstand von 1 cm.

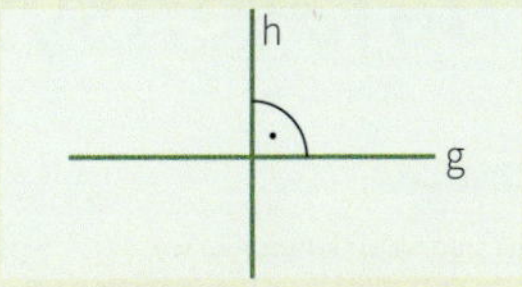

b) Die Punkte haben von den Geraden g und h den gleichen Abstand von 2 cm.

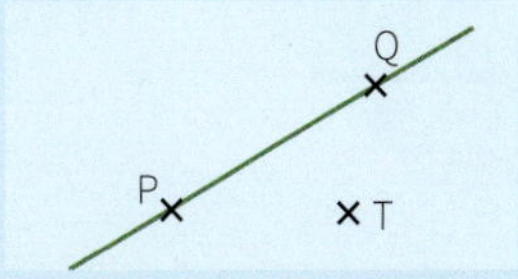

c) Der Punkt liegt auf der Geraden PQ und dem Punkt T am nächsten.

11 ≡ Punkte mit gleichem Abstand

a) Wo liegen alle Punkte, die von einem Punkt A den gleichen Abstand haben?

b) Wo liegen alle Punkte, die von zwei Punkten A und B den gleichen Abstand haben?

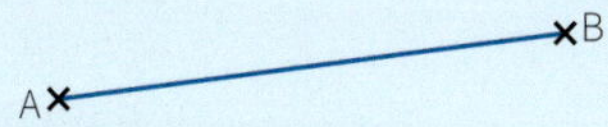

c) Wo liegen alle Punkte, die von drei Punkten den gleichen Abstand haben?

12 ≡ Abstände bei Geraden

a) Wo liegen alle Punkte, die von zwei parallelen Geraden den gleichen Abstand haben?

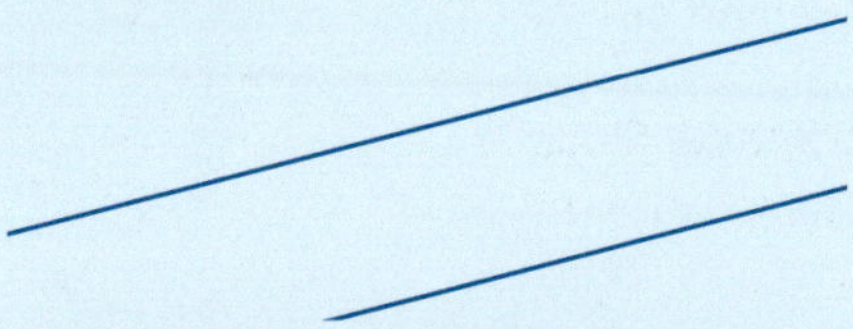

b) Wo liegen alle Punkte, die von zwei sich schneidenden Geraden den gleichen Abstand haben?

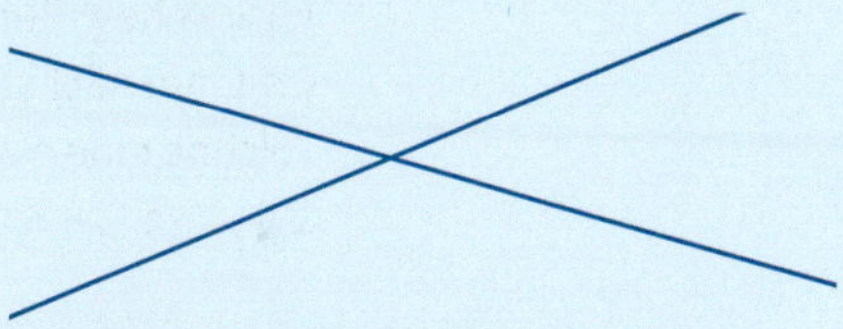

c) Wo liegen alle Punkte, die von einer Geraden den gleichen Abstand haben?

d) Wo liegen alle Punkte, die von drei sich schneidenden Geraden den gleichen Abstand haben?

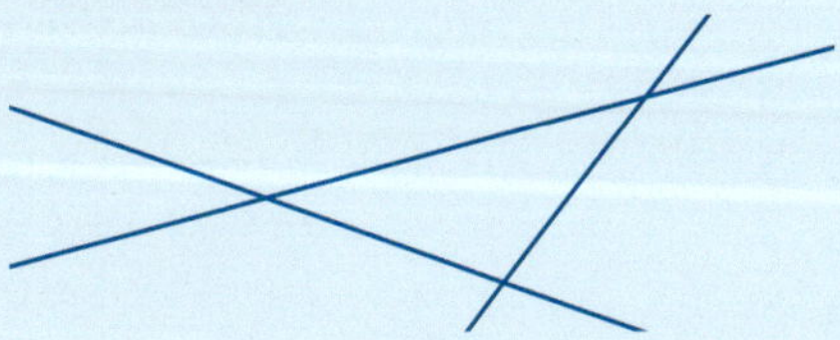

13 ≡ Geometrieforschung

Wo liegen alle Punkte, die von den zueinander senkrechten Seiten $\overline{AB}$ und $\overline{AD}$ den gleichen Abstand haben?

a) Quadrat

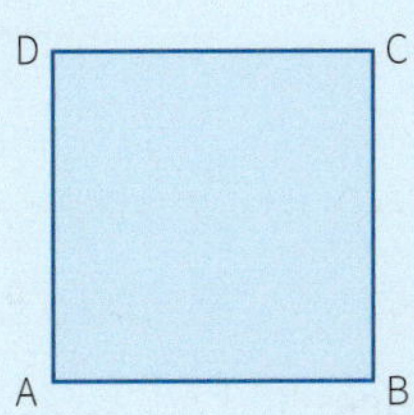

b) Rechteck

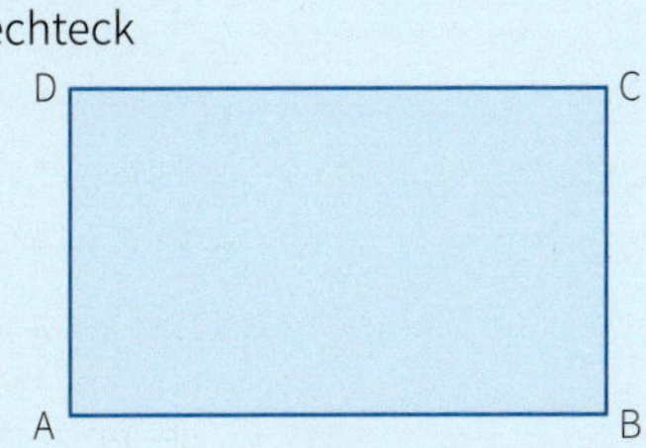

5.7 Koordinatensystem nutzen

E1 **Schatzsuche**

Kapitän Krummnase hat mit seiner Mannschaft im Süden der Pirateninsel angelegt. Er beschreibt seiner Mannschaft den Weg zu dem vergrabenen Schatz:

Wartet bis zu der Mittagssonne. Geht dann mit der Sonne im Rücken 10 Pulsschläge geradeaus und wendet euch dem großen Vater zu. Geht nun 6 lange Klapperschlangen nach Osten.

a) Wo befindet sich der Schatz? Welche Probleme ergeben sich bei der Wegbeschreibung?

b) Kannst du eine andere Wegbeschreibung zum Schatz formulieren? Beschreibe auch den Weg zur Quelle und zu den Bananenbäumen.

c) Wie könnte man die Karte verändern, sodass sich die Lage der drei Punkte einfacher beschreiben lässt?

E2 **Stadtplan**

Die Freunde Felix, Mia, Luca und Hannah wollen sich um 11 Uhr in Barcelona an der Metrostation der Kathedrale Sagrada Familia treffen. Mia und Felix stehen an der Metrostation am Arc de Triomf. Kannst du ihnen den schnellsten Weg zum Treffpunkt beschreiben? Hannah und Luca haben sich verspätet. Sie stehen an der Ecke Carrer d'Aragó / Passeig de Gracia. Welchen Weg empfiehlst du? „In Barcelona kann man sich eigentlich ganz leicht orientieren“, sagt Hannah. Was meinst du?

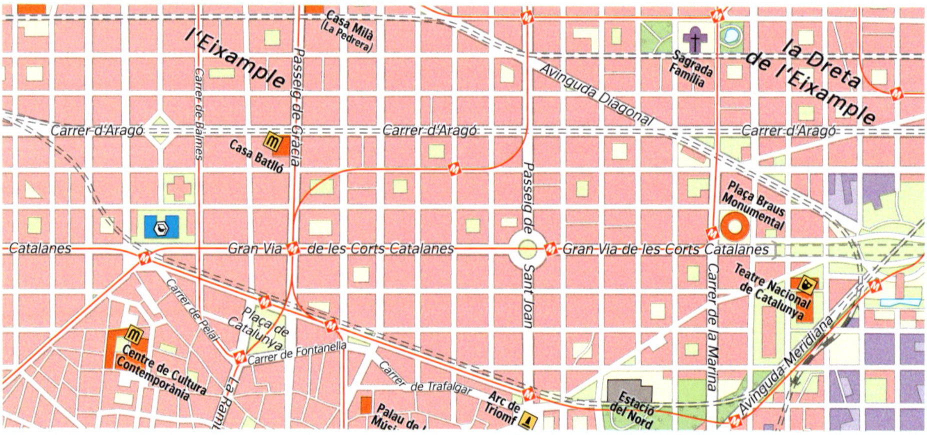

E3 **Geobrett**

In der Abbildung siehst du ein Geobrett.

a) Beschreibe die Lage der gespannten Figuren mit den Zahlen am Rand, z. B. (2|1).

b) Spanne weitere Figuren und gib die Lage der Punkte an.

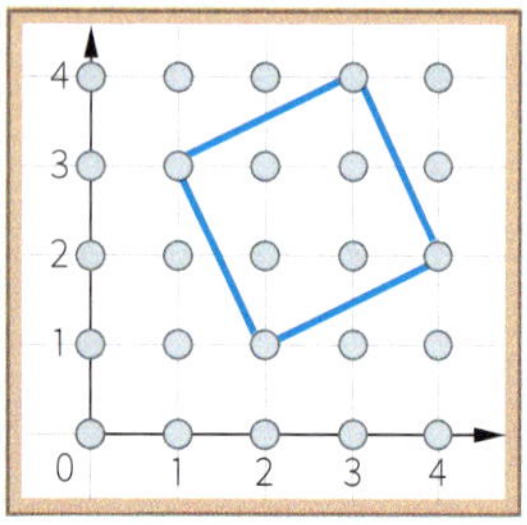

Basiswissen

WES-125764-026

Koordinatensystem

Eine waagerechte x-Achse und eine senkrechte y-Achse bilden ein **Koordinatensystem**.

Jeder Punkt im Koordinatensystem lässt sich mit zwei **Koordinaten** beschreiben.

Der Punkt A wird durch (5 | 2) beschrieben.
Schreibweise: A(5 | 2)

x-Koordinate (x-Wert) – y-Koordinate (y-Wert)

Zum Punkt A kommt man, indem man vom Ursprung aus 5 Einheiten nach rechts und 2 Einheiten nach oben zählt.

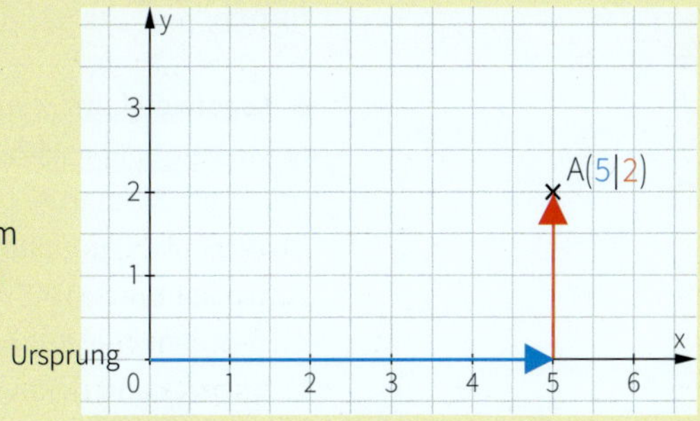

Beispiele

A Figur aus Punkten zeichnen

Zeichne die Punkte A(1 | 1), B(4 | 1), C(5 | 3) und D(2 | 3) in ein Koordinatensystem ein. Verbinde die Punkte in alphabetischer Reihenfolge und den letzten Punkt wieder mit A. Wie heißt das entstandene Viereck?

Lösung:
Das Viereck ist ein Parallelogramm.

Lösung:

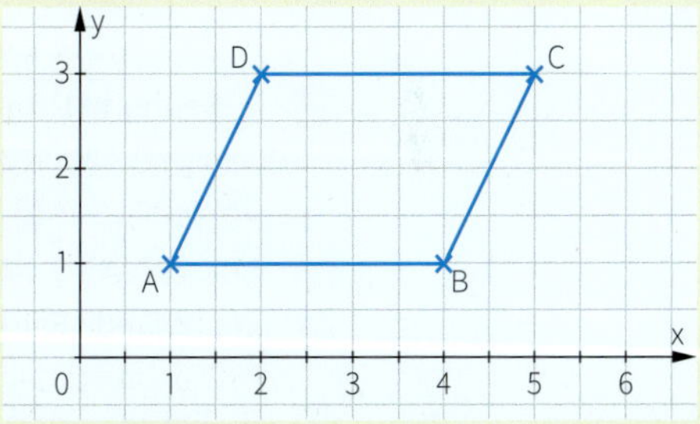

Übungen

1 Schnittpunkt

Zeichne die Punkte A, B, C und D in ein Koordinatensystem. Ergänze die Strecken $\overline{AC}$ und $\overline{BD}$. Gib die Koordinaten des Schnittpunktes an.

a) A(2 | 5), B(6 | 5), C(6 | 7), D(2 | 7)
b) A(1 | 2), B(3 | 0), C(5 | 2), D(3 | 4)

2 Roboter

Roboter schneiden Formen aus. Um den Roboter zu steuern, gibt man die Eckpunkte mit ihren Koordinaten ein. Der Roboter wird dann so gesteuert, dass er jeweils auf einer geraden Linie von einem Punkt zum nächsten schneidet.
Bestimme jeweils die Koordinaten der Eckpunkte.

a)

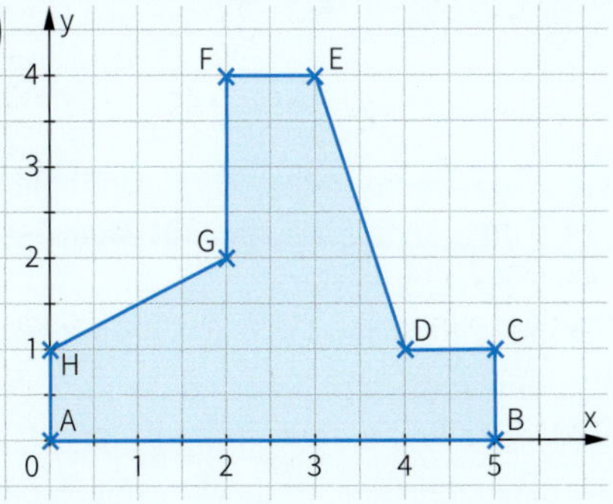

b)

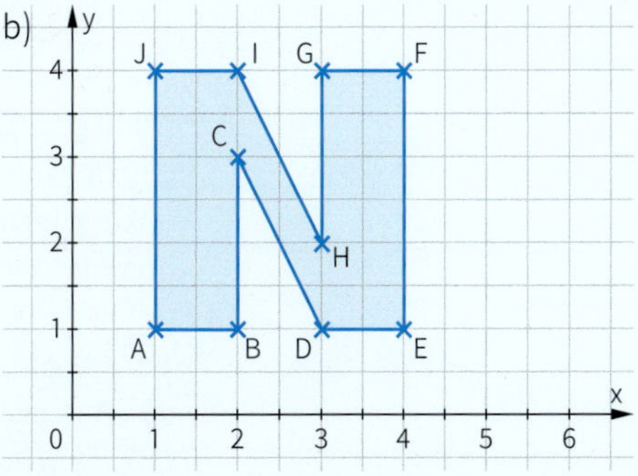

3 Figuren zeichnen

Zeichne ein Koordinatensystem in dein Heft und trage die Punkte ein. Verbinde sie in alphabetischer Reihenfolge und verbinde den letzten Punkt wieder mit A.

a) A (1 | 1), B (11 | 1), C (9 | 6), D (3 | 6)
b) A (2 | 2), B (4 | 0), C (6 | 2), D (6 | 4), E (4 | 6), F (2 | 4)
c) A (2 | 1), B (7 | 1), C (7 | 3), D (4 | 3), E (4 | 9), F (2 | 9)
d) A (1 | 6), B (5 | 5), C (6 | 1), D (7 | 5), E (11 | 6), F (7 | 7), G (6 | 11), H (5 | 7)

4 Segelwettfahrt

Die Segelboote sollen einen Dreieckskurs abfahren. Sie starten in A und müssen die Bojen B und C umfahren und wieder zu A zurückkommen.

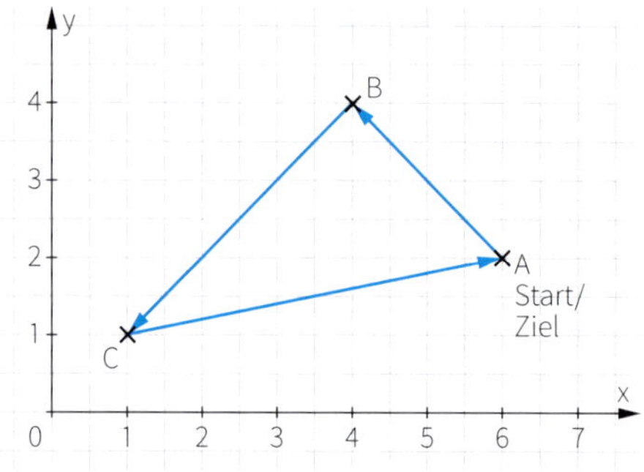

a) Bestimme die Koordinaten des Startpunktes und der beiden Bojen B und C.
b) Zeichne den Dreieckskurs in dein Heft. Ermittle die Länge des Kurses. Der Maßstab der Karte ist 1 : 10 000 (1 cm ≙ 100 m).

Für 1 Längeneinheit kann auch 1 Kästchen gewählt werden.

5 Fehler in Dreiecken

Janis und Alina zeichnen ein Dreieck mit den Eckpunkten A (2 | 1), B (3 | 3) und C (1 | 4) und wundern sich. Zeichne das Dreieck selbst. Wer hat welchen Fehler gemacht?

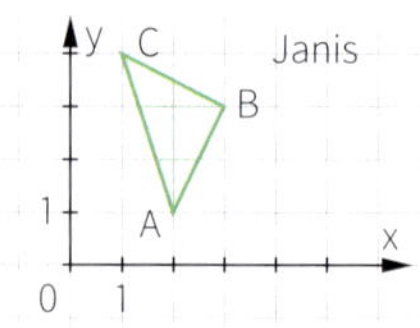

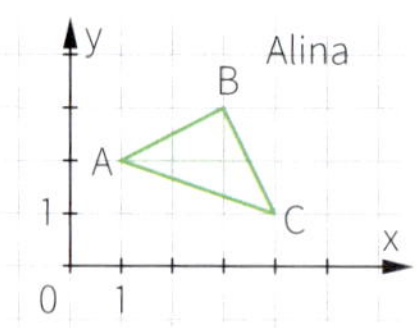

6 Figuren ergänzen

Bei einigen Figuren weiß man schon, wie sie aussehen, wenn man nur einen Teil sieht. Die fehlende Hälfte sieht genauso aus, wie der Teil, den man kennt.
In der nebenstehenden Zeichnung ist die fehlende Hälfte ergänzt. Du kannst die neuen Eckpunkte leicht ablesen.
Zeichne die Figuren in dein Heft und ergänze die fehlenden Hälften. Gib jeweils die Koordinaten der Eckpunkte an.

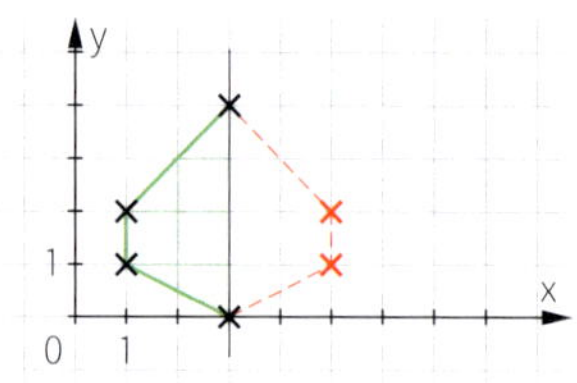

a)

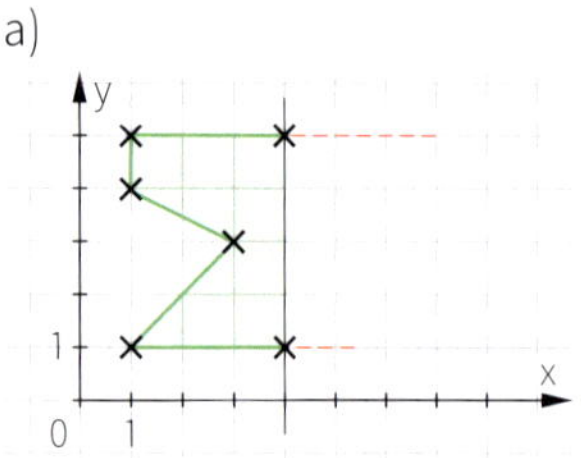

b)

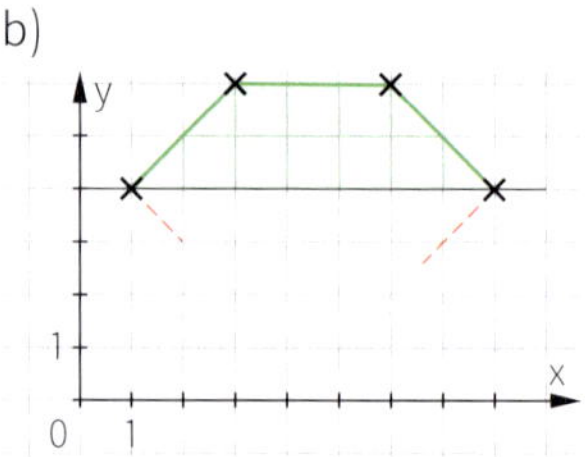

c)

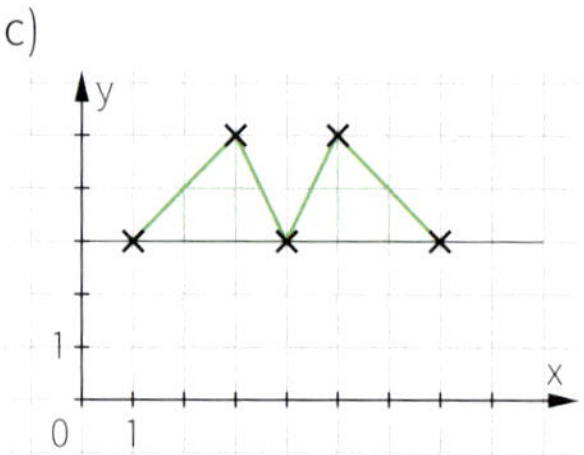

7 Punkte gesucht

a) Beim Punkt P (2 | 2) sind die x-Koordinate und y-Koordinate gleich. Schreibe weitere Punkte mit gleichen Koordinaten auf. Zeichne mit einem roten Stift die Punkte in ein Koordinatensystem. Fällt dir etwas auf?
b) Zeichne mit einem blauen Stift die Punkte in das Koordinatensystem ein, deren x-Koordinate 4 ist. Was kannst du beobachten?
c) Addiert man die x-Koordinate und die y-Koordinate des Punktes Q (1 | 11) so erhält man 12. Für den Punkt R (4 | 8) gilt das Gleiche. Zeichne mit einem grünen Stift die Punkte in das Koordinatensystem ein, bei denen die Summe der Koordinaten 12 ist.

8 Senkrechte und Parallele

Übertrage die Zeichnung in dein Heft.

a) Zeichne den Punkt P(2|2). Zeichne eine Senkrechte zu g durch den Punkt P. Verläuft diese Senkrechte durch die Punkte A(3|4), B(4|5), C(5|7)?

b) Zeichne den Punkt Q(5|3). Zeichne eine Senkrechte zu g durch den Punkt Q. In welchem Punkt schneidet die Senkrechte die Gerade g?

c) Zeichne den Punkt R(4|3). Zeichne eine Parallele zu g durch den Punkt R. Welche der Punkte D(1|5), E(2|4), F(6|2), G(8|1) liegen auf dieser Parallelen?

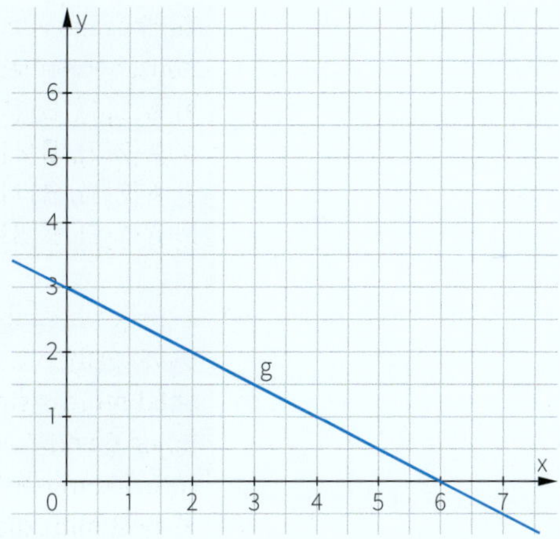

9 Geheimnisvolle Botschaften – Forschungsauftrag

Die Feuerwehr muss bei einem Feuer ihre Schläuche an einen Wasserhydranten anschließen. Das Schild zeigt, wo sich ein Hydrant befindet. Vom „Startpunkt“ direkt unter dem Schild geht man 11,8 m entlang der Straße nach links. Dann 6,1 m zur Straßenmitte. Auf dem Schild steht oben die Dicke des Schlauchanschlusses (Durchmesser 150 mm). Die Feuerwehrleute können so den richtigen Schlauch ausrollen.

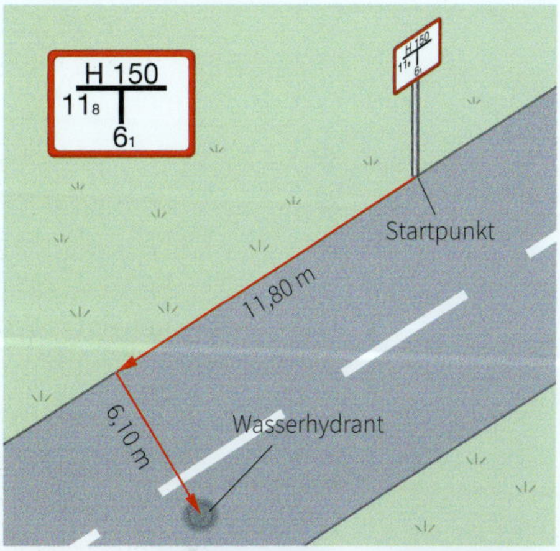

Finde heraus, wie die Hinweisschilder zu lesen und zu nutzen sind.

Grundwissen
zum Wiederholen

1 Bestimme die Zahl in der Mitte zwischen 1100 und 1600:

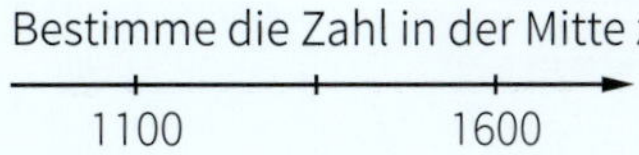

2 Die Schnurlänge ist …

Ⓐ bei ① größer Ⓑ bei ② größer Ⓒ gleich.

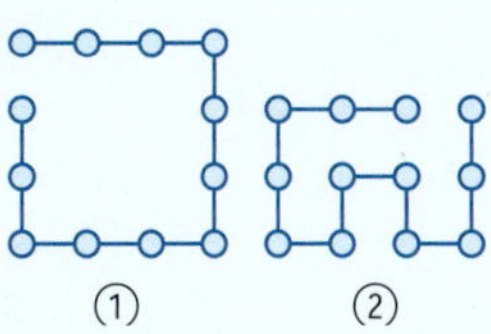

3 Welche Maßeinheit sollte gewählt werden?

a) Dauer einer Klassenarbeit b) Gewicht eines Apfels

4 Berechne im Kopf. a) $1000 \cdot 100$ b) $234 \cdot 100$ c) $100 \cdot 187$

5 Gesucht ist die Zahl, die 15 kleiner als 1000 ist.

6 Wandle 40 min in Sekunden um.

10 ≡ Sternenhimmel

Wir gehen auf Entdeckungsreise am Sternenhimmel.
Schaut man an einem klaren Abend zum Sternenhimmel, so sieht man viele Sterne leuchten. Manche stehen in einem bestimmten Muster zusammen. Einige dieser Muster sind als Sternenbilder bekannt. Das wohl bekannteste ist der „Große Bär“. Wegen der Form des Musters wird ein Teil der „Große Wagen“ genannt. Wir wollen den „Großen Wagen“ zeichnen und dann am Himmel suchen.

a) Der „Große Wagen“ besteht aus sieben Sternen.
Zeichne in ein Koordinatensystem die sieben Punkte
A (0|5), B (4|6), C (7|5), D (11|4), E (13|1), F (19|1) und G (19|4) ein.
Verbinde die Punkte in der angegebenen Reihenfolge. Verbinde anschließend auch noch den Punkt G mit dem Punkt D. Erkennst du den Wagen?

b) Verlängert man die Verbindungslinie F nach G fünfmal über G hinaus, so findet man den Polarstern. Welche Koordinaten hat er?

c) An einem klaren Abend kannst du den „Großen Wagen“ entdecken. Versuche es doch einmal. Findest du auch den Polarstern am Himmel? In der Nähe des Polarsterns siehst du den „Kleinen Wagen“.

11 ≡ Orientieren auf der Erde – Längen- und Breitenkreise

Mit Koordinaten kann man sich auch auf der Erde orientieren. Die Gitterpunkte sind die Schnittpunkte der Breiten- und Längenkreise. Mit deinem Atlas kannst du herausfinden, welche große Stadt nah bei dem Schnittpunkt liegt.

a) ① 50. Breitenkreis, 8. Längenkreis
② 53. Breitenkreis, 9. Längenkreis
③ 51. Breitenkreis, 14. Längenkreis
④ 48. Breitenkreis, 8. Längenkreis

b) In der Nähe welcher Gitterpunkte liegen die Städte Köln, München und Siegen? Oft liegen Orte nicht genau auf Gitterpunkten. Frage deinen Erdkundelehrer, wie man die Lage dieser Orte genau angeben kann.

c) Auf welchem Gitterpunkt liegt der Nordpol, auf welchem der Südpol? Schaue auf einem Globus nach und finde den Längen- und Breitengrad der beiden Pole. Was stellst du fest?

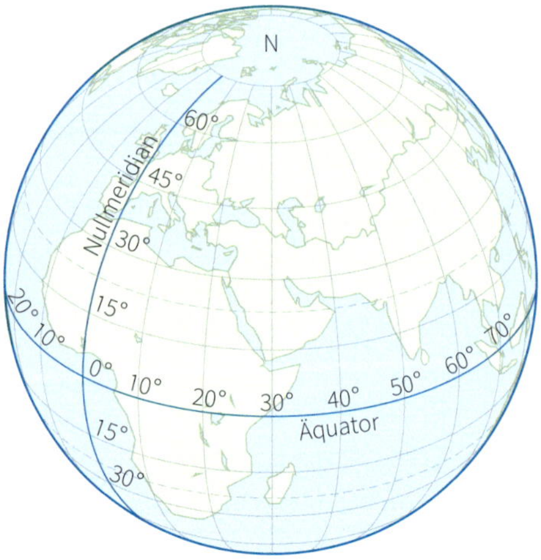

5.8 Vierecke unterscheiden

E1 Bewegte Vierecke

Schneide aus Pappe zwei rechteckige Streifen (Breite 1 cm, Länge 10 cm) aus. Markiere auf beiden Streifen die Mittelpunkte und hefte die beiden Streifen an diesen Punkten mit einer Heftzwecke aufeinander. Markiere die Punkte A, B, C und D auf den Streifen. Du kannst die Streifen in verschiedene Lagen zueinander bewegen.

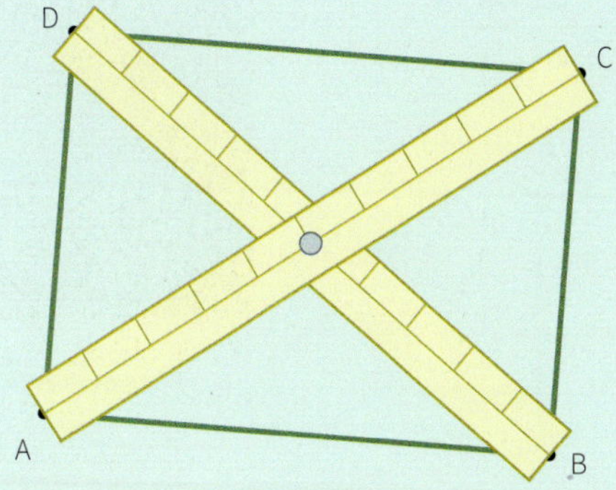

a) Markiere für verschiedene Lagen der Streifen die Endpunkte A, B, C und D in deinem Heft und verbinde sie. Welche Vierecke entstehen?

b) Was ändert sich, wenn einer der beiden Streifen nur 8 cm lang ist? Experimentiere erneut.

E2 Ein Vierecksspiel

Für das Spiel benötigst du verschiedene Vierecksformen, die du aus Pappe basteln kannst.

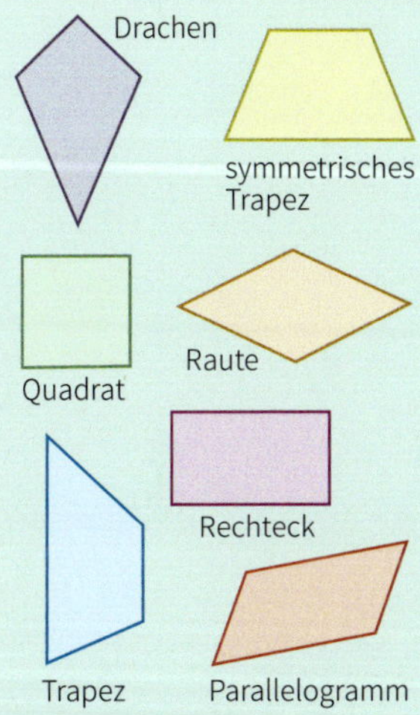

a) Zeichne zunächst Rechtecke in dein Heft. Überlege, was du jeweils von den Rechtecken „abschneiden" müsstest, um die abgebildeten Vierecke zu erhalten. Markiere diese „Schnittlinien" in deinen Rechtecken.
Schneide die Formen aus rechteckigen Pappstücken aus. Am besten schneidest du von jeder Vierecksorte mehrere Vierecke in verschiedenen Größen aus. Anschließend kommen alle Vierecke in einen Beutel.

b) **Spiel 1**: Fasse in den Beutel und ertaste ein Viereck. Nenne seinen Namen und lege es auf den Tisch. Hast du es richtig ertastet, bleibt es bei dir liegen, wenn nicht, kommt es zurück in den Beutel. Danach ist dein Partner dran, usw.

c) **Spiel 2**: Zwei Schülern werden die Augen verbunden. Einer zieht ein Viereck und beschreibt dem anderen, was er ertasten kann. Die Namen der Vierecke dürfen dabei nicht genannt werden. Der oder die andere muss erraten, um welchen Vieleckstyp es sich handelt.

E3 Auf dem Geobrett

Spanne auf dem Geobrett mit einem Gummiband ein Quadrat.

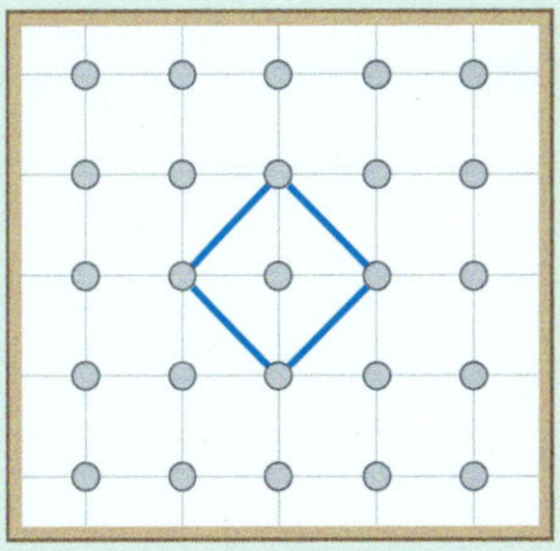

a) Verlege zwei Ecken des Quadrats so, dass ein Rechteck, ein Parallelogramm, eine Raute, ein Trapez entsteht. Gibt es jeweils mehrere Möglichkeiten?

b) Wie viele Ecken musst du verlegen, um ein größeres Quadrat zu erzeugen? Versuche, mit möglichst wenigen Verlegungen auszukommen.

Basiswissen

WES-125764-027

Steckbriefe von Vierecken

Vierecke lassen sich durch ihre verschiedenen Eigenschaften unterscheiden. Das Quadrat zum Beispiel hat die meisten Eigenschaften unter allen Vierecken. Es geht dabei immer um die Längen und die Lage von Seiten und Diagonalen. Du erhältst für jeden Vierecktyp einen genauen „Steckbrief". Damit kann man Vierecke genau beschreiben und unterscheiden.

Rechteck

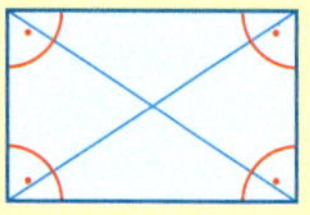

- **gegenüberliegende** Seiten gleich lang
- gegenüberliegende Seiten parallel
- **aneinanderstoßende** Seiten senkrecht
- Diagonalen halbieren sich
- Diagonalen gleich lang

Quadrat

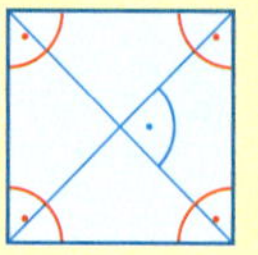

- **alle** Seiten gleich lange
- gegenüberliegende Seiten parallel
- **aneinanderstoßende** Seiten senkrecht
- Diagonalen halbieren sich
- Diagonalen gleich lang
- Diagonalen senkrecht

Parallelogramm

- **gegenüberliegende** Seiten gleich lang
- gegenüberliegende Seiten parallel
- Diagonalen halbieren sich

Raute

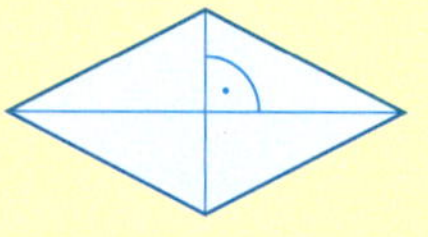

- **alle** Seiten gleich lang
- gegenüberliegende Seiten parallel
- Diagonalen halbieren sich
- Diagonalen senkrecht zueinander

Symmetrisches Trapez

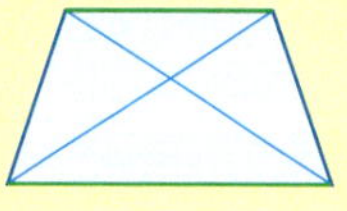

- **ein Paar** gleich langer Seiten, die sich gegenüber liegen
- **ein Paar** paralleler Seiten
- Diagonalen gleich lang

Drachen

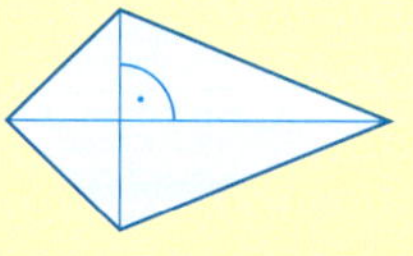

- **zwei Paare** gleich langer Seiten, die sich an einer Ecke treffen
- **eine** Diagonale wird halbiert
- Diagonalen senkrecht zueinander

Beliebiges Trapez

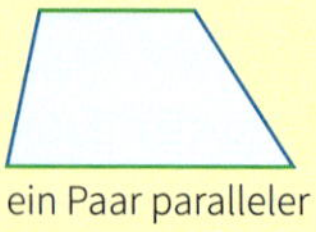

- ein Paar paralleler Seiten

Beispiele

A **Wer bin ich?**

Hinter der Mauer hat sich ein Viereck versteckt. Welche Vierecke kommen infrage?

Lösung:

Die gegenüberliegenden Seiten sind parallel. Eine Raute kann es nicht sein, weil nicht alle Seiten gleich lang sind. Ein Rechteck kann es nicht sein, weil es keine rechten Winkel gibt. Es kann also nur ein Parallelogramm sein.

Übungen

1 **Vierecke im Alltag**

Welche Vierecke erkennst du?

2 **Vierecke gesucht**

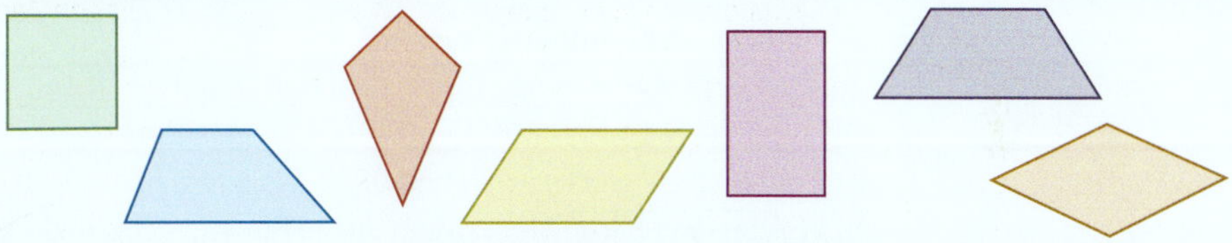

a) Tim sucht Vierecke, in denen gegenüberliegende Seiten parallel zueinander sind.
b) Anna sucht Vierecke, in denen die Seiten zueinander senkrecht stehen.
c) Welche Vierecke sind sowohl für Tim als auch für Anna geeignet?

3 **Vierecke zeichnen**

Zeichne die Vierecke mit dem Geodreieck auf ein Blatt Papier ohne Kästchen. Gibt es mehrere Möglichkeiten? Wenn ja, so zeichne mindestens zwei.
a) Ein Rechteck mit den Seitenlängen 4 cm und 6 cm.
b) Ein Quadrat mit der Seitenlänge 5 cm.
c) Ein Parallelogramm mit den Seitenlängen 3 cm und 4 cm.
d) Ein symmetrisches Trapez, dessen parallele Seiten 2 cm und 4 cm lang sind.
e) Eine Raute mit der Seitenlänge 4 cm.
f) Einen Drachen, bei dem eine Diagonale 4 cm und die andere Diagonale 6 cm lang ist.

4 **Vierecke ergänzen**

Übertrage in dein Heft und ergänze
a) zu einem Rechteck. b) zu einer Raute. c) zu einem symmetrischen Trapez.

5 **Vierecke und Seitenlängen**

Du kannst Vierecke auch über Seitenlängen beschreiben.
a) Bei welchen Vierecken gibt es mindestens zwei gleich lange Seiten?
b) Bei welchen Vierecken sind gegenüberliegende Seiten gleich lang?
c) Gibt es auch Vierecke mit drei gleich langen Seiten?

6 ≡ Eisenbahnkreuzung

Hier kreuzen sich die Schienen einer Modelleisenbahn.
Schau dir die Abbildung genau an.
Welches Viereck entsteht?

7 ≡ Vierecke mit vier gleich langen Seiten

Welche Vierecke kannst du aus vier gleich langen Seiten herstellen?

8 ≡ Vierecke und Diagonalen

Zeichne die Vierecke mit dem Geodreieck auf unliniertes Papier. Gibt es mehrere Möglichkeiten für deine Zeichnung? Wenn ja, zeichne mindestens zwei verschiedene Vierecke mit der geforderten Eigenschaft.

a) Ein Rechteck, dessen Diagonalen 8 cm lang sind.
b) Eine Raute, deren Diagonalen 4 cm und 6 cm lang sind.
c) Ein symmetrisches Trapez, dessen Diagonalen 5 cm lang sind.
d) Ein Parallelogramm, bei dem eine Seite doppelt so lang ist wie eine andere.

Koordinatensystem

9 ≡ Vierecke im Koordinatensystem

Zeichne ein Koordinatensystem in dein Heft (1 Einheit ≙ 1 cm) und trage die Punkte A(1|3), B(1|1), C(4|1), D(4|3), E(6|1), F(6|4) und G(4|6) ein.

a) Zeichne die Vierecke ABCD und DEFG. Welche Vierecke sind entstanden?
b) Welches Viereck entsteht, wenn du die Punkte A, B, E und F verbindest?
c) Ergänze einen Punkt Q so, dass ADGQ ein Quadrat ist.

10 ≡ Parallelogramm im Koordinatensystem

Zeichne ein Koordinatensystem in dein Heft (1 Einheit ≙ 1 cm) und trage die Punkte (3|3), (2|4) und (5|5) ein. Ergänze einen Punkt so, dass ein Parallelogramm entsteht und gib seine Koordinaten an. Aufgepasst: Hier gibt es drei Lösungen.

11 ≡ Eine erstaunliche Entdeckung

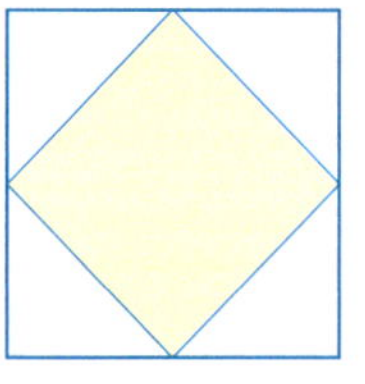

a) Zeichne ein Quadrat und markiere die Mittelpunkte aller vier Seiten. Verbinde die Mittelpunkte zu einem Viereck. Welcher Viereckstyp entsteht?
b) Führe die Konstruktion von a) für ein Rechteck durch. Welcher Viereckstyp entsteht nun?
c) Welche Viereckstypen entstehen bei der gleichen Konstruktion bei einem Parallelogramm, einer Raute, einem gleichschenkligen Trapez, einem Drachen? Versuche es auch bei einem Viereck mit vier verschieden langen Seiten.
d) Welche gemeinsamen Eigenschaften haben alle so konstruierten Vierecke?

12 ≡ Welches Viereck versteckt sich hier?

Notiere alle besonderen Vierecke, die sich hinter der Mauer verstecken könnten. Begründe deine Wahl.

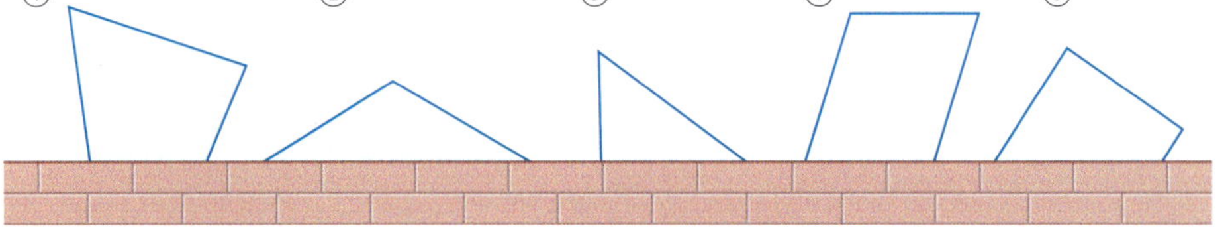

13 ≡ **Haus vom Nikolaus**

In dieser Figur ist ABCD ein Rechteck und DMCP eine Raute.
Sind die Strecken $\overline{PM}$ und $\overline{DC}$ senkrecht zueinander? Kannst du dies ohne nachzumessen entscheiden? Begründe.

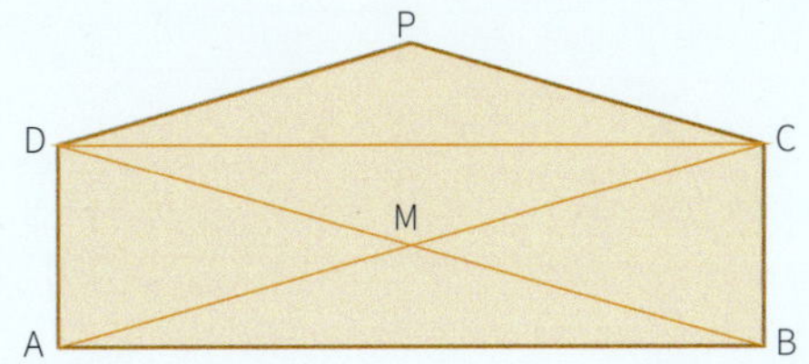

14 ≡ **Parallelogramme zerschneiden**

a) Zeichne auf eine Pappe ein Parallelogramm mit 5 cm und 7 cm langen Seiten und schneide es aus. Zerlege es durch einen einzigen Schnitt so in zwei Teile, dass du die beiden Teile zu einem Rechteck zusammensetzen kannst. Gibt es für den Schnitt verschiedene Möglichkeiten?

b) Gibt es Parallelogramme, die man nach einem Schnitt zu einem Quadrat zusammenlegen kann? Probiere es aus.

15 ≡ **Streichholz-Puzzles**

a) Lege drei Streichhölzer so um, dass aus den 6 Dreiecken 4 Parallelogramme werden.

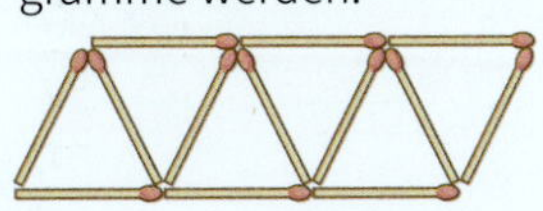

b) Lege drei Hölzer so um, dass vier Rauten entstehen.

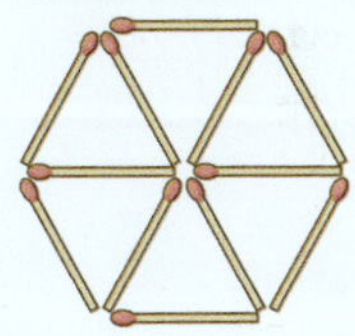

c) Lege fünf Hölzer so um, dass drei Quadrate entstehen.

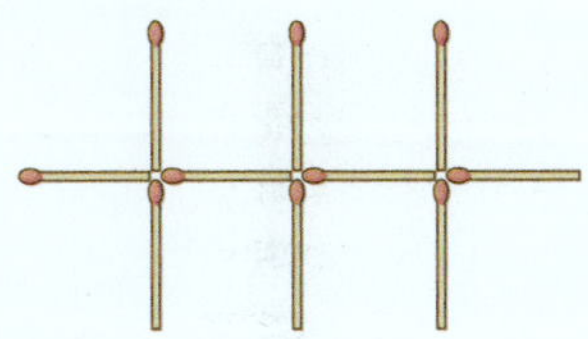

16 ≡ **Symmetrieachsen**

a) Zeichne ein Rechteck, schneide es aus und falte es entlang der roten Linie. Die beiden Teile kommen dann genau zur Deckung. Eine solche Faltgerade nennt man Symmetrieachse.
Überprüfe durch Falten, ob auch die blaue Gerade eine Symmetrieachse ist.

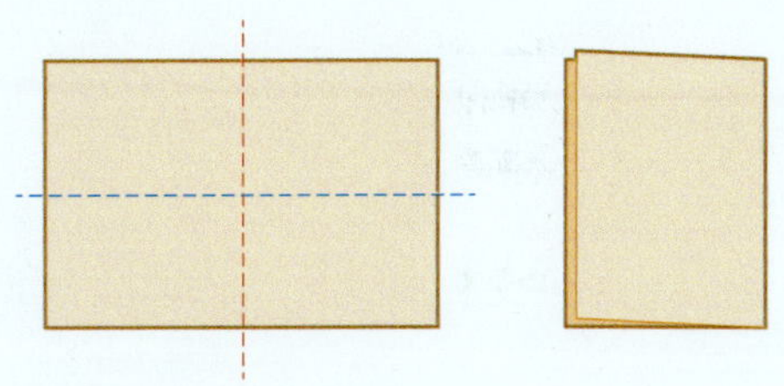

b) Beim Quadrat gibt es sogar vier Symmetrieachsen. Finde diese durch Falten und zeichne ein Quadrat mit den vier Symmetrieachsen in dein Heft.

c) Wie viele Symmetrieachsen findest du bei einer Raute, wie viele bei einem Parallelogramm, wie viele bei einem symmetrischen Trapez, wie viele bei einem Drachen? Falte zunächst und zeichne dann in dein Heft.

d) Ordne die besonderen Vierecke nach der Anzahl ihrer Symmetrieachsen.

Grundwissen
zum Wiederholen

1 Berechne im Kopf. a) 1000 : 100 b) 2300 : 100 c) 999 000 : 1000

2 So viel Wasser wird zur Erzeugung eines Lebensmittels aufgewendet:
(A) 1826 l Wasser für 1 kg Weizen, (B) 15 415 l Wasser für 1 kg Rindfleisch,
(C) 822 l Wasser für 1 kg Äpfel, (D) 3300 l Wasser für 1 kg Hühnereier.
Wähle aus dieser Liste die zwei Lebensmittel mit dem geringstem Wasserverbrauch aus.

3 Sarah zahlt für ihre 50 m^2 große Wohnung monatlich 400 € Miete.
Berechne die monatlichen Mietkosten pro 1 m^2.

4 Wandle eine Stunde in Sekunden um.

Exkurs

Tangram

Aus China ist ein interessantes Puzzle überliefert: das Tangram. Im Chinesischen wird es „Chi'i Chi'iao Pan" genannt, das bedeutet „Siebenschlau". Wir wissen nicht, wer es erfunden hat, aber es gibt eine hübsche Legende dazu: Ein alter chinesischer Philosoph wollte seinem Mandarin eine wunderschöne quadratische Platte als Geschenk überreichen. Doch er stolperte am Eingang des Palastes, die Platte fiel zu Boden und zerbrach in sieben Stücke. Als er versuchte, die Teile wieder zusammenzusetzen, entstanden interessante geometrische Figuren, Symbole, Brücken, Bäume und Tiere.

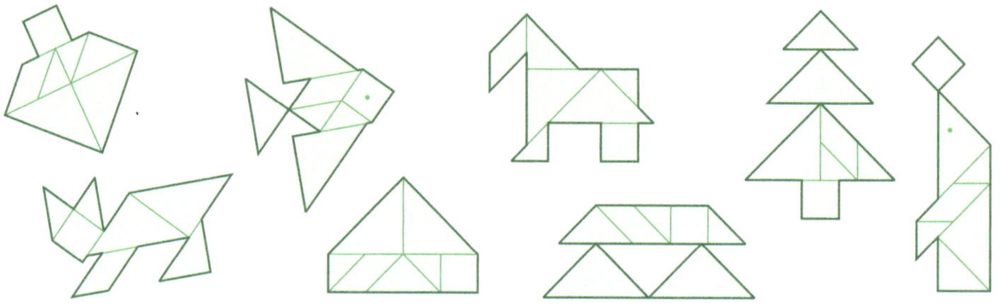

17 **Tangramrätsel**

a) Schneide aus einem Pappquadrat (10 cm Seitenlänge) die sieben Teile des Tangrams aus.
Zeichne dazu zunächst die roten Hilfslinien ein und schneide dann längs der roten Kanten aus. Tipp: Auf kariertem Papier kannst du die Linien leicht einzeichnen.

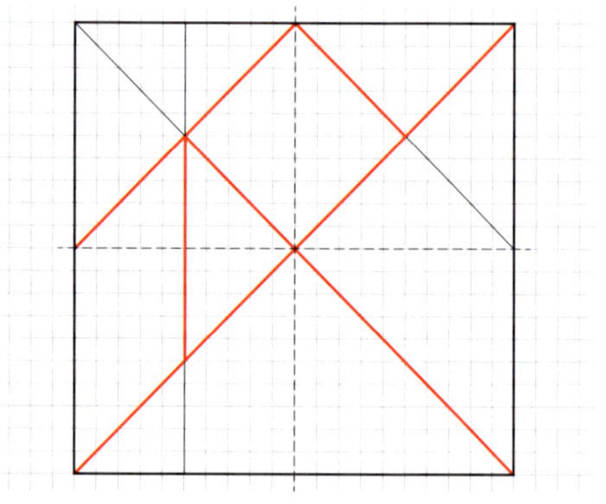

b) Lege deine Puzzleteile wieder zu einem Quadrat zusammen.

c) Lege die im Exkurs abgebildeten Figuren nach.

d) Lege mit deinen sieben Steinen das Trapez nach.
Genau dieses Trapez kann man auch auf eine andere Art legen. Findest du sie?

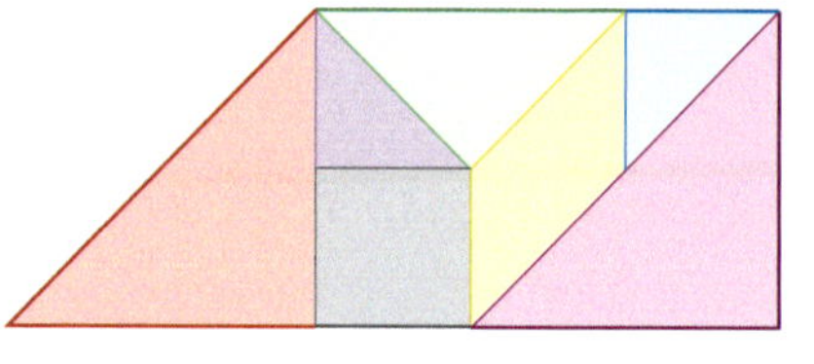

e) Kannst du auch Figuren nachlegen, bei denen du die Einteilung nicht kennst?

f) Lege mit den Tangram-Teilen selbst Figuren nach deiner Fantasie. Verwende dabei immer alle sieben Teile.

5.9

Pflasterungen

E1 **Mathematik liegt auf der Straße**
Nils hat auf seinem Schulweg aufmerksam auf den Boden geachtet. Dabei sind ihm einige Plattenmuster aufgefallen.

a) Zeichne die Plattenmuster ab. Beschreibe die Formen.
b) Schau dich selbst draußen um. Kannst du weitere Plattenmuster finden? Erstelle von diesen eine Skizze.

E2 **Sechserpack**
Sechseckpflasterungen kommen in der Natur vor, z. B. bei den Honigwaben von Bienen. Beim Fliesen der Wände und Fußböden ergeben Sechsecke besonders schöne Muster.

Papier mit nebenstehendem Dreiecksmuster nennt man Isometriepapier. Darauf kannst du leicht regelmäßige Sechsecke zeichnen.

Isometriepapier zum Ausdrucken findest du im Internet.

a) Zeichne eine farbige Pflasterung aus regelmäßigen Sechsecken.
b) Natürlich kannst du auch verschiedene Formen benutzen. Zeichne eine bunte Pflasterung aus Sechsecken und Dreiecken. Findest du mehrere Möglichkeiten?

E3 **Musterfliesen aus Papier**
Stelle dir nach der Abbildung 10 solcher Papierfliesen her, indem du sie auf Karopapier zeichnest und dann ausschneidest. Kannst du mit solchen Fliesen einen Boden lückenlos auslegen? Probiere aus.

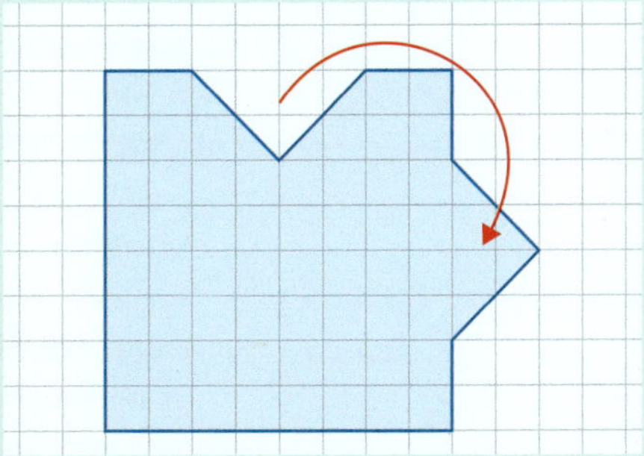

Basiswissen

WES-125764-028

Pflasterungen

Legt man eine Fläche so mit Figuren aus, dass keine Lücken zwischen den Figuren bleiben und sie auch nicht übereinander liegen, so nennt man diese eine Pflasterung (oder auch Parkettierung). Beim Pflastern gibt es viele Möglichkeiten:

Man kann mit nur einer Sorte von Figuren pflastern.

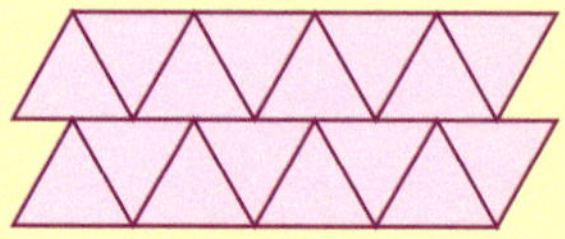

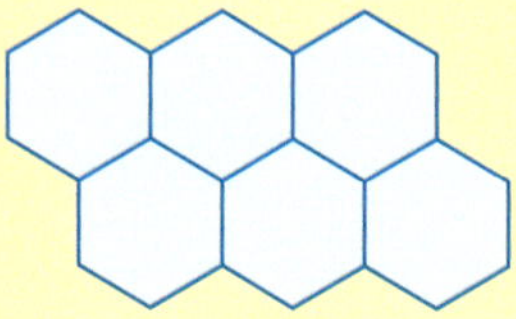

Man kann aber auch verschiedene Typen benutzen.

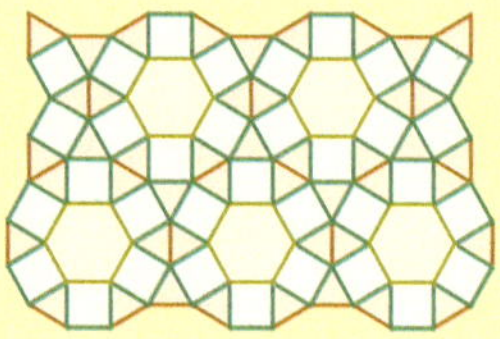

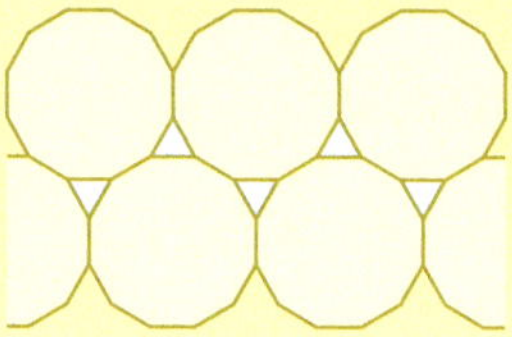

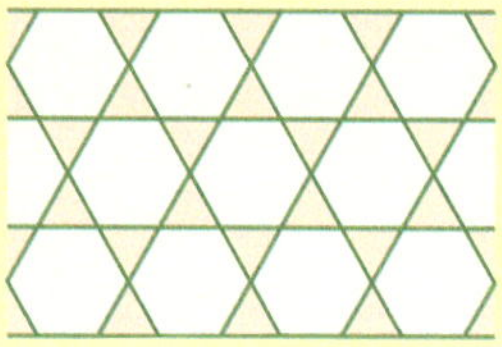

Exkurs

Pflasterungen in der Geschichte

Bereits vor Jahrtausenden benutzten die Menschen Pflasterungen. Die Fußböden von Gebäuden wurden mit Steinstücken ausgelegt, die Wände mit kunstvollen Mosaiken verziert. Zuerst wurden die Steinchen zufällig angeordnet und die Lücken nachträglich gefüllt. Die Menschen kamen schnell darauf, dass es ohne Lücken geht, wenn man den Boden mit Steinen derselben Gestalt und Größe belegt. Die Mathematik hilft, zu entscheiden, welche Steinformen geeignet sind.

Übungen

1 Schwarz-weiß gemustert

a) Hier siehst du ein beliebtes Fliesenmuster. Beschreibe die Form der weißen und schwarzen Kacheln. Zeichne das Muster in dein Heft. Auf Karopapier ist es einfach.

b) Denke dir ein eigenes Fliesenmuster aus zwei verschiedenen Kacheln aus und mache eine Zeichnung.

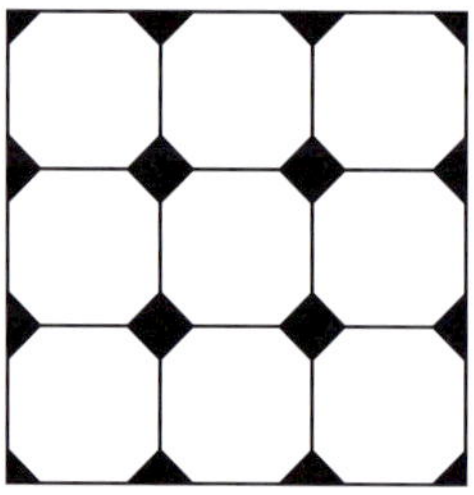

2 Fliesenmuster

Kim hat sich ungewöhnliche Fliesenmuster überlegt.

a) Übertrage die Figur 1 auf kariertes Papier und versuche, mit ihr eine Pflasterung zu gestalten. Verfahre genauso mit den weiteren Figuren.

b) Kannst du eine Pflasterung finden, bei der mehrere dieser Formen zugleich vorkommen? Male sie bunt aus.

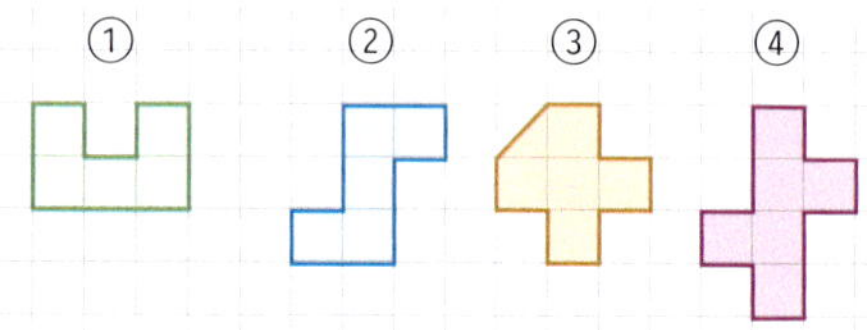

3 Vom Rechteck zum Pfeil

Kannst du dir vorstellen, selbst ein originelles Muster zu zeichnen? Es gibt eine verblüffend einfache Strategie.

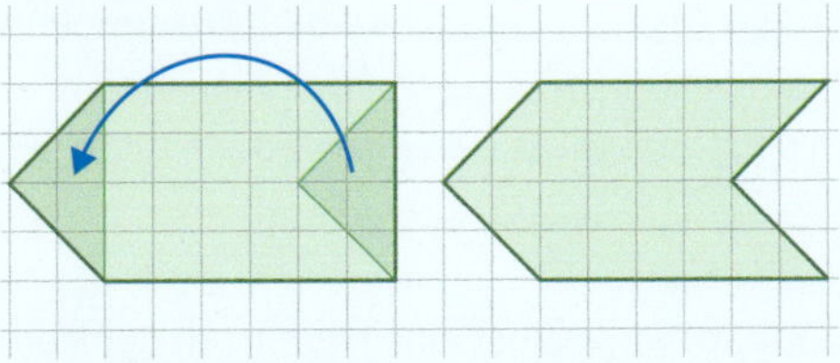

Schneide ein Rechteck aus. Schneide das Dreieck hinten aus und setze es vorne wieder an. Es entsteht ein sechseckiger Pfeil.

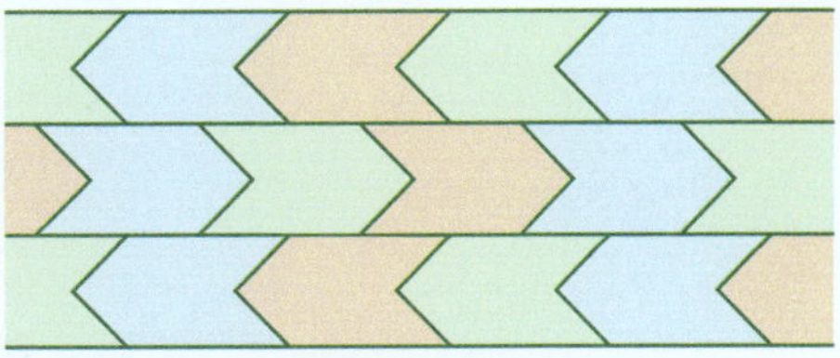

Schneide mehrere (mindestens 10) solcher Pfeile aus, füge sie zu einem Pflaster zusammen und male dieses bunt aus.

4 Vom Pfeil zum Fisch

a) Nun trauen wir uns an eine komplizierte Figur, die wie ein Fisch aussieht. Zeichne zunächst einen Pfeil wie in Aufgabe 3.

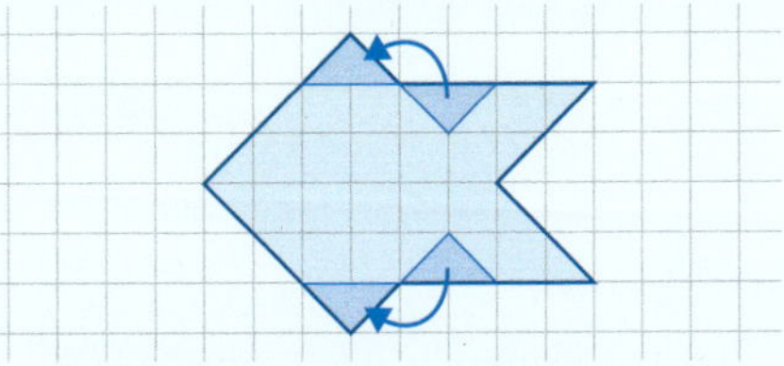

Schneide die kleinen Dreiecke aus und setze sie wieder an.

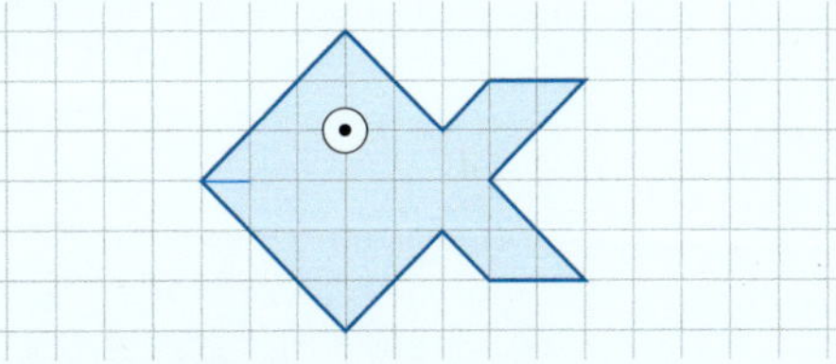

Wenn du nun den Mund und das Auge malst, so hast du deinen Fisch.

b) Jetzt könnt Ihr zusammenarbeiten. Schneidet mehrere (mindestens 10) solcher Fische aus und legt damit ein Pflaster. Schafft Ihr das ohne Lücken?

Exkurs

Lebendige Pflasterungen

Künstler in aller Welt nutzen das Verfahren der Pflasterungen, um schöne Muster zu erzeugen. Dabei verwenden die Künstler nicht nur geometrische Figuren sondern auch Formen von Tieren und Fantasiegestalten. Viele Künstler nutzen Erkenntnisse, die der Mathematiker Sir Roger Penrose (1931) bei seinen Forschungen entdeckte.

Grundwissen
zum Wiederholen

1 Gesucht ist die Zahl, die um 15 kleiner als 708 ist.

2 Welche der Figuren sind achsensymmetrisch?

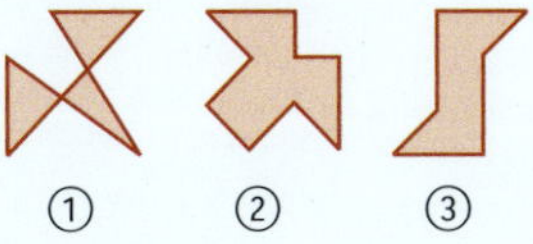

3 Welcher geometrische Körper ist geeignet, um einen Bus näherungsweise zu beschreiben?

4 Der Spruch „die Stecknadel im Heuhaufen finden“ bedeutet, dass die Suche
(A) mit Sicherheit gelingt (B) kaum eine Chance hat.

5 Die Entfernung zwischen Hamburg und New York beträgt ca. 6128 km. Ein Flugzeug legt etwa 800 km pro Stunde zurück. Schätze die Dauer des Fluges.

+

Originelle Pflasterungen

Ziel des Projekts ist eine Ausstellung mit selbst erstellten originellen Pflasterungen.

Planung

Der Arbeitsaufwand beim Zeichnen, Ausschneiden, Zusammenpuzzeln und bei der farbigen Gestaltung lässt sich am besten in Gruppenarbeit bewältigen.
Außerdem können in einzelnen Gruppen verschiedene Bilder entworfen werden.

Entwurf

Jede Gruppe entscheidet sich für ihre Figur. Es kann eines der abgebildeten Muster gewählt werden oder die Gruppe entwirft selbst eine Figur nach der Methode aus den vorherigen Aufgaben. Das ist nicht ganz einfach.

① 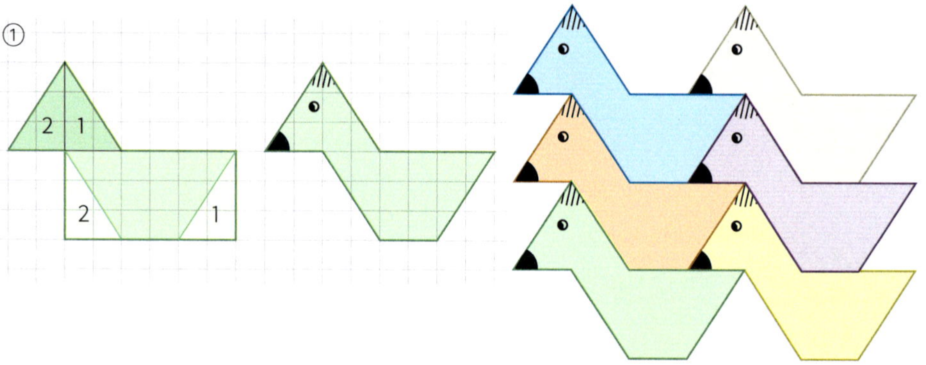

② 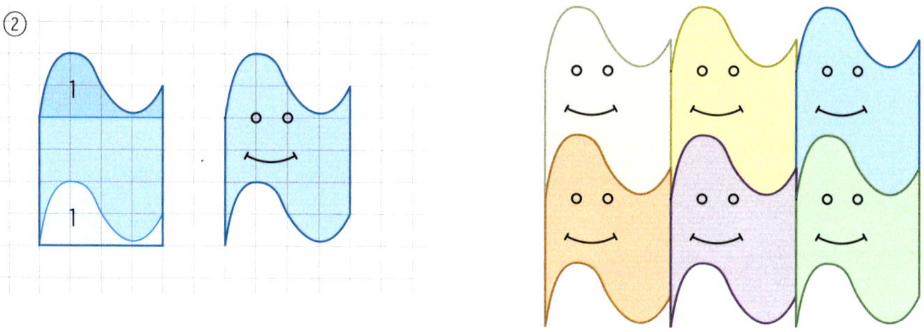

③ 

Ausführung

Die sorgfältig gezeichneten und ausgeschnittenen Figuren werden nun zu einem Pflasterbild zusammengefügt und aufgeklebt. Für die geplante Ausstellung sollten die Figuren nicht zu klein sein, das Pflaster sollte möglichst ein DIN-A4-Blatt füllen.

Gestaltung

Um die Ausstellungsbesucher zu begeistern, muss in das anschließende Buntmalen viel Sorgfalt und Einfallsreichtum gelegt werden. Vielleicht lässt sich der Kunstlehrer/die Kunstlehrerin für das Projekt gewinnen. Damit kommen noch ein paar Unterrichtsstunden hinzu und das Projekt wird zu einem gemeinsamen Unternehmen in den Fächern Mathematik und Kunst.

Geometrische Körper

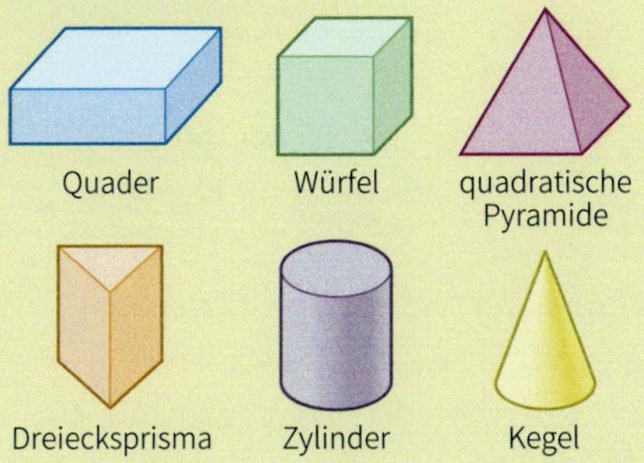

Geometrische Figuren (Flächen)

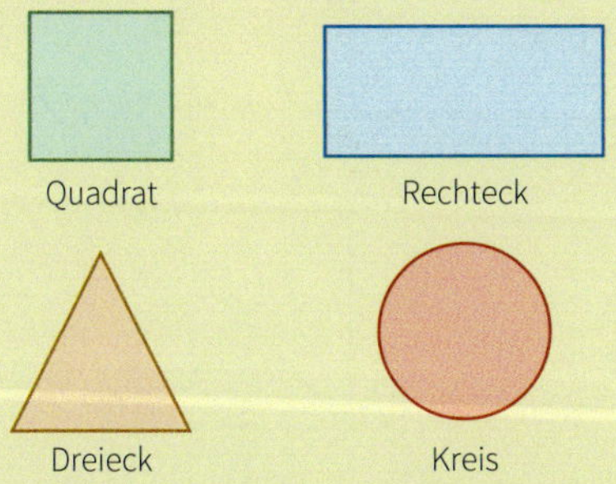

Schrägbild eines durchsichtigen Quaders

Länge: 3 cm Höhe: 1 cm Breite: 2 cm

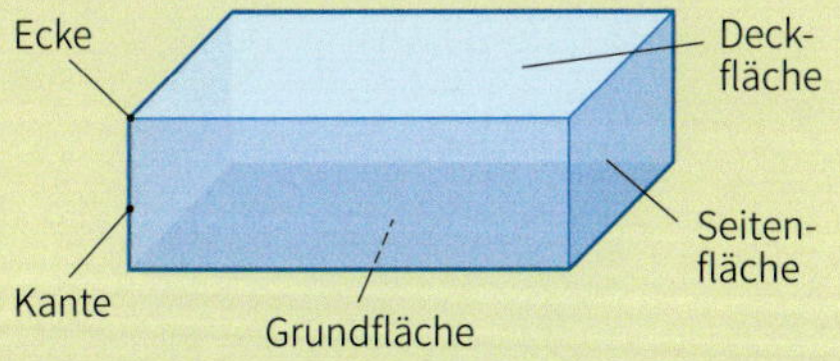

Netz eines Quaders

Länge: 3 cm Höhe: 1 cm Breite: 2 cm

Check-up

1 Geometrische Körper

a) Gib für einen Würfel und einen Quader die Anzahl seiner Ecken, Kanten und Flächen an.

b) Gib für eine quadratische Pyramide die Anzahl der Ecken, Kanten und Flächen an. Nenne auch die Form der Flächen.

2 Körperdetektiv

Welcher Körper ist jeweils gemeint?

a) Ich bin ein Körper und habe als Seitenflächen lauter Rechtecke.

b) Mein Netz besteht aus einem Quadrat und vier Dreiecken.

c) Mein Netz besteht aus sechs Quadraten.

d) Ich bin ein Körper, der 12 Kanten hat.

e) Ich bin ein Körper und habe nur sechs Kanten.

f) Ich bin ein Körper, der neun Kanten hat.

3 Netze

Welche Netze gehören zu welchem Körper?

a) 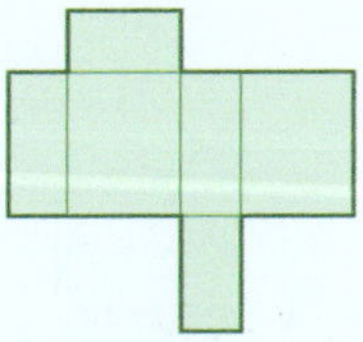

b) 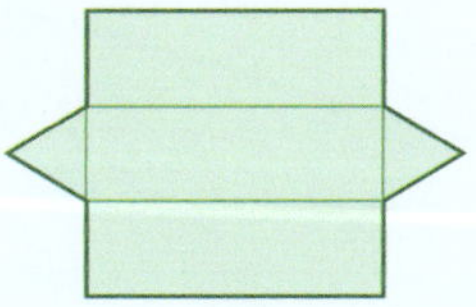

c) 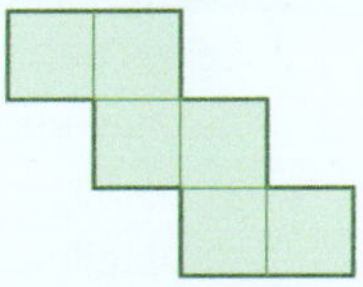

d) 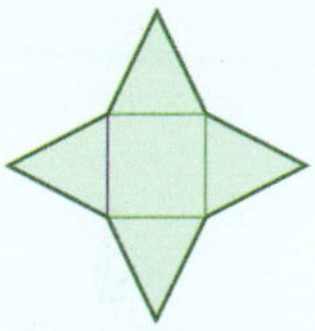

4 Vielzweckkasten

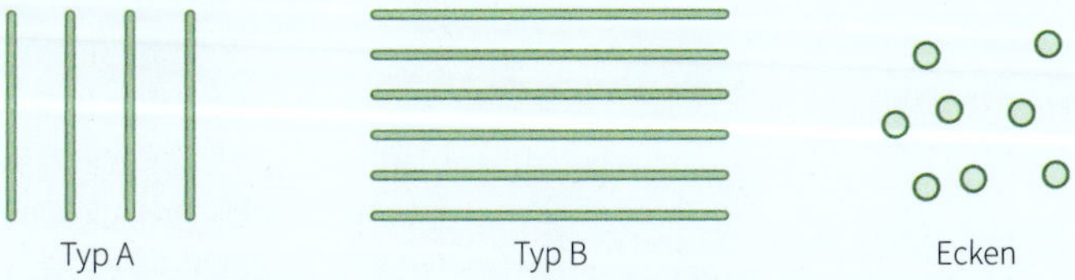

Der Vielzweckkasten ist ein Baukasten, mit dem du verschiedene Körper bauen kannst. Gib jeweils an, welche Stäbe und Ecken du verwendest, um die Modelle zu bauen. Achtung: Manchmal fehlen Stäbe. Gib dann an, welche du zusätzlich benötigst. Wie viele Stäbe stoßen jeweils in einer Ecke zusammen?

Das alles willst du bauen: Quader, Würfel, Prisma, Pyramide mit vier Ecken, Pyramide.

5 Schrägbilder

a) Zeichne das Schrägbild eines Würfels mit der Kantenlänge 4 cm.

b) Zeichne das Schrägbild eines Quaders mit den Kantenlängen 6 cm, 4 cm und 3 cm.

Gerade und Strecke

Eine Gerade ist eine gerade Linie ohne Anfangs- und Endpunkt.
Eine Strecke ist eine gerade Linie mit Anfangs- und Endpunkt.

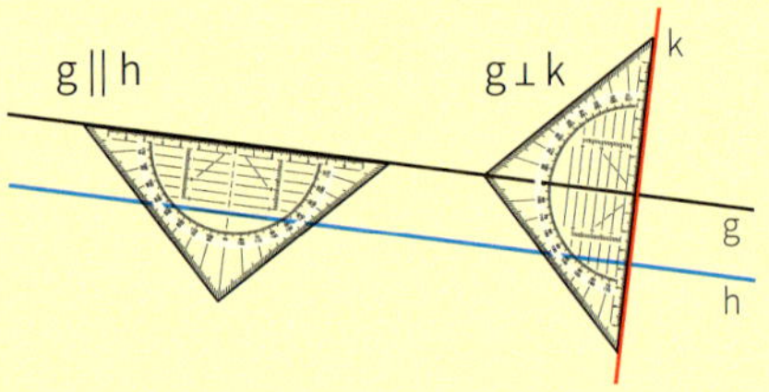

g und h sind parallel zueinander.
g und k sind senkrecht zueinander.

Abstand

Abstand zwischen den Punkten A und B:
Miss die Länge der Strecke $\overline{AB}$.

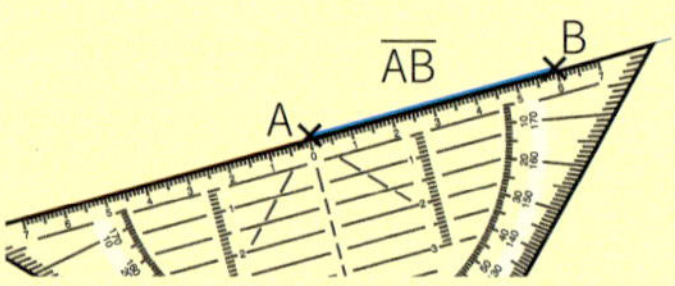

Abstand vom Punkt P zur Geraden g:
Zeichne eine Gerade k durch P, die senkrecht zu g ist. Markiere den Schnittpunkt F.
Miss die Länge der Strecke $\overline{PF}$.

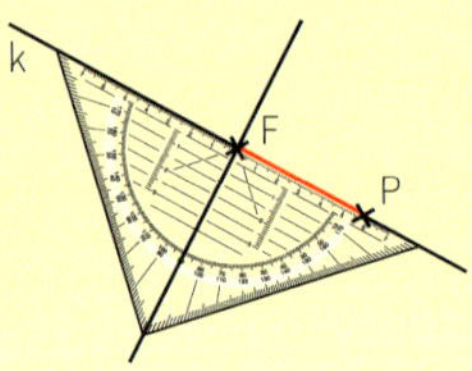

Koordinatensystem

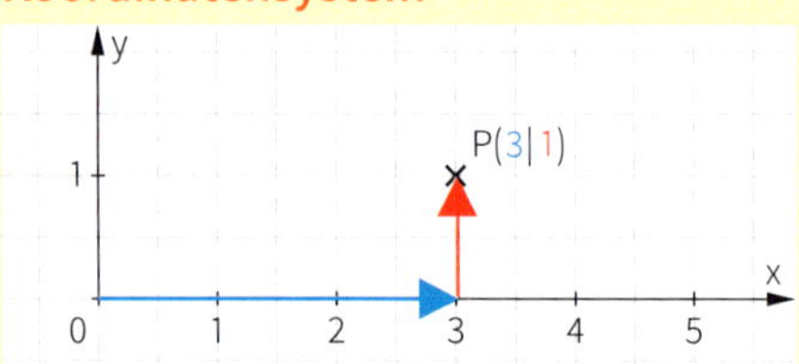

Vierecke

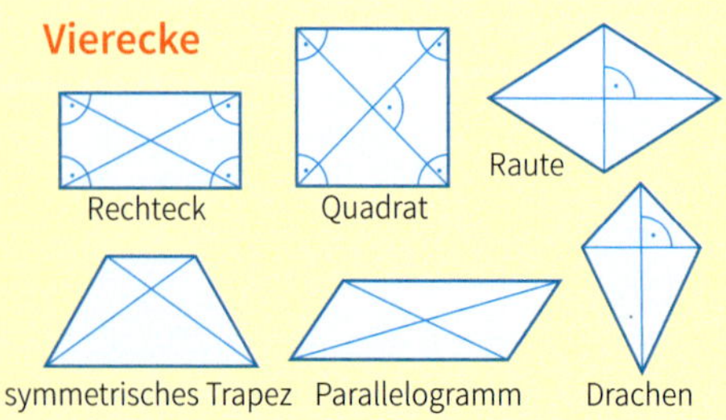

6 Geraden prüfen

Untersuche, ob die Geraden zueinander parallel oder senkrecht sind. Gib auch die entsprechende Schreibweise ab.

a)

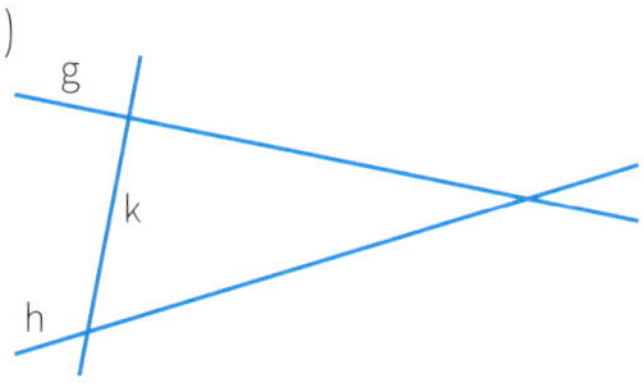

b)

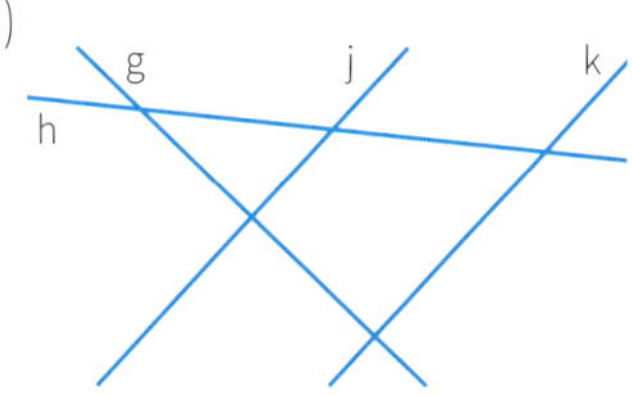

7 Parallele und senkrechte Geraden auf Papier ohne Kästchen

Zeichne zwei zueinander parallele Geraden, die den Abstand 2 cm haben. Zeichne zu diesen beiden Geraden zwei senkrechte Geraden, die den Abstand 3 cm haben.
Welche Figur entsteht durch die Schnittpunkte der Geraden?

8 Abstände und Koordinaten im Haus

a) Übertrage die Figur in ein Koordinatensystem in deinem Heft.
b) Miss die Länge der Strecke $\overline{AC}$.
c) Wie weit ist der Punkt D von der Strecke $\overline{AC}$ entfernt?

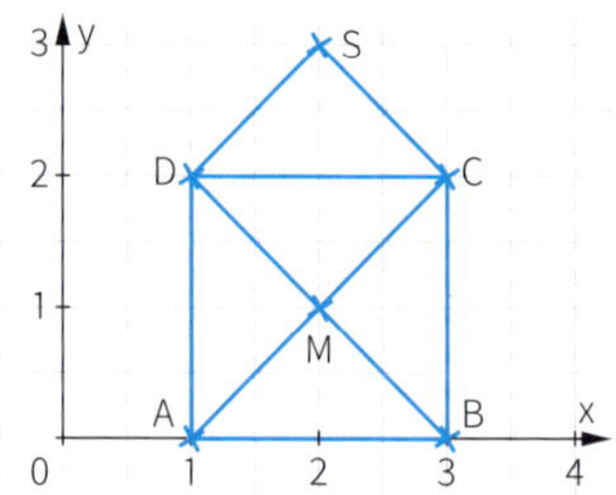

9 Vierecke

Vierecke können zueinander parallele oder zueinander senkrechte Seiten haben.
Zeichne und benenne Vierecke, die
a) parallele und zueinander senkrechte Seiten haben,
b) parallele Seiten, aber keine rechten Winkel haben,
c) weder parallele noch zueinander senkrechte Seiten haben.

10 Vierecke im Koordinatensystem

Zeichne die Vierecke mit den angegebenen Koordinaten in ein Koordinatensystem. Um welches Viereck handelt es sich jeweils?
a) Viereck 1: A(2|1), B(6|1), C(8|4), D(0|4)
b) Viereck 2: A(8|13), B(11|13), C(11|16), D(8|16)
c) Viereck 3: A(12|10), B(14|10), C(16|16), D(14|16)
d) Viereck 4: A(13|5), B(18|7), C(13|9), D(11|7)
e) Viereck 5: A(1|8), B(8|8), C(8|11), D(1|11)

11 Vierecke zeichnen

a) Zeichne ein Rechteck mit den Seitenlängen 3 cm und 6 cm.
b) Zeichne ein Quadrat mit der Kantenlänge 5 cm.
c) Zeichne eine Raute mit 3 cm und 5 cm langen Diagonalen.
d) Zeichne ein symmetrisches Trapez so, dass die parallelen Seiten 3 cm und 7 cm lang sind.
e) Zeichne ein Parallelogramm mit den Kantenlängen 3 cm und 7 cm.
f) Zeichne einen Drachen mit den Diagonalenlängen 6 cm und 10 cm und einer Kantenlänge von 5 cm.

Sichern und Vernetzen

Vermischte Aufgaben zu Kapitel 5

Trainieren

WES-125764-050

Lösungen

1 Würfel

Im Bild siehst du den gleichen Würfel in drei verschiedenen Lagen. Zeichne die Schrägbilder in dein Heft und trage in die freien Flächen passende Zahlen ein.

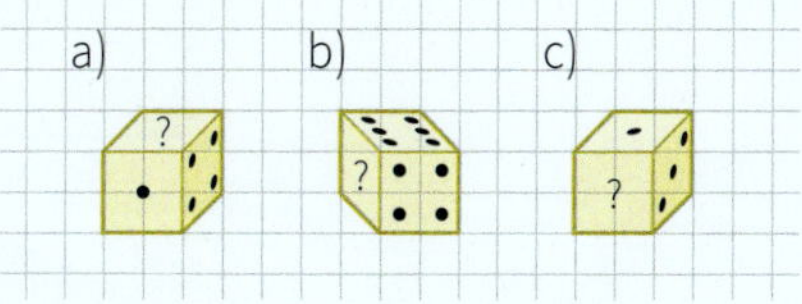

2 Netz eines Körpers

Zeichne ein Netz des Körpers und beschrifte die Flächen mit den angegebenen Buchstaben.

a)

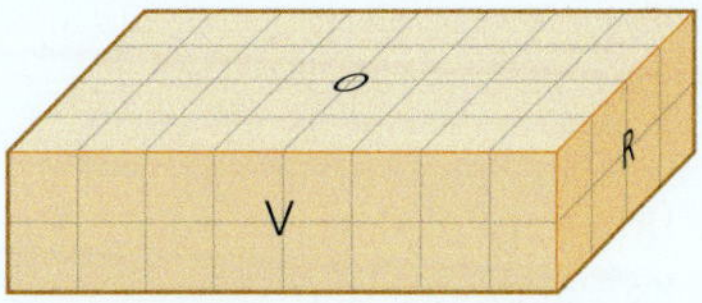

b)

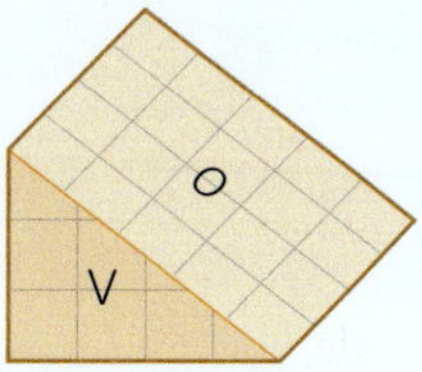

3 Figurensuche

Übertrage in dein Heft.

a) Zeichne jeweils durch zwei benachbarte Punkte eine Gerade. Welche Figur wird von diesen Geraden eingeschlossen? Zeichne diese farbig nach.

b) Schreibe auf, welche Geraden zueinander parallel und welche zueinander senkrecht sind (z. B. PQ || UT).

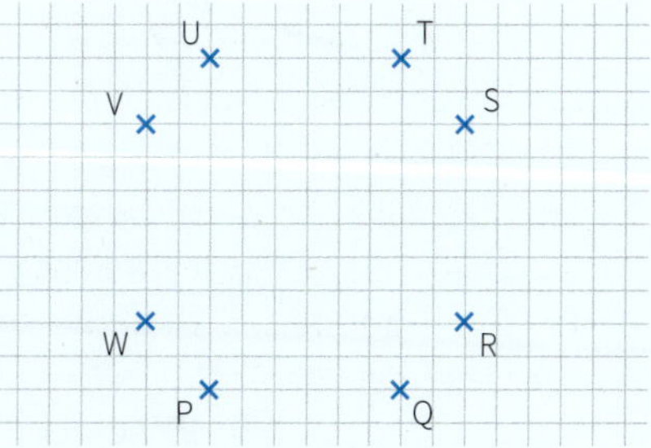

4 Muster

Übertrage die Muster auf Papier ohne Kästchen. Setze sie zwei Stufen nach außen fort.

a)

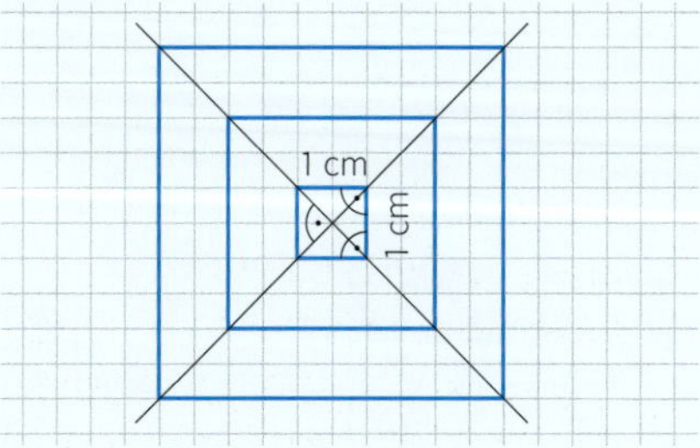

b)

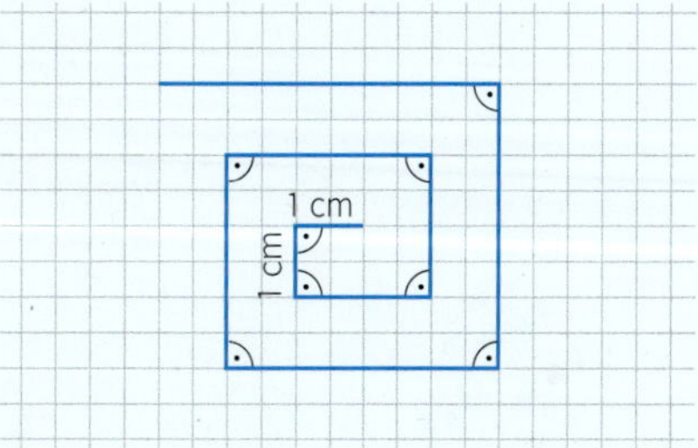

5 Vierecke mit dem Geodreieck

a) Zeichne auf unliniertes Papier ein Rechteck mit den Kantenlängen 3 cm und 6 cm.

b) Zeichne ein symmetrisches Trapez, dessen parallele Seiten 6 cm und 4 cm lang sind.

6 Vierecke im Koordinatensystem

a) Zeichne im Koordinatensystem die Punkte A(2|6), B(3|7), C(2|8), D(1|7), E(8|4), F(8|8), G(7|8), H(7|4). Verbinde die Punkte A, B, C und D sowie E, F, G und H. Welche Vierecke entstehen?

b) Finde zu den Punkten I(4|1), K(7|0) und L(9|1) den vierten Punkt M so, dass ein Parallelogramm entsteht.

Verstehen

7 Netze

Welches Netz passt?

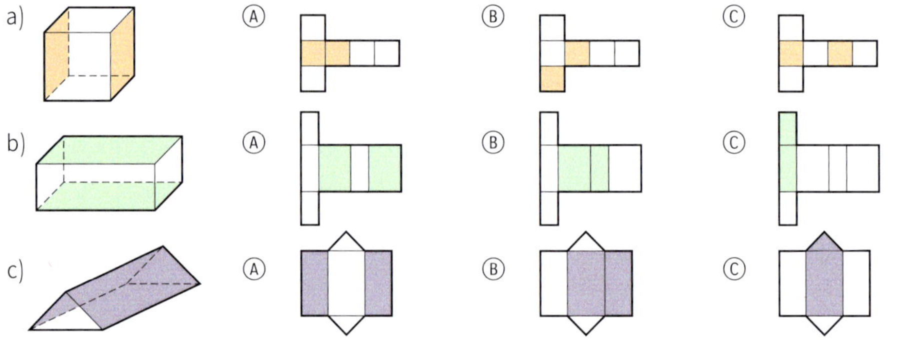

8 Vierecke

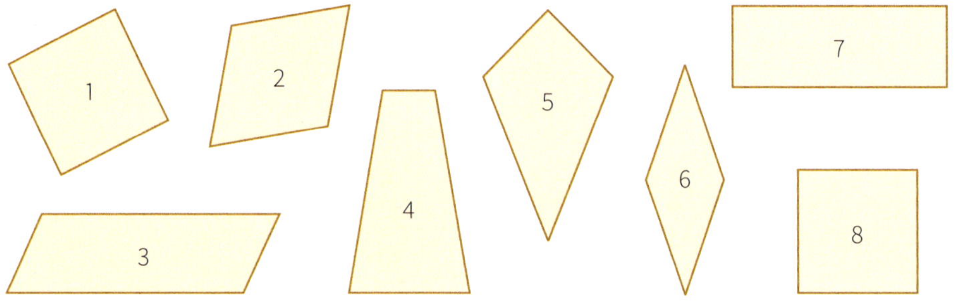

a) Gib zu den Vierecken die Namen an.
b) Nenne alle Vierecke, die zueinander senkrecht stehende Seiten haben.
c) Welche Vierecke haben vier gleich lange Seiten?
d) Bei welchen Vierecken sind gegenüberliegende Seiten nicht parallel?

9 Viereck

Zeichne ein Viereck, dessen Diagonalen gleich lang sind und zueinander senkrecht stehen. Welche Vierecke können entstehen?

10 Spielwürfel

Welche Netze passen zum Spielwürfel?
a) Begründe deine Antwort.
b) Stelle selbst einen Spielwürfel her.

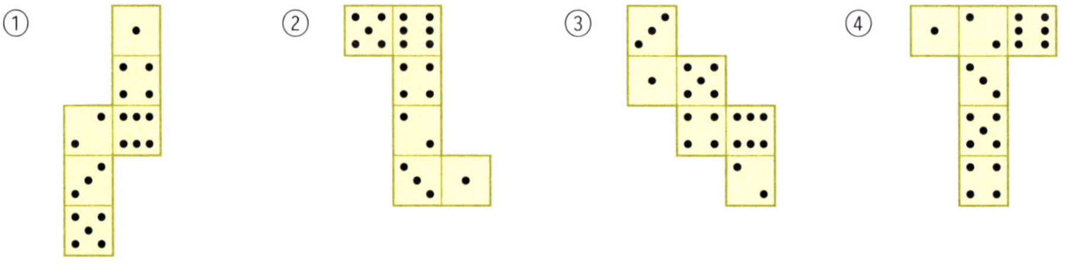

11 Gelenkrechteck

Baue ein Gelenkrechteck. In welche anderen Figuren kannst du es verformen?

Bastelanleitung für Gelenk-Vielecke
1 cm schmale Pappstreifen schneiden und an beiden Enden lochen.
Die Pappstreifen mit Paketklammern verbinden.

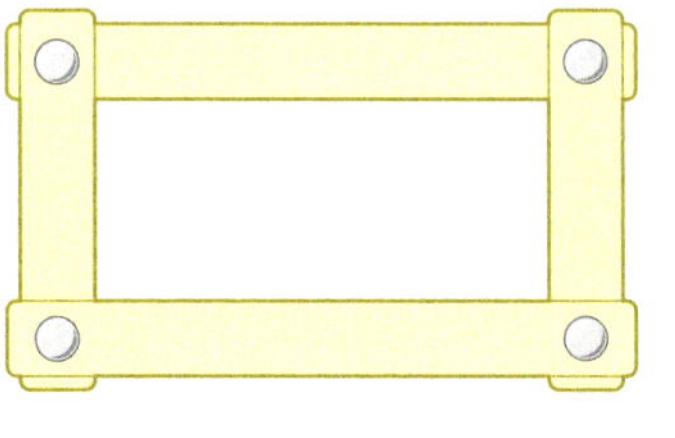

Anwenden

12 Aufgeklappte Figuren

Welche Figur siehst du, wenn du an den Faltkanten aufklappst? Überlege zuerst im Kopf und schreibe deine Vermutung auf. Überprüfe dann durch Falten.

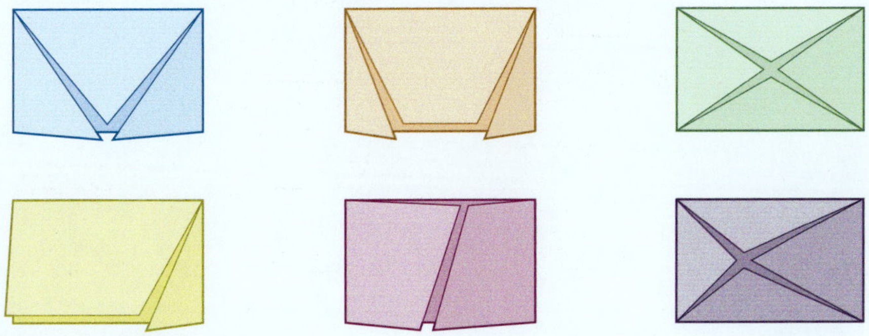

13 Kantenmodelle

Es gibt mehrere Lösungen.

Aus einem 96 cm langen Rundstab soll ein Kantenmodell
a) eines Würfels,
b) einer quadratischen Pyramide hergestellt werden.
In welche Stücke muss der Rundstab jeweils zerschnitten werden? Es soll dabei kein Reststück übrigbleiben.

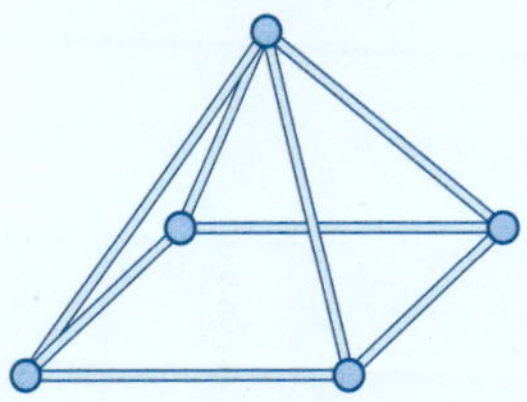

14 Körpernetze

Hast du ein gutes Vorstellungsvermögen? Dann sage voraus, welche Körper aus den unten abgebildeten Netzen entstehen. Überprüfung: Zeichne die Netze auf Kästchenpapier, schneide aus und falte. Hattest du recht?

a) 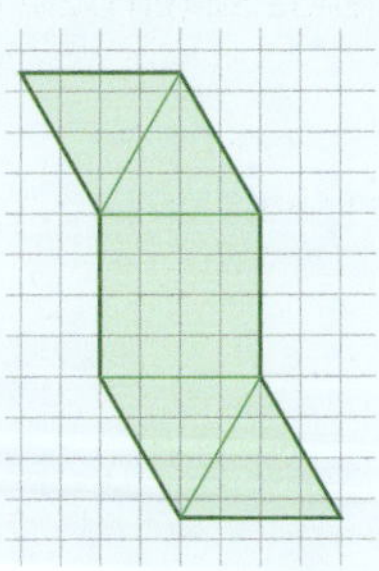

b) 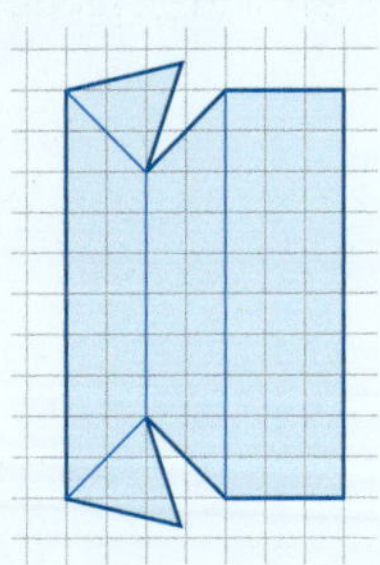

c) 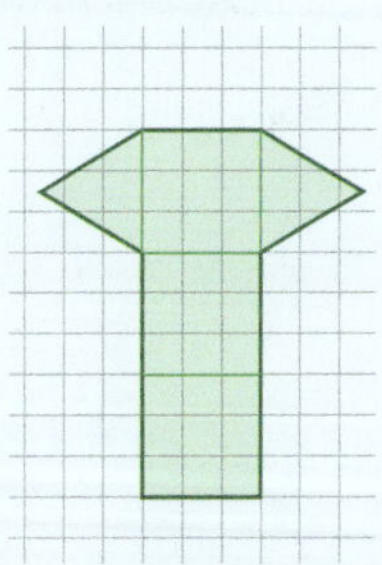

d) 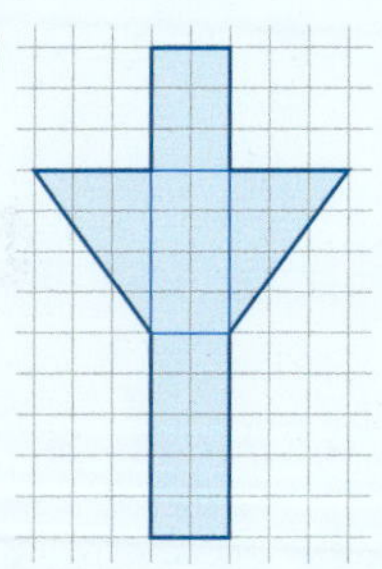

15 Roboter

Der Roboter Sortie ist Spezialist für das Sortieren von Vierecken. Er kann überprüfen, ob Seiten parallel zueinander sind, ob sie senkrecht aufeinander stehen und er kann Längen messen.

a) Was muss Sortie prüfen, um ein Quadrat herauszusuchen?
b) Sortie stellt bei einem Viereck fest, dass es vier gleich lange Seiten hat. Um was für ein Viereck kann es sich handeln? Was sollte er als nächstes prüfen?
c) Das Programm „rechte Winkel prüfen“ ist kaputt. Welche Vierecke kann Sortie jetzt nicht mehr unterscheiden?

6 Teiler und Vielfache

Tom hat einen Ferienjob im Freibad angenommen. Er kassiert den Eintritt von den Besuchern. Erwachsene zahlen 6 Euro Eintritt, Kinder zahlen 3 Euro.

Zur Mittagspause kommt Toms kleine Schwester Luna zu Besuch. Tom erzählt stolz: „Heute ist richtig viel los, ich habe bis zum Mittag schon 1211 Euro eingenommen.“
Nach kurzem Grübeln sagt Luna: „Da musst du dich aber verrechnet haben.“

Mithilfe von Teilbarkeitsregeln hat sie schnell gemerkt, dass etwas nicht stimmen kann.

6.1 Teiler und Vielfache

E1 Schokolade

Meist sind Schokoladentafeln in 24 Stückchen unterteilt. Warum ist das so?

Stelle in deinem Heft dar, wie du eine 24er-Schokoladentafel in gleich große Teile brechen kannst. Welche Möglichkeiten findest du?

E2 Murmeln

Leon hat Murmeln gesammelt und will mit seinen Freunden spielen. Jeder soll gleich viele Murmeln bekommen. Ziel ist es, die Murmeln in ein vorbereitetes Loch zu rollen.

a) Wie viele Murmeln braucht er mindestens, damit er sie gleichmäßig sowohl an drei als auch an vier Kinder verteilen kann? Gibt es weitere Anzahlen, die Leon gleichmäßig an die Kinder verteilen kann?

b) Wie viele Murmeln braucht Leon mindestens, damit er sie gleichmäßig an drei, vier oder sechs Kinder verteilen kann?

c) Finde heraus, wie viele Murmeln Leon mindestens braucht, um sie an drei, vier oder fünf Kinder gerecht verteilen zu können. Könnte diese Murmelanzahl auch an noch mehr Kinder gerecht verteilt werden?

E3 Gummibärchen

In der Packung sind ungefähr 21 Minitüten. Die Anzahl kann aber abweichen.
21 Minitüten kannst du allein essen oder an drei, sieben oder 21 Kinder gerecht verteilen. Nun hast du aber eine Packung mit 19, 20, 22 oder 23 Minitüten. Stelle dar, wie du gerecht verteilen kannst.

Basiswissen

WES-125764-029

Teiler und Vielfache

Beim Teilen kommt es darauf an, ob eine Zahl ohne Rest durch eine andere geteilt werden kann oder nicht.

6 ist ein **Teiler** von 18, denn $18:6=3$.

Teiler von 18

$18:18=1$
$18:9=2$
$18:6=3$
$18:3=6$
$18:2=9$
$18:1=18$

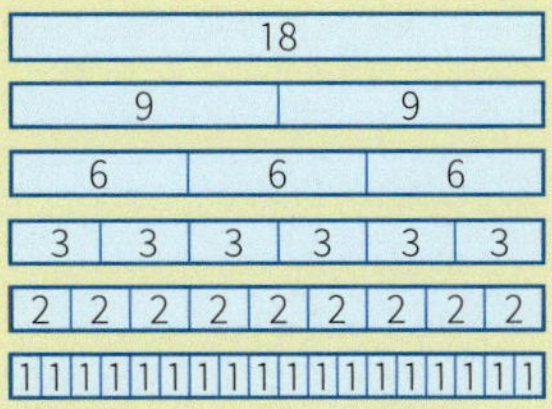

18 ist ein **Vielfaches** von 6, denn $3\cdot 6=18$.

Vielfache von 6

$1\cdot 6=6$
$2\cdot 6=12$
$3\cdot 6=18$
$4\cdot 6=24$
$5\cdot 6=30$
und so weiter …

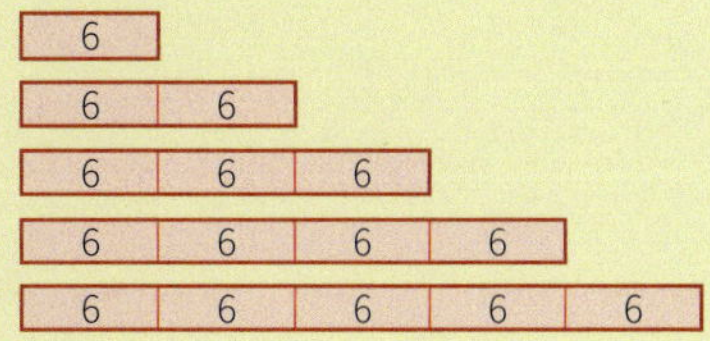

Die **Teilermenge** von 18 ist
$T_{18}=\{1, 2, 3, 6, 9, 18\}$

Die **Vielfachenmenge** von 6 ist
$V_6=\{6, 12, 18, 24, \ldots\}$

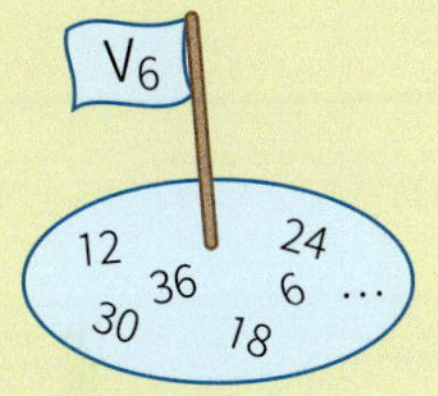

Die Zahl 1 und die Zahl selbst gehören immer zur Teilermenge.

Es ist unmöglich, alle Vielfachen einer Zahl aufzuschreiben. Die Pünktchen bedeuten, dass es unendlich viele Vielfache gibt.

Manche Zahlen haben viele verschiedene Teiler, andere nur sehr wenige.
Jede Zahl ist ein Vielfaches ihrer Teiler.

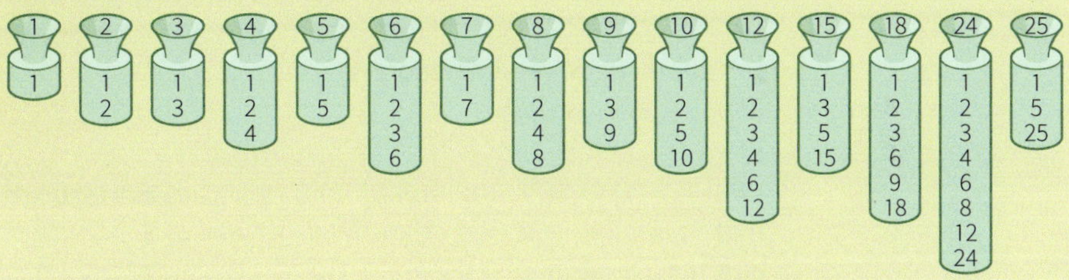

Beispiele

A **Teiler – Vielfaches**

a) Ist 4 Teiler von 12?

Lösung:

a) 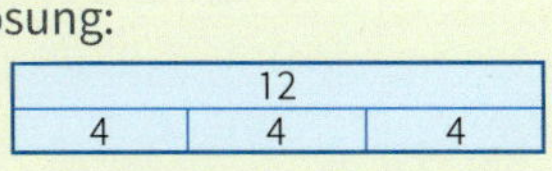

4 ist ein Teiler von 12, denn $12:4=3$.
12 ist Vielfaches von 4, denn $12=3\cdot 4$.

kein Teiler – kein Vielfaches

b) Ist 5 Teiler von 12?

b) 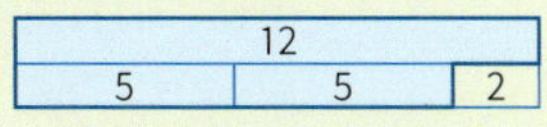

5 ist kein Teiler von 12, denn $12:5=2$ Rest 2.
12 ist kein Vielfaches von 5, denn $12=2\cdot 5+2$.

B **Vielfachenmenge bestimmen**

Bestimme die Vielfachenmenge von 8.

Lösung:
Die Vielfachenmenge von 8 besteht aus den Produkten $1\cdot 8$, $2\cdot 8$, $3\cdot 8$, $4\cdot 8$, $5\cdot 8$, $6\cdot 8$, …
Die Pünktchen bedeuten, dass es unendlich viele Vielfache gibt. $V_8=\{8, 16, 24, 32, 40, 48, \ldots\}$

C Teilermenge bestimmen

Bestimme alle Teiler von 24 und die Teilermenge T_{24}.

Lösung:
Schreibe alle Produkte für 24 auf: $24 = 1 \cdot 24 = 2 \cdot 12 = 3 \cdot 8 = 4 \cdot 6 = 6 \cdot 4 = 8 \cdot 3 = 12 \cdot 2 = 24 \cdot 1$
Die Faktoren der Produkte sind die Teiler von 24.
An dem Produkt $24 = 3 \cdot 8$ kannst du zwei Teiler ablesen:
3 ist ein Teiler von 24, denn $24 : 3 = 8$ und 8 ist ein Teiler von 24, denn $24 : 8 = 3$.
Daher genügen hier vier Produkte, um alle Teiler von 24 zu bestimmen

$24 = 1 \cdot 24$	1 und 24 sind Teiler von 24,	$T_{24} = \{1, \quad\quad\quad\quad\quad\quad , 24\}$
$= 2 \cdot 12$	2 und 12 sind Teiler von 24,	$T_{24} = \{1, 2, \quad\quad\quad\quad , 12, 24\}$
$= 3 \cdot 8$	3 und 8 sind Teiler von 24,	$T_{24} = \{1, 2, 3, \quad\quad 8, 12, 24\}$
$= 4 \cdot 6$	4 und 6 sind Teiler von 24.	$T_{24} = \{1, 2, 3, 4, 6, 8, 12, 24\}$

Übungen

1 Teilermengen bestimmen

a) Bestimme die Teilermengen von 12, 8, 9 und 5. Vergleiche mit dem Basiswissen.
Bestimme die Teilermengen zu
b) 11, 13 und 14 c) 17, 19 und 20 d) 21, 22 und 23 f) 8, 16, 32 und 64.

2 Teiler oder Vielfaches

Ordne die Zahlen richtig zu.

a) 30, 1, 10, 15, 60, 45, 3, 5
$\blacksquare$ ist Teiler von 15.
$\blacksquare$ ist Vielfaches von 15.

b) 30, 1, 4, 10, 12, 60, 48, 3, 5, 24
$\blacksquare$ ist Teiler von 12.
$\blacksquare$ ist Vielfaches von 12.

c) 50, 1, 4, 150, 12, 75, 100, 3, 5, 2, 25
$\blacksquare$ ist Teiler von 50.
$\blacksquare$ ist Vielfaches von 50.

3 Teilermengen vervollständigen

Ergänze zu Teilermengen.

a) $T_{\blacksquare} = \{1, 2, \blacksquare, \blacksquare, 16\}$
b) $T_{\blacksquare} = \{\blacksquare, 3, \blacksquare, 15\}$
c) $T_{\blacksquare} = \{1, 2, 7, \blacksquare\}$
d) $T_{\blacksquare} = \{\blacksquare, \blacksquare, \blacksquare, 4, 6, \blacksquare, \blacksquare, \blacksquare\}$
e) $T_{\blacksquare} = \{\blacksquare, \blacksquare, 5, 9, \blacksquare, \blacksquare\}$
f) $T_{\blacksquare} = \{\blacksquare, \blacksquare, \blacksquare, 4, \blacksquare, 9, \blacksquare, \blacksquare, \blacksquare\}$
g) $T_{\blacksquare} = \{\blacksquare, \blacksquare, \blacksquare, \blacksquare, \blacksquare, \blacksquare, \blacksquare, 18, \blacksquare\}$
h) $T_{\blacksquare} = \{\blacksquare, \blacksquare, \blacksquare, \blacksquare, 6, \blacksquare\}$
i) $T_{\blacksquare} = \{\blacksquare, \blacksquare, \blacksquare\}$ (finde hier 3 Lösungen)

4 Vielfachenmengen vervollständigen

Ergänze zu Vielfachenmengen.

a) $V_5 = \{5, \blacksquare, 15, 20, \blacksquare, 30, \ldots\}$
b) $V_9 = \{9, 18, \blacksquare, 36, \blacksquare, 54, \ldots\}$
c) $V_{12} = \{12, \blacksquare, 36, \blacksquare, 60, \ldots\}$
d) $V_{18} = \{\blacksquare, 36, \blacksquare, \blacksquare, 90, \ldots\}$
e) $V_{\blacksquare} = \{11, \blacksquare, \blacksquare, 44, 55, \ldots\}$
f) $V_{\blacksquare} = \{\blacksquare, 20, 30, \blacksquare, 50, \ldots\}$
g) $V_{\blacksquare} = \{\blacksquare, 42, \blacksquare, \blacksquare, 105, \ldots\}$
h) $V_{\blacksquare} = \{\blacksquare, \blacksquare, \blacksquare, \blacksquare, 175, \ldots\}$

5 Teiler und Vielfache

a) Gibt es Zahlen, die 3 und 5 als Teiler besitzen? Schreibe die Antwort als Vielfachenmenge.
b) Gibt es Zahlen, die 2, 3 und 5 als Teiler besitzen? Schreibe die Antwort als Vielfachenmenge.

6 Gerade oder ungerade Anzahl von Teilern?

a) Bestimme die Teilermengen und die Anzahl der Teiler von 27, 29, 32, 36, 49 und 64.
b) Klara behauptet: „Die Anzahl der Teiler ist immer gerade."
Erkläre, wie sie auf diesen Gedanken kommt. Schau dir die Anzahlen der Teiler an und begründe, warum sie nicht Recht hat.

7 ≡ Zahlen mit einer ungeraden Anzahl von Teilern

a) Suche vier verschiedene Teilermengen mit drei Teilern.
b) Suche zwei verschiedene Teilermengen mit fünf Teilern.
c) Suche eine Teilermenge mit sieben Teilern.
d) Suche zwei Teilermengen mit neun Teilern.
e) Schreibe die Teilermenge zu $12 \cdot 12 = 144$ auf.
f) Welche Zahlen haben eine gerade Anzahl von Teilern? Formuliere eine Antwort und begründe sie.

8 ≡ Ungewohnte Schokoladentafeln

Außer den Schokoladentafeln mit 24 Stückchen gibt es auch andere.

Schreibe für die abgebildeten Schokoladentafeln alle Möglichkeiten auf, sie gleichmäßig aufzuteilen. Überlege dir eine angemessene Darstellung.

9 ≡ Leuchtende LEDs

Sechs LEDs können einzeln durch Schalter ein- oder ausgeschaltet werden. In der Tabelle ist zu sehen, welche LEDs jeweils leuchten.

LED-Schalter	1	2	3	4	5	6
Zunächst sind alle LEDs aus.	○	○	○	○	○	○
Das 1. Kind schaltet alle LEDs an.	●	●	●	●	●	●
Das 2. Kind betätigt jeden 2. Schalter.	●	○	●	○	●	○
Das 3. Kind betätigt jeden 3. Schalter.	●	○	○	○	●	●
Das 4. Kind betätigt jeden 4. Schalter.	●	○	○	●	●	●
Das 5. Kind betätigt jeden 5. Schalter.	●	○	○	●	○	●
Das 6. Kind betätigt jeden 6. Schalter.	●	○	○	●	○	○
Anzahl der Schaltvorgänge	1	2	2	3	2	4

Die Abbildung zeigt, dass zum Schluss LED 1 und LED 4 leuchten.

a) Fertige in deinem Heft eine erweiterte Tabelle für 10 LEDs und 10 Kinder an.
Schau dir dann an, wie oft die einzelnen LEDs ein- und wieder ausgeschaltet wurden. Begründe, welche LEDs zum Schluss eingeschaltet sind. Schau dir dazu an, wie oft die LEDs geschaltet werden, die am Schluss leuchten.
b) Welche LEDs leuchten am Ende, wenn du 20 LEDs hast und 20 Kinder die Schalter betätigen? Versuche, die Aufgabe ohne eine neue Tabelle zu lösen.
c) Welche LEDs sind am Schluss eingeschaltet, wenn 100 LEDs und 100 Kinder gemäß den entsprechenden Regeln die Schalter betätigen?

Grundwissen
zum Wiederholen

1 Bestimme alle natürlichen Zahlen, die kleiner als 20 sind und dabei durch 5 ohne Rest teilbar sind.

2 Die Schattenbilder zeigen einen Körper von oben und von vorn. Welcher Körper könnte es sein?

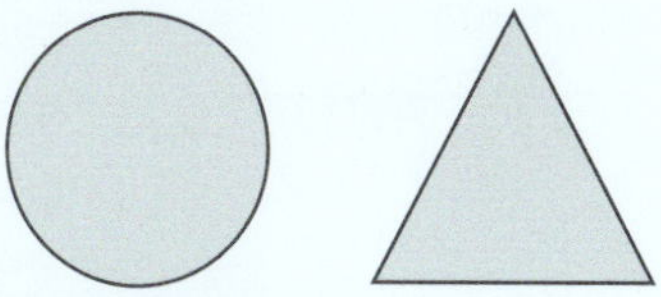

3 Es ist 10.20 Uhr. Wie spät ist es 12 Stunden später?

4 Die 18 Kaninchen fressen 9 Möhren. Erstelle dazu eine Rechenaufgabe.

5 Welcher geometrische Körper kann gemeint sein: „Er kann geradeaus rollen.“?

6.2 Teilbarkeitsregeln

E1 Ausflug

Lehrer Müller organisiert einen gemeinsamen Ausflug der Jahrgangsstufe 5. In der 5 a sind 30 Schülerinnen und Schüler, in der 5 b sind 25 Schülerinnen und Schüler und in der 5 c sind sogar 32 Schülerinnen und Schüler. Die Kosten für jeden betragen 17 €.
Herr Müller erhält drei Briefumschläge, auf denen die eingesammelten Geldbeträge stehen: 515 € für die 5 a, 425 € für die 5 b und 540 € für die 5 c.
Mit einem Blick erkennt er: „So ein Mist, in mindestens zwei Klassen ist ein Fehler beim Einsammeln unterlaufen."
Finde ohne zu rechnen heraus, in welchen Klassen mit Sicherheit ein falscher Betrag auf dem Briefumschlag steht.

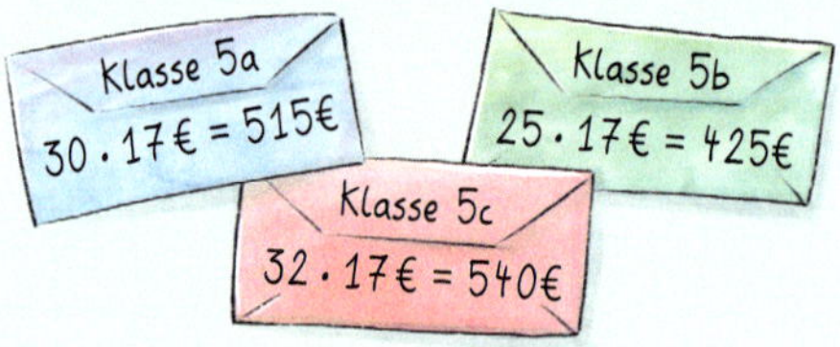

E2 Eiskauf

Peter Pfiffig spendiert sich und zwei Freunden am Kiosk ein Eis. Alle drei entscheiden sich für dieselbe Sorte. Peter soll 5,69 € bezahlen. „*Das kann nicht stimmen!*", sagt er sofort.

a) Prüfe, ob 569 tatsächlich nicht durch 3 teilbar ist.
b) Probiere Peters Quersummenregel an den Zahlen 69, 75, 82, 112, 123 und weiteren Zahlen deiner Wahl aus.
c) Probiere aus, ob es für 9 auch eine Quersummenregel gibt.

E3 Geht das auf?

Frau Meier möchte für jeden ihrer Schülerinnen und Schüler 5 Arbeitsblätter kopieren. Der Kopierer zeigt an, dass sie 117 Kopien gemacht hat.
Sie weiß sofort, dass irgendetwas nicht stimmen kann.
Wie stellt Frau Meier das fest?

Basiswissen

WES-125764-030

Teilbarkeitsregeln

Für manche Teiler gibt es Regeln, mit denen Zahlen auf Teilbarkeit geprüft werden können.

Endstellenregeln

Eine Zahl ist …

… durch **2 teilbar**, wenn die letzte Ziffer eine 0, 2, 4, 6 oder 8 ist.
… durch **5 teilbar**, wenn die letzte Ziffer eine 0 oder 5 ist.
… durch **10 teilbar**, wenn die letzte Ziffer eine 0 ist.
… durch **4 teilbar**, wenn die letzten beiden Ziffern eine durch 4 teilbare Zahl bilden.

Die Quersumme ist die Summe der Ziffern einer Zahl.

Quersummenregeln

Eine Zahl ist …

… durch **3 teilbar**, wenn die Quersumme durch 3 teilbar ist.
… durch **9 teilbar**, wenn die Quersumme durch 9 teilbar ist.

Beispiele

A Teilbarkeit durch 2, 4, 5 oder 10

Prüfe, ob die Zahl 12 130 durch 2, 4, 5 oder 10 teilbar ist.

Lösung:
Die Endziffer der Zahl 12 130 ist 0. Somit ist 12 130 nach den Endstellenregeln durch 2, 5 und 10 teilbar.
30 ist nicht durch 4 teilbar. Daher ist die Zahl 12 130 nicht durch 4 teilbar.

B Quersummenregel anwenden

Ist die Zahl 15147 durch 3 oder 9 teilbar?

Lösung:
Die Quersumme von 15 147 ist $1 + 5 + 1 + 4 + 7 = 18$.
18 ist durch 3 und durch 9 teilbar. Daher ist 15 147 durch 3 und durch 9 teilbar.

Übungen

1 Teilbarkeit durch 2, 4, 5 oder 10

Prüfe, ob die Zahl durch 2, 4, 5 oder 10 teilbar ist.

a) 226 b) 225 c) 520 d) 329 e) 57 825
f) 21 720 g) 55 387 h) 152 050 i) 31 729 k) 87 000

2 Quersummenregel anwenden

Ist die Zahl durch 3 oder 9 teilbar?

a) 213 b) 216 c) 521 d) 621 e) 921
f) 222 222 g) 33 333 h) 333 333 i) 31 729 k) 87 002

3 Ziffern ergänzen

Ersetze ■ durch eine Ziffer so, dass die Zahl …

a) durch 3 teilbar ist: 23■45; 6920■; 157■2; 15■72; ■2810
b) durch 5 teilbar ist: 460■; 73■0; 508■; ■575
c) durch 4 teilbar ist: 523■; 61■4; 42■12; 22■2

Wenn es mehrere Möglichkeiten gibt, schreibe alle auf.

4 Ziffern tauschen

Tausche die Ziffern so, dass die Zahl durch 5 teilbar ist. a) 523 b) 206 c) 4051

5 Teilbarkeit durch Zerlegen prüfen

Beispiel: *Prüfe, ob 252 durch 7 teilbar ist.*
Mia: „Zuerst schreibe ich 252 als Summe:
252 = 210 + 42.
210 ist durch 7 teilbar und 42 ist durch 7 teilbar, dann ist auch 252 durch 7 teilbar."

Beispiel: *Prüfe, ob 322 durch 11 teilbar ist.*
Klaus: „Ich schreibe 322 als Differenz:
322 = 330 − 8. 330 ist das 30-fache von 11, aber 8 ist kein Vielfaches von 11.
322 ist also nicht durch 11 teilbar."

Prüfe, ob die Zahl durch die angegebene Zahl teilbar ist, indem du geeignet zerlegst.

a) 364 durch 7 b) 213 durch 7 c) 553 durch 7 d) 2211 durch 11
e) 232 durch 11 f) 319 durch 11 g) 273 durch 13 h) 250 durch 13

Beispiel
12 345 ist durch 5 teilbar, weil die letzte Ziffer 5 ist.

6 Teilbarkeitsregeln durch Zerlegen bestätigen

Prüfe mit einer geeigneten Teilbarkeitsregel, ob die Zahl durch die angegebene Zahl teilbar ist, und bestätige dein Ergebnis, indem du geeignet zerlegst.

a) 8755 durch 5 b) 222 durch 3 c) 148 durch 4 d) 207 durch 9

Weitere Teilbarkeitsregeln

Endstellenregeln

Eine Zahl ist …

… durch **25 teilbar**, wenn die letzten beiden Ziffern 00, 25, 50 oder 75 sind.
Beispiel: 625 ist durch 25 teilbar, weil die letzten beiden Ziffern 25 sind.

… durch **8 teilbar**, wenn die letzten drei Ziffern eine durch 8 teilbare Zahl bilden.
Beispiel: 12136 ist durch 8 teilbar, weil 136 durch 8 teilbar ist.

Zusammengesetzte Regeln

Eine Zahl ist …

… durch **6 teilbar**, wenn sie durch 2 und durch 3 teilbar ist.
Beispiel: Die Zahl 13 026 ist gerade, also durch 2 teilbar. Die Quersumme von 13 026 ist 1 + 3 + 0 + 2 + 6 = 12. 12 ist durch 3 teilbar. Somit ist 13 026 durch 6 teilbar.

7 Teilbarkeit durch 4, 8 oder 25

Welche der Zahlen sind durch 4, 8 oder 25 teilbar? Fertige eine Tabelle an.

a) 875 b) 876 c) 1872 d) 1525 e) 8800
f) 510 g) 1520 h) 998 775 i) 698 884 j) 1 205 304

8 Endstellenregeln

a) Nenne eine Endstellenregel für Zahlen, die durch 100 teilbar sind.
b) Formuliere eine Endstellenregel für Zahlen, die durch 20 teilbar sind.
c) Formuliere eine Endstellenregel für Zahlen, die durch 50 teilbar sind.
d) Formuliere Endstellenregeln für Zahlen, die durch 200 bzw. 500 teilbar sind.

9 Die Quersummenregel gilt nur für 3 und 9

Die Quersummenregel gilt nur für 3 und 9 und nicht für andere Teiler.

Gegenbeispiel für den Teiler 7
716 hat die Quersumme 7 + 1 + 6 = 14 und 14 ist durch 7 teilbar.
Aber 716 = 700 + 14 + 2 ist nicht durch 7 teilbar.

a) Finde ein weiteres Gegenbeispiel für den Teiler 7.
b) Finde je ein Gegenbeispiel für die Teiler 4, 6 und 8.

10 ≡ **Zusammengesetzte Regeln**

a) Stelle eine Teilbarkeitsregel für die Teilbarkeit durch 15 auf.
b) Finde ein Gegenbeispiel für die Aussage:
„Eine Zahl ist durch 12 teilbar, wenn sie durch 2 und durch 6 teilbar ist."
c) Gib eine Teilbarkeitsregel für Zahlen an, die durch 12 teilbar sind.
d) Finde ein Gegenbeispiel für die Aussage:
„Eine Zahl ist durch 18 teilbar, wenn sie durch 3 und durch 6 teilbar ist."
e) Gib eine Teilbarkeitsregel für Zahlen an, die durch 18 teilbar sind.

11 ≡ **Zusammengesetzte Regel anwenden**

Ist die Zahl durch die angegebene Zahl teilbar?

a) 9738 durch 6
b) 5111 durch 6
c) 51 111 durch 6
d) 5625 durch 15
e) 5615 durch 15
f) 43 830 durch 18
g) 555 111 durch 18
h) 33 224 durch 24
i) 444 144 durch 24

12 ≡ **Ziffern ergänzen**

Welche Ziffern sind unleserlich geworden?
Nenne alle Möglichkeiten, sodass die Zahlen

a) durch 4 teilbar sind,
b) durch 8 teilbar sind,
c) durch 6 teilbar sind,
d) durch 12 teilbar sind.

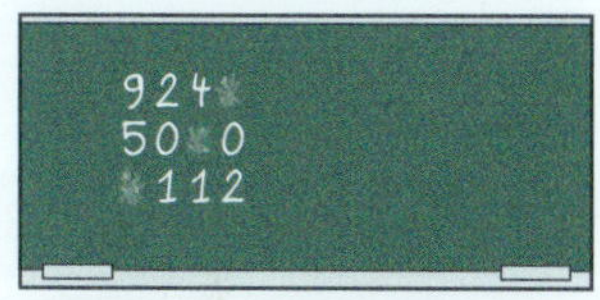

13 ≡ **Vierermannschaften**

Für den Sporttag sollen die Schülerinnen und Schüler aller Klassen Vierermannschaften bilden. Bei welchen Klassen gibt es Probleme? Welche Klassen können reine Mädchen- und reine Jungenmannschaften bilden?
Lege eine neue Tabelle an und trage die Anzahlen der Mannschaften ein.

Klasse	6a	6b	6c	6d	6e
Mädchen	16	13	12	14	9
Jungen	14	15	16	15	20

14 ≡ **Fahrradschloss**

Erik hat zwei Ziffern seiner Fahrradschlossnummer vergessen. ■ 5 ■ 8
Die Nummer ist aber durch 8 teilbar.

a) Beschreibe, welche Zahlen er ausprobieren muss, und begründe, warum das so ist.
b) Sein Bruder meint, die Zahl sei nicht durch 8, sondern durch 9 teilbar gewesen.
Beschreibe, welche Zahlen Erik in diesem Fall ausprobieren muss. Begründe.
c) Es gibt die Möglichkeit, dass beide Recht haben. Finde diese Möglichkeit heraus. Am besten notierst du dazu übersichtlich die Möglichkeiten zu a) und b).

15 ≡ **Wahr oder falsch?**

Es haben sich drei Falschaussagen eingeschlichen.

a) 17 teilt 187
b) 260 ist ein Vielfaches von 13
c) 6 ist ein Teiler von 154
d) 15 teilt 195
e) 14 teilt 296
f) 336 ist ein Vielfaches von 7
g) 14 teilt 166 nicht
h) 5721 ist kein Vielfaches von 3
i) 9 teilt 78 999 nicht
j) 67 875 ist ein Vielfaches von 25

Begründe deine Entscheidung mit einer Teilbarkeitsregel oder durch geschicktes Aufteilen.

> Beispiel
> *13 teilt 273, weil*
> *273 = 260 + 13*
> *ist und daher*
> *273 : 13 = 21 gilt.*
> *5 ist kein Teiler von 24, also gilt:*
> *5 teilt 24 nicht.*

Grundwissen
zum Wiederholen

1 In einer Strichliste steht, dass 卌 卌 卌 || Kinder mit dem Fahrrad zur Schule kommen.
Wie viele Kinder sind es?

2 Berechne geschickt. a) 13 + 134 + 567 b) 7000 · 299 c) 1 + 2 + 3 + 4 + 5 + 6

6.3 Primzahlen

E1 Das Sieb des ERATOSTHENES

Du möchtest die Primzahlen von 1 bis 100 herausfinden. Dies ist kein Problem, wenn du nach folgendem Verfahren die Primzahlen „heraussiebst“:

- *Schreibe die Zahlen von 1 bis 100 in eine 10 · 10 Tabelle auf.*
- *Streiche die Zahl 1.*
- *Streiche die Vielfachen von 2 außer der 2 selbst.*
- *Die 3 ist noch nicht gestrichen. Streiche die Vielfachen der 3 außer der 3 selbst.*
- *Die nächste noch nicht gestrichene Zahl ist die 5. Streiche alle Vielfachen von 5 außer der 5 selbst.*
- *…*
- *Alle Zahlen, die zum Schluss nicht gestrichen sind, sind Primzahlen.*

1	2	3	4	5	6	7	8	9	10
11	12	13	14	15	16	17	18	19	20
21	22	23	24	25	26	27	28	29	30
31	32	33	34	35	36	37	38	39	40
41	42	43	44	45	46	47	48	49	50
51	52	53	54	55	56	57	58	59	60
61	62	63	64	65	66	67	68	69	70
71	72	73	74	75	76	77	78	79	80
81	82	83	84	85	86	87	88	89	90
91	92	93	94	95	96	97	98	99	100

Gib alle Primzahlen von 1 bis 100 an

E2 Zahlen zertrümmern

Franziska denkt sich die Zahl 990 aus. Dann geht es los. Nach welchen Regeln spielen Franziska und Paul das Zahlenspiel? Sie haben übrigens die Zahl 1 verboten, weil sonst das Spiel nie aufhört. Spielt das Spiel mit der Startzahl 48, 49, 61, 83, 315 und 585. Was fällt euch auf?

E3 Zahlen mit mehr als zwei Teilern

Begründe mithilfe der Teilbarkeitsregeln oder durch Zerlegen, dass die folgenden Zahlen mehr als zwei Teiler haben.

a) 120, 303, 695, 288, 495 b) 111, 501, 5001, 9994

E4 Zahlen mit genau zwei Teilern

Begründe, dass die folgenden Zahlen genau zwei Teiler haben.

a) 7, 13, 17, 29, 37 b) 67, 79, 97, 101, 103

Basiswissen

WES-125764-031

Primzahlen

Natürliche Zahlen, die **genau zwei Teiler** haben, nennt man Primzahlen.
Primzahlen sind nur durch 1 und sich selber teilbar.
Die ersten Primzahlen sind: **2 3 5 7 11 13 17 ...**

Die Zahl 1 ist keine Primzahl, da sie nur einen Teiler besitzt.

Primfaktorzerlegung

Die Primfaktorzerlegung ist die Zerlegung einer Zahl in ein Produkt von Primzahlen. Für jede Zahl gibt es immer nur eine Primfaktorzerlegung. Sie ist die Zerlegung in das Produkt mit den meisten Faktoren.

$$\begin{aligned} 540 &= 2 \cdot 270 \\ &= 2 \cdot 2 \cdot 135 \\ &= 2 \cdot 2 \cdot 5 \cdot 27 \\ &= 2 \cdot 2 \cdot 5 \cdot 3 \cdot 9 \\ &= 2 \cdot 2 \cdot 5 \cdot 3 \cdot 3 \cdot 3 \\ &= 2^2 \cdot 5 \cdot 3^3 \end{aligned}$$

Beispiele

A In Primfaktoren zerlegen

Bei der Zerlegung von 840 in Primfaktoren führen verschiedene Wege zum Ziel.

Lösung:

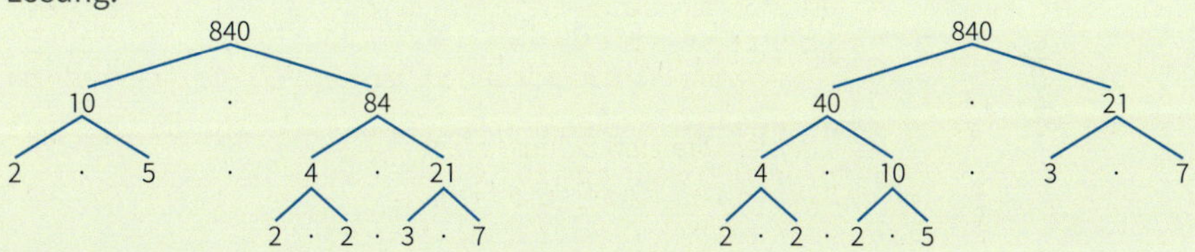

Mit System geht es, indem man systematisch die Primzahlen 2, 3, 5, usw. als Teiler probiert.
Häufig treten Primzahlen auch mehrfach als Teiler auf: $840 = 2 \cdot 2 \cdot 2 \cdot 3 \cdot 5 \cdot 7 = 2^3 \cdot 3 \cdot 5 \cdot 7$

Übungen

1 Primzahlensuche

a) Wie viele Primzahlen gibt es zwischen 20 und 50, wie viele von 50 bis 70?
b) Welche der Zahlen sind Primzahlen? 303 83 695 288 113 495 111

2 Trainiere die Primfaktorzerlegung

Zerlege in Primfaktoren. Eine der Zahlen ist eine Primzahl

a) 6	b) 12	c) 70	d) 55	e) 63	f) 64
g) 100	h) 88	i) 137	j) 221	k) 136	l) 384

3 Primzahlen helfen, Teiler zu finden

Was man mit Primfaktoren anfangen kann. Zerlegt man 90 in Primfaktoren, so erhält man $90 = 2 \cdot 3 \cdot 3 \cdot 5$. Alle Primfaktoren werden in einem „Topf" gesammelt. Produkte von Zahlen aus dem Topf ergeben Teiler von 90, z. B. ist $2 \cdot 3 \cdot 3 = 18$ ein solcher Teiler.

a) Finde alle Teiler von 90, indem du alle möglichen Produkte mit Zahlen aus dem „Topf" der Primfaktoren ausrechnest.
b) Zerlege 120 (630, 480) in Primfaktoren und finde mit diesen alle Teiler.

Grundwissen
zum Wiederholen

1 Mia und Emma sollen einen Rasen mähen. Sie teilen sich die Arbeit und den Lohn von 11,50 €. Bestimme den Geldbetrag, den jede erhält.

2 Hier sind Geometriekenntnisse gefragt: Warum ist nicht jedes Parallelogramm eine Raute? Zeichne ein Parallelogramm, dass keine Raute ist.

Exkurs

Primzahlen

Die Suche nach Primzahlen, die schon die antiken Griechen betrieben, hat bis heute ihre Faszination nicht verloren. Der Grieche ERATOSTHENES, nach dem das Verfahren aus Aufgabe 1 benannt ist, lebte im 3. Jahrhundert v. Chr.

Gibt es eine größte Primzahl?
EUKLID aus Alexandria hat schon vor mehr als 2300 Jahren bewiesen, dass es unendlich viele Primzahlen gibt. Es gibt also keine größte Primzahl. Für Mathematiker ist es dennoch ein Sport, die größte bekannte Primzahl zu übertreffen.

Große Primzahlen
Ein Mönch namens MERSENNE entwarf eine Formel, mit der man noch heute auf die Jagd nach noch größeren Primzahlen geht:
„Subtrahiere 1 von einer Zweierpotenz, deren Exponent eine Primzahl ist oder kurz $2^p - 1$.*"*
Das Ergebnis ist fast immer eine Primzahl.

Jagd nach Primzahlen
2013 wurde bewiesen, dass $2^{57\,885\,161} - 1$ eine Primzahl ist. Sie ist die 48. Mersenne-Primzahl und hat 17 425 170 Stellen. 2016 wurde die 49. Mersenne-Primahl $2^{74\,207\,281} - 1$ gefunden.
Am 3. Januar 2018 wurde die 50. Mersenne-Primzahl entdeckt: $2^{77\,232\,917} - 1$.
Am 7. Dezember 2018 wurde die 51. Mersenne-Primzahl entdeckt: $2^{82\,589\,933} - 1$.
Sie hat 24 862 048 Stellen und der Computer des Entdeckers musste 6 Tage im Dauerbetrieb laufen, um den Nachweis zu führen.

4 ≡ **Mersenne-Primzahlen**

a) Berechne und überprüfe die vier kleinsten Mersenne-Primzahlen (siehe Exkurs).

b) Recherchiere im Internet, ob inzwischen vielleicht schon eine noch größere Primzahl entdeckt wurde.

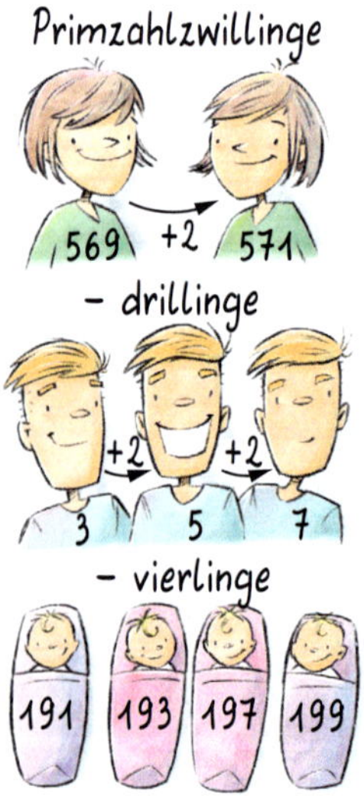

5 ≡ **Forschen nach Primzahlen**

In der Liste findest du alle Primzahlen bis 1000.

2	3	5	7	11	13	17	19	23	29	31	37
41	43	47	53	59	61	67	71	73	79	83	89
97	101	103	107	109	113	127	131	137	139	149	151
157	163	167	173	179	181	191	193	197	199	211	223
227	229	233	239	241	251	257	263	269	271	277	281
283	293	307	311	313	317	331	337	347	349	353	359
367	373	379	383	389	397	401	409	419	421	431	433
439	443	449	457	461	463	467	479	487	491	499	503
509	521	523	541	547	557	563	569	571	577	587	593
599	601	607	613	617	619	631	641	643	647	653	659
661	673	677	683	691	701	709	719	727	733	739	743
751	757	761	769	773	787	797	809	811	821	823	827
829	839	853	857	859	863	877	881	883	887	907	911
919	929	937	941	947	953	967	971	977	983	991	997

Du kannst mit den Forschungsaufträgen interessante Entdeckungen machen.

Aufeinanderfolgende Primzahlen mit der Differenz 2 nennt man „Primzahlzwillinge". Erstelle eine Liste der Primzahlzwillinge bis 1000.

Wie viele Primzahlen liegen zwischen 0 und 100, zwischen 100 und 200, zwischen 200 und 300 und so weiter? Lege eine Tabelle an.

Primzahlvierlinge liegen innerhalb eines Zehners und haben die Endstellen 1, 3, 7 und 9. Schreibe alle Primzahlvierlinge unter 1000 in dein Heft.

Welches ist die größte Lücke zwischen zwei Primzahlen unter 1000?

Welche Primzahldrillinge gibt es bis zur 1000?

Gibt es Primzahlen, bei denen alle Ziffern gleich sind?

6.4 Gemeinsame Teiler und Vielfache

E1 Kleiderhaken

Vor dem Klassenraum der Klasse 5 c sind 25 Kleiderhaken im Abstand von 20 cm angebracht.

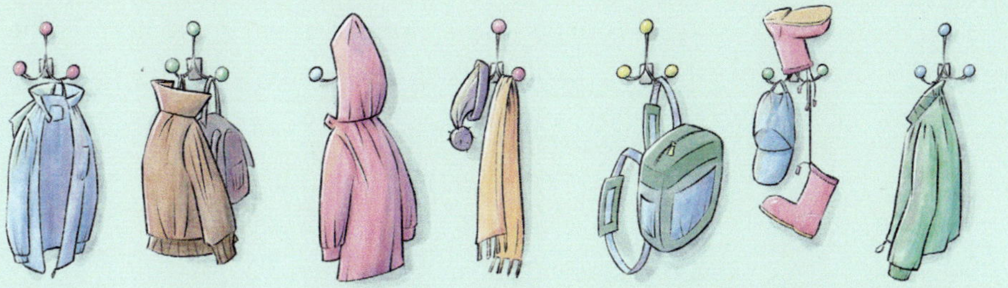

Es sollen mehr Kleiderhaken angebracht werden. Der Abstand der Kleiderhaken soll 15 cm betragen. Der Hausmeister möchte möglichst wenige Kleiderhaken versetzen. Er hat dazu eine Skizze erstellt.

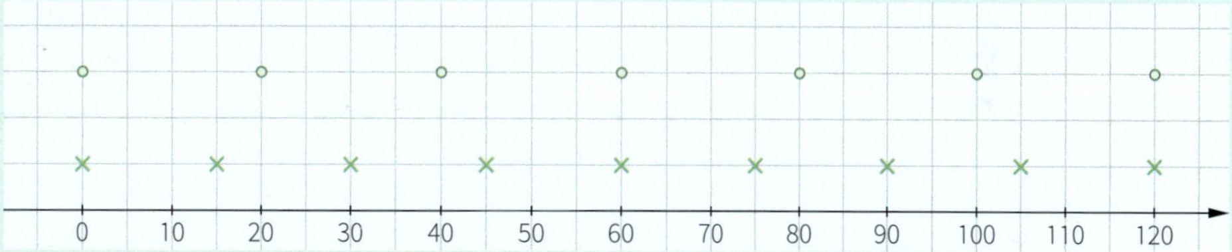

a) Wie viele Kleiderhaken können an der Wand bleiben?

b) In welchem Abstand können die alten Haken wieder benutzt werden?

E2 Einzäunung

Eine Weide soll eingezäunt werden. Die Weide ist 32 m lang und 20 m breit. Die Pfosten sollen überall den gleichen Abstand haben. Es gibt Zaunelemente für einen Pfostenabstand von 2 m, 3 m oder 4 m.

a) Welche Einteilungen der beiden Seiten sind möglich?

b) Entscheide, was für Zaunelemente infrage kommen. Berechne, wie viele Zaunelemente jeweils benötigt werden.

c) Für welche Möglichkeit entscheidest du dich? Begründe.

E3 Neue Fliesen im Esszimmer

Herr Becker möchte das Esszimmer selbst mit Fliesen auslegen. Die Bodenfläche ist rechteckig und 450 cm lang und 375 cm breit. Es gibt quadratische Fliesen in 20 cm, 25 cm und 30 cm Breite, die Familie Becker gut gefallen. Für welche Fliesen sollte sich Herr Becker entscheiden, wenn er keine Fliesen schneiden möchte?

Basiswissen

WES-125764-032

Gemeinsame Vielfache – gemeinsame Teiler

Gemeinsame Vielfache von 6 und 8

Vielfache von 6	6	12	18	24	30	36	42	48	54
Vielfache von 8	8	16	24	32	40	48	56		

Gemeinsame Vielfache von 6 und 8 sind 24, 48, 72, …

Das **k**leinste **g**emeinsame **V**ielfache von 6 und 8 ist kgV (6, 8) = 24.

Gemeinsame Teiler von 45 und 75

Die Teiler von 45 sind 1, 3, 5, 9, 15 und 45.

Die Teiler von 75 sind 1, 3, 5, 15, 25 und 75

Gemeinsame Teiler von 45 und 75 sind 1, 3, 5 und 15.

Der **g**rößte **g**emeinsame **T**eiler von 45 und 75 ist ggT (45, 75) = 15.

Wenn 1 der größte gemeinsame Teiler zweier Zahlen ist, so nennt man die Zahlen teilerfremd.

Beispiele

A Gemeinsame Vielfache und kgV

Bestimme die gemeinsamen Vielfachen von 4 und 5 und ihr kleinstes gemeinsames Vielfaches.

Lösung:
Die Vielfachen von 4 sind 4, 8, 12, 16, 20, 24, 28, 32, 36, 40, 44, 48, 52, 56, 60, …
Die Vielfachen von 5 sind 5, 10, 15, 20, 25, 30, 35, 40, 45, 50, 55, 60, 65, …
Gemeinsame Vielfache von 4 und 5 sind 20, 40, 60, …
Das kleinste gemeinsame Vielfache von 4 und 5 ist kgV (4, 5) = 20.

B Gemeinsame Teiler und ggT

Bestimme die gemeinsamen Teiler von 14 und 27 und ihren größten gemeinsamen Teiler.

Lösung:
Die Teiler von 14 sind 1, 2, 7 und 14.
Die Teiler von 27 sind 1, 3, 9 und 27.
Der einzige gemeinsame Teiler ist 1, somit ist ggT (14, 27) = 1.
Die Zahlen 14 und 27 sind teilerfremd.

Übungen

1 Gemeinsame Vielfache – gemeinsame Teiler

Bestimme die gemeinsamen Vielfachen und die gemeinsamen Teiler.

a) von 2 und 7	b) von 6 und 12	c) von 12 und 18	d) von 5 und 15
e) von 10 und 15	f) von 12 und 15	g) von 15 und 20	h) von 20 und 30
i) von 20 und 25	j) von 14 und 35	k) von 28 und 35	l) von 24 und 36

2 Training ggT und kgV

a) kgV (2,4)	b) ggT (4, 6)	c) ggT (5, 15)	d) ggT (12, 7)
e) ggT (21, 30)	f) ggT (49, 28)	g) kgV (4, 5)	h) kgV (42, 7)
i) kgV (6, 9)	j) kgV (54, 12)	k) kgV (11, 14)	l) ggT (6, 50)
m) kgV (50, 30)	n) ggT (36, 45)	o) kgV (72, 48)	p) ggT (66, 49)

3 Weg zum Spielplatz

Karin und ihr kleiner Bruder Markus gehen zusammen zum Spielplatz. Karins Schrittlänge ist ungefähr 70 cm, Markus Schritte sind nur 45 cm lang. Er muss also in derselben Zeit viel mehr Schritte machen – kein Wunder, dass er schimpft.

a) Fertige eine Skizze für zehn Schritte von Karin an und markiere auch die Schritte von Markus auf dieser Strecke.

b) Berechne die Vielfachenmengen zu 45 und 70 und gib an, nach wie vielen Schritten von Karin und wie vielen Schritten von Markus sie jeweils eine gleich lange Strecke zurückgelegt haben. Gib die Länge dieser Strecke in m an.

c) Für den Weg zum Spielplatz muss Karin ca. 100 Schritte machen. Berechne, wie viele Schritte es für Markus sind.

4 Autorennbahn

Tim, Rico und Jenny starten auf der Rennbahn drei Autos gleichzeitig. Tims Wagen fährt eine Runde in 14 Sekunden, Ricos in 28 Sekunden und Jennys in 20 Sekunden.

a) Berechne, nach wie vielen Sekunden sich die drei Autos am Start wieder treffen. Gib das Ergebnis auch in Minuten an.

b) Berechne, wie viele Runden jedes Auto dann zurückgelegt hat.

5 Geschenkanhänger

Anna benötigt zum Basteln von Geschenkanhängern gleich lange Schleifenbänder. Ihre Mutter gibt ihr Schleifenbänder zu 24 cm, 36 cm und 60 cm Länge. Beim Zerschneiden sollen keine Reste übrig bleiben. Wie lang können die Bänder werden, wenn sie möglichst lang, aber auch gleich lang sein sollen?

6 Zum Nachdenken

a) Jan behauptet, dass der größte gemeinsame Teiler zweier verschiedener Primzahlen immer 1 ist. Hat er Recht?

b) Was gilt für das kleinste gemeinsame Vielfache zweier verschiedener Primzahlen?

7 Entdeckung an ggT und kgV

a) Übertrage die Tabelle in dein Heft und ergänze.

b) Berechne in jeder Zeile das Produkt aus a und b und das Produkt von ggT und kgV. Was fällt dir auf?

c) Überprüfe deine Vermutung aus b) mit den Zahlen 60 und 78.

a	b	ggT	kgV
2	3	▩	6
4	6	2	▩
6	8	▩	▩
6	9	▩	▩
8	12	▩	▩

Grundwissen
zum Wiederholen

1 Berechne: $1 \cdot 1\,000\,000 + 3 \cdot 1000 + 8 \cdot 1$

2 Beschreibe die Lage der Geraden a, b und c zueinander.

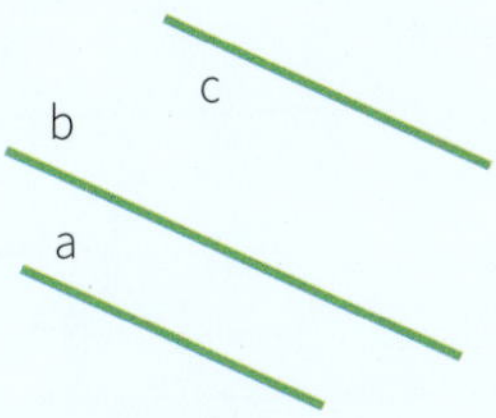

3 Gib in Stunden und Minuten an: 25 min + 75 min.

4 Gib einen passenden Rechenausdruck an und berechne: Multipliziere die Summe von 17 und 23 mit der Zahl 5.

5 Welcher geometrische Körper ist gemeint? „Mit diesem Körper werden Mauern gebaut."

+

ggT bestimmen

Der ggT umfasst alle Primfaktoren, die in beiden Zahlen vertreten sind.

$$\begin{aligned} 840 &= 2\cdot2\cdot2\cdot3\cdot5\cdot7 \\ 660 &= 2\cdot2\cdot3\cdot5\cdot11 \\ \hline \text{ggT}(840, 660) &= 2\cdot2\cdot3\cdot5 = 60 \end{aligned}$$

kgV bestimmen

Das kgV umfasst alle Primfaktoren der größeren Zahl. Weitere Faktoren kommen durch die kleinere Zahl hinzu.

$$\begin{aligned} 72 &= 2\cdot2\cdot2\cdot3\cdot3 \\ 300 &= 2\cdot2\cdot3\cdot5\cdot5 \\ \hline \text{kgV}(72, 300) &= 2\cdot2\cdot2\cdot3\cdot3\cdot5\cdot5 = 1800 \end{aligned}$$

8 **ggT und kgV mit Primfaktorzerlegung**

Bestimme den ggT.

a) ggT (192, 72) b) ggT (144, 40) c) ggT (92, 24) d) ggT (136, 144)

Bestimme das kgV.

e) kgV (56, 12) f) kgV (40, 65) g) kgV (72, 84) h) kgV (92, 100)

Exkurs

EUKLID

EUKLID hat im 4. Jahrhundert v. Chr. in Alexandria in Ägypten gelebt. Er hat verschiedene Verfahren beschrieben, mit denen man zu zwei Zahlen, gleichgültig wie groß sie sind, den ggT berechnen kann. Wir wissen nicht, ob Euklid gut mit einer Säge umgehen konnte. Eines seiner Verfahren verwendet die fortgesetzte Subtraktion, d. h. das wiederholte „Absägen“ wie in Aufgabe 12.

EUKLID ist ein berühmter Mathematiker. Er hat ein Mathematikbuch geschrieben, das man heute noch kaufen kann. Der amerikanische Präsident ABRAHAM LINCOLN hat es gelesen. Er wollte Richter werden und war überzeugt, dass er richtig Folgern und Beweisen nur von Mathematikern lernen könne.

9 **Der euklidische Algorithmus zur Bestimmung des ggT**

1. Die Entdeckung: Der ggT zweier Zahlen ist auch ein Teiler der Differenz.	ggT (192; 72)	192 – 72 = 120
2. Die Grundidee: An Stelle der beiden Zahlen berechnet man den ggT von der kleineren Zahl und der Differenz.	ggT (120; 72)	120 – 72 = 48
3. Das Tolle daran: Diesen Schritt kann man wiederholen, so oft man will. Die Zahlen werden	ggT (72; 48)	72 – 48 = 24
immer kleiner und die Aufgabe immer einfacher.	ggT (48; 24)	48 – 24 = 24
4. Der Erfolg: Ist die letzte Zahl 0 erreicht, dann hört man auf. Die vorletzte Zahl ist der	ggT (24; 24)	24 – 24 = 0
gesuchte ggT. Oft erkennt man den ggT schon früher.		ggT (192; 72) = 24

10 **ggT mit dem euklidischen Algorithmus bestimmen**

a) ggT (92; 24) b) ggT (144; 40) c) ggT (1085; 372) d) ggT (451; 449)

Teiler

4 ist ein **Teiler** von 12, denn $12:4=3$.
Teiler von 12: 1, 2, 3, 4, 6, 12

Teilermenge von 12
$T_{12}=\{1, 2, 3, 4, 6, 12\}$

Vielfache

20 ist ein **Vielfaches** von 4, denn $5\cdot 4=20$.
Vielfache von 4: $1\cdot 4,\ 2\cdot 4,\ 3\cdot 4,\ 4\cdot 4, \dots$

Vielfachenmenge von 4
$V_4=\{4, 8, 12, 16, 20, 24, 28, \dots\}$

Teilbarkeitsregeln

Endstellenregel

Eine Zahl ist **teilbar** durch

- **2**, wenn die letzte Ziffer eine 0, 2, 4, 6 oder 8 ist,
- **4**, wenn die beiden letzten Ziffern eine Zahl bilden, die durch 4 teilbar ist,
- **5**, wenn die letzte Ziffer eine 0 oder eine 5 ist.
- **10**, wenn die letzte Ziffer eine 0 ist.

Quersummenregeln

Eine Zahl ist **teilbar** durch **3**, wenn die Quersumme durch 3 teilbar ist.

Eine Zahl ist **teilbar** durch **9**, wenn die Quersumme durch 9 teilbar ist.

Zusammengesetzte Regeln

Eine Zahl ist **teilbar** durch **6**, wenn sie durch 2 und durch 3 teilbar ist.

Primzahlen

Zahlen, die genau zwei Teiler haben, nämlich 1 und sich selbst, nennt man Primzahlen. Die Zahl 1 ist keine Primzahl.

Primfaktorzerlegung

Die Primfaktorzerlegung ist die Zerlegung einer Zahl in ein Produkt von Primzahlen.
$120=2\cdot 2\cdot 2\cdot 3\cdot 5$
$\quad=2^3\cdot 3\cdot 5$

Check-up

1 Teilermengen
Bestimme alle Teiler der Zahlen 47, 50, 99, 128 und 198.
Eine Zahl fällt auf. Welche könnte gemeint sein?

2 Vielfache einer Zahl
Gib die Vielfachenmengen V_2, V_4 und V_8 an. Was fällt dir auf?

3 Überprüfen
a) Antonia behauptet, dass 364 ein Vielfaches von 13 ist. Stimmt ihre Behauptung?
b) Benjamin stellt fest, dass 1001 das Produkt von drei aufeinanderfolgenden Primzahlen ist. Welche sind das? Gib die Teilermenge von 1001 an.

4 Begriffe ergänzen
Ergänze „Teiler“, „Vielfaches“, „teilt“ oder „teilt nicht“.
a) 4 ▬ 62 b) 6 ist ein ▬ von 84.
c) 7 ▬ 105 d) 84 ist ein ▬ von 14.

5 Teilbarkeitsregeln
Überprüfe mit vier Beispielen die Teilbarkeitsregel zur 9:
Eine Zahl ist durch 9 teilbar, wenn ihre Quersumme, das heißt die Summe ihrer Ziffern, durch 9 teilbar ist, sonst nicht.

6 Teiler von 2 bis 10 gesucht
Finde mit den Teilbarkeitsregeln die Teiler von 2 bis 10 der folgenden Zahlen.
a) 444 b) 3474 c) 3480 d) 123 450

7 Primzahlen
Prüfe, ob die Zahlen Primzahlen sind.
a) 12; 31; 57; 67 b) 111; 123; 127

8 Primfaktorzerlegung
Stelle die folgenden Zahlen als Produkt von Primzahlen dar. Dabei dürfen Primzahlen mehrfach auftreten.
a) 63 b) 76 c) 108 d) 101 e) 504

9 Zahnräder
Zwei Zahnräder, von denen das eine 36 Zähne und das andere 30 Zähne hat, greifen ineinander. Die Stellen, die sich gerade berühren, sind in der Abbildung markiert. Nach wie vielen Umdrehungen der Räder treffen diese gekennzeichneten Stellen wieder zusammen?

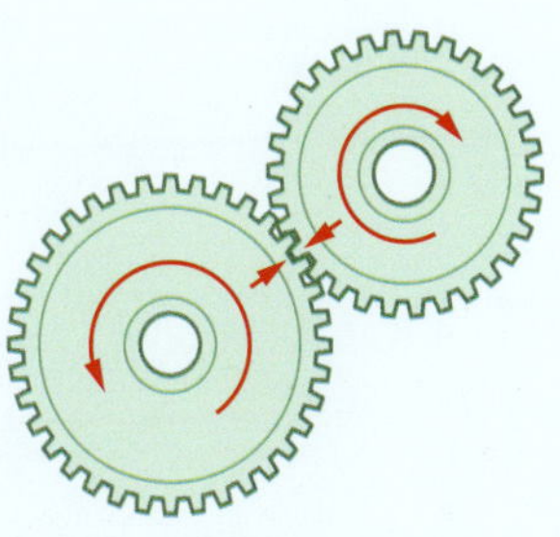

Sichern und Vernetzen

Vermischte Aufgaben zu Kapitel 6

Trainieren

WES-125764-050

Lösungen

1 Teilermenge – Vielfachenmenge

Gib jeweils die Teilermenge und die Vielfachenmenge an.

a) 8 b) 10 c) 15 d) 20 e) 23 f) 24 g) 63

2 Teiler

Welche der Zahlen hat die meisten Teiler? 37, 49, 56, 90 oder 95

3 Teilbarkeit 1

Welche der Zahlen sind teilbar durch 2, 4, 5 oder 10?

a) 124; 90; 125: 210;
b) 400; 255; 64 ; 120
b) 1000; 1024; 1234;
c) 2018; 2222; 10 520

4 Teilbarkeit 2

a) Welche der Zahlen sind durch 4, welche sogar durch 8 teilbar? Welche der Zahlen sind durch 6 teilbar?

4 224 668 792 900 3 454 3172 123 456

b) Ergänze eine Ziffer, sodass die Zahl jeweils durch 9 teilbar ist.

1□6 □99 25□ 7□1 □36 4□1

Wie kannst du ergänzen, damit die Zahl durch 3, aber nicht durch 9 teilbar ist? Gib alle Möglichkeiten an.

5 Fünfstellige Zahlen

Bilde aus den Ziffern 1, 2, 3, 4 und 5 die größte fünfstellige Zahl, die …

a) … durch 5 teilbar ist.
b) … durch 4 teilbar ist.
c) … durch 3 teilbar ist.
d) … durch 25 teilbar ist.

6 Primfaktorzerlegung

Zerlege in Primfaktoren.

a) 20 b) 36 c) 40 d) 56 e) 72 f) 80 g) 84
h) 125 i) 150 j) 200 k) 225 l) 250 m) 300 n) 1000

7 Von der Primfaktorzerlegung zur Zahl

Von einer Zahl ist die Primfaktorzerlegung angegeben. Gib die Zahl an.

a) $2^2 \cdot 3 \cdot 5$ b) $2 \cdot 3 \cdot 5 \cdot 7$ c) $7 \cdot 11 \cdot 13$ d) $2^2 \cdot 3^2 \cdot 5^2$

8 Gemeinsame Vielfache – gemeinsame Teiler

Bestimme die gemeinsamen Vielfachen und die gemeinsamen Teiler.

a) von 2 und 4 b) von 7 und 12 c) von 4 und 6
d) von 6 und 9 e) von 48 und 72 f) von 28 und 70

9 ggT und kgV

Bestimme den ggT und das kgV.

a) ggT (10, 15) b) ggT (21, 33) c) ggT (56, 42) d) ggT (12, 60)
e) kgV (2, 5) f) kgV (10, 12) g) kgV (6, 15) h) kgV (42, 14)

10 **≡ Primfaktorzerlegung**

Begründe mit der Primfaktorzerlegung, dass 75 kein Teiler von 360 ist.

Verstehen

11 **≡ Was haben die Zahlen gemeinsam? 456 456 und 528 528**

Schreibt man eine dreistellige Zahl zweimal nebeneinander, so erhält man eine sechsstellige Zahl (z.B. 456 456). Solche Zahlen sind immer durch 7, 11 und 13 teilbar.

a) Teile 456 456 durch 7. Dividiere das Ergebnis durch 11 und das neue Ergebnis durch 13. Probiere das gleiche Verfahren auch für 528 528 und mit weiteren selbst ausgedachten Zahlen. Fällt dir etwas auf?

b) Multipliziere die Zahlen 7, 11 und 13 miteinander. Kannst du damit erklären, warum alle zweimal aneinandergehängten dreistelligen Zahlen durch 7, 11 und 13 teilbar sind?

12 **≡ Wahr oder falsch?**

Die richtige Lösung führt zum Lösungswort.

a) Zwei gerade Zahlen sind nie teilerfremd.
b) Eine Primzahl ist zu jeder anderen Zahl teilerfremd.
c) Zahlen mit der gleichen Quersumme sind nie teilerfremd.
d) Zwei verschiedene Primzahlen sind immer teilerfremd.
e) Der ggT zweier Zahlen ist immer kleiner als die kleinere Zahl.
f) Das kgV zweier aufeinanderfolgender Zahlen ist gleich ihrem Produkt.

wahr	falsch
E	N
R	U
F	K
L	O
L	I
D	G

Tipp
Zahlen, die außer 1 keinen weiteren gemeinsamen Teiler haben, nennt man teilerfremd.

Anwenden

13 **≡ Gardinenstangen**

Maren hat von ihrer Mutter zwei alte Gardinenstangen bekommen, um daraus zylinderförmige Bauklötze für ihren Bruder zu sägen. Alle Klötze sollen gleich lang sein und das Holz soll restlos verbraucht werden.

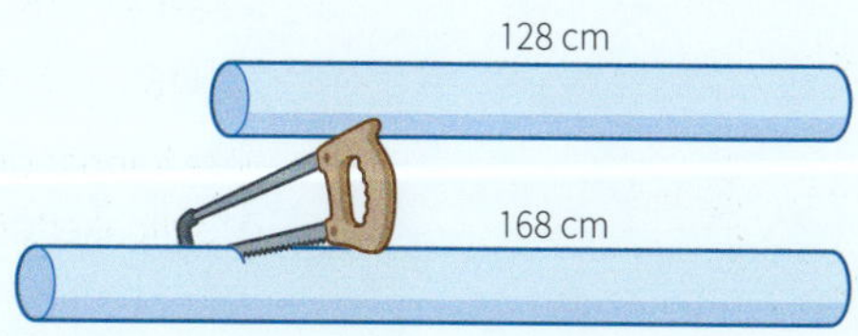

Wie lang kann Maren die Klötze machen?
Ist es falsch, wenn sie erst einmal die längere Stange bei 128 cm durchsägt?

14 **≡ Hochrad**

Bei dem Hochrad hat ein Rad einen Umfang von 450 cm, das andere einen Umfang von 125 cm.

a) Wie oft muss sich das große (kleine) Rad in etwa drehen, wenn man mit dem Rad neun Kilometer fährt?

b) Nach welcher Entfernung berühren die markierten Stellen zum ersten Mal wieder gleichzeitig den Boden? Wie oft haben sich das kleine und das große Rad dann jeweils gedreht?

15 **≡ Jupiter**

Der Planet Jupiter dreht sich in 10 h einmal um sich selbst. Wie lange dauert es bei der Erde? Wie viele Jupitertage entsprechen wie vielen Erdtagen?

16 **≡ Primzahlen zwischen zwei Zahlen**

Der Mathematikprofessor PETER GUSTAV DIRICHLET hat vor mehr als 150 Jahren bewiesen, dass zwischen einer natürlichen Zahl (größer als 1) und dem Doppelten dieser Zahl mindestens eine Primzahl liegt.

a) Ergänze die Tabelle in deinem Heft.

Zahl	2	3	4	■	7	12	■	100	■
Primzahl	3	5	■	■	■	■	■	■	■
Doppeltes	4	6	■	10	■	■	40	■	400

b) Meinst du, es gibt eine Primzahl, die größer als eine Milliarde ist?

7 Flächen- und Rauminhalt

Im Tropen-Aquarium im Zoo gibt es viele verschiedene Aquarien. In dem größten Aquarium, einem Seewasseraquarium, tummeln sich unter anderem auch Meeresschildkröten. Dieses Aquarium hat einen Rauminhalt (Volumen) von 1,8 Millionen Liter Seewasser.
Die Panoramascheibe, durch die die Besucher die Fische beobachten können, ist etwa 14 m lang und 6 m hoch. Die Scheibenreiniger müssen eine Fläche von 84 m^2 reinigen.

7.1 Flächeninhalt und Umfang messen

E1 Straßenbau

Die Landstraße L236 wird verbreitert. Landwirt Hendricks soll dafür seinen Acker hergeben. Als Entschädigung erhält er ein anderes Grundstück.

a) Ist der Tausch fair?

b) Landwirt Hendricks hat um sein altes Grundstück einen Zaun gespannt. Diesen möchte er nun abbauen und um das neue Grundstück wiederaufbauen. Reicht die Länge des alten Zauns?

E2 Pentomino

Pentomino ist ein Spiel, bei dem ein rechteckiges Spielfeld mit Spielsteinen so gefüllt werden muss, dass alle 12 Spielsteine verwendet werden und jedes Quadrat des Spielfelds belegt ist.

a) Welches der vier verschiedenen Spielfelder ist am größten? Begründe.

b) Vergleiche die Umfänge der Spielfelder.

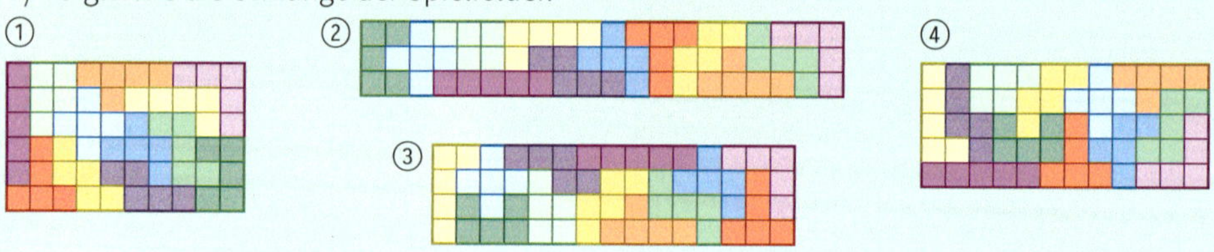

E3 Fliesenlegen

Ahmets Vater möchte den Hausflur neu fliesen. Der Hausflur hat eine Fläche von 2 m Breite und 4 m Länge. Er möchte Marmorfliesen mit einer Länge und Breite von jeweils 0,5 m verlegen.

a) Wie viele Fliesen benötigt er?

b) Im Flur soll ebenfalls eine Sockelleiste verlegt werden. Passende Sockelleisten zu den Marmorfliesen werden im Baumarkt mit einer Länge von 0,5 m verkauft. Wie viele Sockelleisten benötigt Ahmets Vater?

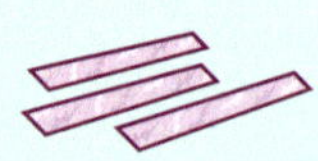

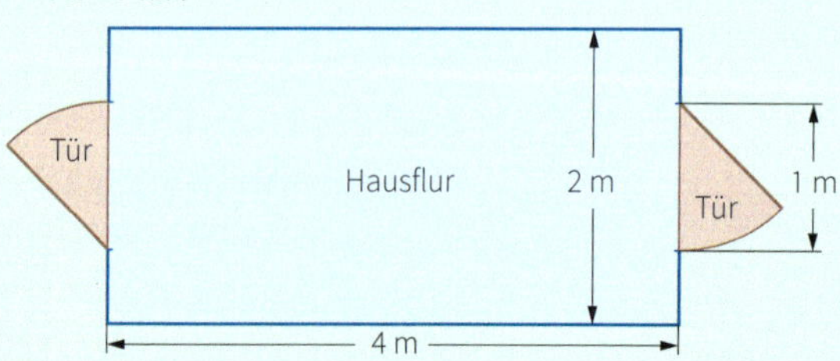

Basiswissen

WES-125764-033

Fläche

Eine Fläche besitzt einen **Flächeninhalt A** (von lateinisch **A**rea) und einen **Umfang u**.

Flächeninhalt A

Der Flächeninhalt wird durch Auslegen mit Flächeneinheiten bestimmt.
Als Flächeneinheit kann man ein Quadrat mit der Kantenlänge 1 cm verwenden.
Dieses Quadrat hat den Flächeninhalt 1 cm² (sprich: „ein Quadratzentimeter“).

Das abgebildete Rechteck lässt sich mit 6 Quadraten mit dem Flächeninhalt 1 cm² auslegen.

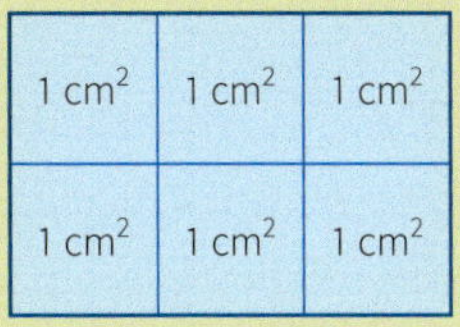

Flächeninhalt A = 6 cm²
Maßzahl (6) — Maßeinheit (cm²)

Umfang u

Legt man eine Schnur um eine Fläche, dann ist die Länge der Schnur der Umfang der Fläche.

Der Umfang des abgebildeten Rechtecks wird durch Addieren der Seitenlängen berechnet.

Umfang u = 3 cm + 2 cm + 3 cm + 2 cm = 10 cm

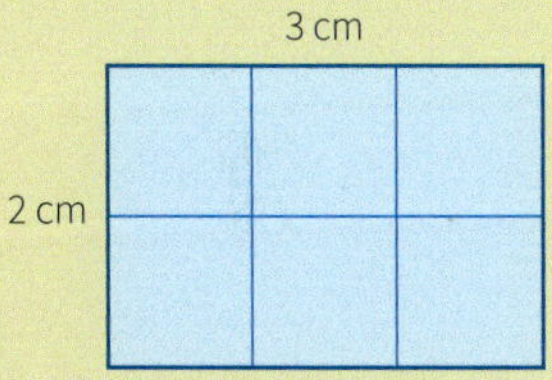

Beispiele

A Flächeninhalt A und Umfang u bestimmen

Bestimme den Flächeninhalt A und den Umfang u der Flächen. Vergleiche.

①

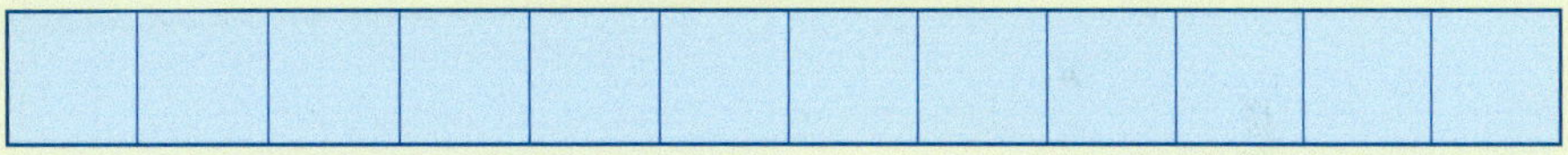

②

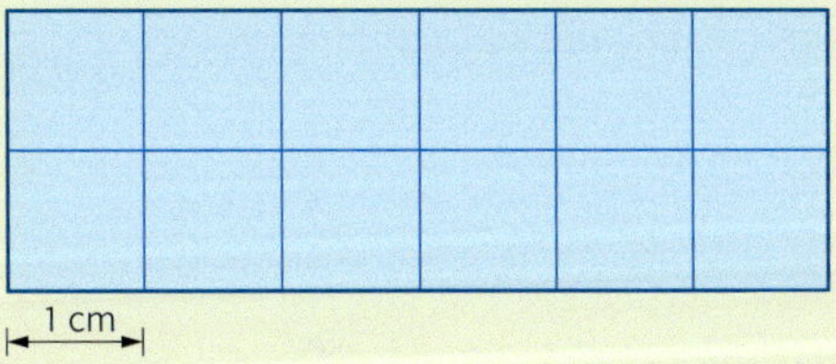

③

Lösung:

① Flächeninhalt A = 12 cm²
Umfang u = 12 cm + 1 cm + 12 cm + 1 cm = 26 cm

② Flächeninhalt A = 12 cm²
Umfang u = 6 cm + 2 cm + 6 cm + 2 cm = 16 cm

③ Flächeninhalt A = 12 cm²
Umfang u = 4 cm + 2 cm + 2 cm + 2 cm + 2 cm + 4 cm = 16 cm

Der Flächeninhalt ist bei allen drei Flächen gleich groß. Die Flächen ② und ③ haben den gleichen Umfang. Der Umfang von Fläche ① ist größer als bei Fläche ② und ③.

Übungen

1 Flächeninhalt oder Umfang

Ist der Umfang oder der Flächeninhalt für die Tätigkeiten wichtig?

a) einen Fensterrahmen anfertigen
b) einen Sicherheitszaun errichten
c) die Decke eines Zimmers streichen
d) den Rand eines Fußballfeldes markieren
e) den Rasen in einem Garten sähen
f) ein Blumenbeet anlegen

2 Übungen zum Basiswissen

Bestimme den Flächeninhalt A und den Umfang u der abgebildeten Flächen.

a)
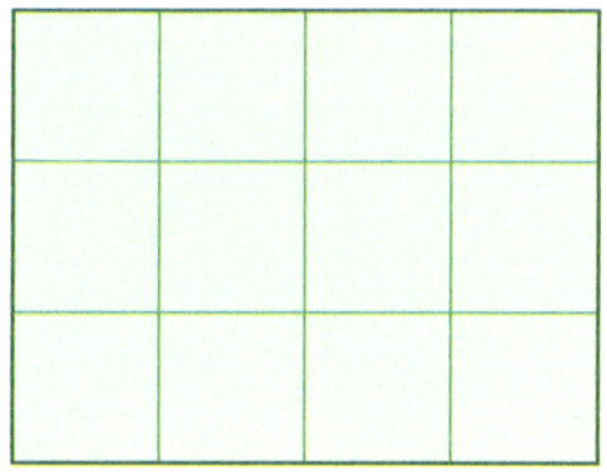

b)
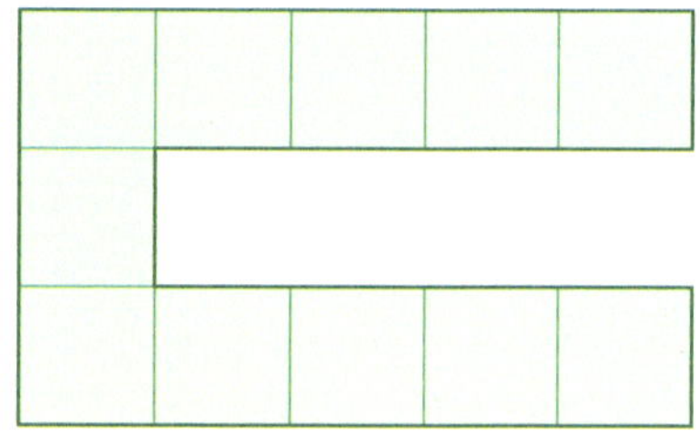

c)

d)
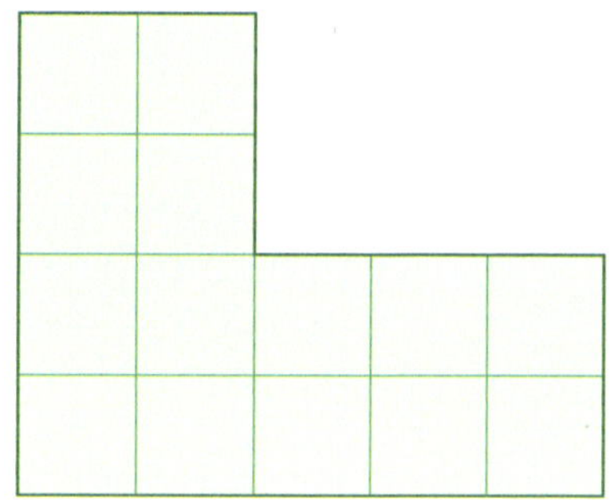

3 Inhalt einer Fläche und Umfang

Haben Flächen mit dem gleichen Inhalt auch den gleichen Umfang? Zeichne neun Quadrate mit $1\,cm^2$ Flächeninhalt und schneide sie aus. Lege verschiedene Figuren mit einem Flächeninhalt von $9\,cm^2$.
Bestimme jeweils auch den Umfang.

Tipp
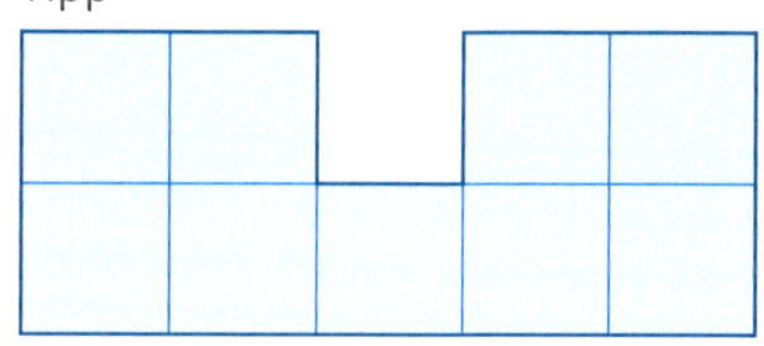

4 Flächen zeichnen

Zeichne mindestens zwei verschiedene Flächen mit dem angegebenen Flächeninhalt A und bestimme jeweils den Umfang. Vergleiche deine Ergebnisse mit denen deiner Mitschülerinnen und Mitschüler.

a) $A = 18\,cm^2$
b) $A = 25\,cm^2$
c) $A = 12\,cm^2$
d) $A = 16\,cm^2$
e) $A = 6\,cm^2$
f) $A = 9\,cm^2$
g) $A = 27\,cm^2$
h) $A = 5\,cm^2$

5 Flächen zeichnen

Probieren erlaubt! Quadrate ausschneiden.

Zeichne mindestens eine Fläche mit dem Flächeninhalt A und dem Umfang u.
Bei welcher Fläche wird dies schwierig?

	Flächeninhalt A	Umfang u
a)	$6\,cm^2$	10 cm
b)	$5\,cm^2$	12 cm
c)	$8\,cm^2$	12 cm
d)	$10\,cm^2$	14 cm
e)	$7\,cm^2$	20 cm

Tipp zu b)
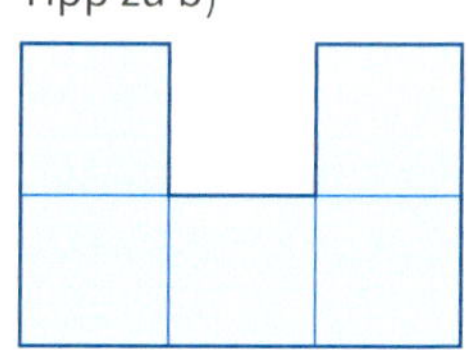

$A = 5\,cm^2$
$u = 12\,cm$

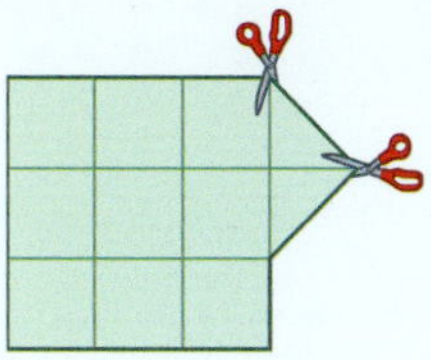

6 ≡ **Flächeninhalt bestimmen mit der Schere**

Paul stellt fest: „Den Flächeninhalt dieser komischen Figur kann ich nicht ermitteln. Das Auslegen mit 1 cm^2 Quadraten funktioniert nicht."
Paula sagt: „Ich habe eine Idee. Mit einer Schere klappt es prima."

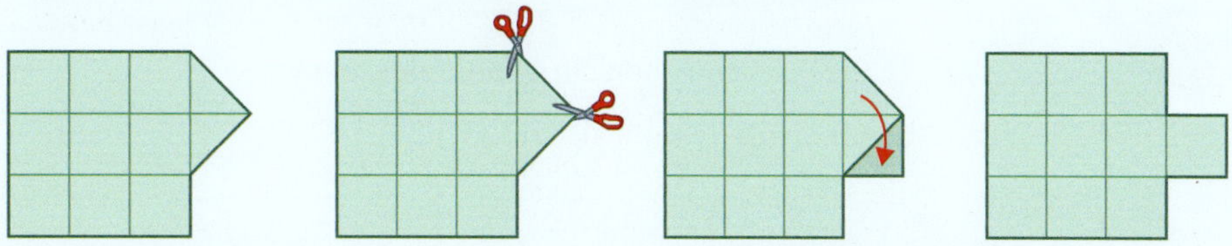

Beschreibe in Worten, wie Paula vorgegangen ist. Wie groß ist der Flächeninhalt A der Figur?

Flächeninhalt bestimmen durch Zerlegen und Zusammensetzen

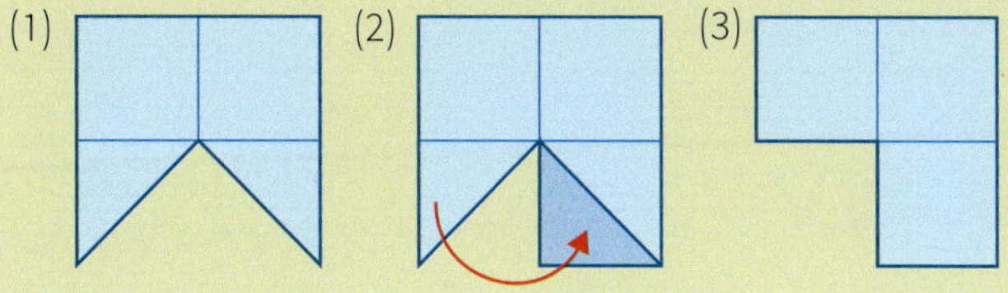

Die Figur hat einen Flächeninhalt von 3 cm^2.

7 ≡ **Gleich große Flächen**

Welche Flächen sind gleich groß? Welche Flächen haben den gleichen Umfang?

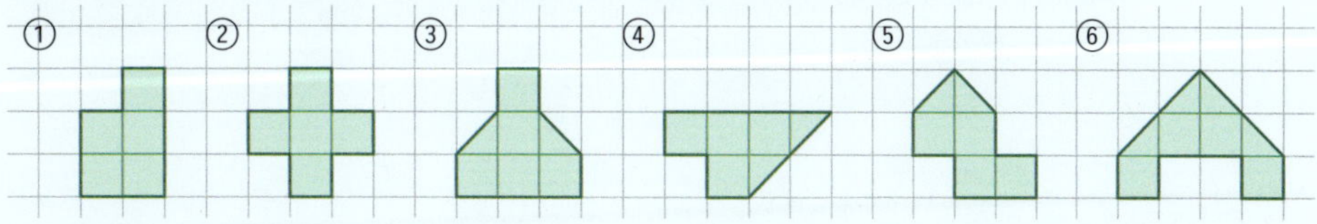

8 ≡ **Flächenvergleich**

a) Bestimme sowohl den Flächeninhalt A als auch den Umfang u der Fläche. Ein Kästchen entspricht hier 1 cm^2.
b) Ordne die Flächen nach der Größe des Flächeninhalts.
c) Ordne die Flächen nach der Größe des Umfangs.

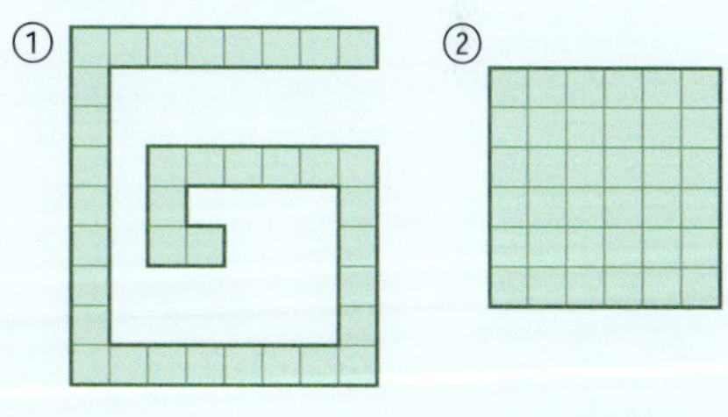

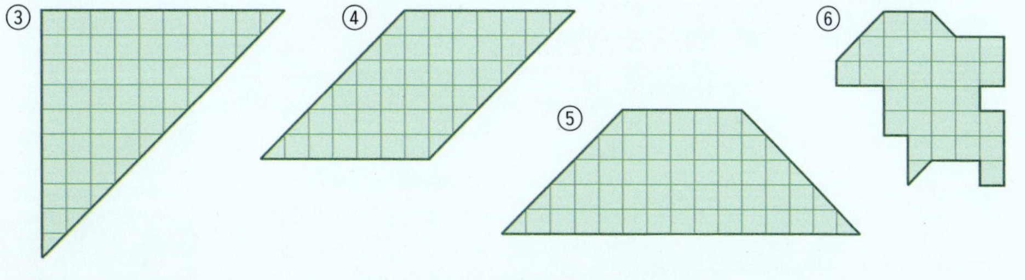

Grundwissen
zum Wiederholen

1 Miriams Brüderchen Hans wog bei der Geburt 3950 g und war 54 cm groß. Nach 6 Monaten wog Hans 7,3 kg und war 70 cm groß. Um wie viel hat das Brüderchen zugenommen und um wie viel Zentimeter ist es gewachsen?

2 Schreibe mit Ziffern: a) eine Million b) einhundertfünfzigtausendfünfzig

7.2 Einheiten von Flächeninhalten

E1 Die Flächeneinheit ein Quadratdezimeter

a) Mit wie vielen Quadraten mit dem Flächeninhalt 1 cm² kann man ein Quadrat mit der Kantenlänge 1 dm auslegen?

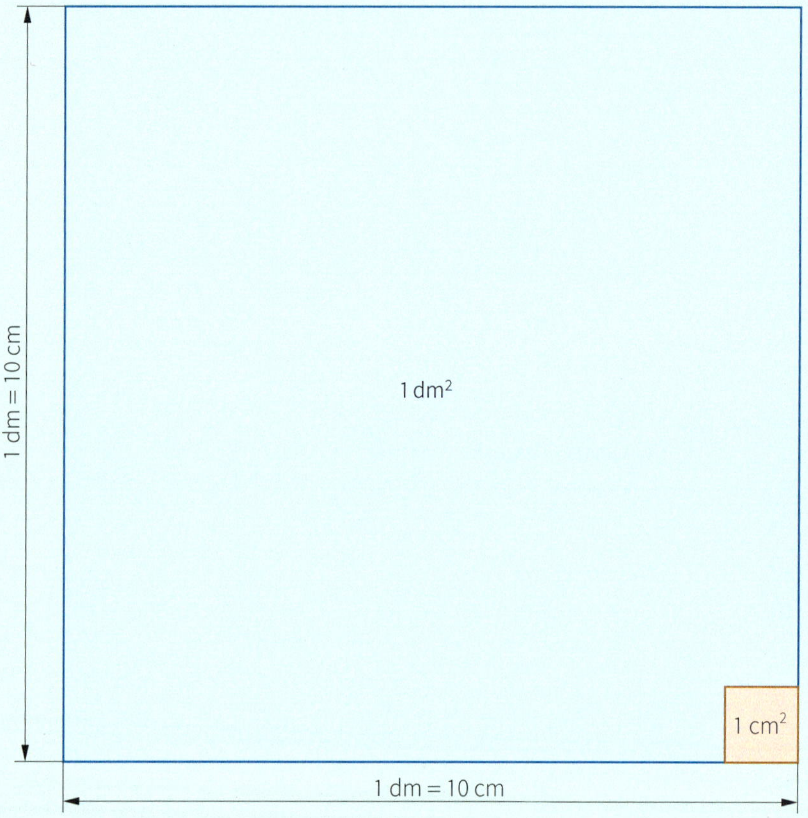

b) Ein Quadratdezimeter (1 dm²) ist der Flächeninhalt eines Quadrates mit der Kantenlänge 1 dm. Wie viele Quadratzentimeter entsprechen einem Quadratdezimeter?

c) Stelle mehrere Quadrate aus Papier mit dem Flächeninhalt von 1 dm² her. Ermittle den Flächeninhalt einer Heftseite durch Auslegen mit diesen Quadraten.

E2 Quadratmeter

Wenn du die Bodenfläche deines Klassenraumes angeben möchtest, so wirst du sie nicht in Quadratzentimetern oder Quadratdezimetern angeben. Das Auslegen wäre viel zu aufwendig.

Auf dem Foto siehst du ein Quadrat mit dem Flächeninhalt 1 Quadratmeter (1 m²). Stelle einen Quadratmeter her. Schätze nun die Flächeninhalte

a) der Tafel
b) der Tür
c) des Fußbodens deines Klassenzimmers.
Überprüfe die Schätzung mit dem Quadratmeter.

Basiswissen

Auch für Flächeninhalte gibt es verschiedene Flächeneinheiten. Die Umrechnung geschieht bei Längen mit dem Faktor 10 und bei Flächen mit dem Faktor 100.

Einheiten von Flächeninhalten

1 Quadratkilometer (km^2)	1 Hektar (ha)	1 Ar (a)	1 Quadratmeter (m^2)	1 Quadratdezimeter (dm^2)	1 Quadratzentimeter (cm^2)	1 Quadratmillimeter (mm^2)
	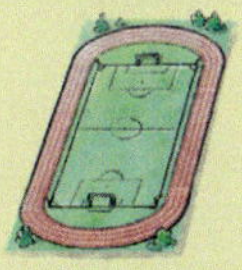	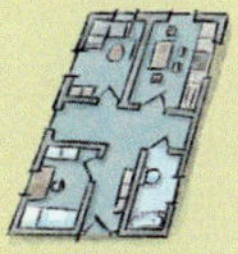			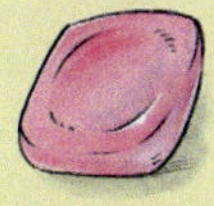	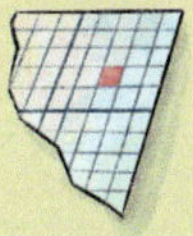
Dorf	Sportplatz	Wohnung	Tisch	Smartphone	Bonbon	Gitterquadrat auf Millimeterpapier

Flächeneinheiten umwandeln mit Umrechnungszahlen

$1\,km^2 = 100\,ha$ (· 100 ; : 100)

$1\,ha = 100\,a$ (· 100 ; : 100)

$1\,a = 100\,m^2$ (· 100 ; : 100)

$1\,m^2 = 100\,dm^2$ (· 100 ; : 100)

$1\,dm^2 = 100\,cm^2$ (· 100 ; : 100)

$1\,cm^2 = 100\,mm^2$ (· 100 ; : 100)

Beispiele

WES-125764-034

A Von einer größeren in eine kleinere Einheit umwandeln

Rechne die Flächeninhalte in die angegebene Einheit um.

a) $17\,dm^2$ in cm^2 b) $3\,ha$ in m^2

Lösung:

a) $17\,dm^2 = 1700\,cm^2$ (· 100)

b) $3\,ha = 300\,a = 30\,000\,m^2$ (· 100, · 100)

B Von einer kleineren in eine größere Einheit umwandeln

Rechne die Flächeninhalte in die angegebene Einheit um.

a) $3400\,mm^2$ in cm^2 b) $150\,000\,m^2$ in ha

Lösung:

a) $3400\,mm^2 = 34\,cm^2$ (: 100)

b) $150\,000\,m^2 = 1500\,a = 15\,ha$ (: 100, : 100)

Übungen

1 Schätzen

Schätze den Flächeninhalt. In welcher Einheit gibst du ihn an?

a) Sporthalle b) Acker c) Fingernagel d) Rheinland-Pfalz

2 Flächeneinheiten für große Flächen

Versuche dir ein Quadrat mit der folgenden Seitenlänge vorzustellen.

a) 1 m b) 10 m c) 100 m d) 1 km

Welche der folgenden Flächen bieten in etwa den gleichen Platz?

① die Fläche eines Fußballfeldes ② die Fläche eines Einfamilienhauses
③ ein großer Parkplatz ④ die Fläche eines kleinen Dorfes
⑤ die Fläche eines Tennisplatzes ⑥ eine Turnmatte
⑦ ein Küchentisch ⑧ ein Flughafen

3 Dinge aus dem Alltag

Ordne die Flächeninhalte passend zu.

Bett | Flugplatz | Mathebuch | Nordrhein-Westfalen | Knopf

$30\,km^2$ | $1\,cm^2$ | $580\,cm^2$ | $2\,m^2$ | $34\,077\,km^2$

Exkurs

Hektar und Ar

Hast du schon einmal die Angaben Hektar oder Ar gehört? In der Land- und Forstwirtschaft werden zur Angabe von Acker- und Waldflächen auch die Einheiten Ar (a) und Hektar (ha) genutzt.
Ein Hektar hat die Größe eines Quadrates mit der Seitenlänge 100 m. Ein besonders großes Fußballfeld ist etwa 1 ha groß.
Ein Ar hat die Größe eines Quadrates mit der Seitenlänge 10 m, etwa die Grundfläche eines Hauses.

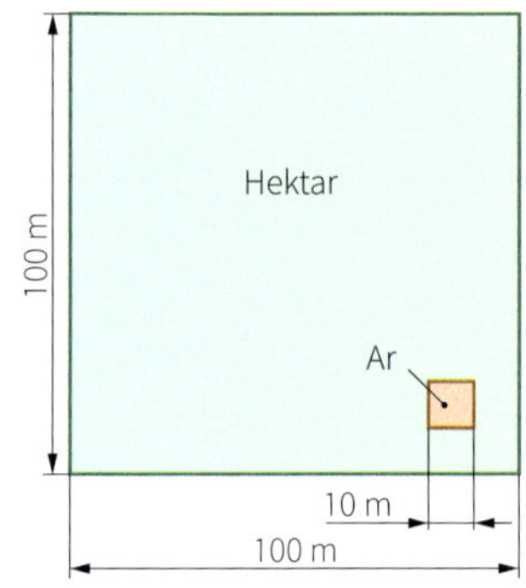

4 Umwandeln in die nächstkleinere Einheit

Rechne mithilfe der Umrechnungszahlen in die nächstkleinere Flächeneinheit um.

a) $17\,m^2$ b) $7\,km^2$ c) 23 ha d) $41\,m^2$
e) 4 a f) $12\,cm^2$ g) $4\,dm^2$ h) 45 a

5 Umwandeln in die nächstgrößere Einheit

Rechne mithilfe der Umrechnungszahlen in die nächstgrößere Flächeneinheit um.

a) $2500\,m^2$ b) $700\,mm^2$ c) $3000\,dm^2$ d) 400 ha
e) $4500\,cm^2$ f) 3000 a g) 900 ha h) $30\,000\,cm^2$

Umwandeln mit der Einheitentabelle

Um gleiche Flächeninhalte in verschiedenen Einheiten darzustellen, ist eine Einheitentabelle ein nützliches Werkzeug.

km^2		ha		a		m^2		dm^2		cm^2		mm^2		
Z	E	Z	E	Z	E	Z	E	Z	E	Z	E	Z	E	
								5	0	0	0			$50\,dm^2 = 5000\,cm^2$
	1	0	0	0	0	0	0							$1\,000\,000\,m^2 = 1\,km^2$
							2	0	5	0	0			$2{,}05\,m^2 = 20\,500\,cm^2$

6 Eintragen in die Einheitentabelle

Erstelle in deinem Heft eine Einheitentabelle und trage die Flächeninhalte ein. Gib den Flächeninhalt in einer anderen Einheit an.

a) $3000\,m^2$ b) 6,5 a c) $0{,}5\,m^2$ d) $400\,dm^2$
e) $3{,}8\,km^2$ f) $4{,}55\,cm^2$ g) $10\,000\,m^2$ h) 12,03 ha

7 Training zum Umwandeln mit der Einheitentabelle

Rechne mithilfe der Einheitentabelle in die angegebene Einheit um.

a) $53\,dm^2$ in cm^2 b) 12,5 a in m^2 c) $5{,}9\,m^2$ in cm^2 d) $600\,dm^2$ in m^2
e) $5{,}8\,km^2$ in m^2 f) $40\,000\,m^2$ in ha g) $190\,cm^2$ in dm^2 h) $440\,mm^2$ in cm^2

8 Umwandeln

Wandle in die nächstkleinere Maßeinheit um.

a) Acker 4 ha
b) 1-Cent-Münze 2,07 cm^2
c) Buchdeckel 5,5 dm^2
d) Reitanlage 17 a

9 Umwandeln und ordnen

Ordne der Größe nach. Rechne jeweils in eine geeignete Einheit um.

a) 600 cm^2; 2 m^2; 40 dm^2; 8000 cm^2
b) 4 a; 6000 dm^2; 30 m^2; 0,5 ha
c) 4000 m^2; 200 a; 30 000 dm^2; 1 ha
d) 45 000 cm^2; 3 m^2; 2 000 000 mm^2
e) 1,7 dm^2; 3450 cm^2; 40 000 mm^2
f) 9 a; 1500 m^2; 5 820 100 cm^2

10 Monsterzahlen

a) Uwe liebt Monsterzahlen. Diesmal hat er ausgerechnet, dass der Klassenraum 48 000 000 mm^2 groß ist. Kann das sein?
b) Michel behauptet, dass 10 000 cm^2 in einen Quadratmeter (1 m^2) passen. Hat er Recht?

11 Flurbereinigung

Lösungen
124 a 303,9 a
202 a 446,3 a
427 a 15,4 a

Bei einer Flurbereinigung werden Grundstücke mit folgenden Flächen zusammengelegt. Bestimme den Flächeninhalt der Gesamtfläche.

a) 2 ha; 200 m^2
b) 600 m^2; 9 a; 40 m^2
c) 2 a; 40 m^2; 150 m^2; 3 ha
d) 2000 m^2; 4 ha; 7 a
e) 2 a; 1 ha; 200 m^2; 20 a
f) 4 ha; 15 a; 2500 m^2; 6,3 a

12 Straßenneubau

Von dem Grundstück muss für den Neubau einer Straße ein Teil der Fläche abgegeben werden. Bestimme die Größe der Restfläche.

	Grundstück	Straße
a)	817 m^2	43 m^2
b)	1653 m^2	1 a
c)	71 a	390 m^2
d)	10,57 a	68 m^2

13 Teilen von Rechtecken

Tipp
$3\,m^2 : 5 =$ ■
Umwandeln der Flächeneinheiten:
$300\,dm^2 : 5 = 60\,dm^2$

Ein Rechteck von 3 m^2 Flächeninhalt soll in fünf gleich große Teile zerlegt werden. Berechne ebenso durch Umwandeln:

a) $4\,dm^2 : 5$
b) $21\,cm^2 : 10$
c) $12\,m^2 : 8$
d) $1\,m^2 : 4$

14 Zerlegen

a) Ein Acker von 46 ha soll in 40 gleich große „Parzellen" zerlegt werden.

b) Eine Wand von 12,25 m^2 soll in fünf gleich großen Streifen mit verschiedenen Farben gestrichen werden.

c) Ein Parkplatz von 12 a soll für einen Flohmarkt in 48 gleich große Flächen aufgeteilt werden.

Grundwissen
zum Wiederholen

1 Runde:
a) 4490 auf Tausender
b) 6 543 000 auf Hunderttausender
c) 895 auf Zehner

2 Zeichne das Netz eines Quaders mit den Kantenlängen 1 cm, 2 cm und 3 cm.

3 Setze die Zahlenfolge in beide Richtungen fort: … 28, 26, 32, 30, 36, 34, …

4 Wie viele Kanten hat ein Würfel?

7.3 Flächeninhalt und Umfang eines Rechtecks

E1 Displaygrößen bei Smartphones

Merle und Max haben beide ein neues Smartphone geschenkt bekommen. Merle meint, dass das Display ihres Smartphones größer ist als das von Max.
Max ist dagegen ganz anderer Meinung. Doch wer hat nun Recht? Hilf ihnen.
Beide Displays sind rechteckig.
Berechne den Flächeninhalt der beiden Displays und vergleiche.

	Länge	Breite
Merle	12 cm	6 cm
Max	13 cm	5 cm

E2 Gemüsegarten

Familie Müller möchte auf ihrem Grundstück einen Gemüsegarten anlegen.

a) Der Gemüsegarten soll rechteckig sein und einen Flächeninhalt von $120\,m^2$ haben. Gib verschiedene Möglichkeiten an, welche Länge und welche Breite Familie Müller für den Garten wählen kann.

b) Das Grundstück der Familie Müller liegt am Ortsrand. Daher kommen oft Wildschweine „zu Besuch“. Familie Müller will den Gemüsegarten zum Schutz einzäunen. Wie viel Meter Zaun benötigen sie für die verschiedenen von dir vorgeschlagenen Gemüsegärten?

E3 Flächeninhalt und Umfang von zusammengesetzten Körpern

a) Übertrage die Figuren möglichst genau in dein Heft.

① 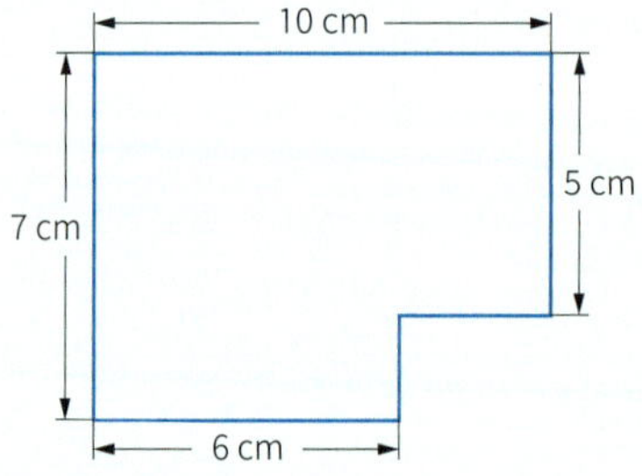

② 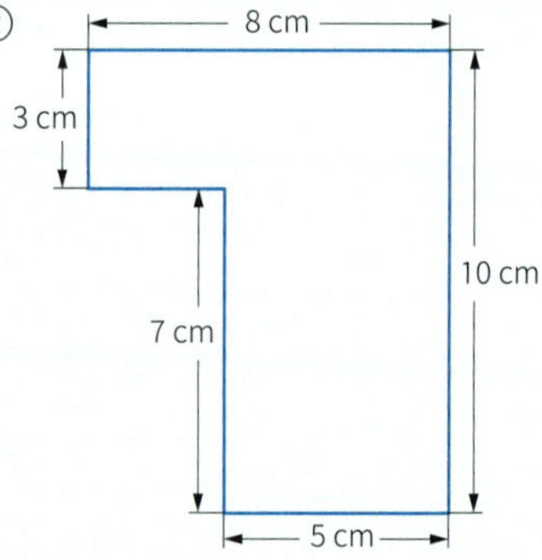

b) Berechne den Flächeninhalt der Figuren.

c) Bestimme den Umfang der beiden Figuren.

> Tipp
> Zerlege die Figur in Rechtecke und bestimme zuerst deren Flächeninhalt.

E4 Breite berechnen

Der Mathematiklehrer erzählt: „Unser Klassenraum ist rechteckig. Laut Bauplan hat unser Klassenraum einen Flächeninhalt von $96\,m^2$. Ich habe die Länge unseres Klassenraumes gemessen. Sie beträgt 12 m.“
Wie breit ist der Klassenraum und wie lang ist die Fußleiste? Achte auf die Türöffnung.

Basiswissen

WES-125764-035

Flächeninhalt und Umfang eines Rechtecks berechnen

Der **Flächeninhalt A** eines Rechtecks mit der Länge a und der Breite b:

Flächeninhalt A = Länge a mal Breite b
Schreibweise: $\mathbf{A = a \cdot b}$

Flächeninhalt des abgebildeten Rechtecks:
$A = 3\,cm \cdot 2\,cm = 6\,cm^2$

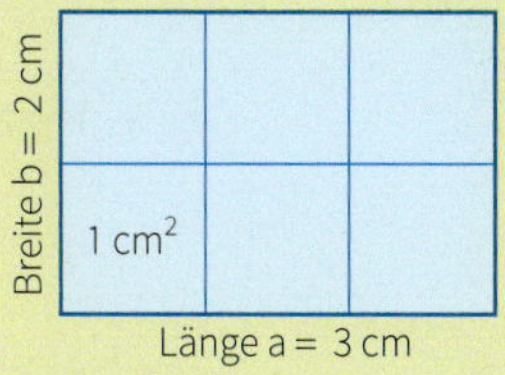

Der **Umfang u** eines Rechtecks ist die Summe der vier Seitenlängen.

Umfang u = 2 mal Länge a + 2 mal Breite b
Schreibweise: $\mathbf{u = 2 \cdot a + 2 \cdot b}$

Umfang des abgebildeten Rechtecks:
$u = 2 \cdot 3\,cm + 2 \cdot 2\,cm = 6\,cm + 4\,cm = 10\,cm$

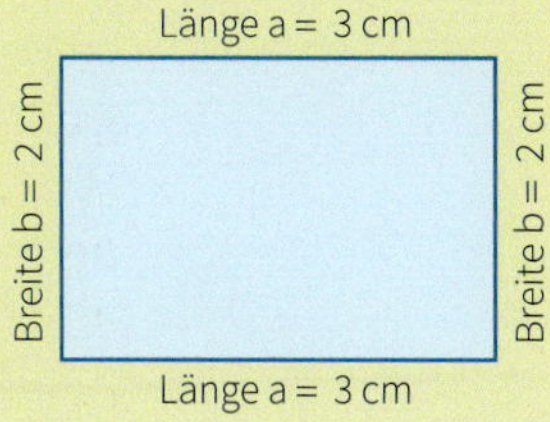

Beispiele

A Flächeninhalt und Umfang von Rechtecken berechnen
Berechne den Flächeninhalt A und den Umfang u des dargestellten Rechtecks.

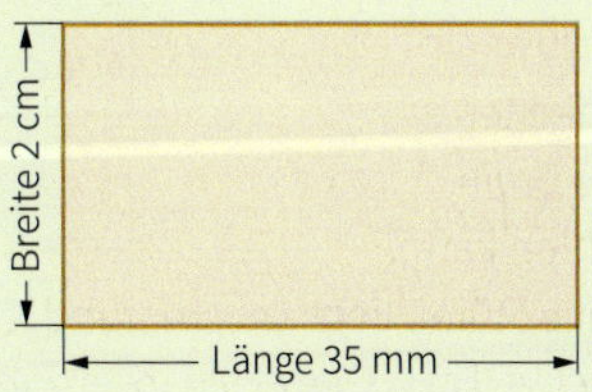

Lösung:
Länge und Breite in die gleiche Einheit umwandeln.
Länge a = 35 mm
Breite b = 2 cm = 20 mm
$A = 35\,mm \cdot 20\,mm = 700\,mm^2 = 7\,cm^2$
$u = 2 \cdot 35\,mm + 2 \cdot 20\,mm$
$= 70\,mm + 40\,mm = 110\,mm = 11\,cm$

Übungen

1 Fächeninhalt und Umfang
Miss Länge und Breite des Rechtecks. Berechne den Flächeninhalt A und den Umfang u.

a) 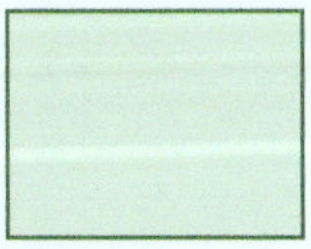

b) 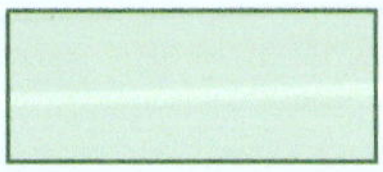

c) 

2 Rechteckige Poster
Berechne für die rechteckigen Poster den Flächeninhalt und den Umfang. Verwandle die Seitenlängen gegebenenfalls in die gleiche Längeneinheit.
a) Länge 24 cm, Breite 30 cm b) Länge 13 cm, Breite 200 mm c) Länge 6 dm, Breite 4 dm

3 Flächeninhalt und Umfang berechnen
Berechne den Flächeninhalt A und den Umfang u der angegebenen Rechtecke. Achte darauf, dass man beim Rechnen Länge und Breite stets in der gleichen Einheit verwendet.
a) Länge a = 4 cm, Breite b = 6 cm
b) Länge a = 7 m, Breite b = 9 m
c) Länge a = 3 mm, Breite b = 9 mm
d) Länge a = 14 dm, Breite b = 3 dm
e) Länge a = 12 km, Breite b = 8 km
f) Länge a = 4 cm, Breite b = 70 mm
g) Länge a = 4,3 dm, Breite b = 2 cm
h) Länge a = 1,45 m, Breite b = 3 cm

Lösungen
12 cm 300 cm
$225\,cm^2$ 100 cm
20 cm 36 cm
60 cm $200\,cm^2$
15 cm 30 cm

4 Fehlende Seitenlänge

Berechne die fehlende Seitenlänge des Rechtecks.

a) $A = 36\,cm^2$, $a = 4\,cm$ b) $A = 44\,mm^2$, $a = 11\,mm$ c) $A = 36\,m^2$, $b = 6\,m$
d) $u = 30\,cm$, $a = 6\,cm$ e) $u = 160\,m$, $b = 30\,m$ f) $u = 100\,m$, $a = 25\,m$

5 Rechtecke

Berechne die fehlenden Größen des Rechtecks.

	Länge a	**Breite b**	**Flächeninhalt A**	**Umfang u**
a)	10 cm	20 cm		
b)	6 cm		$72\,cm^2$	
c)		15 cm		60 cm
d)		50 cm	$50\,dm^2$	
e)			$6\,dm^2$	100 cm

6 Länge und Breite gesucht

Zu einer Fläche sind die angegebenen Eigenschaften bekannt. Bestimme mögliche Längen und Breiten.

a) $A = 40\,m^2$ b) $A = 600\,cm^2$ c) $u = 80\,mm$
d) $u = 30\,km$ e) $A = 1\,ha$ f) $A = 4\,a$

7 Veränderungen bei Umfang und Flächeninhalt

a) Ein Quadrat von $4\,cm \times 4\,cm$ wird auf $5\,cm \times 5\,cm$ vergrößert. Um wie viel wird der Umfang und um wie viel wird der Flächeninhalt größer?

b) Das Quadrat von $4\,cm \times 4\,cm$ wird zu einem Rechteck mit $3\,cm \times 5\,cm$ verändert. Wie verändern sich Umfang und Flächeninhalt?

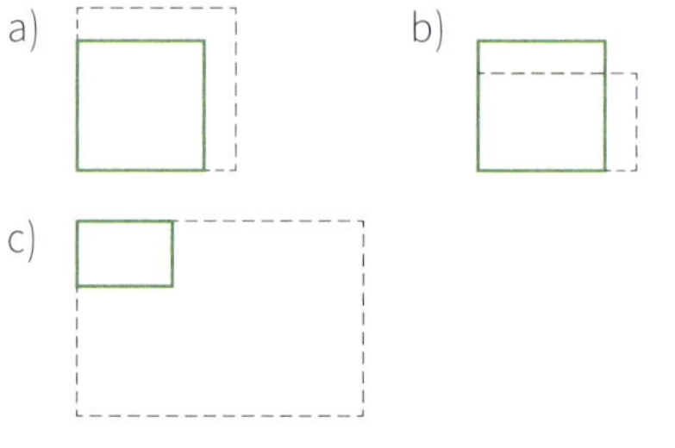

c) Die Länge und die Breite eines $2\,cm \times 3\,cm$-Rechtecks werden verdreifacht. Wie ändern sich Umfang und Flächeninhalt?

8 Kinderzimmer

Berechne die Fläche der beiden Kinderzimmer. Welches Zimmer würdest du dir aussuchen?
Vergleiche die Wohnfläche der Kinderzimmer mit der Fläche von Wohnzimmer, Schlafzimmer und Bad. Wie groß ist die gesamte Wohnfläche?

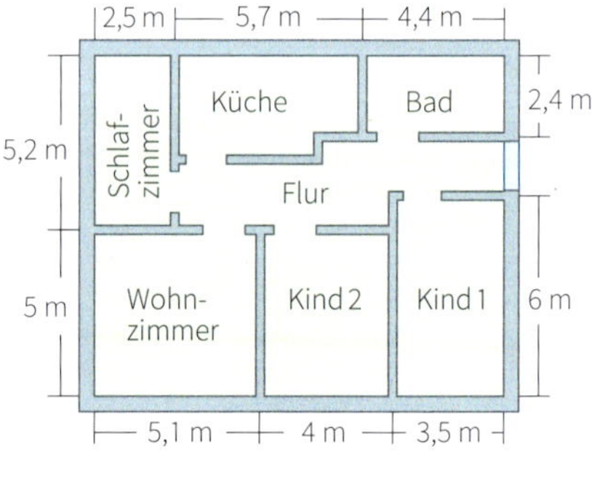

9 Viel Papier

Eine Rolle Klopapier besteht aus 250 Blatt. Jedes Blatt ist rechteckig und 10 cm auf 14 cm groß. Welchen Flächeninhalt hat eine Rolle Klopapier insgesamt?

10 Fläche des Dreiecks

Berechne die Fläche des blauen Dreiecks mit den Kantenlängen $a = 5\,cm$ und $b = 3\,cm$.

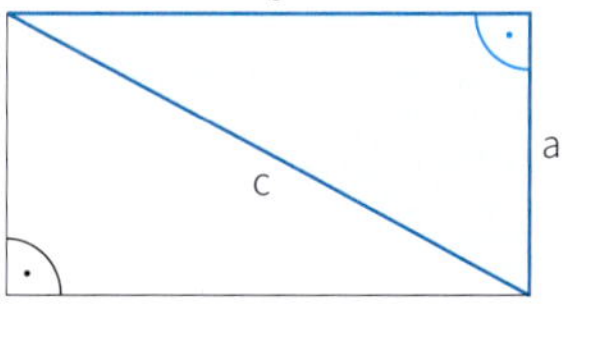

Einstieg

E5 Haus mit Garten

Ein Architekt plant ein eingeschossiges Haus mit der abgebildeten Grundfläche.
Berechne den Flächeninhalt der Grundfläche.
Ermittle den Flächeninhalt auf zwei verschiedenen Rechenwegen.

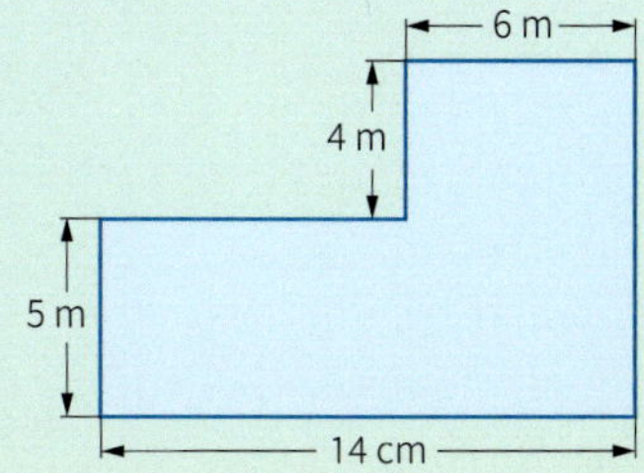

Basiswissen

WES-125764-036

Unregelmäßige Flächen

Den Flächeninhalt von unregelmäßigen Flächen kann man häufig durch **Zerlegen** oder **Ergänzen** berechnen.

Zerlegen

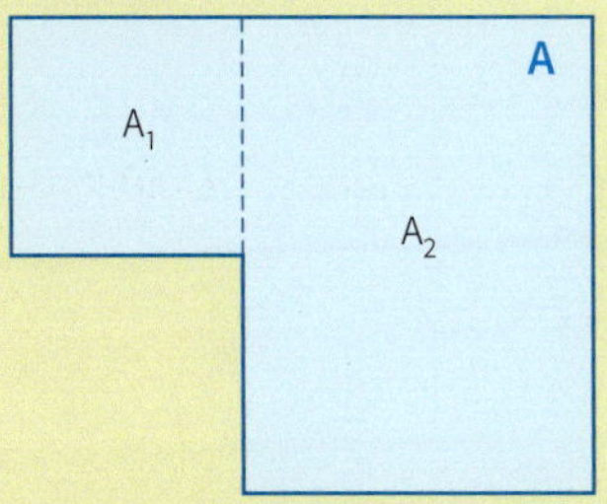

Zerlege die Fläche in Teilflächen.
Berechne die Flächeninhalte A_1 und A_2.
Der Flächeninhalt der gesamten Fläche ist dann: $A = A_1 + A_2$

Ergänzen

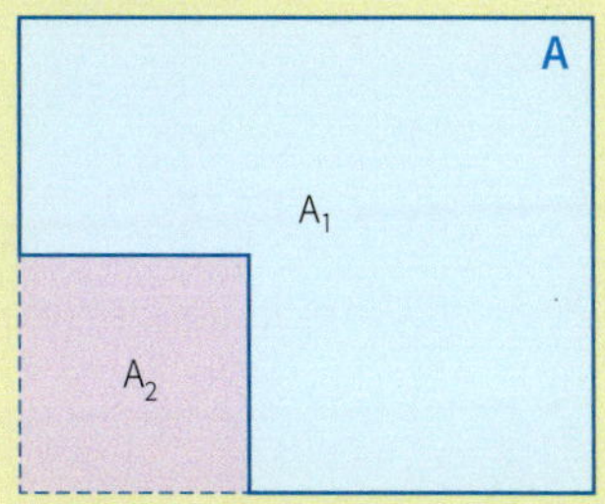

Ergänze die blaue Fläche zu einem Rechteck. Berechne den Flächeninhalt A1 des großen Rechtecks und den Flächeninhalt A2 des ergänzten Rechtecks. Der Flächeninhalt A ist dann: $A = A_1 - A_2$

Ergänzen

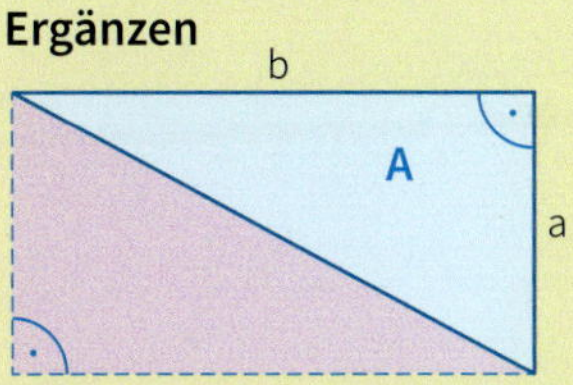

Ergänze das rechtwinklige Dreieck zu einem Rechteck.
Berechne den Flächeinhalt des Rechtecks.
Der Flächeninhalt A des Dreiecks ist die Hälfte des Flächeninhalts des Rechtecks.

Beispiele

A Flächeninhalt durch Ergänzen bestimmen

Ermittle den Flächeninhalt des Dreiecks.

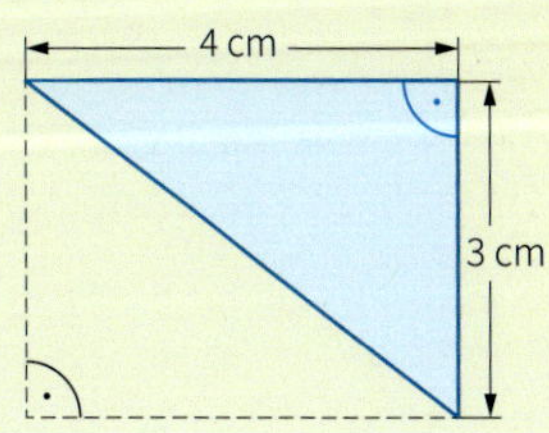

Lösung
Ergänze das Dreieck zu einem Rechteck.
Flächeninhalt des Rechtecks: $3\,cm \cdot 4\,cm = 12\,cm^2$
Flächeninhalt des Dreiecks: $12\,cm^2 : 2 = 6\,cm^2$

Übungen

11 Zusammengesetzte Flächen berechnen

Berechne den Flächeninhalt.

a)

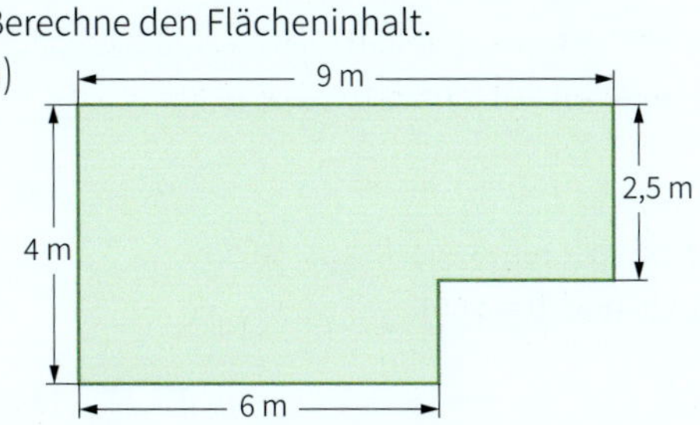

b)

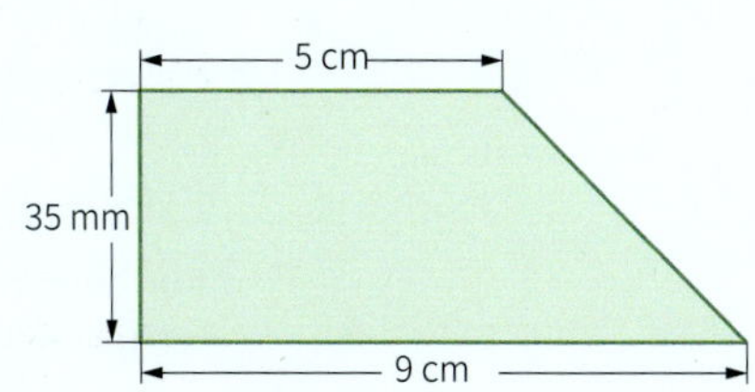

12 Zusammengesetzte Flächen berechnen

Berechne den Flächeninhalt.

a) 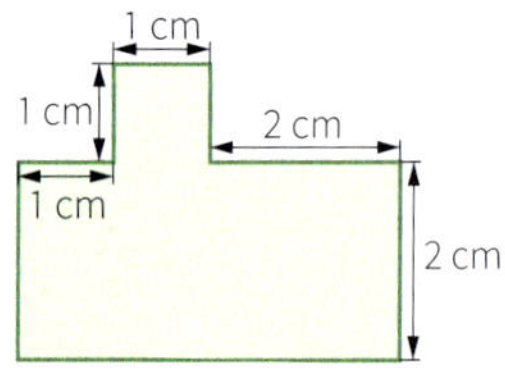

b) 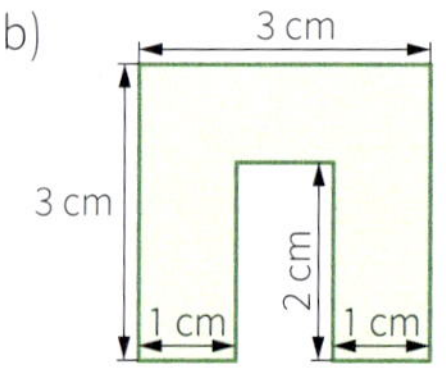

c) 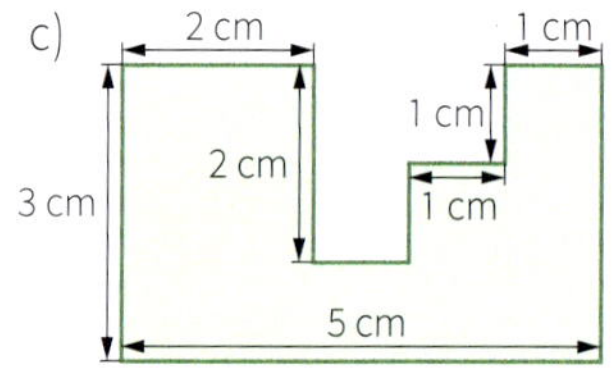

13 Messen und Rechnen

Bestimme den Flächeninhalt und den Umfang der blauen Fläche. Entnimm die Maße der Zeichnung (gemessen in cm).

a) 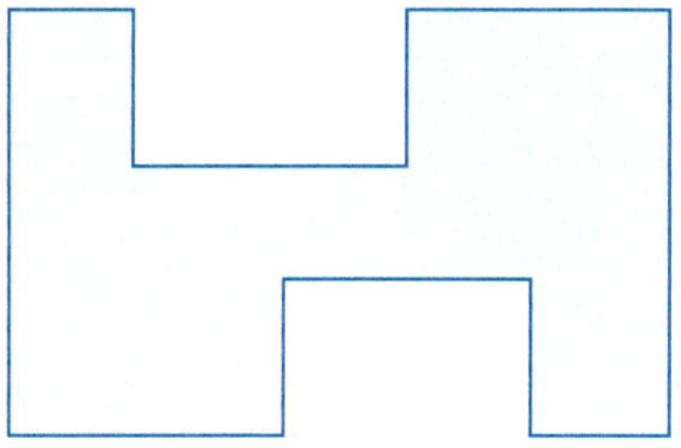

b) 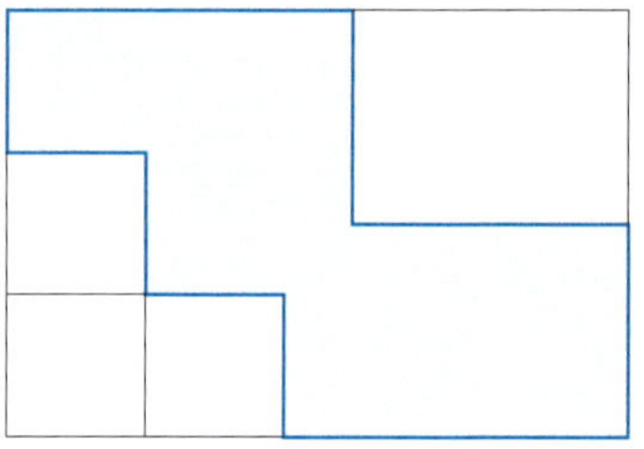

14 Rechtecke und Dreiecke

Berechne den Flächeninhalt der aus einem Rechteck und rechtwinkligen Dreiecken zusammengesetzten Figur.

a) 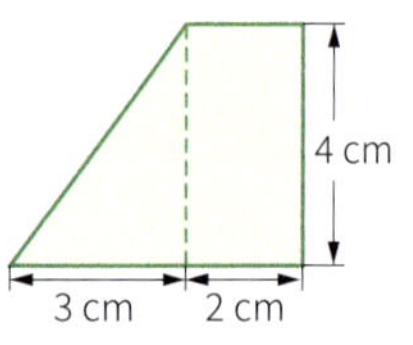

b) 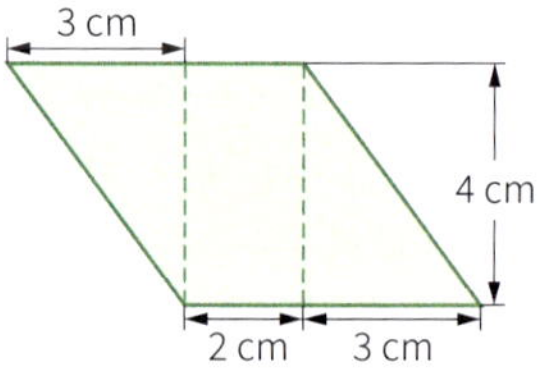

c) 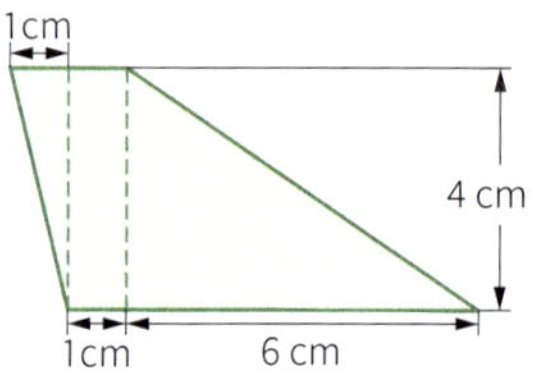

15 Abgebrochene Ecken

Von der rechteckigen Fläche sind Ecken abgebrochen. Berechne den Flächeninhalt und den Umfang der „Restfläche".

a) 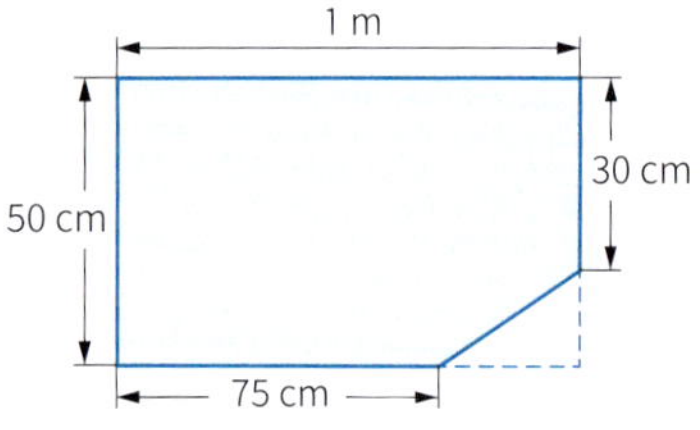

b) 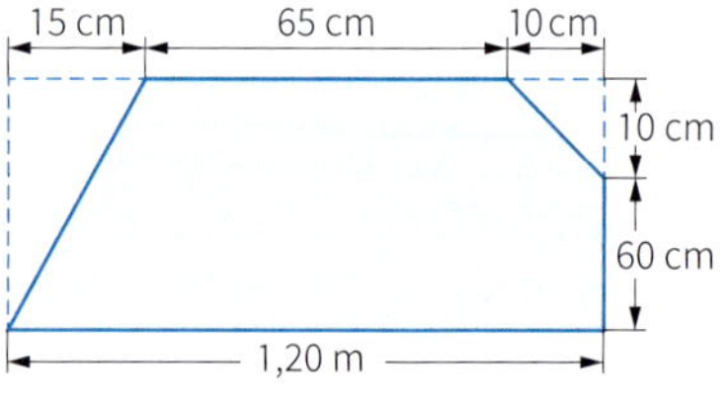

Grundwissen
zum Wiederholen

1 Ermittle mit dem Geodreieck den Abstand des Punktes P von der Geraden g.

2 Berechne schriftlich a) $48 \cdot 111$ b) $53 \cdot 1010$

3 Wandle in die angegebene Einheit um.
a) 6,45 kg in g b) 750 cm in m c) 2400 min in h

4 Eine Rennstrecke ist 2,6 km lang. Ein Fahrer „dreht" acht Trainingsrunden. Welche Strecke hat er zurückgelegt?

5 Berechne geschickt: a) $2 + 79 + 18$ b) $15 \cdot 17 - 13 \cdot 17$

+

Exkurs

Schätzmethoden

Schätzen, was man nicht berechnen kann. Wie groß ist die nordfriesische Insel Föhr? Hier versagen unsere Methoden. Zumindest können wir den Flächeninhalt nicht so einfach bestimmen. Wie wäre es mit Schätzen?

Maßstab unserer Karte: 1 : 250 000
1 cm auf der Karte entspricht 250 000 cm = 2,5 km in der Wirklichkeit

Schätzmethode 1: „**Rechteckmethode**"
Wir legen ein Rechteck möglichst eng um die Insel. Auf unserer Karte messen wir für die Länge 5,1 cm, für die Breite 3,3 cm. Nach dem Maßstab sind dies gerundet 13 km und 8 km.
Die Fläche des Rechtecks ist also ungefähr 104 km^2 groß.
Die Fläche der Insel füllt nicht das ganze Rechteck aus, sie ist etwas kleiner.
Wir schätzen etwa 80 km^2.

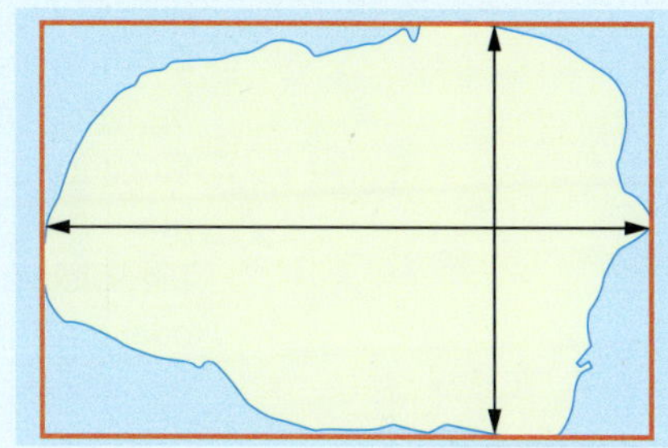

Findest du im Lexikon oder im Internet eine Information über die Fläche der Insel Föhr?

Schätzmethode 2: „**Gittermethode**"
Wir legen eine Gitterfolie mit kleinen Quadraten über die Insel. Es gibt solche Klarsichtfolien mit Millimeterpapier. In unserem Fall ist die Seite eines Quadrates gerade 0,4 cm, dies entspricht 1 km in der Wirklichkeit. Ein Quadrat hat somit eine Fläche von 1 km^2. Wir zählen 82 Quadrate, die die Insel überdecken.
Damit schätzen wir eine Fläche von 82 km^2.

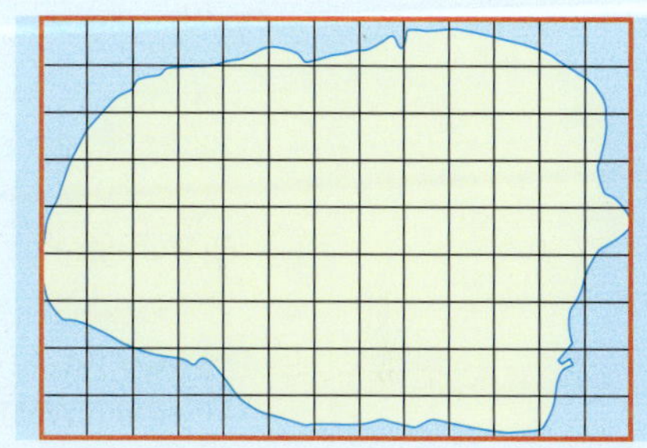

16 ☰ Schätzen von Flächen

a) Schätze mithilfe der Methoden aus dem Exkurs die folgenden Flächen. Besorge dir dafür jeweils eine geeignete Landkarte und beachte den Maßstab.

Rheinland-Pfalz | *Nordseeinsel Sylt* | *Bodensee* | *Bundesrepublik Deutschland*

Für die Insel Sylt muss die Rechteckmethode verfeinert werden. Hast du eine Idee?

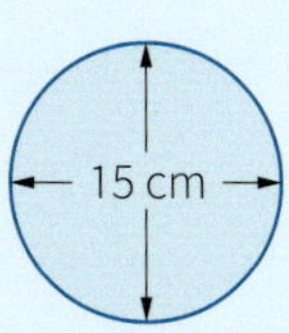

b) Schätze den Flächeninhalt eines Kreises von 15 cm Durchmesser.

c) Schätze, wie viel Kilometer du laufen müsstest, um die Insel Föhr einmal auf dem Deich zu umrunden.

d) Warum taugen unsere Schätzmethoden nicht für die Fläche der Wüste Sahara?

17 Spielfeldgrößen

a) Für Fußballfelder gibt es Vorschriften. Die Länge muss zwischen 90 m und 120 m liegen, die Breite zwischen 45 m und 90 m. Wie groß ist der Unterschied des Flächeninhalts zwischen dem kleinstmöglichen und dem größtmöglichen Spielfeld?

b) Das Fußballfeld in Gelsenkirchen (Schalke 04) hat die Maße 105 m × 68,5 m. Ein guter Schiedsrichterassistent (Linienrichter) muss möglichst immer auf Ballhöhe sein. Schätze, welche Strecke er während eines Spiels ungefähr zurücklegt.

c) Wie viele Volleyballfelder (Handballfelder, Basketballfelder, Tennisfelder) passen ungefähr auf ein Fußballfeld? Schätze zunächst und mache dann eine Überschlagsrechnung. Die Spielfeldmaße kannst du im Sportlexikon oder Internet nachschlagen, sonst erkundige dich bei Fachleuten.

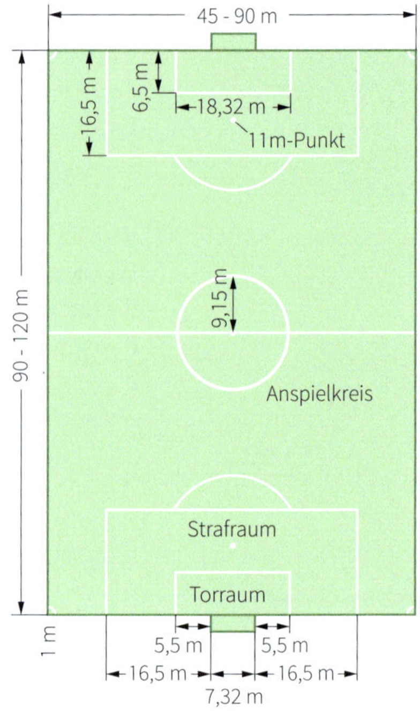

18 Hockeyfeld

Maße eines Hockeyspielfeldes im Stadion: 91,40 m × 55 m

Die Hockey-Damenmannschaft hat zum letzten Mal im alten Stadion gespielt und dabei das Endspiel zur Deutschen Meisterschaft gewonnen. Zur Unterstützung einer Stiftung wollen die Spielerinnen nun den Rasen des Hockeystadions in 20 cm × 20 cm großen Quadraten an die Fans verkaufen, das Stück zu 15 €. Mit welcher Einnahme können sie rechnen, wenn alle Rasenquadrate verkauft werden?

19 Hühnereier

Je nachdem wie Hühner gehalten werden, werden die Eier in Klassen eingeteilt und entsprechend mit einer Ziffer beschriftet. In Deutschland leben Hühner überwiegend in Bodenhaltung. Hier leben die Hühner zwar nicht in Käfigen, sie werden jedoch nur im Stall auf dem Boden gehalten. Ein Freilauf ist bei der Bodenhaltung nicht vorgeschrieben.
Um die Bezeichnung „aus Freilandhaltung" zu erhalten, müssen die Legehennen neben ihrem Stall einen Mindestfreilauf von vier Quadratmetern Freiland pro Huhn haben. Die Vorschriften für den Stall sind dieselben wie bei der Bodenhaltung.
Die Käfighaltung, bei der noch weniger Platz pro Huhn zur Verfügung stand, ist seit 2012 verboten.

Ziffer	Bezeichnung	Hühner pro m² Stall	Auslauffläche pro Huhn
0	Bio-Eier	6	4 m²
1	Freilandhaltung	9	4 m²
2	Bodenhaltung	9	nicht vorgesehen

a) Berechne jeweils die Stallfläche, die für ein einzelnes Huhn zur Verfügung steht. Vergleiche mit der Fläche eines DIN-A4-Blattes.

b) Wie viele Hühner könnten nach den Bestimmungen auf einer Fläche eines Wohnraumes von 3 m × 4 m gehalten werden?

7.4 Raum- und Oberflächeninhalt messen

E1 Bauklötze

Leas kleiner Bruder hat wieder einmal alle Bauklötze herumliegen lassen. Lea hilft ihm, die Bauklötze in die Schachtel einzuräumen. Können Lea und ihr Bruder alle Bauklötze in der Schachtel unterbringen?

E2 Unterschiedliche Quader

In welchen Quader passen mehr Würfel?

①

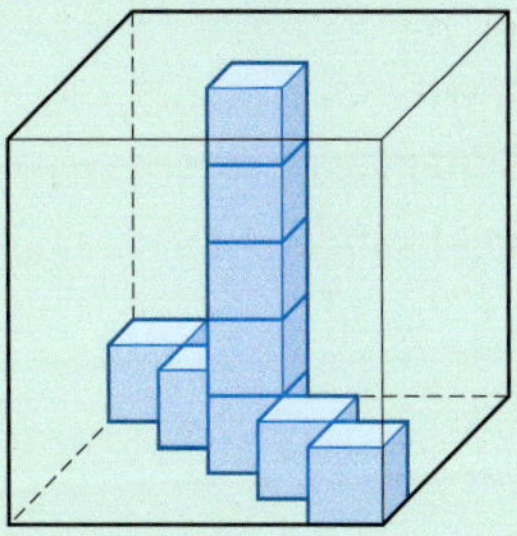

②

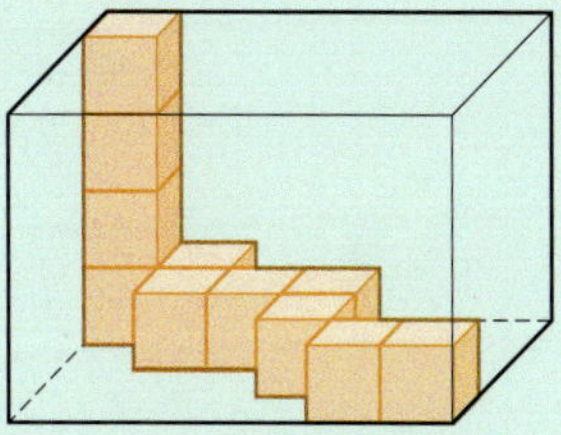

E3 Quader aus Bauklötzen

Ina hat mit Bauklötzchen drei verschiedene Quader gelegt. Die Bauklötze sind Würfel mit einer Kantenlänge von 1 cm.

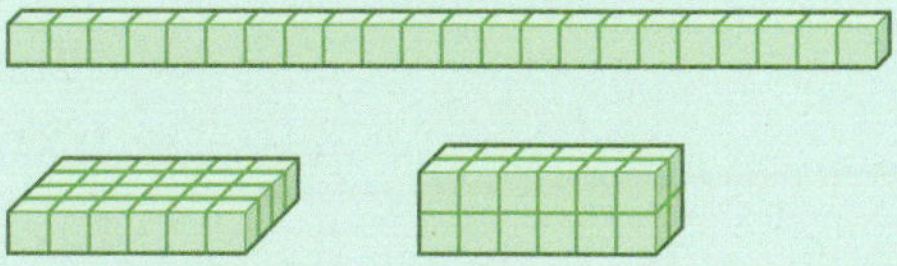

a) Was haben die drei Quader gemeinsam?

b) Baue weitere Quader mit 24 Bauklötzen. Übertrage die Tabelle mit den Längen, Breiten und Höhen der Quader, die du mit allen 24 Bauklötzen bauen kannst, in dein Heft. Trage zunächst die Maße der abgebildeten Quader in die Tabelle ein.

Länge	Breite	Höhe
24 cm	1 cm	1 cm
■	■	■
■	■	■

c) Andreas behauptet, dass es nur sechs verschiedene Möglichkeiten gibt, mit 24 Bauklötzen Quader zu bauen. Hast du mehr Möglichkeiten gefunden? Könnte Andreas dennoch Recht haben?

E4 Die Oberfläche

Lena will ein Geburtstagsgeschenk verpacken. Dazu will sie eine Kiste mit goldfarbener Folie bekleben. Sie überlegt, wie viel Quadratzentimeter Folie sie mindestens benötigt.

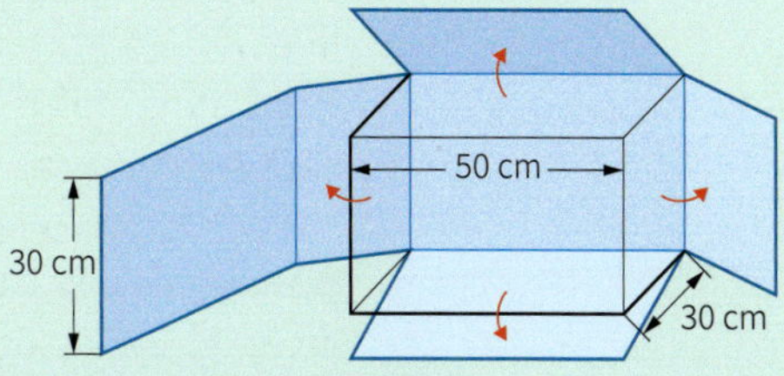

a) Schaue dir die Abbildung an. Was könnte Lena überlegt haben?

b) Berechne, wie viel Quadratzentimeter Folie Lena mindestens benötigt.

c) Lena möchte jede Fläche bekleben, ohne „anzustückeln“. Sie hat noch eine Rolle goldfarbener Folie, die 70 cm breit und noch 1,20 m lang ist. Reicht diese Rolle zum Bekleben der gesamten Fläche oder siehst du Schwierigkeiten?

Basiswissen

WES-125764-037

Rauminhalt – Volumen V

Den **Rauminhalt** eines Körpers kann man ermitteln, indem man den Körper mit gleich großen Würfeln ausfüllt. Dazu kann man Würfel mit der Kantenlänge 1 cm verwenden.
Diese Würfel haben den Rauminhalt 1 cm³ (1 Kubikzentimeter).

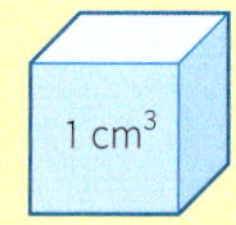

Der abgebildete Quader lässt sich mit 24 Würfeln mit dem Rauminhalt 1 cm³ ausfüllen. Der Quader hat einen Rauminhalt von 24 cm³.

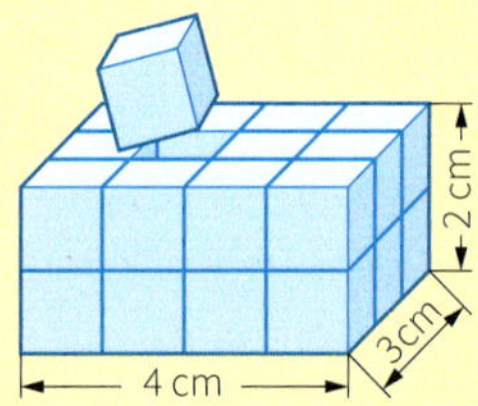

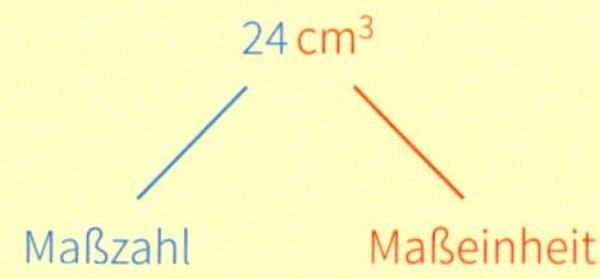

Der Rauminhalt wird auch **Volumen V** (Plural Volumina) genannt.

Oberfläche und Oberflächeninhalt O

Die **Oberfläche** eines Körpers besteht aus allen „äußeren" Flächen. Die äußeren Flächen sind alle Flächen, die man berühren kann, wenn man den Körper in der Hand hält.

Quader — Auseinanderfalten → **Quadernetz**

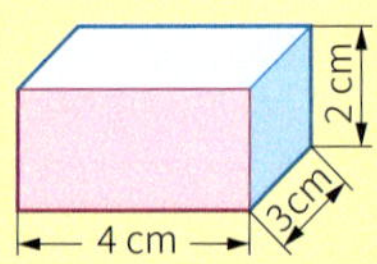

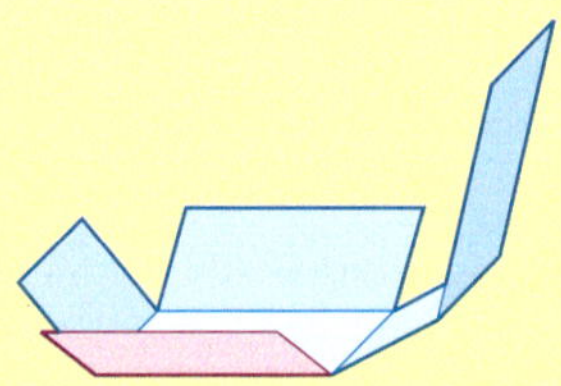

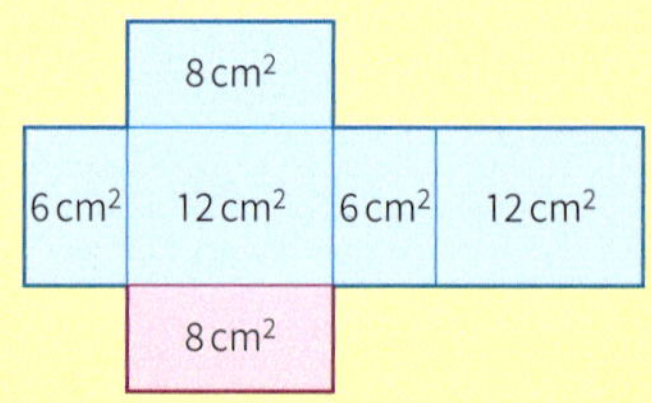

Der **Oberflächeninhalt O** eines Quaders ist die Summe aller Flächeninhalte im Quadernetz.

$O = 8\,cm^2 + 8\,cm^2 + 12\,cm^2 + 12\,cm^2 + 6\,cm^2 + 6\,cm^2 = 52\,cm^2$

Beispiele

A Volumen und Oberflächeninhalt
Bestimme das Volumen und den Oberflächeninhalt des abgebildeten Körpers.

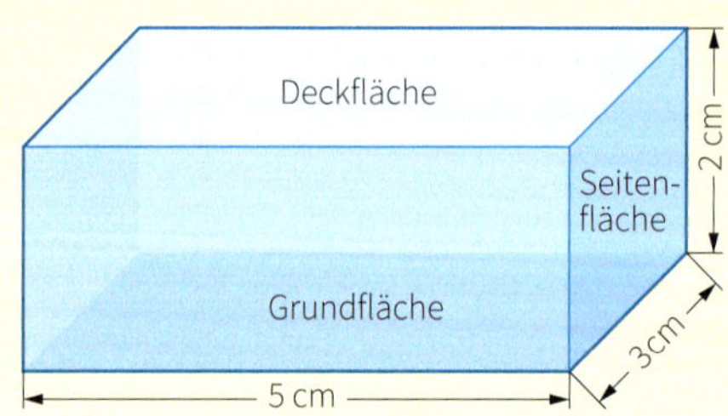

Lösung:
Der Quader lässt sich mit 30 Würfeln mit dem Volumen 1 cm³ ausfüllen. Der Quader hat ein Volumen von 30 cm³.
Oberflächeninhalt:

vordere Fläche und hintere Fläche:	$5\,cm \cdot 2\,cm + 5\,cm \cdot 2\,cm = 10\,cm^2 + 10\,cm^2 = 20\,cm^2$
Grundfläche und Deckfläche:	$5\,cm \cdot 3\,cm + 5\,cm \cdot 3\,cm = 15\,cm^2 + 15\,cm^2 = 30\,cm^2$
zwei Seitenflächen	$3\,cm \cdot 2\,cm + 3\,cm \cdot 2\,cm = 6\,cm^2 + 6\,cm^2 = 12\,cm^2$
Oberflächeninhalt:	$O = 20\,cm^2 + 30\,cm^2 + 12\,cm^2 = 62\,cm^2$

Übungen

1 Volumen und Oberflächeninhalt
Bestimme das Volumen und den Oberflächeninhalt der Körper.

Ⓐ 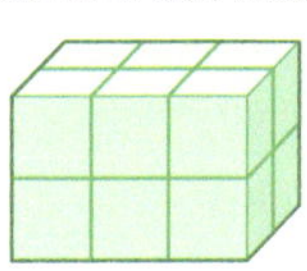

Ⓑ 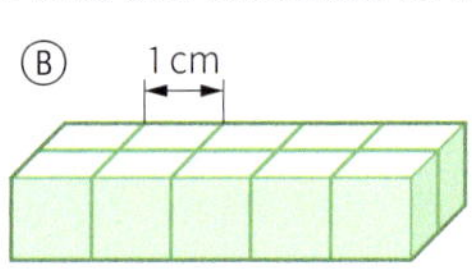

Ⓒ 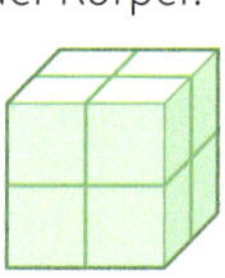

Ⓓ 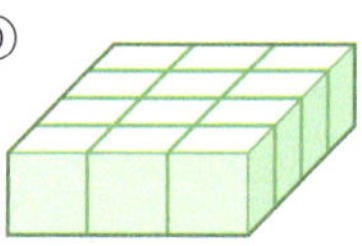

2 Volumen und Oberflächenbestimmung

Bestimme das Volumen und den Oberflächeninhalt des Quaders.
Erkläre dein Vorgehen.

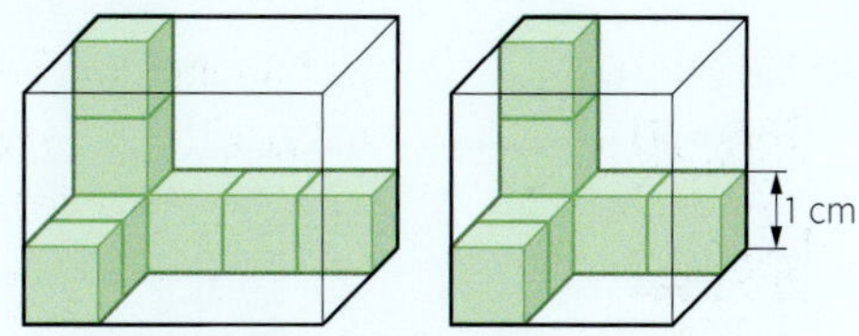

3 Oberfläche

Wie viel mal so groß ist der Oberflächeninhalt der linken Figur wie der Oberflächeninhalt der rechten Figur?

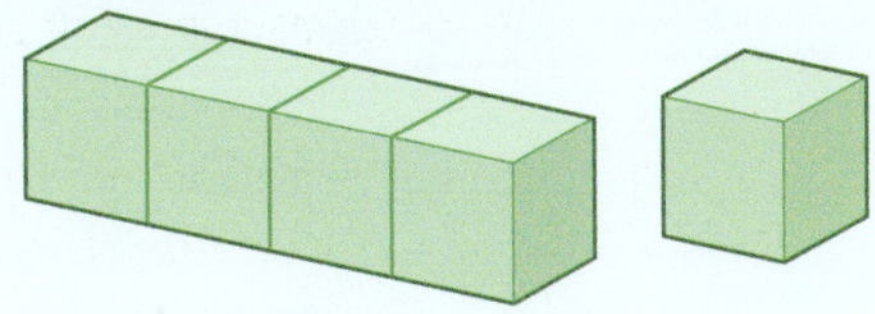

4 Rauminhalt (Volumen) und Oberflächeninhalt

Vergleiche den Rauminhalt und den Oberflächeninhalt der beiden Körper.
Was beobachtest du?

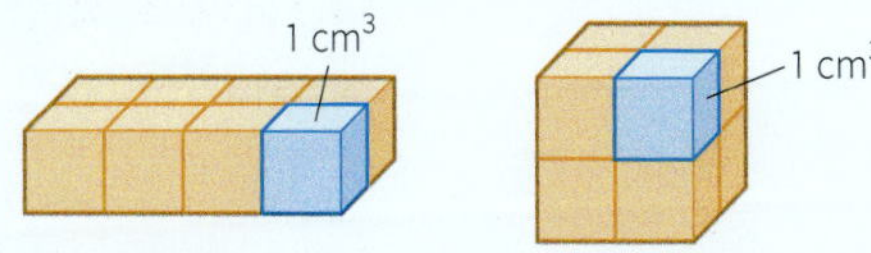

5 Zusammengesetzte Körper

Die Körper sind aus Würfeln mit der Kantenlänge 1 cm zusammengesetzt.

a) Vergleiche die Rauminhalte der Körper.

b) Die Körper sollen außen mit Papier beklebt werden. Vergleiche die Flächeninhalte des benötigten Papiers.

Ⓐ

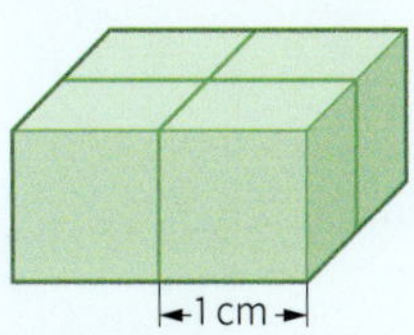

Ⓑ

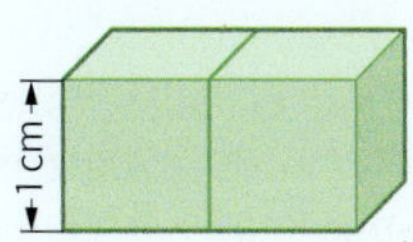

Ⓒ

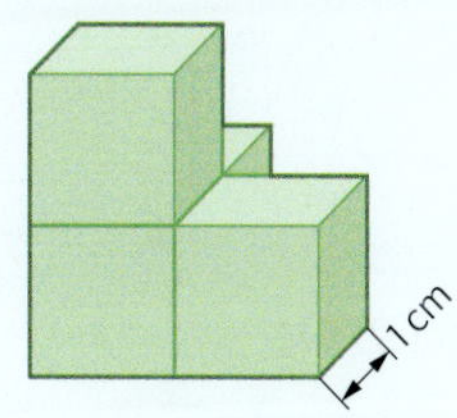

6 Würfeltürme

Die Kantenlänge der kleinen Würfel beträgt jeweils 1 cm. Gib den Rauminhalt der Körper an. Ergänze die Körper zu einem Quader. Bestimme jeweils das Volumen der Würfel, die du hinzugefügt hast.

①

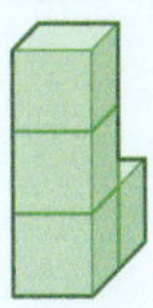

②

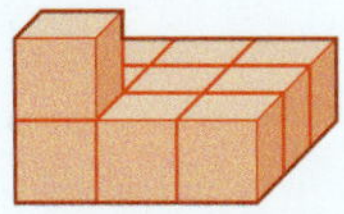

③

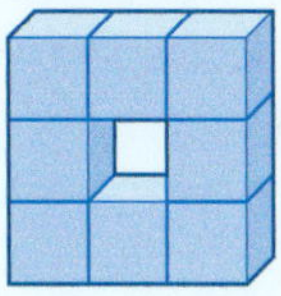

④

⑤

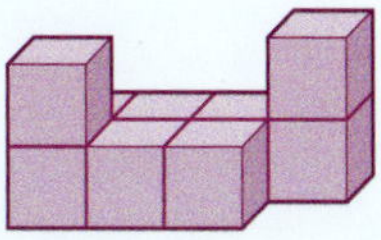

Grundwissen
zum Wiederholen

1 Berechne a) 99 – (34 – 16) b) 990 – (340 – 160) c) 9900 – (3400 – 1600)

2 Beim Basteln soll eine 2,40 m lange Holzleiste in 16 cm lange Stücke zersägt werden.
a) Wie viele Teilstücke erhält man? b) Wie viele Schnitte sind nötig?

3 Zeichne ein Quadrat und eine Raute, die kein Quadrat ist.

7 ≡ Volumen im Vergleich

Welche Figur hat das größte, welche das kleinste Volumen?

① 

② 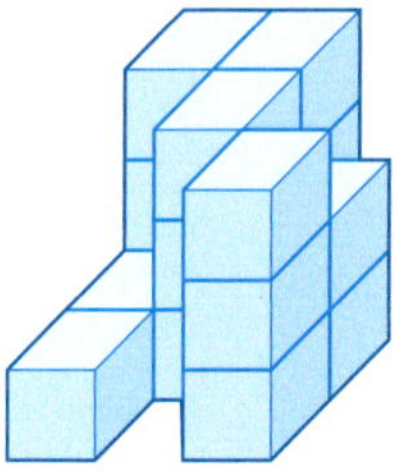

③ 

8 ≡ Quader mit kleinster Oberfläche

Baue verschiedene Quader mit 64 gleichen Würfeln mit der Kantenlänge 1 cm.

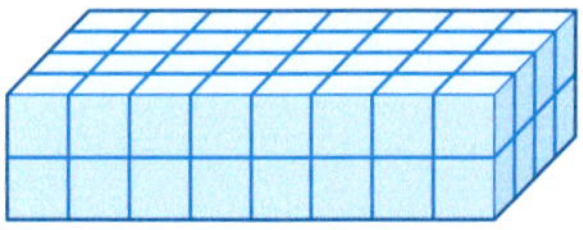

a) Wie groß ist jeweils das Volumen dieser Quader?
b) Wie groß ist jeweils der Oberflächeninhalt?
c) Welcher der Quader hat die kleinste Oberfläche?

9 ≡ Schätzen von Volumina

Beim Schätzen wird Bekanntes mit Unbekanntem verglichen. Beim Schätzen von Rauminhalten verschätzt man sich sehr leicht! Deshalb ist es sehr wichtig, eine geeignete Bezugsgröße zu suchen. Geeignet sind zum Beispiel 1-Liter-Packungen Milch oder Saft. Besonders geeignet sind quaderförmige Packungen. Egal, wie sie geformt sind, sie haben in der Regel ein Volumen von 1 Liter. Ein Liter ist ein Maß für das Volumen. Ein Würfel mit der Kantenlänge 1 dm hat das Volumen 1 Liter (1 dm = 10 cm).

a) Wie würdest du das Volumen eines Aquariums mithilfe von 1 l-Milchpackungen schätzen?

b) Ein Aquarium ist ungefähr 100 cm lang, 40 cm breit und 60 cm hoch. Eine 1 l-Milchpackung hat in etwa die Maße 20 cm hoch, 9 cm breit, und 6 cm tief. Wie viele Milchpackungen lassen sich in etwa in das Aquarium gießen, bis dieses voll ist? Gib das ungefähre Volumen des Aquariums in Liter an. Vorsicht, nicht zu Hause mit dem eigenen Aquarium ausprobieren.

c) Schwieriger wird es, wenn du schätzen sollst, wie viel Liter Wasser in eine Badewanne hineinpassen. Dazu benötigst du einen Zollstock. Versuche einmal selbst das Volumen eurer Badewanne zu schätzen. Beschreibe, wie du vorgehen würdest.

d) Wie könntest du das Volumen eines Glases schätzen? Vielleicht hilft dir dabei auch eine 1 l-Milchpackung. Leicht zur Hand hast du sicher auch eine 1 l-Flasche. Auch mithilfe dieser Flasche kannst du das Volumen des Glases schätzen.

7.5 Einheiten von Rauminhalten

E1 Große Volumina (Rauminhalte)

Emma, Jonas und Tim haben einen Würfel mit der Kantenlänge 1 m angefertigt.
Der Würfel hat einen Rauminhalt von 1 m³ (ein Kubikmeter).

a) Schätze ab, wie viele solcher Würfel in den Klassenraum hineinpassen.

b) Die Turnhalle an Emmas Schule ist 50 m lang, 30 m breit und 7 m hoch.
Wie viele von den Würfeln passen in diese Halle?

c) Ein quaderförmiger Container mit den Maßen 20 cm × 10 cm × 5 cm hat ein Volumen von genau 1 Liter (in etwa die Maße einer Milchpackung). Wie viele dieser Packungen passen in den großen Würfel?

E2 Pakete

Paketdienste bieten für den Versand Kartons in verschiedenen Größen an.

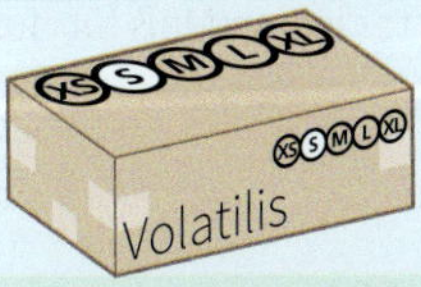

SMALL
25 x 17,5 x 10 cm
(Breite x Tiefe x Höhe)

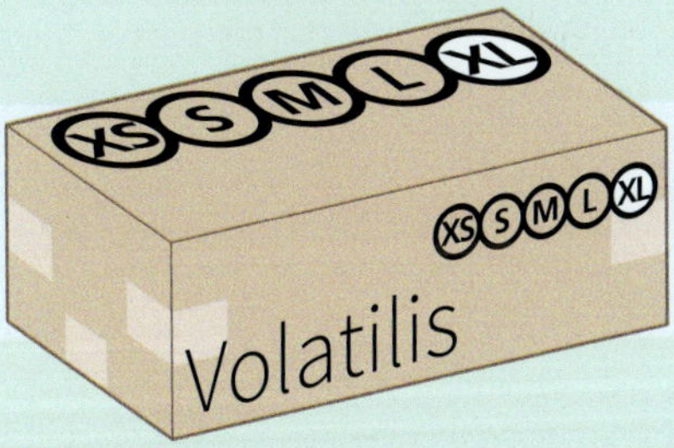

EXTRA LARGE
50 x 30 x 20 cm
(Breite x Tiefe x Höhe)

Wie viele Pakete der Größe „SMALL" passen ungefähr in ein Paket der Größe „EXTRA LARGE"?

E3 Kubikdezimeter und Kubikmeter

a) Wie viele Würfel mit der Kantenlänge 1 cm passen in einen Würfel mit der Kantenlänge 1 dm? Schätze und prüfe nach.
Ein Würfel mit der Kantenlänge 1 dm hat das Volumen 1 dm³ (ein Kubikdezimeter).
Wie vielen Kubikzentimeter entspricht ein Kubikdezimeter?

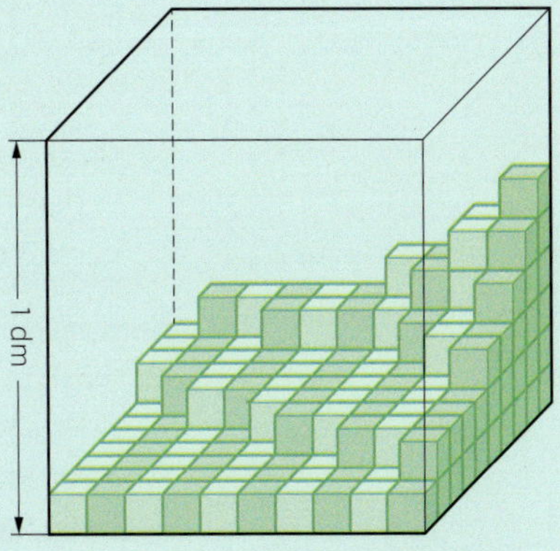

b) Wie viele Würfel mit der Kantenlänge 1 dm passen in einen Würfel mit der Kantenlänge 1 m? Schätze und prüfe nach.
Ein Würfel mit der Kantenlänge 1 m hat das Volumen 1 m³ (ein Kubikmeter).
Wie vielen Kubikdezimeter entspricht ein Kubikmeter?

Basiswissen

WES-125764-038

Übersicht über die Einheiten von Rauminhalten

1 Kubikmeter (m^3)	1 Kubikdezimeter (dm^3)	1 Kubikzentimeter (cm^3)	1 Kubikmillimeter (mm^3)

Badewanne	Flasche	Spielwürfel	Stecknadelkopf

Umwandeln mit Umrechnungszahlen

$1\,m^3 = 1000\,dm^3$ (· 1000 / : 1000)

$1\,dm^3 = 1000\,cm^3$ (· 1000 / : 1000)

$1\,cm^3 = 1000\,mm^3$ (· 1000 / : 1000)

Volumen von Flüssigkeiten

Das Volumen von Flüssigkeiten wird häufig in Liter gemessen.
So passt in 1 dm^3 genau ein Liter und in 1 cm^3 genau ein Milliliter.

1 Liter (l)

1 l = 1 dm^3

1 Milliliter (ml)

1 ml = 1 cm^3

1 l = 1000 ml (· 1000 / : 1000)

Beispiele

A Volumen in andere Einheiten umwandeln

a) Wandle in die nächstkleinere Einheit um
2 m^3 in dm^3 | 3 l in cm^3

b) Wandle in die nächstgrößere Einheit um
5000 ml in l | 7000 l in m^3

Lösung:

a) $2\,m^3 = 2000\,dm^3$ (· 1000) | $3\,l = 3\,dm^3 = 3000\,cm^3$ (· 1000)

b) $5000\,ml = 5\,l$ (: 1000) | $7000\,l = 7000\,dm^3 = 7\,m^3$ (: 1000)

Übungen

1 Dinge aus dem Alltag

Ordne die Rauminhalte passend zu.

1 l | Zimmer | 16 dm^3 | 1 mm^3 | Zuckerkristall | Schultasche | 0,3 l | Spielwürfel | 1 cm^3 | Milchflasche | 36 m^3 | Blumenvase

2 Umwandeln in die nächstkleinere Einheit

Wandle die Volumina in die nächstkleinere Maßeinheit um.

a) 12 dm^3 b) 7 l c) 50 m^3 d) 120 cm^3 e) 1,2 m^3 f) 2,7 dm^3

3 Umwandeln in die nächstgrößere Einheit

Wandle in die nächstgrößere Maßeinheit um.
Gib die Länge, Breite und Höhe eines möglichen Quaders mit dem gegebenen Rauminhalt an.

a) 15 000 cm^3 b) 75 000 dm^3 c) 7500 l d) 190 000 mm^3 e) 300 ml

4 ≡ **Wassereimer**

a) Wie viele Zehn-Liter-Eimer Wasser kann man einem vollen Wassertank mit den Maßen 2 m × 1 m × 1,20 m entnehmen?

b) Die Wassermenge im Zehn-Liter-Eimer wird auf Flaschen zu 0,75 l oder in Gläser zu 0,2 l verteilt. Wie viele Flaschen bzw. Gläser werden gefüllt?

Umwandeln mit der Einheitentabelle

Beim Umwandeln von Volumeneinheiten kann die Einheitentabelle sehr hilfreich sein. Dies ist vor allem wichtig, wenn man die Kommaschreibweise benutzt.

m^3			$dm^3 \triangleq l$			$cm^3 \triangleq ml$			mm^3			
H	Z	E	H	Z	E	H	Z	E	H	Z	E	
		1	0	0	0							$1\,m^3 = 1000\,dm^3$
					1	0	0	0				$1\,dm^3 = 1000\,cm^3$
								1	0	0	0	$1\,cm^3 = 1000\,mm^3$
				2	4	0	0	0				24 000 ml = 24 l
		2	5	0	0							$2{,}5\,m^3 = 2500\,l$
					4	7	3	0	0	0	0	$4{,}73\,dm^3 = 4\,730\,000\,mm^3$

5 ≡ **Umwandeln mit der Einheitentabelle**

Rechne in die angegebene Einheit um. Benutze die Einheitentabelle.

a) 320 l → ■ ml b) ■ dm^3 ← 42 000 cm^3 c) 1,7 m^3 → ■ cm^3
d) ■ m^3 ← 6 250 000 cm^3 e) 0,2 l → ■ mm^3 f) 3,02 dm^3 → ■ cm^3

6 ≡ **Training zum Umwandeln**

Ordne der Größe nach. Beginne mit dem größten Volumen.
Rechne jeweils in eine geeignete Einheit um.

a) 300 cm^3, 2 m^3, 24 dm^3 b) 5 l, 5000 dm^3, 55 m^3
c) 4000 cm^3, 3,5 dm^3, 30 000 mm^3 d) 60 000 cm^3, 6 m^3, 6 000 000 mm^2
e) 2,5 dm^3, 2450 cm^3, 2 510 000 mm^3 f) 19 l, 1900 ml, 20 dm^3

7 ≡ **Monsterzahlen**

Hier hat Simon sehr genau gerechnet. Sein Klassenraum hat einen Rauminhalt von 36 401 552 102 mm^3. Kann das sein? Runde sinnvoll und wähle eine passende Maßeinheit.

8 ≡ **Rechnen mit Volumina**

Beim Addieren und Subtrahieren von Volumina muss man stets darauf achten, dass man mit den gleichen Einheiten rechnet. Wandle notfalls um.

a) 3 m^3 + 12 000 dm^3 b) 2,5 l + 500 ml c) 5,5 m^3 – 1250 l
d) 3400 cm^3 – 2 dm^3 e) 5000 l + 7 m^3 f) 4,5 cm^3 – 900 mm^3

Grundwissen
zum Wiederholen

1 Wie lange dauert die Zugfahrt? Abfahrt 14.47 Uhr Ankunft 16.28 Uhr

2 Berechne schriftlich a) 340 · 27 b) 8181 : 9 c) 5824 : 26

3 Können die Angaben stimmen?
a) Frau Hansen ist 1750 mm groß. b) Der Kölner Dom ist 15700 dm groß.

4 Welches ist die größte Zahl, welches die kleinste Zahl, die auf Hunderter gerundet 400 ergibt?

+

9 Rechnen mit Volumina

a) In einem Öltank befinden sich 2,3 m³ Öl. Ein Tankwagen füllt 1800 l nach. Wie viel Öl ist anschließend im Tank?

b) Ein Tank ist mit 7,5 m³ Fruchtsaft gefüllt. Wie viele 0,5 l-Flaschen lassen sich damit füllen?

10 Zu viel Müll?

a) Der Müllcontainer fasst 1100 l Müll. In einem Stadtviertel werden 85 dieser Container geleert. Welches Müllvolumen fällt an, wenn alle Container vollständig gefüllt sind?
Gib das Ergebnis in Kubikmeter an.

b) Im Jahr 2019 haben die Närrinnen und Narren am Rosenmontag in Köln 420 m³ Müll produziert. Wie viele von den Müllcontainern könnte man damit füllen?

11 Tanklastzug

Ein Tanklastzug hat 42 m³ Öl geladen. An vier verschiedenen Stellen sollen jeweils 3500 l abgeladen werden, bei zwei Einkaufszentren je 11 m³. Reicht seine Ladung noch zum Betanken der Öltanks in einem Hotel, das 7500 l Öl bestellt hat?

12 Flugzeug

Der Airbus A 380, ein sehr großes Passagierflugzeug, tankt 294 000 l Kerosin. Wie viele Tanklastwagen, die mit 42 m³ Kerosin beladen sind, werden benötigt, falls man das Flugzeug mithilfe von Tanklastwagen betanken möchte?

13 Mit einer Schubkarre arbeiten

In eine Schubkarre „passen" 120 l Sand. Familie Schulz bestellt 9 m³ Sand. Ein Lkw bringt den Sand und lädt ihn am Straßenrand ab. Wie oft müssen die Schulzes mit der Schubkarre fahren, bis sie den Sand in den Garten gebracht haben?

14 Großes Volumen

Vielleicht warst du schon einmal in den Ferien am Bodensee. Er ist der größte See Deutschlands mit einem Volumen von 48 km³.

a) Unter einem solchen Volumen kann man sich nur ganz schwer etwas vorstellen. Das Volumen von 1 km³ entspricht 1 000 000 000 m³. Wie viel Kubikmeter Wasser sind also im Bodensee?

b) Bei Köln fließen an einem Tag etwa 200 000 000 m³ (200 Millionen m³) Wasser durch den Rhein. In wie vielen Tagen würde der Rhein mit dem Wasser, das er bei Köln führt, den Bodensee füllen?

7.6 Raum- und Oberflächeninhalt eines Quaders

E1 Volumen eines Quaders schnell berechnen

a) In der Abbildung siehst du, wie man das Volumen des Quaders bestimmen kann. Erläutere, wie du vorgehen würdest und was du als Ergebnis erhältst.

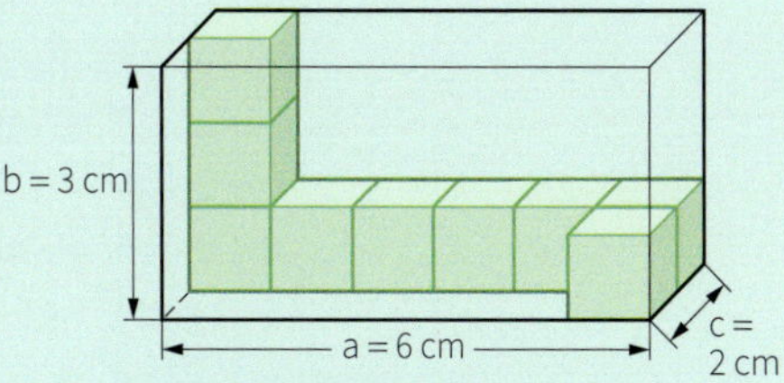

b) Hast du eine Idee, wie man das Volumen des zweiten Quaders schnell berechnen kann?
Hat der Quader ebenfalls ein Volumen von $36\,cm^3$?

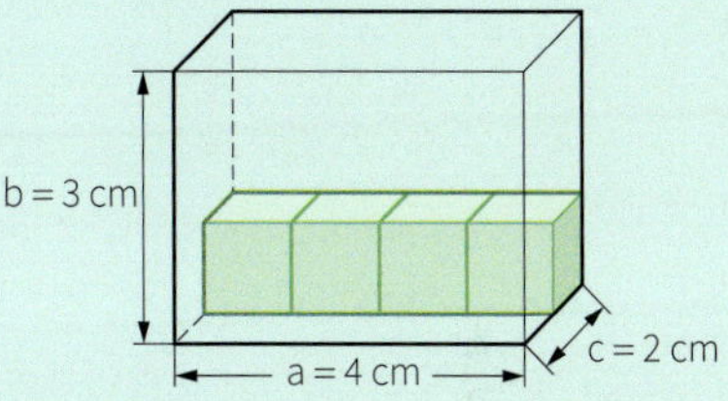

E2 Einen Quader basteln

Kannst du mit diesen Flächen einen Quader bauen?

a) Wie müssen die Flächen aneinandergefügt werden, damit du damit einen Quader bauen kannst?

b) Wie groß ist das Volumen des Quaders, den du damit bauen kannst?
Welchen Oberflächeninhalt besitzt er?

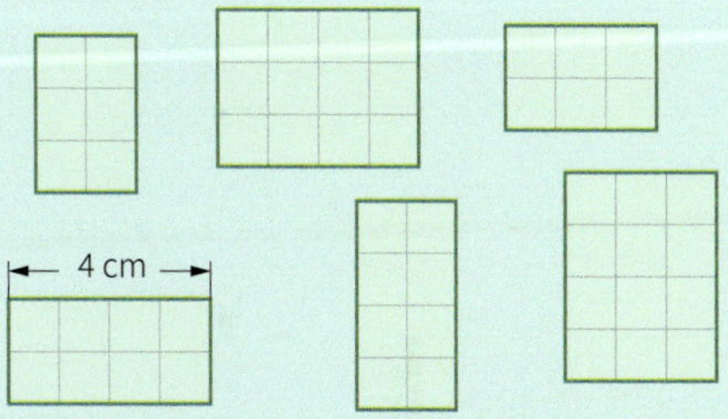

E3 Container

In einen „20-Fuß-Container" passen ca. 10 000 Jeans.

Weltweit sind auf den Meeren, auf Lkws und auf Eisenbahnen geschätzt 30 bis 40 Millionen Container unterwegs. Der abgebildete Container, ein „20-Fuß-Container", ist etwa 60 dm lang, 24 dm breit und 26 dm hoch.

a) Die Maße sind in einer ungewöhnlichen Einheit angegeben. Du kannst aber mit diesen Angaben gut berechnen, welches Volumen die Container auf der Abbildung haben. Du erhältst das Ergebnis in Kubikdezimeter (Liter).

b) Rechne die Maße in Meter um. Veranschauliche im Klassenraum mithilfe eines Zollstocks, wie groß ein solcher Container ist.

c) Berechne den Oberflächeninhalt eines solchen Containers. Entnimm die benötigten Maße der Abbildung.

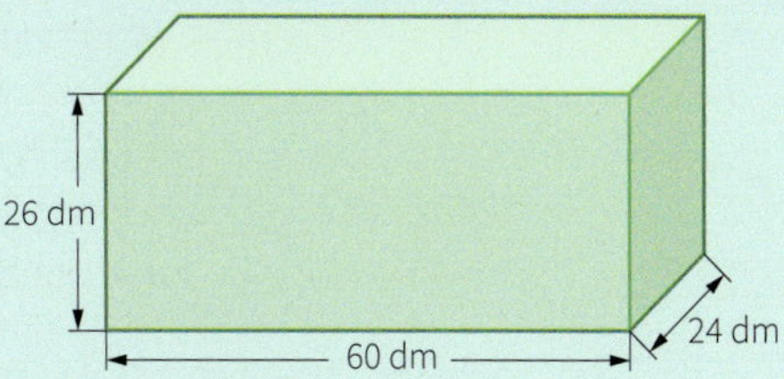

Basiswissen

WES-125764-039

Das Volumen V und den Oberflächeninhalt O eines Quaders berechnen

Das **Volumen V** eines Quaders mit der Länge a, der Breite b und der Höhe c:

Volumen V = Länge a mal Breite b mal Höhe c
Schreibweise: $\mathbf{V = a \cdot b \cdot c}$

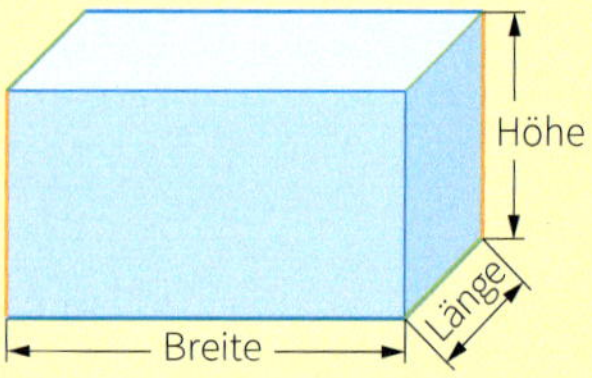

Die **Oberfläche** eines Quaders besteht aus sechs Flächen. Alle Flächen kommen jeweils paarweise vor.
Oberflächeninhalt O eines Quaders:
O = 2 mal Länge a mal Breite b
+ 2 mal Länge a mal Höhe c
+ 2 mal Breite b mal Höhe c

Schreibweise: $\mathbf{O = 2 \cdot a \cdot b + 2 \cdot a \cdot c + 2 \cdot b \cdot c}$

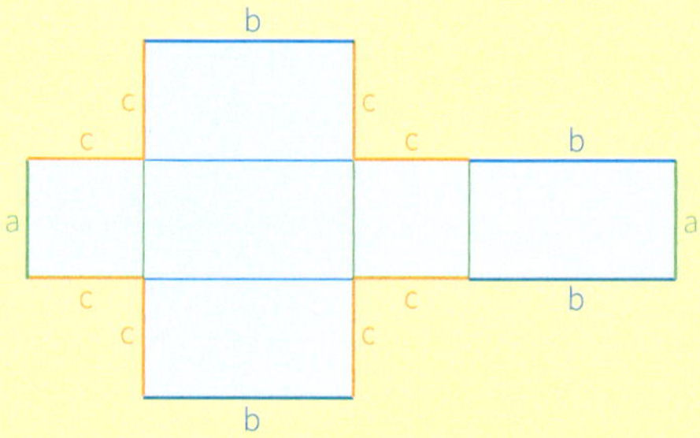

Beispiele

A Quader
a) Berechne das Volumen und den Oberflächeninhalt des Quaders.
b) Passt in den Quader 1 l Flüssigkeit?

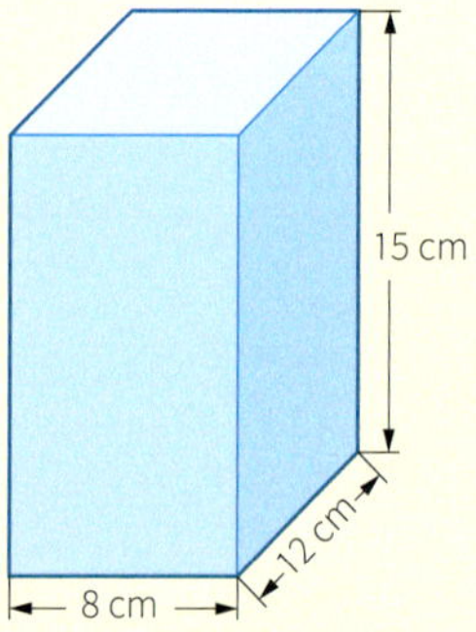

Lösung:
Länge $a = 12\,cm$
Breite $b = 8\,cm$
Höhe $c = 15\,cm$

a) Volumen: $V = 12\,cm \cdot 8\,cm \cdot 15\,cm = 1440\,cm^3$
Oberflächeninhalt:
$O = 2 \cdot 12\,cm \cdot 8\,cm + 2 \cdot 12\,cm \cdot 15\,cm + 2 \cdot 8\,cm \cdot 15\,cm$
$= 2 \cdot 96\,cm^2 + 2 \cdot 180\,cm^2 + 2 \cdot 120\,cm^2$
$= 192\,cm^2 + 360\,cm^2 + 240\,cm^2 = 792\,cm^2$

b) 1 l Flüssigkeit hat ein Volumen von $1000\,cm^3$. Der Quader hat mit $1440\,cm^3$ ein größeres Volumen, daher passt 1 l Flüssigkeit in den Quader hinein.

Übungen

1 Volumen und Oberflächeninhalt
Berechne das Volumen und den Oberflächeninhalt der Quader.

Länge	12 cm
Breite	10 cm
Höhe	7 cm

Länge	6 cm
Breite	6 cm
Höhe	10 cm

Länge	60 cm
Breite	40 cm
Höhe	2 cm

2 Training
Berechne das Volumen und den Oberflächeninhalt des Quaders.

	a)	b)	c)	d)	e)	f)
Länge a	6 cm	4 dm	20 mm	8 m	4 dm	1 m 5 cm
Breite b	3 cm	8 dm	3 cm	25 dm	50 mm	20 dm
Höhe c	7 cm	5 dm	40 mm	4 m	6 cm	1 m 5 dm

Achte beim Rechnen auf gleiche Einheiten.

3 **Verschiedene Quader, gleiches Volumen**

Gib die Seitenlängen von mindestens fünf verschiedenen Quadern an, die alle ein Volumen von 120 m³ haben.
Vergleiche die Oberflächeninhalte der Quader.

4 **Da fehlt doch etwas**

Ein quaderförmiger Container mit der Länge 20 cm und der Breite 10 cm soll das Volumen von 1 l haben.
Wie hoch muss er sein?

5 **Berechne die fehlenden Größen eines Quaders**

	Länge	Breite	Höhe	Volumen	Oberfläche
a)	5 cm	6 cm	10 cm	■	■
b)	2 m	1 m	1 m	■	■
c)	6 cm	3 cm	■	■	36 cm²
d)	40 cm	■	15 cm	6 l	■
e)	4 cm	4 cm	■	64 cm³	■
f)	1 m	1 m	■	10 l	■

6 **Kantenlängen mit Kommazahlen – was tun?**

Tipp
Wandle zunächst die Kantenlängen in Einheiten ohne Komma um.

a) Berechne das Volumen und den Oberflächeninhalt des abgebildeten Quaders.
b) Ein rechteckiger Wasserbehälter mit den Maßen 0,8 m × 0,45 m × 1,5 m soll mit Wasser gefüllt werden.
Wie viel Liter kann er fassen?

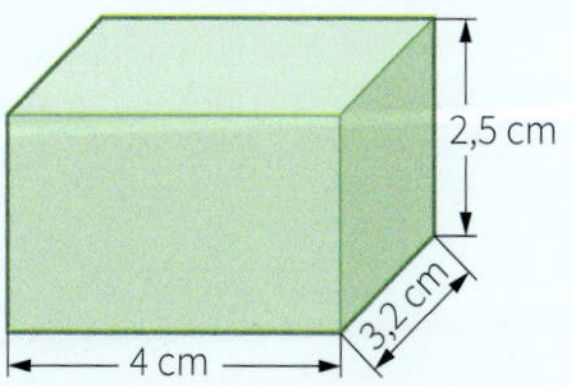

7 **Schwimmbadbau**

Familie Heucher baut ein Schwimmbad im Garten mit den Maßen 15 m × 4,50 m × 1,50 m.

a) Was geben die Maße an?
b) Die Baugrube muss in Länge, Breite und Tiefe um je 1 m länger sein als das Schwimmbad. Wie viel Erdreich in m³ muss ausgebaggert werden?
c) Die Innenwände des Beckens müssen gestrichen werden. Wie viel Farbe wird benötigt, wenn ein Liter Farbe zum Streichen von 2 m² ausreicht?
d) Wie viel Liter Wasser muss man in das Becken füllen, wenn es bis 30 cm unterhalb der Oberkante gefüllt werden soll?

8 **Schiffsschleuse**

Eine Schleusenkammer hat die Form eines großen Quaders, in den Wasser eingelassen oder abgelassen werden kann. Sie ist 90 m lang und 20 m breit.

a) Wie viel m³ Wasser werden bei einer Schleusung verbraucht, wenn ein in die Kammer eingefahrenes Schiff um 5 m gehoben werden soll?

9 **Das Herz, eine starke Pumpe**

Das menschliche Herz drückt jedes Mal, wenn es sich zusammenzieht, ungefähr 60 ml Blut in den Körper. Miss deinen Puls am Handgelenk, um herauszufinden, wie oft dein Herz sich in einer Minute zusammenzieht.

a) Berechne, wie viel Liter Blut dein Herz pro Minute in den Körper pumpt.
b) Wie viel Blut pumpt dein Herz pro Tag?

10 Würfel – der besondere Quader

a) Was ist das Besondere am Würfel?
b) Finde eine Formel für das Volumen und den Oberflächeninhalt des Würfels. Verwende in der Formel den Begriff „Kantenlänge“.
c) Berechne das Volumen und den Oberflächeninhalt eines Würfels mit der Kantenlänge 9 cm.

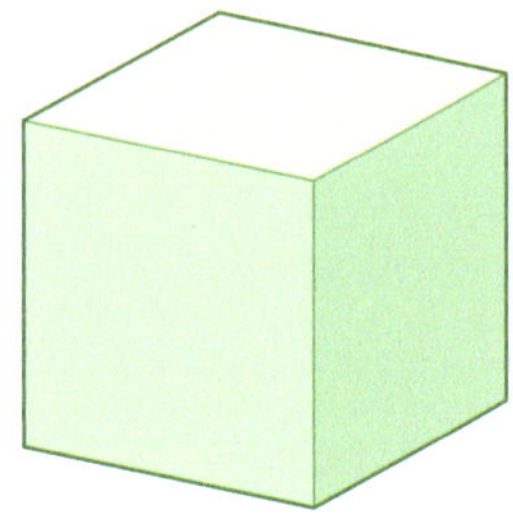

11 Training

Berechne das Volumen und den Oberflächeninhalt des Würfels.

	a)	b)	c)	d)	e)	f)
Kantenlänge	6 cm	4 dm	0,50 m	2,5 m	1 m	100 m
Volumen	■	■	■	■	■	■
Oberflächeinhalt	■	■	■	■	■	■

12 Oberflächeninhalt bekannt – Volumen gesucht

Von einem Würfel ist bekannt, dass der Oberflächeninhalt 150 cm^2 beträgt.
① Welchen Flächeninhalt hat die Seitenfläche des Würfels?
② Ermittle aus dem Flächeninhalt der Seitenfläche die Kantenlänge.
③ Berechne jetzt das Volumen des Würfels.

13 Aus Würfeln zusammengesetzter Quader

Zwei Würfel mit einer Kantenlänge von 4 cm werden zu einem Quader zusammengefügt.
a) Berechne das Volumen und den Oberflächeninhalt des Würfels.
b) Welche Ergebnisse erhält man für das Volumen und den Oberflächeninhalt des zusammengesetzten Quaders?
c) Warum ist der Oberflächeninhalt des Quaders nicht das Doppelte vom Oberflächeninhalt des Würfels?

14 Zusammengesetzte Körper

Berechne das Volumen und den Oberflächeninhalt der Körper.

a)

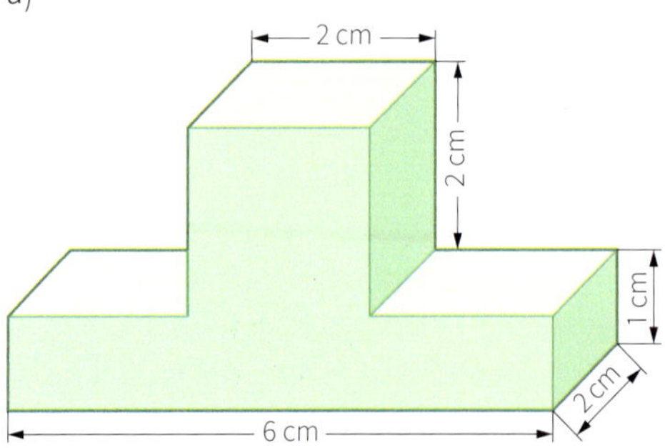

b)

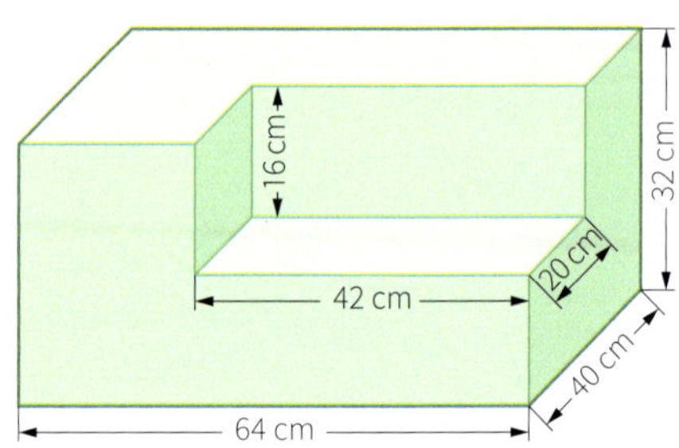

Grundwissen
zum Wiederholen

1 Rezept für Eierkuchen für zwei Personen: 2 Eier, 125 g Mehl, 350 ml Milch.
Erstelle das Rezept für acht Personen.

2 Was ist das Besondere an einem Quadrat, wenn man es mit einem Rechteck vergleicht?

3 Welches Maß beschreibt die Höhe einer Zimmertür?
Ⓐ 3 m Ⓑ 2100 mm Ⓒ 500 cm Ⓓ 10 dm

+

15 ☰ **Turm**

Berechne das Volumen und den Oberflächeninhalt der Figur.

a)

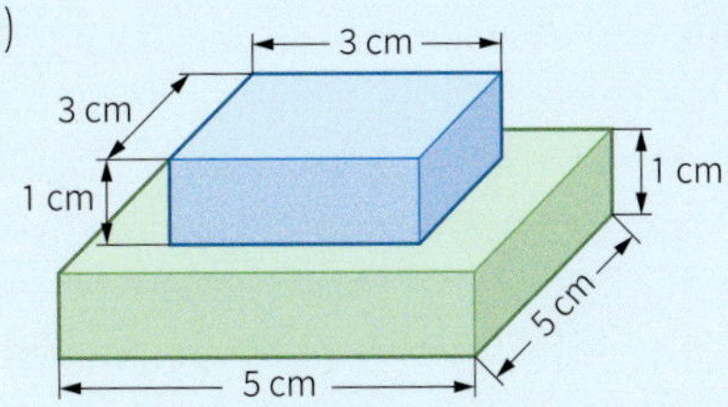

b)

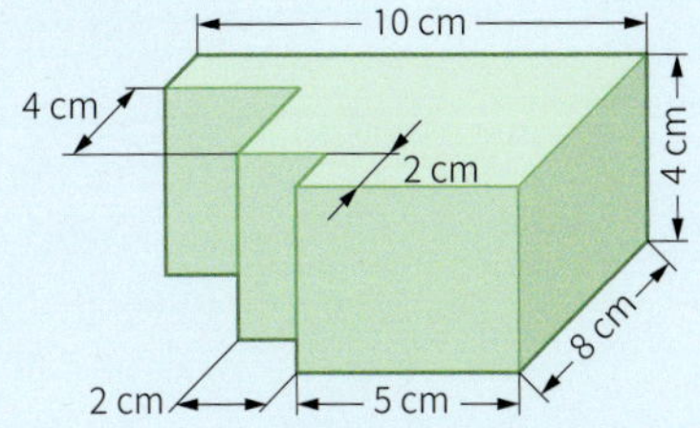

16 ☰ **Würfel im Vergleich**

Beschreibe, wie sich die beiden Würfel unterscheiden.

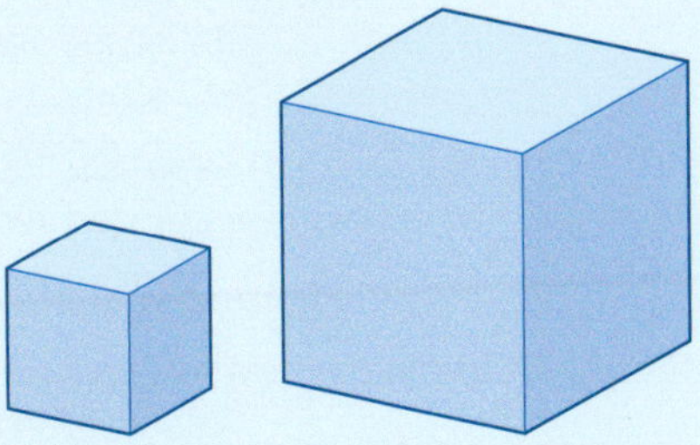

a) Was meinst du, ist das Volumen des größeren Würfels doppelt, viermal oder gar achtmal so groß wie das des kleineren Würfels?
Überprüfe deine Vermutung durch eine Rechnung.

b) Schätze, um das Wievielfache der Oberflächeninhalt des größeren Würfels größer ist als der Oberflächeninhalt des kleinen Würfels.

17 ☰ **Niederschlagsmengen oder wie viel Liter regnet es auf einen Quadratmeter?**

In Köln beträgt die jährliche Niederschlagsmenge 510 mm. Dies bedeutet: Sammelt man alle Niederschläge, die in einem Jahr gefallen sind, in einem schmalen Quader mit der Länge und Breite von einem Zentimeter, so steht das Wasser in dem Gefäß 510 mm hoch

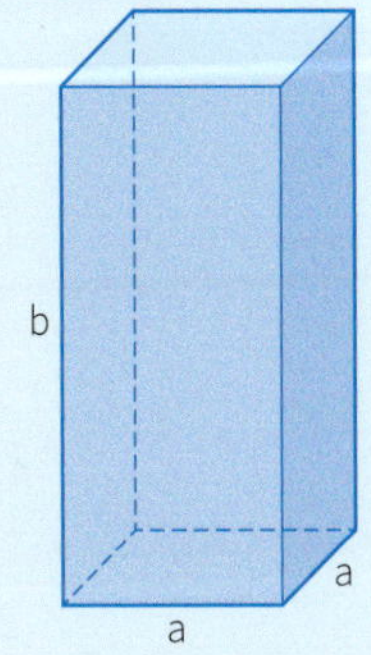

a) Welche Menge Regen fällt in Köln in einem Jahr auf 1 m²?

b) Im Harz fallen jährlich 1770 mm Niederschlag. Wie viel Liter pro 1 m² Regen entspricht dies?

c) Bei einem Starkregen fielen 30 mm Regen in einer Stunde. Wie viel Liter Wasser fielen auf den Sportplatz, der 100 m lang und 60 m breit ist?

18 ☰ **Findling**

Ein Findling ist ein sehr großer Stein, der in einer Eiszeit durch einen Gletscher an seinen heutigen Ort gebracht wurde.

Findlinge gibt es auch in Deutschland zu bestaunen. Sie wiegen manchmal mehrere tausend Tonnen.

Welchen Rauminhalt hat ein Findling?
Fine und Opa Fritz beantworten die Frage jeder auf seine Weise.

Zu welchen Ergebnissen kommen Fine und Opa Fritz? Welche Methode würdest du bevorzugen?

Opa Fritz:
„Der Findling ist 1,80 m hoch und misst an der breitesten Stelle etwa 80 cm. Eine Bretterkiste zum Einpacken müsste also die Maße 80 cm × 80 cm × 1,80 m haben. Der Findling füllt diese Kiste etwa zur Hälfte aus."

Fine:
„Im Dorf steht ein großer quaderförmiger Wassertrog von 3 m Länge, 1,50 m Breite und 1,30 m Höhe. Im Augenblick steht das Wasser im Trog 95 cm hoch. Wenn ich den Findling in den Trog lege, steigt der Wasserspiegel auf 1,07 m."

Exkurs

Wasserbedarf

Rund 25 Liter Wasser werden in Indien pro Person und Tag im Haushalt verbraucht. In Europa dagegen sind es 150 Liter, in den USA 300 Liter, jeweils ein Drittel wird allein für die WC-Spülung benutzt. Weil sich immer mehr Menschen am westlichen Lebensstandard orientieren, wächst der globale Bedarf an Haushaltswasser noch schneller als die Weltbevölkerung: Mit heute 300 Kubikkilometern pro Tag hat er sich gegenüber 1950 versechsfacht – während sich die Zahl der Menschen im selben Zeitraum etwa verdoppelte. Stand 2007

P ≡ Projekt: Wasserverbrauch im Alltag

Trinkwasser ist wertvoll und lebenswichtig. Es steht auf der Erde zwar in großen Mengen, aber nicht unbegrenzt zur Verfügung. Hast du eine Vorstellung, wie viel Trinkwasser in deiner Familie innerhalb einer Woche verbraucht wird?
In Gruppen könnt ihr euch auf verschiedene Arten mit dem Thema auseinandersetzen.

A Plakat zum Thema Wasserverbrauch im Alltag

Überlegt euch, wo überall im Alltag eurer Familie Wasser verbraucht wird. Aus Prospekten, Katalogen usw. schneidet ihr Verbrauchsgeräte aus, typische Situationen könnt ihr in eigenen Bildern und Fotos auf einem Plakat festhalten. Zu jeder Situation ermittelt ihr dann durch eigene Untersuchungen und Experimente den Wasserverbrauch innerhalb einer Woche. Unter die Bilder schreibt ihr diese Zahlen in Liter auf. Rechnet den durchschnittlichen Verbrauch pro Tag und pro Person aus.

B Wasseruhr

Der Wasserverbrauch lässt sich auch an der Wasseruhr ablesen. Ermittle mithilfe eurer Wasseruhr den Verbrauch in einer Woche. Vergleiche mit den Werten aus der Collage. Vielleicht kannst du die Werte auch aus der Jahresabrechnung für das Wasser gewinnen. Dabei erfährst du auch, was das Wasser bei uns kostet. Zusätzlich werden noch die „Abwasserkosten“ berechnet.

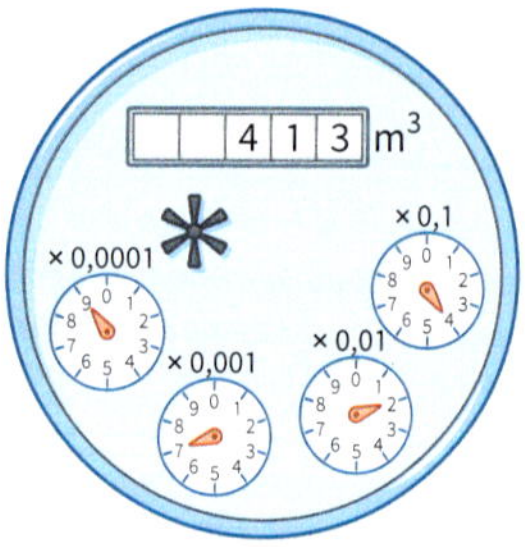

C Ratgeber Wasser sparen

Wie kann man Wasser sparen? Wodurch wird Trinkwasser vergeudet? Erstellt eine kleine Broschüre, in der die Ratschläge mit entsprechenden Zahlenwerten belegt werden.
Hier einige Anregungen:

*Undichter Wasserhahn tropft.
(Wie viel Wasser geht am Tag verloren? Wie lange würde es dauern, bis die Badewanne voll ist?)*

*Stopp- oder Spartaste bei der WC-Spülung.
(Sparwerte werden oft in den Werbeblättern angegeben)*

*Dusche statt Vollbad und beim Einseifen das Wasser abdrehen.
(Volumen der Badewanne schätzen, Zeit fürs Duschen stoppen und 10 Sekunden Wasser im Eimer auffangen)*

*Viele Menschen lassen während des Zähneputzens das Wasser laufen.
(Wie viel Wasser verschwendet z. B. eine vierköpfige Familie in einer Woche?)*

Flächeninhalt messen

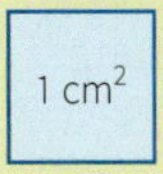

Flächeninhalte mit 1 cm² vergleichen.

Übersicht über die Flächeneinheiten

1 km²; 1 ha; 1 a; 1 m²; 1 dm²; 1 cm²; 1 mm²

Die Umrechnungszahl für Flächeneinheiten ist 100.

$\cdot 100$: $17\,dm^2 = 1700\,cm^2$

$:100$: $3400\,mm^2 = 34\,cm^2$

Einheitentabelle

km²		ha		a		m²		dm²		cm²		mm²	
Z	E	Z	E	Z	E	Z	E	Z	E	Z	E	Z	E
					5	0	0						
							3	1	0	0	0		
	2	0	0	0	0	0	0						

$500\,m^2 = 5\,a$

$3{,}10\,m^2 = 310\,dm^2 = 31\,000\,cm^2$

$2\,000\,000\,m^2 = 2\,km^2$

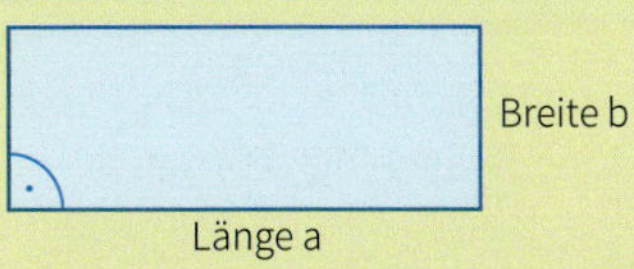

Flächeninhalt A eines Rechtecks

A = Länge a mal Breite b

Schreibweise: $\mathbf{A = a \cdot b}$

Umfang u eines Rechtecks

u = 2 mal Länge a + 2 mal Breite b

Schreibweise: $\mathbf{u = 2 \cdot a + 2 \cdot b}$

Flächeninhalt A

Durch Zerlegen oder Ergänzen bestimmen.

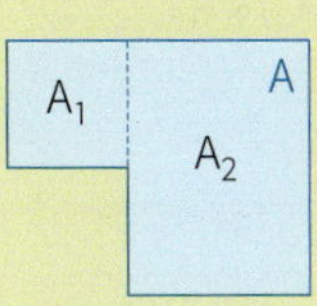

Figur in zwei Rechtecke zerlegen:

$A = A_1 + A_2$

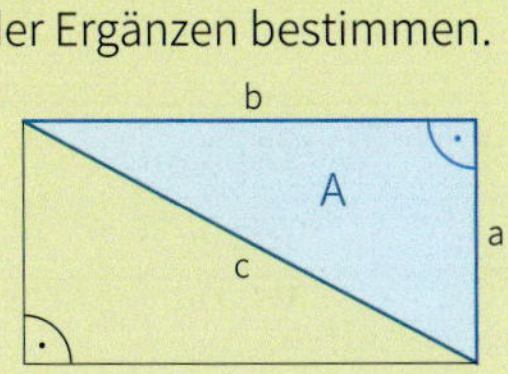

Dreieck zu einem Rechteck ergänzen:

$A = (a \cdot b) : 2$

Check-up

1 Verschiedene Flächen, gleicher Flächeninhalt

Zeichne drei rechteckige Flächen mit dem Flächeninhalt $A = 12\,cm^2$.

2 Umwandeln von Flächeneinheiten

Wandle den Flächeninhalt in die angegebene Einheit um.

a) 6984 m² in a b) 6,3 a in m² c) 0,5 km² in m²
d) 450 m² in ha e) 4,5 m² in dm² f) 40 mm² in cm²

3 Vergleich von Flächeninhalten

Welches der drei Grundstücke hat den größten Flächeninhalt?

A: 4500 m² B: 0,6 ha C: 40 a

4 Rechnen mit Flächeninhalten

Familie Stumm kauft ein Grundstück mit einer Fläche von 220 m² und ein angrenzendes Grundstück von 3,4 a. Wie groß ist der Flächeninhalt des gesamten gekauften Grundstücks?

5 Erbschaft

Drei Geschwister erben ein 23,1 a großes Grundstück. Wie viel sollte jeder erhalten?

6 Umfang und Flächenhalt von Rechtecken

Berechne den Umfang und den Flächeninhalt des Rechtecks mit

a) einer Länge von 10 cm und einer Breite von 7 cm,

b) einer Länge von 2,5 m und einer Breite von 90 cm.

7 Fehlende Größen berechnen

Berechne die in der Tabelle fehlenden Größen eines Rechtecks.

	Länge a	Breite b	Umfang u	Fläche A
a)	4 m	2 m	■	■
b)	6 m	■	■	30 m²
c)	■	8 m	50 m	■

8 Rechtwinkliges Dreieck

Berechne den Flächeninhalt und den Umfang des Dreiecks in der Abbildung. Miss dazu die Länge der dritten Dreiecksseite (Maßstab 1:2).

Tipp: Ergänze das Dreieck zu einem Rechteck

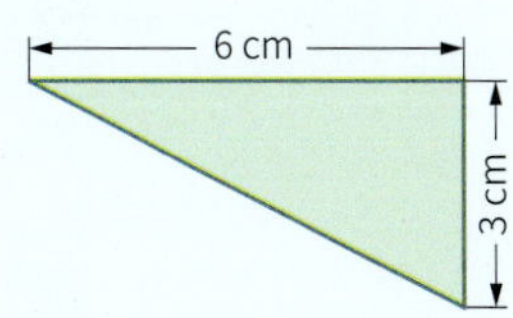

9 Flächeninhalt und Umfang

Berechne den Umfang und den Flächeninhalt der abgebildeten Fläche.

a)

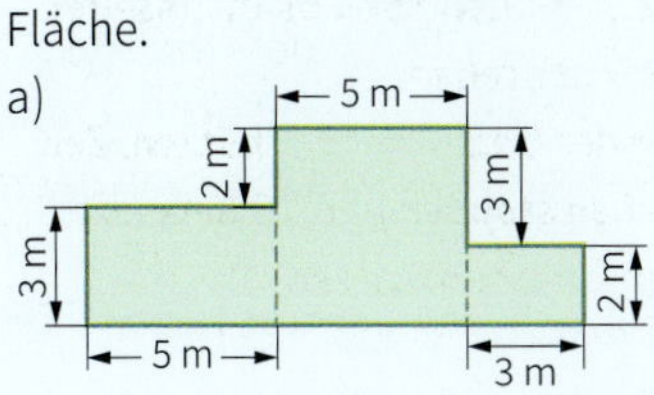

b)

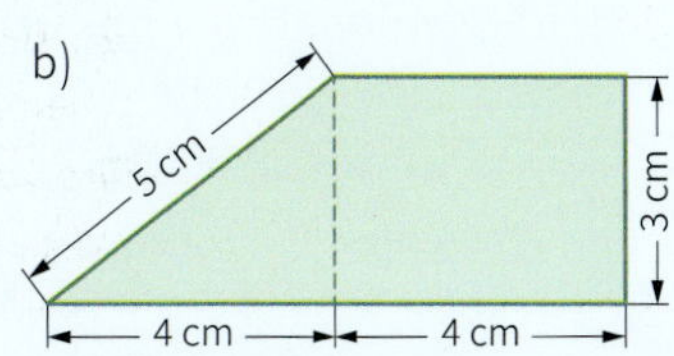

Volumen und Oberflächeninhalt

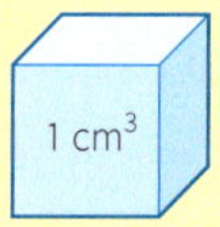

Volumen $V = 1\,cm^3$

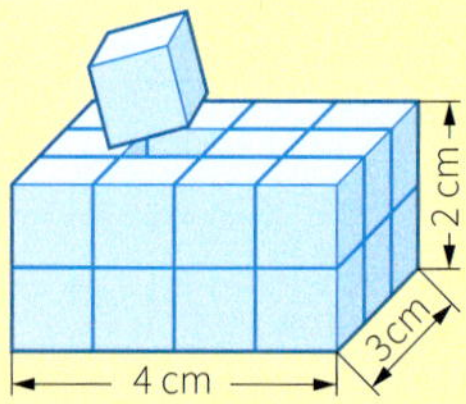

Volumen $V = 24\,cm^3$
Oberflächeninhalt $O = 52\,cm^2$
Die Oberfläche eines Körpers besteht aus allen „äußeren" Flächen. Dies sind alle Flächen, die man berühren kann, wenn man den Körper in der Hand hält.

Übersicht über die Raumeinheiten

$1\,m^3$; $1\,dm^3 = 1\,l$; $1\,cm^3 = 1\,ml$; $1\,mm^3$

Die Umrechnungszahl für Raumeinheiten ist 1000.

$2\,m^3 \xrightarrow{\cdot 1000} 2000\,dm^3$ ($2\,m^3 = 2000\,dm^3$)

$7000\,dm^3 \xrightarrow{:1000} 7\,m^3$ ($7000\,dm^3 = 7\,m^3$)

Einheitentabelle

m^3			$dm^3 \triangleq l$			$cm^3 \triangleq ml$			mm^3		
H	Z	E	H	Z	E	H	Z	E	H	Z	E
					2	5	0	0			
		8	0	0	0						

$2{,}5\,l = 2500\,cm^3 = 2500\,ml$
$8000\,l = 8000\,dm^3 = 8\,m^3$

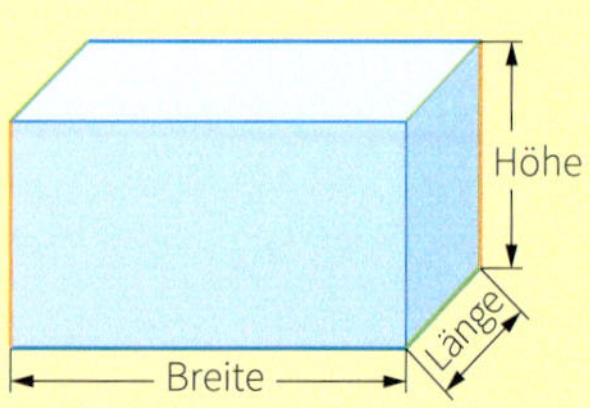

Volumen V eines Quaders

V = Länge mal Breite mal Höhe
Schreibweise: $\mathbf{V = a \cdot b \cdot c}$

Oberflächeninhalt O eines Quaders

O = 2 mal Länge mal Breite
+ 2 mal Länge mal Höhe
+ 2 mal Breite mal Höhe
Schreibweise: $\mathbf{O = 2 \cdot a \cdot b + 2 \cdot a \cdot c + 2 \cdot b \cdot c}$

10 Volumen ermitteln
Aus wie vielen Würfeln mit der Kantenlänge 1 cm kann man einen Würfel mit einer Kantenlänge von 5 cm bauen? Wie groß ist das Volumen eines Würfels mit einer Kantenlänge von 5 cm?

11 Umwandeln in die nächstgrößere Einheit
Gib in der nächstgrößeren Einheit an.
a) $78\,000\,l$ b) $200\,000\,mm^3$ c) $1500\,cm^3$
d) $2000\,cm^3$ e) $700\,mm^3$ f) $87\,000\,000\,mm^3$

12 Umwandeln in die nächstkleinere Einheit
a) $4\,m^3$ b) $4{,}5\,l$ c) $40\,cm^3$ d) $8{,}05\,m^3$

13 „Gemischte Schreibweise"
Trägt man $7\,m^3\,450\,l$ in die Einheitentabelle ein, dann sieht man, dass man dafür auch schreiben kann: $7{,}450\,m^3$. Verwende die Einheitentabelle, um die Volumina mit einer Einheit zu schreiben:
a) $5\,dm^3\,350\,cm^3$ b) $5\,l\,8\,cm^3$ c) $70\,cm^3\,50\,mm^3$

14 Rechnen mit Volumina
Berechne. a) $4\,m^3 + 4500\,dm^3$ b) $8\,cm^3 - 6500\,mm^3$

15 Quader
Berechne das Volumen und den Oberflächeninhalt eines Quaders mit
a) der Länge 3 m, der Breite 2 m und der Höhe 1 m,
b) der Länge 5 m, der Breite 70 cm und der Höhe 4 dm.

16 Weitsprunggrube
Eine Weitsprunggrube mit einer Breite von 3 m und einer Länge von 10 m soll einen halben Meter hoch mit Sand aufgefüllt werden. Wie oft muss ein Lkw fahren, wenn er pro Fahrt $5\,m^3$ Sand anliefert?

17 Aquarium
Ein Aquarium ist 120 cm lang, 40 cm breit und 55 cm hoch.
a) Berechne die Glasfläche, die man zum Bau des Aquariums benötigt.
b) Wie viele Eimerfüllungen (10 l) benötigt Heinrich zum Füllen seines Aquariums, um es bis 5 cm unter den oberen Rand zu füllen?

18 Rauminhalt eines Quaders
Wie ändert sich der Rauminhalt eines Quaders, wenn man
a) die Länge verdoppelt,
b) die Länge und die Breite verdoppelt,
c) die Länge, die Breite und die Höhe verdoppelt?

19 Volumen und Oberflächeninhalt
Berechne den Oberflächeninhalt und das Volumen eines Würfels mit der Kantenlänge von 6 cm und eines Quaders mit einer Länge von 54 cm, einer Breite von 2 cm und einer Höhe von 2 cm. Vergleiche den Oberflächeninhalt und das Volumen miteinander. Was beobachtest du?

Sichern und Vernetzen

Vermischte Aufgaben zu Kapitel 7

Trainieren

WES-125764-050

Lösungen

1 Umwandeln 1

Schreibe in der nächstgrößeren Maßeinheit.

a) $6700\,m^2$ b) $4000\,dm^2$ c) $20\,000\,cm^3$ d) 5000 a e) $5000\,dm^3$

2 Umwandeln 2

Wandle in die nächstkleinere Einheit um.

a) 6,5 a b) $4{,}35\,m^3$ c) 0,25 l d) $8{,}3\,m^2$ e) 7 ha

3 Wahr oder falsch?

a) $120\,m^2 = 12\,000\,cm^2$ b) 2 ha = 200 a c) $5\,dm^3 = 5\,l$

d) $1\,m^3 = 1\,000\,000\,cm^3$ e) $3000\,cm^2 = 30\,dm^2$ f) $4000\,dm^3 = 4\,000\,000\,m^3$

4 Ordnen

Ordne jeweils der Größe nach.

a) $4500\,cm^2$; $44\,dm^2$; $460\,m^2$ b) $23\,m^3$; $2300\,dm^3$; $230\,000\,cm^3$

c) $7{,}5\,m^2$; 5 a; $8000\,dm^2$ d) $1500\,dm^3$; $20\,m^3$; $1\,050\,000\,cm^3$

5 Rechnen mit Größen

a) $4{,}5\,ha + 4300\,m^2$ Gib das Ergebnis in m^2 und in ha an.

b) $5900\,l + 4{,}1\,m^3$ Gib das Ergebnis in l und in m^3 an.

6 Flächeninhalt und Umfang berechnen

Berechne den Flächeninhalt und den Umfang des Rechtecks mit

a) Länge $a = 12\,cm$; Breite $b = 5\,cm$ b) Länge $a = 4{,}5\,dm$; Breite $b = 6\,cm$

7 Flächeninhalt und Umfang

Zeichne mindestens eine Fläche mit dem Flächeninhalt A und dem angegebenen Umfang u.

	A	u
a)	$5\,cm^2$	9 cm, 10 cm, 12 cm
b)	$6\,cm^2$	10 cm, 12 cm, 14 cm

8 Flächeninhalt und Umfang bestimmen

Bestimme jeweils den Flächeninhalt und den Umfang.

a) 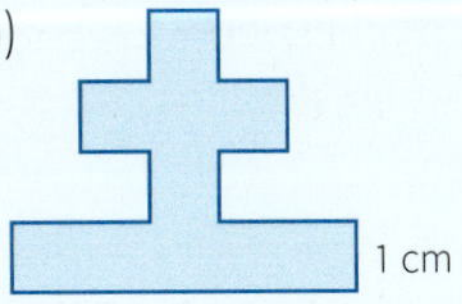

b) 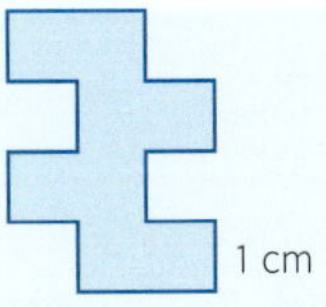

c) 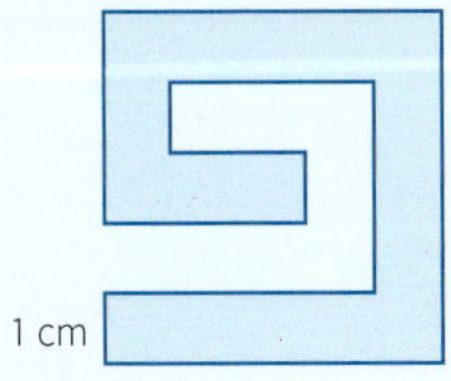

Verstehen

9 Fadenfiguren

Clara hat mit einem 24 cm langen Faden folgende Figuren gespannt.

a) Zeichne die Figuren in dein Heft und vergleiche die Flächeninhalte. Was fällt dir auf?

b) Findest du noch weitere Rechtecke zum Umfang 24 cm?

10 Quadrate

Lege aus neun Quadraten von 1 cm^2 ein großes Quadrat. Welchen Umfang hat dieses Quadrat? Entferne nun möglichst viele kleine Quadrate, ohne dass sich der Umfang ändert.

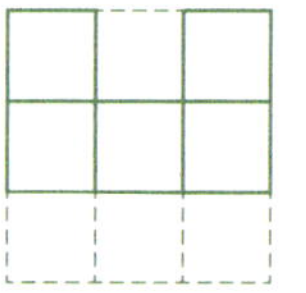

11 Würfel im Vergleich

Kristina und Can haben je einen Würfel gebastelt. Kristinas Würfel hat eine Kantenlänge von 4 cm, Cans Würfel hat eine doppelt so große Kantenlänge.

a) Überprüfe, ob das Volumen von Cans Würfel doppelt so groß ist, wie das Volumen von Kristinas Würfel.

b) Um das Wievielfache ist der Oberflächeninhalt von Cans Würfel größer als der Oberflächeninhalt von Kristinas Würfel?

12 Umwandeln im Rechteck

a) Was passiert mit der Maßzahl für den Flächeninhalt, wenn man Meter in Zentimeter umwandelt?

b) Was passiert mit der Maßzahl für den Umfang, wenn man Meter in Zentimeter umwandelt?

Anwenden

13 Ein Haus wird gebaut

Eine Baugrube für ein Haus wird ausgebaggert. Die Baugrube ist 12 m lang, 6 m breit und 3,50 m tief.

a) Wie viel Kubikmeter (m^3) Erde muss ausgebaggert werden?

b) Wie viele Lastwagenladungen von 12 m^3 ergibt der Erdaushub?

c) Wie viele Tonnen Erde werden bewegt, wenn 1 m^3 Erde ein Gewicht von 2500 kg hat?

14 Grundstücksverkauf

Die Stadt Unterhausen will 1,6 ha Bauland verkaufen. Für Straßen und Zufahrten werden 7,5 a benötigt.

a) Wie groß ist jedes Grundstück, wenn die Stadt 25 in etwa gleich große Grundstücke verkaufen will? Rechne mit m^2.

b) Wie teuer wird jedes Grundstück, wenn der Preis 120 € pro Quadratmeter sein soll?

15 Grünschnitt

Herr Delfs sammelt Grünschnitt in einem Gartenabfallsack mit 90 l Fassungsvermögen. Wenn der Sack voll ist, entleert er ihn auf dem Anhänger. Später fährt er den vollen Anhänger auf die Deponie und muss für jeden angefangenen Kubikmeter 2,80 € bezahlen.

16 Wasserspiel

Magnus baut sich aus quaderförmigen Plastikkisten ein Wasserspiel. Mit einer Pumpe füllt er die Kisten. Die Pumpe pumpt pro Minute 8 Liter.

a) Wann läuft die erste Kiste über?

b) Wie lange dauert es, bis die letzte Kiste überläuft?

17 Malerarbeiten

Die Wände und die Decke eines 6 m langen, 5 m breiten und 2,50 m hohen Zimmers werden angestrichen. Wie viel m^2 sind zu streichen, wenn eine Tür (2,20 m hoch und 1,50 m breit) und zwei Fenster (je 1,35 m hoch und 1 m breit) zu berücksichtigen sind?

18 Verpackung

Zeige, dass die Kartons den gleichen Rauminhalt haben.
Für welchen Karton benötigst du am wenigsten Verpackungspapier?

Karton 1: 80 cm x 20 cm x 40 cm

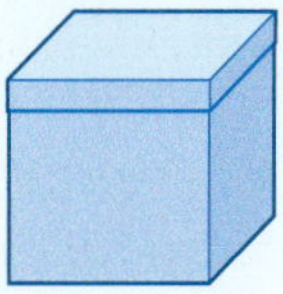

Karton 2: 40 cm x 40 cm x 40 cm

Karton 3: 80 cm x 25 cm x 32 cm

19 Zusammengesetzte Flächen

Berechne den Umfang und den Flächeninhalt der Fläche in der Abbildung.

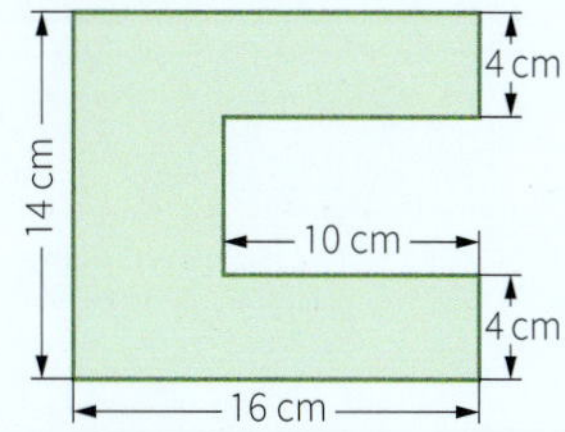

20 Anstreichen

Die Malermeisterin Petri soll das Kinderzimmer der Familie Pauli streichen. Das Kinderzimmer hat eine rechteckige Grundfläche. Um den Bedarf an Farbe abzuschätzen, misst sie die Länge, Breite und Höhe des Kinderzimmers.
Das Kinderzimmer hat die Maße: Länge: 5 m, Breite 4 m, Höhe 2,50 m.
Türen und Fenster berücksichtigt die Malermeisterin nicht.
1 l Farbe reicht für 6 m². Wie viel Farbe benötigt Frau Petri, wenn sie die Wände zweimal streicht?

21 Getränkepackungen

a) Eine Milchpackung hat die Form eines Quaders. Sie hat die Maße 20 cm × 9 cm × 6 cm. Passt in diese Packung 1 l Milch?
b) Eine quaderförmige Packung für Orangensaft ist 7 cm breit und 7 cm lang. Wie hoch muss die Packung mindestens sein, damit in diese Packung 1 l Orangensaft gefüllt werden kann?

22 Schnee kann schwer sein

Das Flachdach einer Halle ist 40 m lang und 30 m breit. Nach einem starken Schneefall liegen auf diesem Dach 25 cm Schnee.
a) Welches Volumen hat der Schnee, der auf dem Dach liegt? Gib das Volumen in m³ und in dm³ an.
b) 1 dm³ Pulverschnee wiegt 50 g und 1 dm³ nasser Schnee wiegt 200 g. Berechne das Gewicht des Schnees auf dem Hallendach für Pulverschnee und nassen Schnee.

23 Volumen zusammengesetzter Körper

Berechne das Volumen des Körpers.

a)

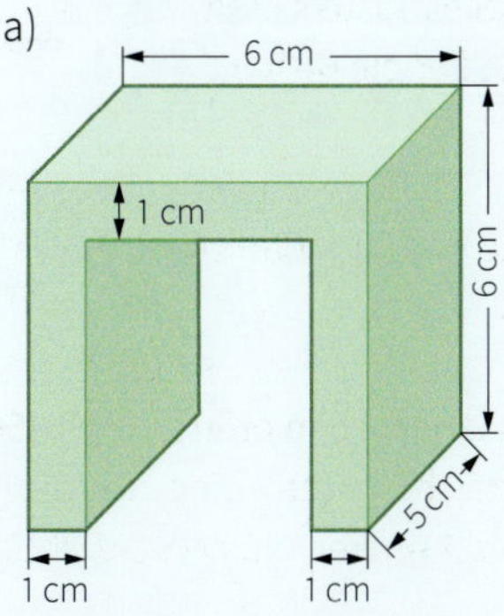

b)

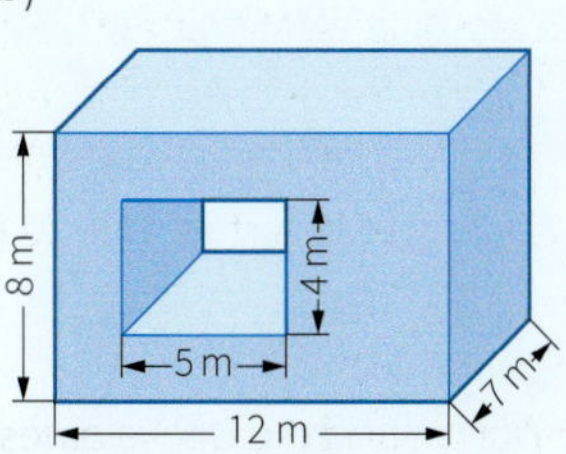

c)

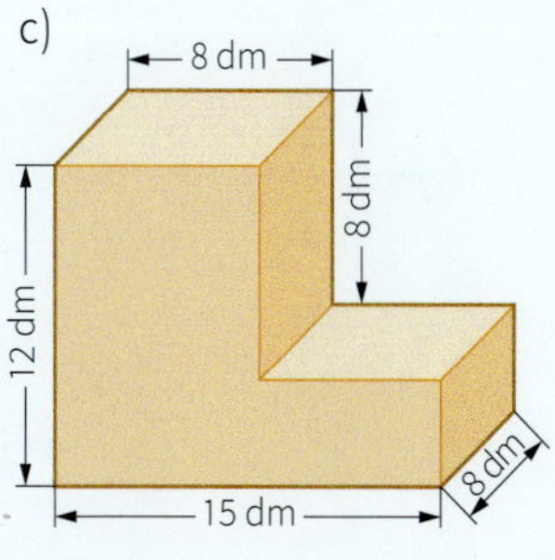

8 Neue Zahlen – neue Möglichkeiten

Auf dem obersten Gipfel des Kilimandscharo, dem höchsten Gebirge Afrikas, herrschen dauerhaft Temperaturen unter dem Gefrierpunkt, während es am Fuße des Berges durchschnittlich ca. 30° Celsius warm ist. Der Temperaturunterschied zwischen dem Startpunkt einer Expedition und der Bergspitze kann daher weit mehr als 30° Celsius betragen.
Temperaturen unter 0° Celsius werden auch Minusgrade genannt. In der Mathematik nennen wir sie negative Zahlen.
Die Größe der Giraffen in der Abbildung entspricht übrigens $\frac{1}{30}$ (einem Dreißigstel) ihrer Originalgröße.
Wusstest du, dass Giraffen weniger als 1 % ihrer Lebenszeit schlafen?

Du siehst, mit den „neuen“ Zahlen kann man viel anfangen.

8.1 Ganze Zahlen beschreiben Zustände und Änderungen
8.2 Brüche im Alltag
8.3 Brüche im Einsatz – Prozente, Maßstäbe, Verhältnisse
8.4 Aufteilen und Verteilen mit Brüchen

8.1 Ganze Zahlen beschreiben Zustände und Änderungen

E1 Mit dem Aufzug unterwegs

Ralf ist zu Besuch in einem mehrstöckigen Gebäude. Er ist neugierig und nutzt den Aufzug, um sich einen ersten Überblick zu verschaffen. Dabei fällt ihm auf, dass es unter dem Erdgeschoss noch drei Stockwerke für eine Tiefgarage gibt.

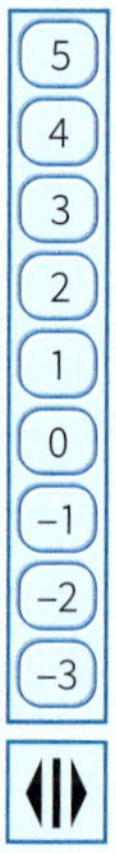

a) Wie viele Stockwerke hat das Gebäude? Welche Zahl entspricht dem Erdgeschoss?

b) Ralf ist vom 4. Stock aus sechs Stockwerke abwärts gefahren, wo kommt er an?

c) Wie viele Stockwerke muss Ralf aus dem untersten Stock fahren, um in den 2. Stock zu kommen?

d) Ralf meint, an einem Stück neun Stockwerke aufwärts gefahren zu sein. Was meinst du dazu?

e) Von wo bis wo kann Ralf gefahren sein, wenn er vier Stockwerke abwärts gefahren ist?

E2 Ein Klimadiagramm aus den Alpen

In der Grafik sind die mittleren Tages- und Nachttemperaturen auf der Zugspitze angegeben. Die Zugspitze ist mit 2962 m der höchste Berg in Deutschland.

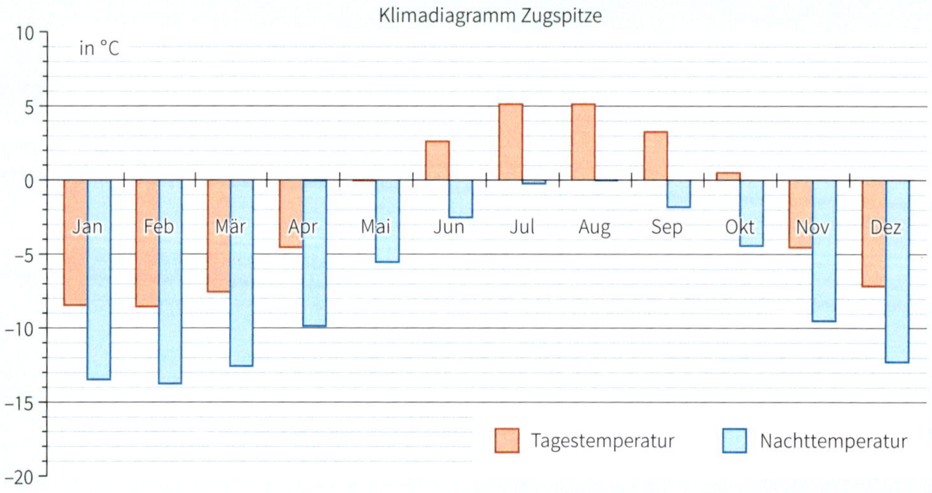

Mon.	Tag	Nacht
Jan		
Feb		
Mär		
Apr		−10
Mai		
Jun	5	
Jul		
Aug		
Sep		
Okt		
Nov		
Dez		

Temperaturen in ° Celsius

a) Übertrage die Tabelle in dein Heft und fülle sie vollständig aus.

b) Bestimme die Änderung der mittleren Nachttemperatur bzw. Tagestemperatur zwischen
① Februar und Juni, ② April und September, ③ Oktober und November.

c) Wie groß ist der Unterschied zwischen der höchsten und niedrigsten mittleren Nachttemperatur im Verlauf des Jahres? Wie groß ist der entsprechende Wert bei den Tagestemperaturen? Wie groß ist der Unterschied zwischen der auf der Zugspitze auftretenden höchsten und niedrigsten monatlichen Durchschnittstemperatur?

Basiswissen

WES-125764-040

Mit ganzen Zahlen Zustände und Änderungen beschreiben

Zustand	Änderung	Zustand
Temperatur −7 °C	Die Temperatur steigt um 19 °C.	Temperatur 12 °C

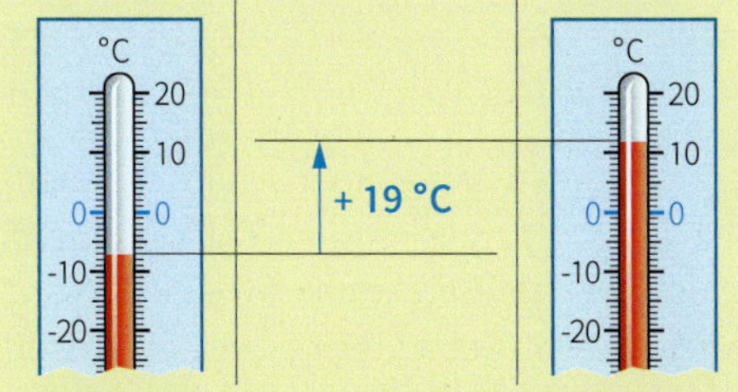

Zustand	Änderung	Zustand
Temperatur 12 °C	Die Temperatur sinkt um 19 °C.	Temperatur −7 °C

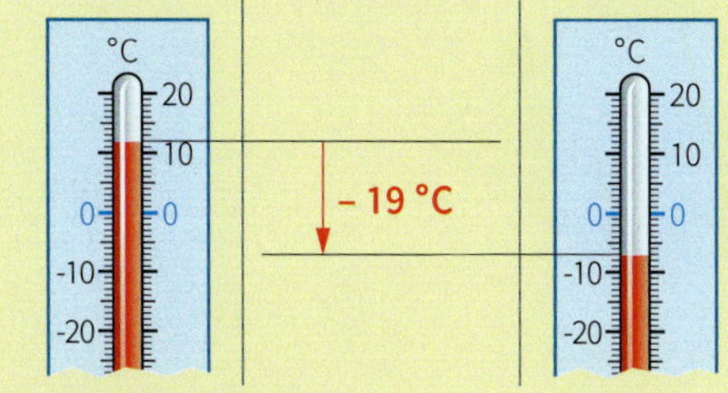

Erinnerung:
ℕ: Menge der natürlichen Zahlen

Zustände unterhalb der „0“ beschreibt man mit **negativen Zahlen**, z.B. −1, −5, −8 usw.
Zustände oberhalb der „0“ beschreibt man mit natürlichen Zahlen, z.B. 1, 5, 8 usw.
Bei Temperaturen bedeuten negative Zahlen wie z. B. −12 °C eine Temperatur von 12 °C unter 0 °C, d.h. unter dem Gefrierpunkt.

Zustandsänderungen können **positiv** (+) oder **negativ** (−) sein.
Eine Temperaturänderung um **−19 °C** bedeutet, die Temperatur **sinkt** um 19 °C.
Eine Temperaturänderung um **+19 °C** bedeutet, die Temperatur **steigt** um 19 °C.

Wenn es zu keinen Verwechslungen kommen kann, schreibt man positive Zahlen ohne „+“.

Neu:
ℤ: Menge der ganzen Zahlen

Ganze Zahlen

Die Zahlen …, −5, −4, −3, −2, −1, 0, +1, +2, +3, +4, +5, … nennt man **ganze Zahlen**.
Meistens schreibt man positive Zahlen ohne das Vorzeichen „+“.

Beispiele

A Ausflug ans Tote Meer
Der tiefste Punkt der Erdoberfläche befindet sich am Toten Meer. Zurzeit liegt die Oberfläche des Sees bei −428 m, d.h. 428 m unter dem Meeresspiegel.
Eine Reisegruppe macht einen Ausflug von Jerusalem ans Tote Meer. Jerusalem liegt auf einer Höhe von 754 m über dem Meeresspiegel. Welchen Höhenunterschied muss die Reisegruppe mindestens überwinden?

Lösung:

Ort	Höhe	Hinfahrt		Rückfahrt	
Jerusalem	754 m	−754 m	−1182 m	+754 m	+1182 m
Meeresspiegel	0 m				
Totes Meer	−428 m	−428 m		+428 m	

Das Tote Meer liegt 1182 m tiefer als Jerusalem.
Der Höhenunterschied von 1182 m muss jeweils überwunden werden.

Übungen

1 Fragen beantworten
Beantworte die folgenden Fragen und begründe deine Antwort.
a) Was ist kälter, −8°C oder −3°C?
b) Der Ort A liegt 15 m unter dem Meeresspiegel. Der Ort B liegt 8 m unter dem Meeresspiegel. Welcher Ort liegt höher?
c) Peter hat 5 € Schulden bei Anna. Daniel hat 10 € Schulden bei Frieda. Wer hat weniger Geld?
d) Ordne die Städte nach ihren Breitengraden von Nord nach Süd: Porto Alegre 30°S; Bielefeld 52°N; Boston 42°N; Perth 32°S; Wladiwostok 43°N; Mombasa 4°S.

2 Negative Zahlen gibt es überall

a) Nachmittags waren es noch 5 °C, zum Abend hin nahm die Temperatur um 9 °C ab. Wie kalt war es am Abend?

b) Nachdem es am Morgen noch –4 °C waren, zeigte das Thermometer am Mittag schon 10 °C an. Wie groß war die Temperaturänderung?

c) Ein Taucher taucht zunächst zu einem Felsen in 8 m Tiefe und von da aus noch zu einer Höhle in 25 m Tiefe. Wie viel Meter liegt die Höhle tiefer als der Felsen?

d) Ein U-Boot befindet sich auf Tauchfahrt in 35 m Tiefe. Das Sehrohr des Bootes kann 6 m ausgefahren werden. Wie viel Meter muss das U-Boot aufsteigen, damit das Sehrohr 1 m über die Wasseroberfläche hinausragt?

3 Ein Tag im Winter

Brrr, war das heute Morgen um 7.00 Uhr wieder kalt als ich aufstehen musste, –5 °C. Das Thermometer an der Apotheke auf dem Schulweg zeigte um 7.45 Uhr immer noch –3 °C an, auf den Straßen war Rauhreif und es war ganz schön glatt. In der großen Pause um 9.30 Uhr war der Schulhof allerdings schon nass, es war nun 5 °C wärmer geworden. Als ich um 14.00 Uhr zu Hause ankam, schien die Sonne und das Thermometer zeigte 8 °C. Nach den Hausaufgaben fuhr ich noch um 16.00 Uhr für zwei Stunden zum Fußballtraining. Auf dem Rückweg merkte ich, dass die Straßen schon wieder anfingen zu gefrieren, es war jetzt sicher wieder mindestens 1 °C unter Null. Beim Abendessen hörte ich im Radio, wie der Nachrichtensprecher ankündigte, dass es in der Nacht bis 7 °C unter Null kalt werden sollte.

Erstelle zu dem Bericht eine Tabelle mit Uhrzeit, Temperatur und Temperaturänderung sowie eine Grafik (x-Achse: Uhrzeit, y-Achse: Temperatur). Wie groß ist der Unterschied zwischen der höchsten und niedrigsten Temperatur an diesem Tag?

4 Im Supermarkt

Anja kauft im Supermarkt ein. An der Kasse erhält sie den Kassenzettel.

a) Wie viel muss Anja bezahlen?

b) Erkläre, wie die Summe, die Anja zahlen muss, zustande kommt.

KR. BAGUETTE	R	0.45 A
KR. BAGUETTE	R	0.45 A
SENF	R	0.45 A
SCHLAGSAHNE	R	0.45 A
LEERGUT –		-2.50 B
ZW-SUMME		-0.70
TOTAL		-0.70

5 Tordifferenz

Die sechs Fußballmannschaften sind nach ihren Punkten geordnet.

a) Was versteht man unter einer positiven, was unter einer negativen Tordifferenz?

b) Ordne die Mannschaften nach der Tordifferenz, beginnend mit der Mannschaft mit der größten positiven Tordifferenz.

	Tordifferenz	Punkte
Bremen	10	46
Wolfsburg	3	45
Düsseldorf	-19	37
Mainz	-14	36
Berlin	-7	35
Freiburg	-11	32

6 Hoch- und Tieflagen

Für die Höhenangaben wird der Wasserspiegel der Weltmeere als Bezugsgröße angegeben. So liegen die geografischen Punkte über (+) oder unter (–) dem Meeresspiegel.
Ordne die Gewässer nach ihrer Höhenlage. Beginne bei dem am niedrigsten gelegenen Gewässer.

See Genezareth –212 m	Bodensee +395 m	Gardasee +65 m
Kaspisches Meer –28 m	Titicaca-See +3810 m	Totes Meer –428 m

7 ≡ Ein Tag auf dem Mars

Ein Tag auf dem Mars dauert ca. 24 Stunden und 40 Minuten. Der Graph zeigt den Temperaturverlauf eines Tages auf der Marsoberfläche.

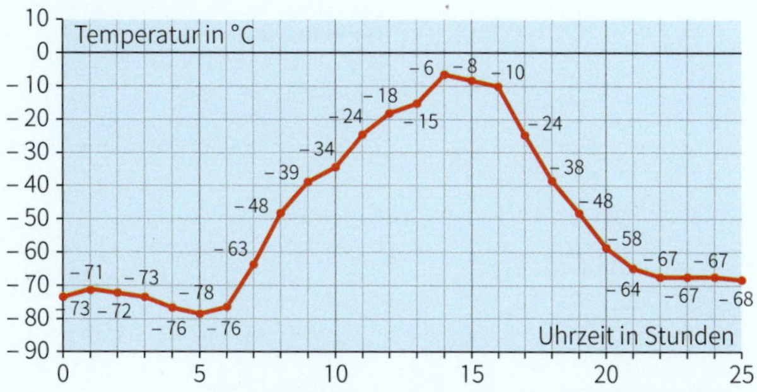

a) Erstelle eine Tabelle mit Uhrzeit und Temperatur. Gib jeweils von Zeile zu Zeile die Temperaturänderung an.

b) In welcher Stunde gab es den größten Temperaturanstieg, wann den stärksten Rückgang?

Uhrzeit	Temperatur	Temperaturänderung
00.00	– 73 °C	
		+ 2 °C
01.00	– 71 °C	
		– 1 °C
02.00	– 72 °C	

8 ≡ Temperaturen auf Himmelskörpern

In der Tabelle kannst du sehen, wie ungemütlich es auf anderen Himmelskörpern sein kann.

Himmelskörper	Höchsttemperatur	Tiefsttemperatur
Erde	+ 58 °C	– 89 °C
Mond	+ 130 °C	– 160 °C
Merkur	+ 427 °C	– 173 °C
Mars	+ 27 °C	– 133 °C

a) Trage auf einer senkrechten Skala (1 cm entspricht 50 °C) die Temperaturen ein. Runde, falls nötig.

b) Um wie viel °C unterscheiden sich Höchst- und Tiefsttemperatur eines Himmelskörpers? Welche Spanne ist am größten, welche am kleinsten?

c) Wie unterscheiden sich die Tiefsttemperaturen der Himmelskörper? Lege eine Rangliste an, beginne mit dem kältesten.

9 ≡ Höhenunterschiede

NHN ≙ Normalhöhennull
NHN ersetzt seit 1992 NN

Berechne den Höhenunterschied des höchsten und tiefsten Punktes für die Kontinente.

Kontinent	Höchster Punkt		Tiefster Punkt	
	Name	Höhe über NHN	Name	Höhe über NHN
Afrika	Kibo	5995 m	Assalsee	– 155 m
Asien	Mt. Everest	8848 m	Totes Meer	– 428 m
Australien	Carstensz-Pyramide	4884 m	Eyresee	– 17 m
Europa	Mont Blanc	4810 m	Kaspisches Meer	– 28 m
Nordamerika	Denali	6190 m	Death Valley	– 86 m
Südamerika	Aconcagua	6962 m	Laguna del Carbón	– 105 m

10 ≡ Tauchfahrt

Das bemannte U-Boot „Alvin“ kann bis 6500 m Tiefe tauchen. Ergänze die fehlenden Zahlen für die Tauchtiefe bzw. die Änderungen der Tauchtiefe.

	1. Fahrt	2. Fahrt	3. Fahrt	4. Fahrt	5. Fahrt
alte Tauchtiefe	– 25 m	– 42 m	– 2500 m	■	– 6000 m
neue Tauchtiefe	– 42 m	– 142 m	■	– 6000 m	– 1200 m
Änderung	– 17 m	■	– 3500 m	– 1500 m	■

11 Geldbewegungen auf einem Konto

Nach einem Möbelkauf erhält Herr Sander folgenden Kontoauszug:

Ostmannbank				erstellt am	Auszug-Nr.	Blatt
IBAN:DE41500105170123456789				08.09.2019	10	1
Kontoinhaber	**Bernd Sander**					
Buchungstag	Wert	Verwendungszweck			Soll	Haben
			Alter Kontostand			252,75
04.10.	04.10.	Möbelhaus Johann, Rechnung 999011			355,00	
			Neuer Kontostand		102,25	

a) Wie kommt es zu den 102,25 € und warum steht das bei „Soll"?

b) Herr Sander zahlt am nächsten Tag 500 € auf das Konto ein und bezahlt einen Schuhkauf über 120 € mit seiner EC-Karte. Erstelle einen neuen Kontoauszug.

Exkurs

Negative Zahlen und Kontoauszüge

Ostmannbank			erstellt am	Auszug-Nr.	Blatt
IBAN:DE41500105170123456789			19.09.2019	1	1
Kontoinhaber	Max Mustermann				
Datum	Verwendungszweck	Wert	SALDO ALT		442,28 H
17.03.	Rechnung Kabelcom	17.03.			14,55 S
05.04.	Miete Fam. Köhler	07.04			288,15 H
			SALDO NEU		715,88 H

Auf einem Kontoauszug sind alle Einnahmen („Haben") und Ausgaben („Soll") zu sehen. „Soll" kann beispielsweise eine Abbuchung von einem Geschäft nach einem Einkauf sein. „Haben" steht beispielsweise für den Erhalt eines Geldgeschenks als Überweisung. Der Kontostand heißt in der Sprache der Banken „Saldo" und steht für die Differenz zwischen Soll und Haben. Ist der aktuelle Kontostand im Haben, so ist noch Geld auf dem Konto, befindet er sich allerdings im Soll, so ist das Konto überzogen und man hat Schulden. „Soll" und „Haben" werden häufig durch unterschiedliche Farben gekennzeichnet.

saldo (italienisch): fest

12 Kontoauszug 1

Auf dem Girokonto sind noch 705 € Guthaben. Wie lautet der Kontostand nach folgenden Buchungen?

Datum	Verwendungszweck	Wert	Betrag
25.02.	Telefonrechnung	26.02.	82,00 S
27.02.	Autoreparatur	28.02.	823,00 S

13 Kontoauszug 2

Betrachte den Kontoauszug der Familie Schüssel.

a) Wie viel Euro hatte Familie Schüssel, wie viel hat sie insgesamt ausgegeben, wie viel Geld kam in dieser Zeit dazu?

b) Wie könnte man Ausgaben und Einnahmen noch anders kenntlich machen?

Ostmannbank			erstellt am	Auszug-Nr.	Blatt
IBAN:DE41500105170123456789			25.09.2019	1	1
Kontoinhaber	Ursula/Hans Schüssel				
Datum	Verwendungszweck	Wert	SALDO ALT		967,00 H
27.02.	GEIER GmbH & CO.KG	28.02.			834,00 S
28.02.	Lohnüberweisung	01.03.			1672,30 H
02.03.	Geldautomat	01.03.			200,00 S
02.03.	Tante Gerti	03.03.			40,00 H
02.03.	Wohnparadies Rechn. Nr.3724 Vielen Dank!	03.03.			499,00 S
			SALDO NEU		

Grundwissen
zum Wiederholen

1 Gib die Anzahl und die Form der Flächen an, aus denen das Netz
a) eines Quaders b) einer quadratischen Pyramide besteht.

2 Peter hat gerechnet: $17 - 5 \cdot 3 = 12 \cdot 3 = 36$. Was hat er falsch gemacht?

3 Der Flächeninhalt eines rechteckigen Grundstücks der Länge 30 m und der Breite 20 m wird mit 60 a angegeben. Stimmt das?

Runde für das Einzeichnen auf 100 m.

14 ≡ **Gipfelhöhen und Meerestiefen**

a) Erstelle ein Diagramm, in dem die Daten aus der Tabelle eingetragen werden. Trage auf der senkrechten Achse die Gipfelhöhen und Meerestiefen ein. Achte auf eine geschickte Skala.

b) Bestimme alle Höhenunterschiede.

Mount Everest	8 848 m
Mont Blanc	4 810 m
Zugspitze	2 962 m
Puerto-Rico-Graben	– 9 219 m
Kurilengraben	– 10 542 m
Marianengraben	– 11 034 m

Exkurs

Tiefseeberge

Tiefseeberge (engl. Seamounts) sind unterseeische Vulkane, die sich vom Meeresboden in etwa 1000 m bis 6000 m Wassertiefe erheben, den Meeresspiegel aber nicht erreichen. Besonders viele Tiefseeberge findet man um die vulkanische Inselkette von Hawaii. Die Abbildung zeigt einen kleinen Ausschnitt des Meeresbodens um die Hauptinsel Hawaii, der dort in ca. 5600 m Tiefe liegt.

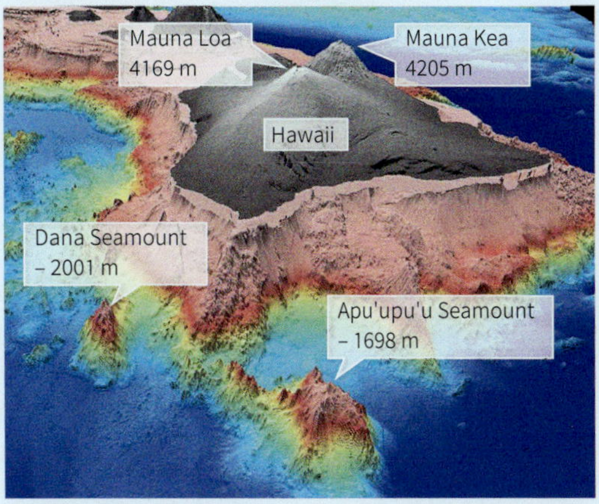

15 ≡ **Tiefseeberge und der höchste Berg**

a) Welches ist der höhere der beiden Tiefseeberge? Wie groß ist ihr Höhenunterschied?

b) Um wie viel Meter ist der Mauna Loa höher als der Dana Seamount?

c) Wie hoch ist der Apu'upu'u Seamount, gemessen vom Meeresboden in etwa 5600 m Tiefe? Vergleiche diese Höhe mit der des höchsten Berges in Deutschland, der Zugspitze mit 2962 m.

d) Der Cross Seamount (nicht im Bild) westlich von Hawaii ist noch 1448 m höher als der Apu'upu'u Seamount, und damit der höchste Tiefseeberg der Umgebung. Wie tief liegt seine Spitze unter dem Meeresspiegel?

e) Ben hat im Unterricht gelernt, dass der Mount Everest mit 8848 m der höchste Berg der Erde sei. „Das hängt davon ab, von wo du misst", erwidert Sandra. „Gemessen ab dem Meeresspiegel hast du recht, aber der Mauna Kea auf Hawaii erhebt sich direkt vom Meeresboden in etwa 5600 m Tiefe …"

Exkurs

Negative Zahlen in den Naturwissenschaften

Tiefe Temperaturen werden durch negative Zahlen ausgedrückt. Die Temperaturskala kann man aber nicht wie die negativen Zahlen beliebig weit unter Null fortsetzen. Es gibt eine tiefste Temperatur, an die sich Wissenschaftler mit aufwendigen Apparaturen immer weiter „herantasten", mit einem einfachen Kühlschrank ist es da nicht getan. Diese Temperatur, auch „absoluter Nullpunkt" genannt, beträgt – 273,15 °C. Für ein Experiment, bei dem diese Temperatur fast erreicht wurde, erhielten 1996 drei amerikanische Wissenschaftler den Nobelpreis für Physik. Die tiefste auf der Erde je gemessene und bestätigte Temperatur ist – 89,2 °C, gemessen in der Forschungsstation Wostok in der Antarktis.

8.2 Brüche im Alltag

E1 Ein Radtour-Bericht mit Brüchen

Seit einer $\frac{3}{4}$ Stunde warteten wir bereits auf das Startsignal für die 24 km lange Tour. Als es endlich losging, war es schon halb neun. Nach ungefähr $\frac{1}{3}$ der Strecke hatten wir dann unsere erste Reifenpanne, nach $\frac{5}{8}$ der Strecke machten wir eine lange Pause.
Nach $1\frac{3}{4}$ Stunden waren wir schließlich am Ziel.

Übersetze alle Angaben im Text so, dass keine Brüche mehr auftauchen.
Beispiel: Seit einer $\frac{3}{4}$ Stunde → Seit 45 Minuten

E2 Brüche sind überall

Ein Dutzend ist ein alter Begriff für 12.

Manchmal sind Brüche auch versteckt. Zu jedem Bild gehört eine Zeile in der Tabelle. Jedoch sind die meisten Erklärungen verloren gegangen. Übertrage die Tabelle in dein Heft und fülle die Lücken.

Angabe ohne Bruch	Angabe mit Bruch
6 Stück	$\frac{1}{2}$ Dutzend
50 mm²	■
■	$\frac{1}{5}$ €
■	$\frac{1}{4}$ kg
■	$\frac{3}{4}$ l
■	$\frac{3}{4}$ h

E3 Waffelrezept

Nicole und Marius wollen Omas Waffelrezept ausprobieren, doch das Abmessen der Zutaten ist schwierig: Die Einteilung auf dem Messbecher zeigt nur Milliliter, die Waage nur Gramm.

Waffelrezept
$\frac{1}{4}$ kg Butter
4 Eier
$\frac{1}{4}$ kg Mehl
$\frac{1}{5}$ ℓ Milch
4 Esslöffel Zucker
1 Prise Salz

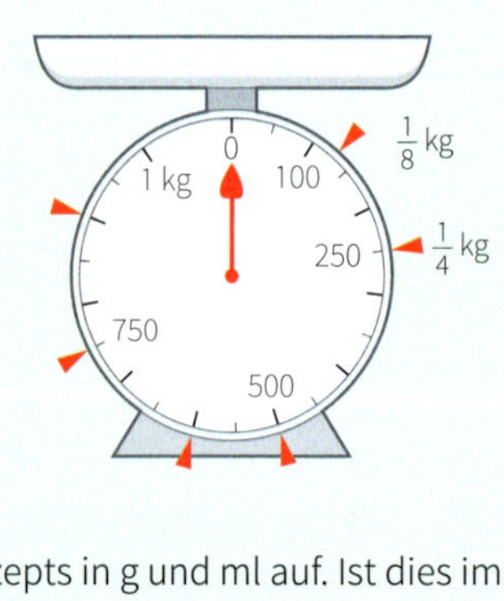

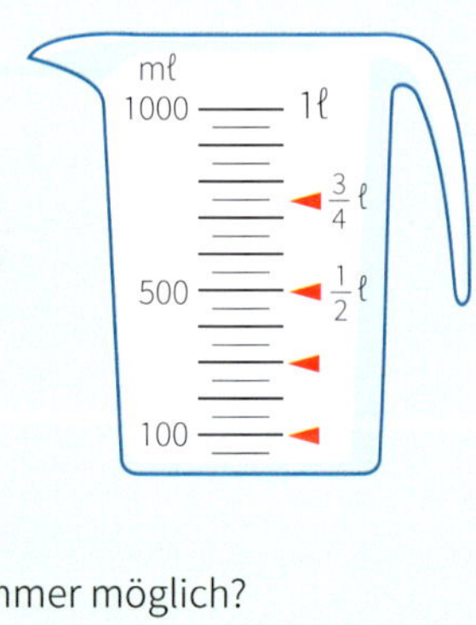

a) Schreibe die Zutaten des Rezepts in g und ml auf. Ist dies immer möglich?
b) Notiere die markierten Gramm- und Milliliterangaben als Bruchteile.
c) Entscheide mit der Skala des Messbechers, was mehr ist: $\frac{4}{5}$ l oder $\frac{3}{4}$ l.

Basiswissen

WES-125764-041

Brüche im Alltag

„ein halber Zentimeter“ $\frac{1}{2}$ cm = 5 mm

„eine dreiviertel Stunde“ $\frac{3}{4}$ h = 45 min

„ein viertel Kilogramm“ $\frac{1}{4}$ kg = 250 g

„ein halber Liter“ $\frac{1}{2}$ l = 500 ml

Beispiele

A Anteil eines Dezimeters

Wie lang sind $\frac{3}{5}$ dm? Zeichne und erkläre.

Lösung:

Zeichne eine 1 dm = 10 cm lange Strecke. Teile die Strecke in 5 gleich große Teile.
Jede Teilstrecke ist $\frac{1}{5}$ dm = 2 cm lang. 3 Teilstrecken sind 6 cm lang.

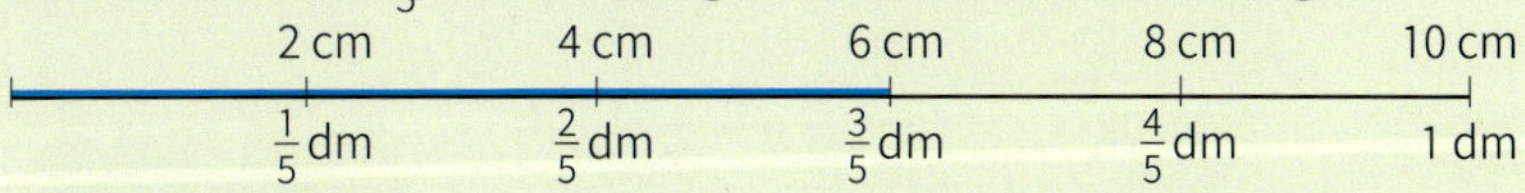

Somit $\frac{3}{5}$ dm = 6 cm.

B Anteil einer Stunde

Wie lange sind $\frac{2}{5}$ von einer Stunde?

Lösung:

Wandle in Minuten um: 1 h = 60 min

$\frac{1}{5}$ von einer Stunde sind 12 Minuten.

$\frac{2}{5}$ von einer Stunde sind 24 Minuten.

1 h $\xrightarrow{:5}$ $\frac{1}{5}$ h $\xrightarrow{\cdot 2}$ $\frac{2}{5}$ h

60 min $\xrightarrow{:5}$ 12 min $\xrightarrow{\cdot 2}$ 24 min

Übungen

1 Anteil einer Länge

Skizziere und erkläre.

a) Wie lang sind $\frac{3}{10}$ dm?

b) Wie lang sind $\frac{3}{4}$ dm?

c) Wie lang sind $\frac{4}{5}$ km?

d) Wie lang sind $\frac{3}{8}$ km?

2 Anteile von Größen

Gib den Anteil ohne Bruch in einer kleineren Maßeinheit an.

a) $\frac{1}{2}$ d $\frac{1}{3}$ h $\frac{3}{4}$ km $\frac{1}{4}$ h $\frac{1}{6}$ min

b) $\frac{1}{8}$ t $\frac{2}{3}$ d $\frac{1}{4}$ m $\frac{3}{8}$ kg $\frac{4}{5}$ l

c) $\frac{3}{4}$ dm^2 $\frac{1}{100}$ m^2 $\frac{1}{2}$ m^2 $\frac{1}{4}$ km^3 $\frac{3}{5}$ m^2

d) $\frac{3}{2}$ h $\frac{8}{5}$ m $\frac{5}{2}$ kg $\frac{11}{4}$ kg $\frac{5}{4}$ l

Tipp

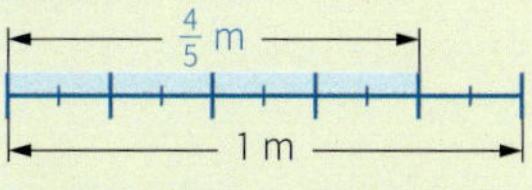

1 m $\xrightarrow{:5}$ $\frac{1}{5}$ m $\xrightarrow{\cdot 4}$ $\frac{4}{5}$ m

100 cm $\xrightarrow{:5}$ 20 cm $\xrightarrow{\cdot 4}$ 80 cm

3 Brüche in der Küche

In einem Kochbuch sind die Koch- und Backzeiten für verschiedene Gerichte unterschiedlich angegeben.

„Uhr“	Backzeit	Anteil der gefärbten Fläche
	$\frac{3}{4}$h = 45 Minuten	$\frac{3}{4}$ „drei Viertel“

Welche „Uhr“ (Kreismodell) passt zu den folgenden Back- und Garzeiten?

30 min 15 min 50 min 10 min 5 min 35 min

Zeichne sie in dein Heft und bestimme den gefärbten Anteil.

4 Uhren

Welcher Anteil einer Stunde ist auf der Uhr gelb markiert? Welcher Anteil fehlt noch zu einer vollen Stunde? Gib die Lösungen jeweils als Bruch in Stunden und Wert in Minuten an.

a) 
b) 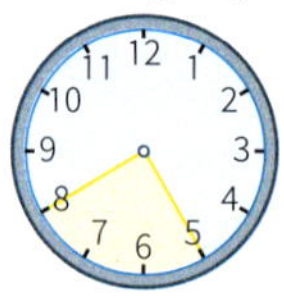
c) 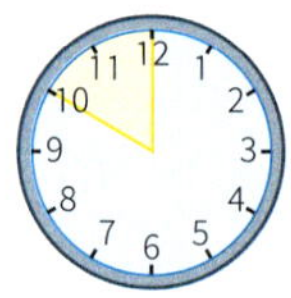
d) 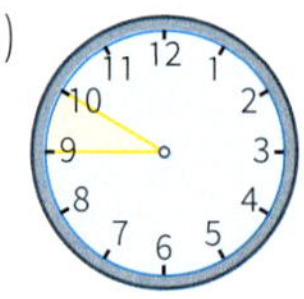
e) 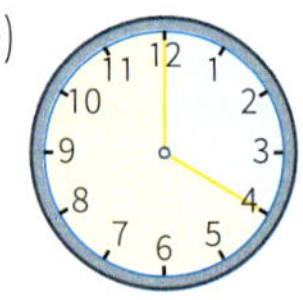

5 Rund um die Uhr

Formuliere jeweils eine passende Frage und berechne.

a) Es ist 18.15 Uhr, in $1\frac{1}{2}$ Stunden kommt Fred vorbei.

b) Vor einer Dreiviertelstunde kam mein Zug an, jetzt ist es 13.07 Uhr.

c) Der Zug braucht genau $2\frac{1}{4}$ Stunden nach Essen. Wir fahren um 9.37 Uhr los.

d) Die meisten Sprechweisen im Bild sind unüblich. Was bedeuten sie?

6 Brüche und Längen

Gib die Länge als Bruch an. Beachte die Aufteilung des Meters.

a) 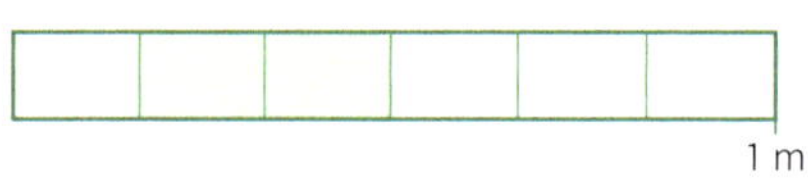

b) 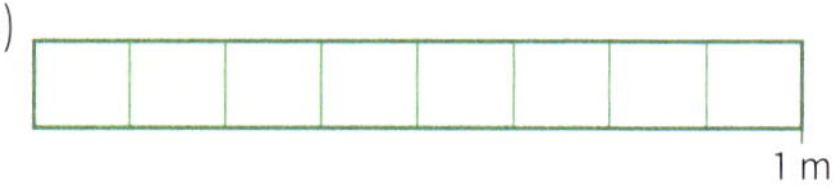

c) 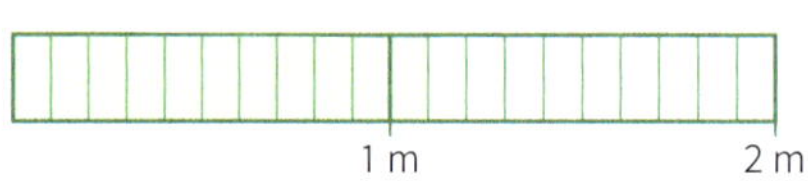

d) 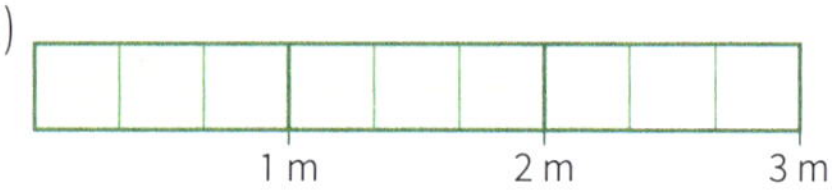

Grundwissen
zum Wiederholen

1 Nenne den größten Teiler von 44 und 99.

2 Welche Figuren haben eine Spiegelachse?

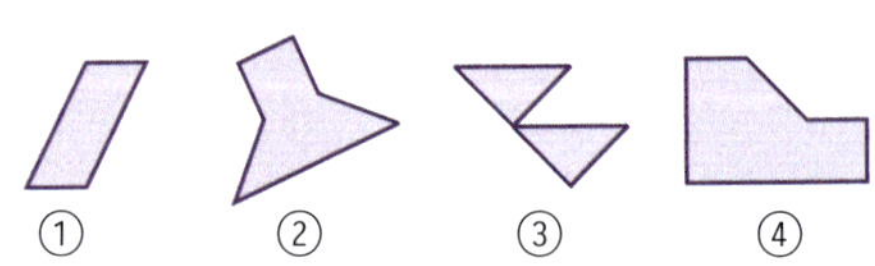

3 Wandle 10 cm in Millimeter um.

4 Berechne.

a) 42 : 7 b) 56 : 8 c) 72 : 6 d) 81 : 3

8.3 Brüche im Einsatz – Prozente, Maßstäbe, Verhältnisse

E1 Historisches Fahrzeug

Ein alter Lastwagen soll als Modellbausatz im Maßstab 1 : 40 (lies: 1 zu 40) hergestellt werden. Das bedeutet, dass alle Längenabmessungen des Modells $\frac{1}{40}$ (ein Vierzigstel) der Originalabmessungen sind. In einem Museum wurde das Originalfahrzeug vermessen. Berechne die Abmessungen des Modells anhand der Angaben in der Tabelle. Miss auch nach.

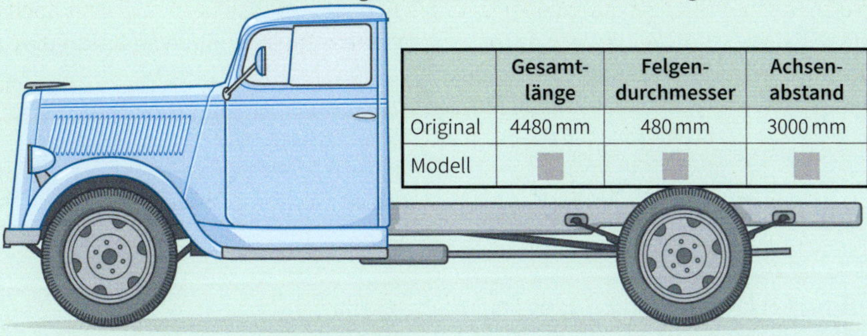

	Gesamtlänge	Felgendurchmesser	Achsenabstand	Breite der Fahrertür
Original	4480 mm	480 mm	3000 mm	800 mm
Modell	■	■	■	20 mm

: 40

E2 Ein tolles Orange

Herr Kühne ist vom Garagentor seiner Nachbarin Frau Schimanski begeistert.

Gib für die folgenden Mischungen jeweils das Mischungsverhältnis der Flüssigkeiten an.

a)

b)

c)

Welchen Bruchteil der Mischung macht jede Flüssigkeit aus?

E3 Bruchteile und Prozente

a) Beschreibe, was die Aufschriften jeweils bedeuten.

b) Zeichne zu jeder Prozentangabe ein Rechteckbild auf Karopapier, das den Anteil darstellt.

c) Gib die Anteile in den "Bruchbildern" in Prozent an.

① 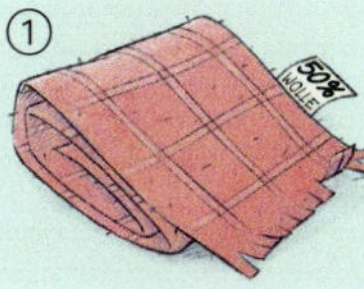

② 

③ 

① 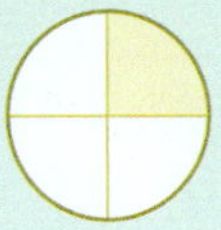

② 

③ 

Basiswissen

WES-125764-042

Brüche kommen in vielen Alltagssituationen vor. Manchmal muss man allerdings genau hinschauen, um sie zu entdecken.

Maßstab: Größenverhältnis zwischen Abbildung und Original

Die Längen in der Abbildung sind $\frac{1}{100}$ (ein Hundertstel) der Originallängen.

Maßstab 1 : 100

Die Originallänge ist 4,5 m = 4500 cm.
Die Modelllänge ist $\frac{1}{100}$ der Originallänge.
4500 mm : 100 = 45 mm = 4,5 cm
4,5 m in der Wirklichkeit entsprechen 4,5 cm im Modell.

Mischungsverhältnisse: Anteile im Vergleich

Lebensmittel bestehen häufig aus Mischungen verschiedener Teile. Wichtig ist dabei oft das Verhältnis der einzelnen Teile zueinander.
Beispiel: Marzipan wird aus gemahlenen Mandeln (Rohmasse) und Zucker hergestellt.

Verhältnis	Diagramm	Anteile	
Rohmasse und Zucker stehen im Verhältnis **7 zu 3**.	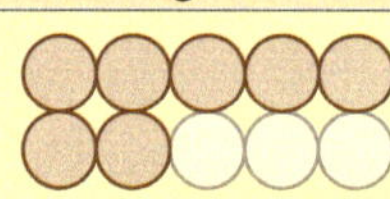	**7 von 10** Teilen sind Rohmasse, **3 von 10** Teilen sind Zucker	Rohmasse: $\frac{7}{10}$ Zucker: $\frac{3}{10}$

Prozentangaben: Das Ganze wird in 100 gleichgroße Teile aufgeteilt

50 % sind die Hälfte, 1 % ist ein Hundertstel des Ganzen. 100 % machen 1 (ein) Ganzes aus.

Ein Diagramm stellt die Prozentangaben anschaulich dar.

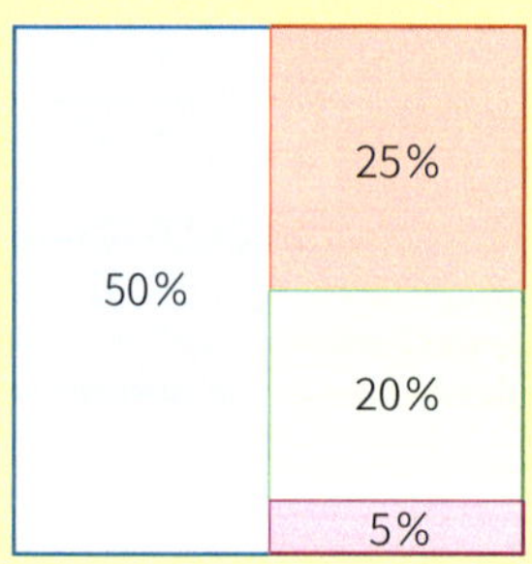

Prozentangabe	Bruchteil
1 %	$\frac{1}{100}$
5 %	$\frac{1}{20}$
10 %	$\frac{1}{10}$
20 %	$\frac{1}{5}$
25 %	$\frac{1}{4}$
50 %	$\frac{1}{2}$
100 %	1

Beispiele

A Mischungsverhältnisse

Stelle das Mischungsverhältnis 2 zu 5 im Stabmodell (der Gesamtlänge 35 mm) dar.

Lösung:
Um die Strecke in diesem Verhältnis zu teilen, muss man sie in $2 + 5 = 7$ gleich lange Einheiten unterteilen.
Jede Einheit ist also $35\,mm : 7 = 5\,mm$ lang. Die Abschnitte von $2 \cdot 5\,mm = 10\,mm$ und $5 \cdot 5\,mm = 25\,mm$ stehen im Längenverhältnis 2 zu 5 zueinander.

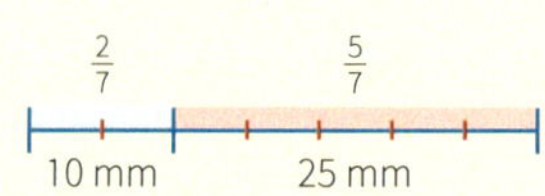

B Modellbau

Ein Schiff hat eine Länge von 24 m. Welche Länge hat ein Modell des Schiffes im Maßstab 1 : 600 ?

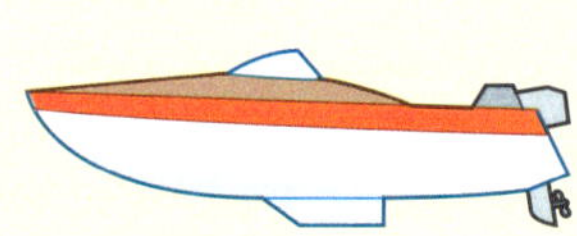

Lösung:
24 m = 2400 cm. $\frac{1}{600}$ von 2400 cm ist gleich 2400 cm : 600 = 4 cm.
Das Schiffsmodell ist 4 cm lang.

C Lohnerhöhung

Frau Brammer verdient monatlich 2500 €. In der Firma übernimmt sie eine neue Stelle und erhält 10 % mehr Lohn als zuvor. Wie groß ist die Lohnerhöhung in €?

Lösung:

10 % sind $\frac{1}{10}$ des früheren Lohns.
Die Lohnerhöhung macht monatlich 250 € aus.

2500 € —(:10)→ 250 €

Übungen

1 Grautöne

Aus weißer und schwarzer Farbe sollen verschiedene Grautöne gemischt werden. Für jede Farbdose steht ein Kästchen. Gib jeweils die Mischungsverhältnisse an.

a) 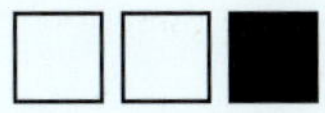 b)  c) 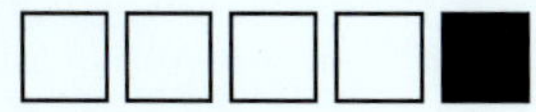

d) Welcher Bruchteil der Mischungen ist schwarze Farbe, welcher weiße Farbe? Bei welcher der drei Mischungen ist der Grauton am hellsten?

2 Orangetöne

Aus gelber und roter Farbe sollen verschiedene Orangetöne gemischt werden.

Mischung	A	B	C	D
Verhältnis Rot zu Gelb	3 zu 1	1 zu 1	4 zu 5	2 zu 5

a) Zeichne zu den Mischungsverhältnissen die Anzahl der jeweils benötigten Farbdosen in dein Heft. Welcher der Orangetöne wird eher rötlich, welcher eher gelblich sein?
b) Gib an, welcher Bruchteil der Mischungen gelbe Farbe und welcher rote Farbe ist.

3 Anteile in Diagrammen

Übertrage die Bilder in dein Heft und ordne jeweils der gefärbten Fläche ihren Anteil zu.

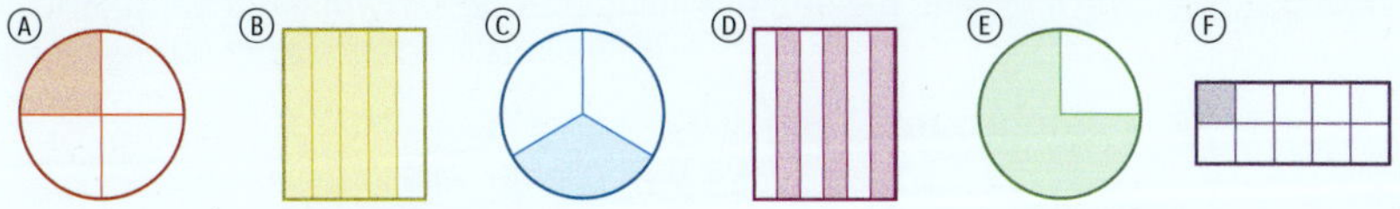

$\frac{1}{3}$ 25 % 50 % 75 % 10 % $\frac{4}{5}$

4 Prozentangaben im Rechteckmodell

Bei den beiden großen Rechtecken ist jeweils 25 % der Fläche farbig.

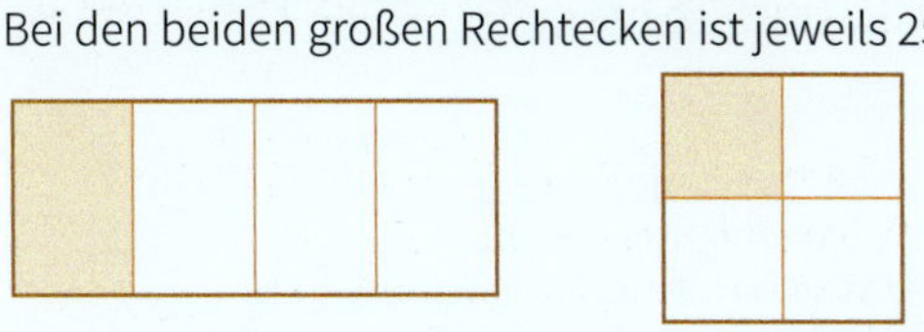

Zeichne je zwei verschiedene Rechtecke mit folgenden schraffierten Anteilen in dein Heft:
a) 75 % b) 50 % c) 20 % d) 10 %

5 Bruchteile und Prozentangaben

Übertrage die Tabelle in dein Heft und ergänze die Einträge:

Bruchteil	■	$\frac{1}{5}$	■	$\frac{1}{8}$	■	$\frac{3}{5}$	■
Prozentangabe	10 %	■	25 %	■	75 %	■	100 %

6 **Strecke teilen**

Zeichne eine Strecke von 12 cm Länge und teile sie – ähnlich wie im Beispiel A – im angegebenen Verhältnis. Überlege dir jeweils Beispiele für geeignete Mischungen.

a) 1 zu 3 b) 1 zu 5 c) 3 zu 3 d) 1 zu 11

7 **Fahrradtour**

Clara macht mit ihren Freunden eine Radtour von 30 km Länge. Wie lang ist diese Wegstrecke auf einer Karte im Maßstab 1 : 50 000 (1 : 100 000)? Wandle die Streckenlänge zunächst in Zentimeter um.

8 **Training mit Größen**

Berechne die angegebenen Anteile, wähle dabei die Einheiten passend.

a) 10 % einer Stunde b) 75 % von 24 € c) 30 % von 3 m
d) 50 % von 3,8 km^2 e) 25 % von 2 Litern f) 5 % einer Tonne

9 **Apfelschorle**

Carmen hat einen Krug Apfelsaftschorle (1 Liter) aus Mineralwasser und Saft im Verhältnis 2 zu 3 gemischt.

a) Welcher Bruchteil der Mischung ist Wasser, welcher ist Saft?
b) Gib die Flüssigkeitsmengen in Milliliter an.

10 **Himbeersirup**

Pepe hat sich eine Flasche Himbeersirup gekauft. Auf dem Etikett liest er die Empfehlung des Herstellers: „Geben Sie zu einem Teil Sirup fünf Teile Wasser."
Pepe möchte 3 Liter (1,5 Liter) der Mischung herstellen. Wie viel Sirup und wie viel Wasser muss er verwenden?

11 **Landkarte**

Ein Vermessungstrupp hat folgende Strecken gemessen:

a) 800 m b) 80 m c) 4 km d) 16 km e) 36 km f) 2,8 km

Wie lang sind die entsprechenden Strecken auf einer Landkarte im Maßstab 1 : 80 000?

12 **Interessante Vergleiche**

Berechne und vergleiche. Was fällt dir auf?

a) 5 % von 100 € und 100 % von 5 €
b) 50 % von 40 € und 40 % von 50 €
c) 10 % von 80 € und 80 % von 10 €
d) 20 % von 75 € und 75 % von 20 €

Grundwissen
zum Wiederholen

1 Ordne die Zahlen nach Größe: 432, 342, 324, 243, 423, 234.

2 Das rote Fünfeck lässt sich zu einem Viereck ergänzen.
Welches der Dreiecke (1), (2), (3) wird dafür benötigt?

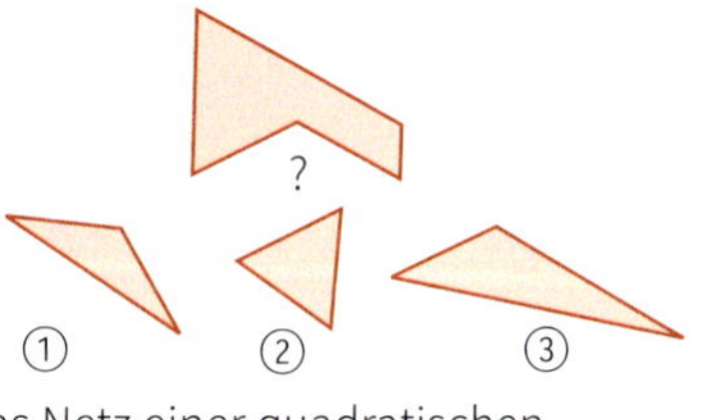

3 Wandle 1000 cm in Meter um.

4 Berechne im Kopf: a) $15 : 5 \cdot 3$ b) $15 : (5 \cdot 3)$

5 Gib die Anzahl und die Form der Flächen an, aus denen das Netz einer quadratischen Pyramide besteht.

6 Die Sonne ist von der Erde 150 000 000 km entfernt. Das Licht legt in einer Sekunde 300 000 km zurück. Wie lange braucht das Licht von der Sonne zur Erde?

Exkurs

Saft oder Nektar

Trinkst du gerne Orangensaft? Vielleicht hast du schon gesehen, dass es im Geschäft Orangensaft, Orangennektar und Orangen-Fruchtsaftgetränk gibt. Wer kennt sich da schon aus. Und was besser schmeckt, weiß man ohnehin nicht. Vom Gesetz ist jedoch vorgeschrieben, dass Fruchtsaft zu 100 % aus dem Saft der ausgepressten Frucht bestehen muss. Der Orangennektar muss mindestens zu 25 % aus Fruchtsaft und das Orangen-Fruchtsaftgetränk zumindest zu 6 % aus Fruchtsaft bestehen.

13 Fruchtsaftkellerei

In einer Fruchtsaftkellerei werden aus Orangensaft (reinem Saft aus ausgepressten Orangen) verschiedene Getränke hergestellt. Dazu werden Orangensaft und Wasser gemischt.

a) Es wird ein Orangennektar hergestellt, bei dem der Anteil des Orangensaftes genau 25 % betragen soll. Gib den Anteil des Wassers in Prozent und als Bruch an. Zu welchen Teilen muss man Orangensaft und Wasser mischen? Eine Zeichnung kann dir helfen.

b) Für ein Fruchtsaftgetränk wird viel Wasser verwendet. Der Anteil des Orangensaftes an einem Orangen-Fruchtsaftgetränk soll genau 6 % betragen. Gib den Anteil des Wassers in Prozent und als Bruch an. Wie viel Liter Orangensaft und wie viel Liter Wasser werden für 100 Liter Fruchtsaftgetränk benötigt?

14 Schuldig oder nicht schuldig?

Oft wird ein Urteil gesprochen, bei dem nicht eindeutig der Beklagte oder der Kläger schuldig ist. Beide haben eine Teilschuld und müssen gemeinsam die Kosten des Gerichtsverfahrens tragen.

a) „Die Kosten des Verfahrens trägt zu drei Teilen der Beklagte und zu einem Teil der Kläger.“ Welchen Bruchteil der Gerichtskosten müssen Kläger und Beklagter in diesem Fall bezahlen?

b) In einem anderen Fall entscheidet das Gericht: „Die Kosten des Verfahrens in Höhe von 1600 Euro werden zwischen Beklagtem und Kläger im Verhältnis 3 zu 5 aufgeteilt.“ Wie viel müssen die beiden Streitparteien jeweils bezahlen?

15 Das Schönheitsideal

Der Maler ALBRECHT DÜRER untersuchte die Abmessungen von Menschen und fand solche Menschen besonders schön, bei denen die Länge des Oberkörpers 50 % der Körperlänge ausmachte, der Unterarm 25 % der Körperlänge und die Handlänge 10 %.
Miss deine Körperlänge genau und finde heraus: Wie lang müssten dein Oberkörper, Unterarm und Hand sein, um Dürers Vorstellung von Schönheit zu entsprechen?

Albrecht Dürer (1471 – 1528)

16 Mega-Kuchen

Die Bäckerei Helm hat für das Volksfest einen 8 m langen Kuchen gebacken. Eine Stunde nach Beginn des Festes sind bereits 20 % des Kuchens verkauft. Eine Stunde später sind 25 % des ganzen Kuchens verkauft. Weitere zwei Stunden später sind 80 % des ganzen Kuchens aufgegessen. Wie lang war der Rest des Kuchens jeweils? Zeichne und rechne.

8.4 Aufteilen und Verteilen mit Brüchen

E1 Pizza-Party

Die Klasse 6 b feiert zum Schuljahresende eine Pizza-Party.
Die Abbildungen zeigen, wie viele Stücke Pizza Lea, Marcel und Yvonne essen.

Lea: Salamipizza

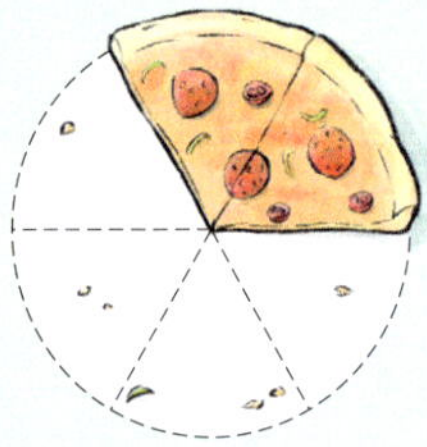

Marcel: Thunfischpizza

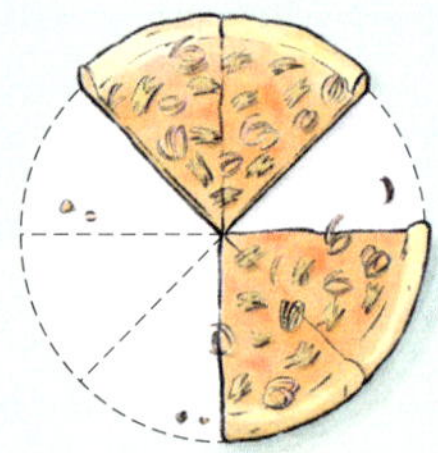

Yvonne: vegetarische Pizza

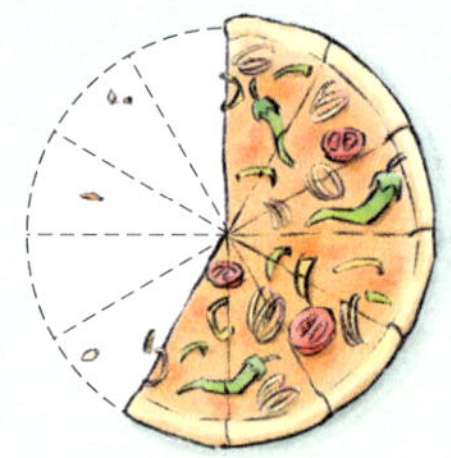

a) Bestimme die Anteile, die Lea, Marcel und Yvonne jeweils von der ganzen Pizza essen.

Der Bruch $\frac{2}{5}$ bedeutet: Teile das Ganze in 5 gleich große Teile und nimm 2 davon.

b) Auf dem Tisch liegen weitere Pizzen, die genau so geteilt sind wie in den Abbildungen. Janne isst die Hälfte von einer Salamipizza, Timo ein Viertel von einer Thunfischpizza und Til vier Zwölftel von einer vegetarischen Pizza.
Wie viele Stücke essen Janne, Timo und Til? Skizziere jeweils in einem Kreismodell.
Zum Weiterdenken: Ole meint: „Til und Lea haben gleich viel gegessen". Was meinst du?

E2 Schokolade

Eine Tafel Schokolade mit 24 Stücken soll aufgeteilt werden.

a) Justus soll eine Hälfte bekommen, Romi ein Viertel und Mike ein Achtel.
- Wie viele Stücke bekommen die Kinder jeweils?
- Wie viele Stücke bleiben übrig?

Gib als Anteil an.

b) Mona isst 8 Stücke einer solchen Schokolade, Leo 5. Welchen Anteil essen sie jeweils?

E3 Lakritzschnecken verteilen

Fenja hat für sich und ihre Freundinnen Lea und Antonia drei Lakritzschnecken gekauft. Gerade will sie jedem Kind eine geben, da kommt ihr Bruder Lars dazu. „Dann verteilen wir die drei Lakritzschnecken eben an uns Vier", sagt Fenja. Aber wie?
Die Kinder machen Vorschläge.

Fenja rollt alle Lakritzschnecken ab, legt sie in eine Reihe und teilt die ganze Reihe in vier gleich große Teile.

Lea will jede Lakritzschnecke vierteln und jedem dann von jeder Lakritzschnecke ein Stück geben.

Antonia will jedem Kind eine halbe Lakritzschnecke geben und von der dritten Lakritzschnecke ein Viertel.

a) Hilf den Kindern, indem du ihre Vorschläge aufzeichnest. Eine Lakritzschnecke kannst du zum Beispiel als 6 cm lange Strecke darstellen. Wie würdest du verteilen?

b) Gib den Anteil, den jedes Kind erhält, als Bruch an.

Basiswissen

WES-125764-043

Brüche beim Aufteilen

Brüche treten als Anteile eines Ganzen auf.

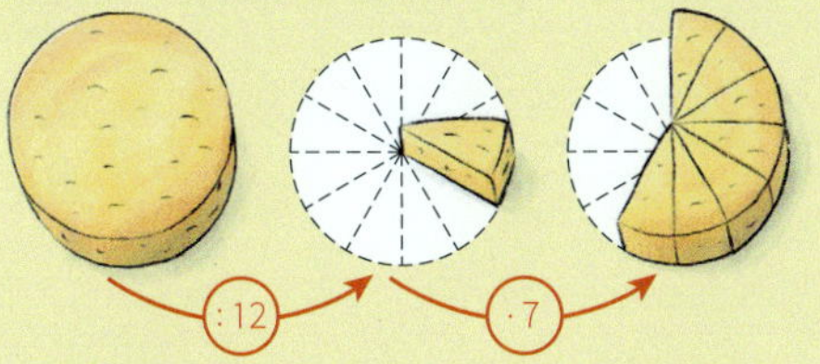

$\frac{7}{12}$ eines Kuchens:

Teile den Kuchen in 12 gleich große Teile und nimm 7 davon.

$\frac{7}{12}$ – Zähler, Bruchstrich, Nenner

Lies: „sieben Zwölftel“

Mit Brüchen werden Anteile von einem Ganzen dargestellt. Dazu muss das Ganze in **gleich große Teile** aufgeteilt werden.

Modell	Das Ganze	Der Anteil	Der Anteil als Bruch
Rechteckmodell		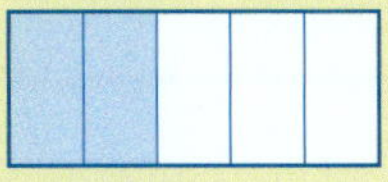	$\frac{2}{5}$ 5 Teile, 2 davon „zwei Fünftel“
Kreismodell		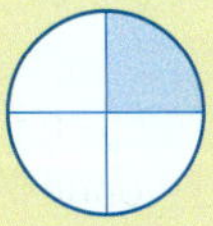	$\frac{1}{4}$ 4 Teile, 1 davon „ein Viertel“

Brüche beim Verteilen

„Verteile 3 Pizzen auf 4 Kinder.“ Wie viel bekommt jedes Kind?

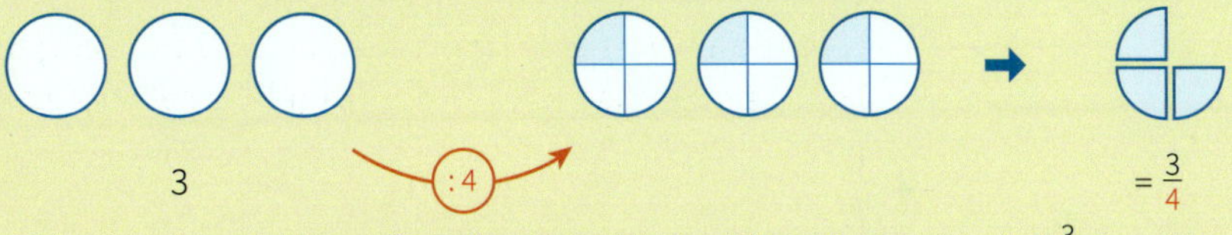

Teile jede Pizza in 4 gleich große Teile. Jedes Kind erhält 3 Viertel, das sind $\frac{3}{4}$ einer Pizza.

„Verteile 5 Pizzen auf 3 Kinder.“ Wieviel bekommt jedes Kind?

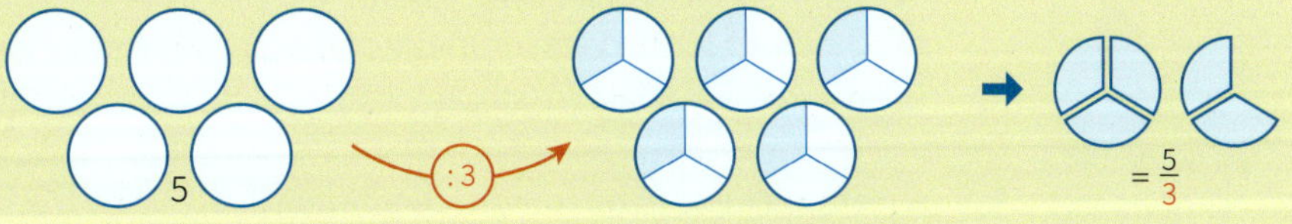

Teile jede Pizza in 3 gleich große Teile. Jedes Kind erhält 5 Drittel. Das schreibt man als $\frac{5}{3}$ oder auch $1\frac{2}{3}$ Pizza.

Wenn der Zähler größer als der Nenner ist, ist ein Bruch größer als ein Ganzes. Diese Brüche können auch als **gemischte Zahl** geschrieben werden: $\frac{5}{3} = 1\frac{2}{3}$
Lies: „Ein Ganzes und zwei Drittel“ oder kurz „ein zwei Drittel“.

Beispiele

A Anteil am Rechteckmodell

Der Käsekuchen wurde von Omas Geburtstagsgästen kreuz und quer von dem Blech genommen. Wie viel Kuchen ist noch übrig? Schreibe den Anteil als Bruch.

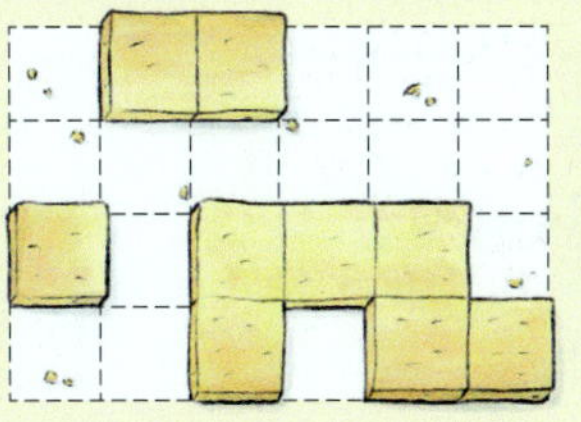

Lösung:
Von 24 Stücken sind noch 9 Stücke übrig, also $\frac{9}{24}$.

Übungen

1 **Anteile**
Welcher Anteil ist grün gefärbt?

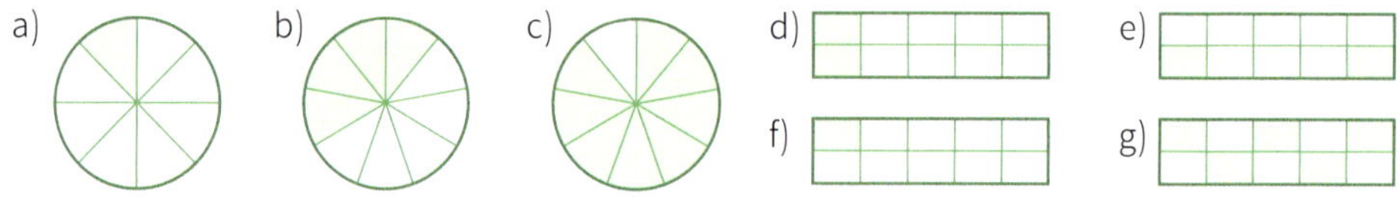

2 **Anteil abschneiden**
Welcher Anteil wird links abgeschnitten?

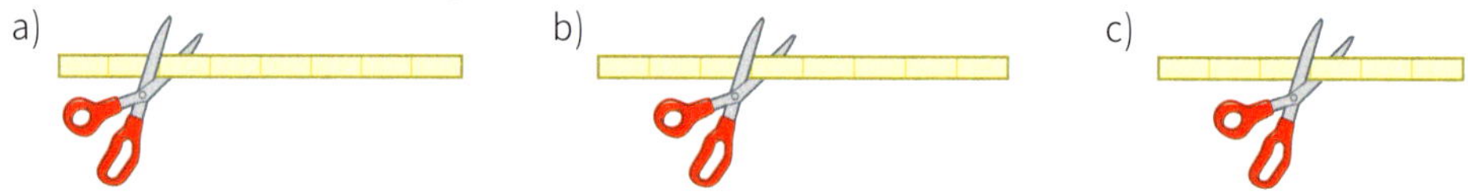

3 **Anteile zeichnen**
Stelle die folgenden Anteile zeichnerisch dar.

a) mit einem Kreismodell ① $\frac{3}{8}$ ② $\frac{3}{4}$ ③ $\frac{1}{2}$ ④ $\frac{7}{8}$

b) mit einem Rechteckmodell ① $\frac{1}{3}$ ② $\frac{3}{6}$ ③ $\frac{1}{12}$ ④ $\frac{3}{10}$

4 **Schätzen von Anteilen**
Welcher Bruch passt zu einem Anteil, der grün gefärbt dargestellt ist?

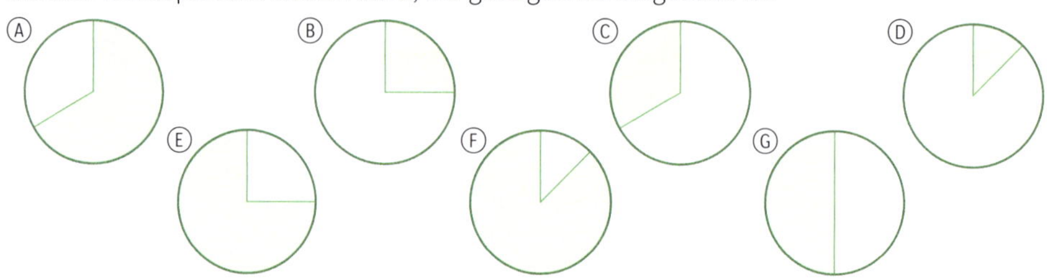

① $\frac{1}{3}$ ② $\frac{3}{4}$ ③ $\frac{7}{8}$ ④ $\frac{1}{4}$ ⑤ $\frac{2}{3}$ ⑥ $\frac{1}{8}$ ⑦ $\frac{2}{8}$ ⑧ $\frac{4}{8}$ ⑨ $\frac{1}{20}$

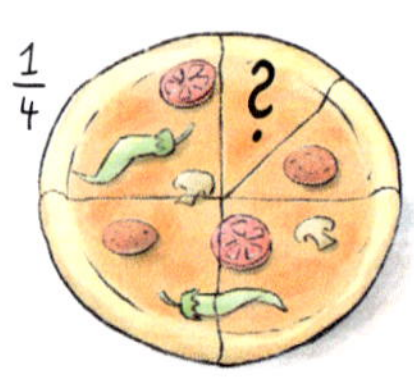

5 **Pizzamathematik**
Toni hat eine Pizza in Viertel geteilt.
a) Er halbiert jedes Viertel und verteilt die Stücke an seine Gäste. Wie groß sind die Stücke?
b) Wie groß wären die Teilstücke, wenn er jedes Viertel gedrittelt hätte?

6 **Verschiedene Formen – gleicher Anteil?!**
Begründe, dass alle Bilder bis auf eines den Anteil $\frac{3}{4}$ darstellen. Finde das schwarze Schaf.

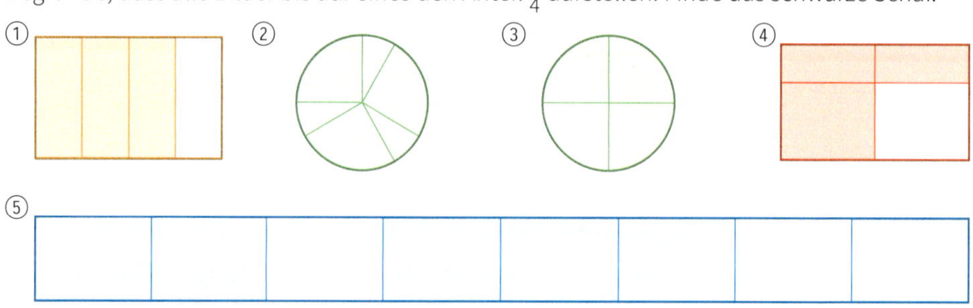

7 **Verteilungsproblem**
Bestimme, wie viel jedes Kind erhält. Gib das Ergebnis, wenn möglich, als gemischte Zahl an.
a) Verteile 3 Pizzen an 6 Kinder.
b) Verteile 5 Pfannkuchen an 4 Kinder.
c) Verteile 8 Tafeln Schokolade an 3 Kinder.
d) Verteile 2 Bleche Kuchen an 5 Kinder.

8 ≡ **Manchmal ist Verteilen schwierig**

Drei Geschwister teilen stets alles gerecht untereinander auf.

a) Wie viel bekommt jeder von 5 Pfannkuchen?

b) Für das Rasenmähen bekommen die drei Geschwister zusammen 10 €. Warum fällt es den Dreien schwer, die 10 € untereinander aufzuteilen?

9 ≡ **„Besondere" Brüche beim Verteilen**

① Verteile 4 Pizzen auf ein Kind.	② Verteile 5 Pizzen auf fünf Kinder.	③ Verteile 8 Pizzen auf vier Kinder.

Wie viel Pizza bekommt jedes Kind?

10 ≡ **Gemischte Zahlen**

Tipp
$\frac{13}{6} = \frac{12}{6} + \frac{1}{6} = 2\frac{1}{6}$

Stelle die Brüche als gemischte Zahl dar. Bei drei Aufgaben klappt das nicht. Begründe.

a) ① $\frac{8}{3}$ ② $\frac{35}{8}$ ③ $\frac{11}{15}$ ④ $\frac{27}{6}$ ⑤ $\frac{110}{100}$ ⑥ $\frac{45}{4}$

b) ① $\frac{63}{6}$ ② $\frac{83}{4}$ ③ $\frac{99}{100}$ ④ $\frac{100}{100}$ ⑤ $\frac{101}{100}$ ⑥ $\frac{79}{8}$

11 ≡ **Flaggen haben es in sich**

Costa Rica
Republik Kongo
Ruanda
Schweden
Schweiz
Tschechische Republik

a) Welcher Anteil Stoff der Flagge entfällt auf die einzelnen Farben? Zu welchem Land gehört welche Flagge?

b) Entwirf eine Flagge auf kariertem Papier, bei der $\frac{1}{5}$ rot und $\frac{3}{10}$ blau ist. Welcher Anteil ist weiß geblieben?

12 ≡ **Brüche mit dem 5 × 5-Geobrett**

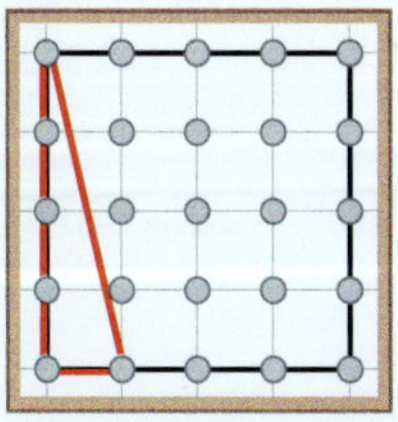

a) Christoph hat mit einem Gummiband $\frac{1}{8}$ der Fläche des Geobretts umspannt. Finde noch zwei weitere Möglichkeiten, $\frac{1}{8}$ der Fläche zu umspannen.

b) Laura hat mit Gummibändern weitere Figuren gespannt. Welcher Bruchteil des Geobretts ist jeweils umspannt?

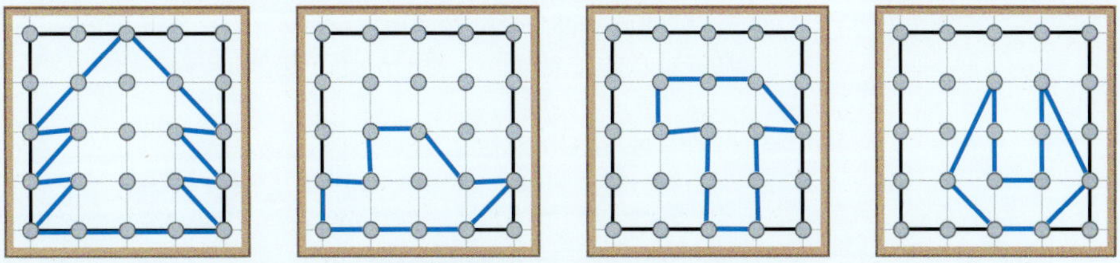

c) Spanne ein Gummiband so, dass $\frac{3}{4}$ der Fläche umspannt ist. Ebenso $\frac{3}{8}$, $\frac{9}{16}$, $\frac{7}{16}$, $\frac{10}{16}$.

Grundwissen
zum Wiederholen

1 Nenne den größten gemeinsamen Teiler von 45 und 54.

2 Wandle 10 000 kg in Tonnen um.

3 Berechne im Kopf: a) $15 : 5 \cdot 3$ b) $15 : (5 \cdot 3)$ c) $15 : 3 \cdot 5$

13 **Brüche bei Quadern**

In einer Schreinerei wurden aus quaderförmigen Holzstücken bestimmte Teile herausgesägt. Welcher Anteil des Quaders wurde jeweils herausgesägt, welcher Anteil ist übrig geblieben?

a) 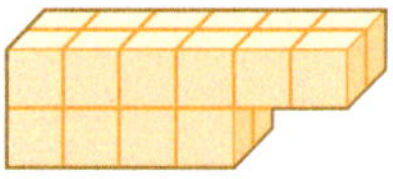

b) 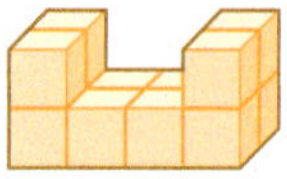

c) 

d) 

14 **Sportlich, sportlich**

Die Klasse 5 a besteht aus 27 Schülerinnen und Schülern, die Klasse 5 b aus 28 Schülerinnen und Schülern und die 5 c aus 26 Schülerinnen und Schülern. Sie sind für ihre Sportbegeisterung bekannt und werden für die Schülerzeitung interviewt. Nach dem Interview sind dem Redakteur die Angaben jedoch durcheinander geraten. Er erinnert sich aber noch daran, dass die Anteile aufgehen.

$\frac{2}{3}$ der einen Klasse spielen Handball
$\frac{5}{13}$ der einen Klasse reiten
$\frac{1}{9}$ einer Klasse macht Freeclimbing
$\frac{4}{7}$ von einer Klasse spielen Fußball
$\frac{1}{4}$ einer Klasse spielt Basketball
$\frac{5}{13}$ einer Klasse surfen

Übertrage die Tabelle in dein Heft und fülle die Lücken:

Klasse	Sportart	Anzahl der Kinder	Anteil der Klasse
5 a	Handball		
	Fußball		
⋮	⋮	⋮	⋮

Exkurs

Eisberge

Eisberge sind eine Gefahr für die Schifffahrt. Dies liegt auch daran, dass der größte Teil des Eises unter Wasser liegt. Die Eintauchtiefe von Eisbergen hängt auch vom Salzgehalt des umgebenden Wassers ab. Sind es in Salzwasser etwa $\frac{1}{10}$ bis $\frac{1}{9}$ des Eisberges, die über der Wasseroberfläche liegen, so ist in Süßwasser nur etwa $\frac{1}{12}$ des Eisberges sichtbar.

15 **Eisberge**

Die Eisberge werden mit Kästchen gezeichnet.

a) Bestimme, welcher Anteil über und welcher Anteil unter der Wasseroberfläche liegt. Welcher der Eisberge schwimmt in Süßwasser?

① 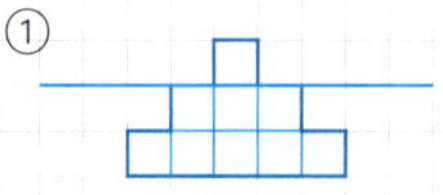
② 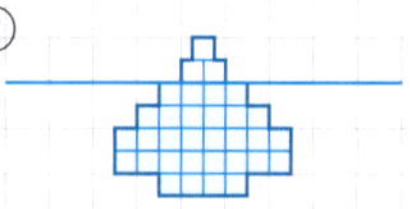
③ 

b) Zeichne den Eisberg ab und ergänze ihn so, dass $\frac{9}{10}$ unter der Wasseroberfläche sind.

① 
② 
③ 

Negative Zahlen

Zustand	Änderung

Tiefe	Tauchen
Temperatur	Temperatur sinkt
Kontostand	Abbuchung

Ganze Zahlen ℤ

…, −3, −2, −1, 0, 1, 2, 3, …
Die ganzen Zahlen setzen sich aus den negativen Zahlen und den natürlichen Zahlen zusammen.

Brüche

$\frac{2}{5}$ — Zähler, Bruchstrich, Nenner

Lies: „Zwei Fünftel“

Brüche als Anteile von Größen

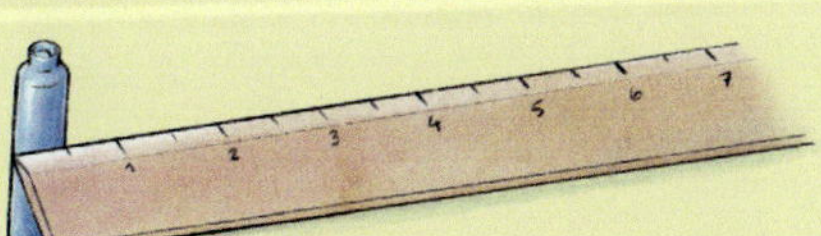

„ein halber Zentimeter“ $\frac{1}{2}$ cm = 5 mm

„ein viertel Kilogramm“ $\frac{1}{4}$ kg = 250 g

Check-up

1 Fahrstuhl

a) Wie hätte ein Mathematiker die Stockwerke auf der Fahrstuhlanzeige beschriftet?

b) Johanna ist vom 3. Stock 4 Stockwerke nach unten gefahren, wo kommt sie an?

2 Der See Genezareth

Die Stadt Nazareth liegt auf 300 m ü. NHN.
Die Oberfläche des Sees Genezareth liegt 512 m tiefer.
Der Seegrund liegt bei 258 m u. NHN.
In welcher Höhe liegt die Seeoberfläche und wie tief ist der See?

3 Kalt – heiß

a) Zeichne folgende Temperaturen auf einer Thermometerskala ein. Achte auf einen geeigneten Maßstab (z. B. 1 mm ≙ 1 °C).

57 °C	höchste jemals gemessene Lufttemperatur
37 °C	deine normale Körpertemperatur
−89 °C	tiefste jemals gemessene Lufttemperatur
−12 °C	ungefähre Temperatur von frischer Eiscreme

b) In Loma (Montana, USA) stieg am 14./15.01.1972 die Temperatur von −48 °C auf 9 °C. Bestimme den Temperaturanstieg.

4 Buchungen auf einem Konto

Auf Julians Konto sind zu Beginn 120 €. Nun werden nacheinander folgende Buchungen ausgeführt:

① Abhebung 210 €
② Einzahlung 85 €
③ Einzahlung 72 €

Bestimme den aktuellen Kontostand nach jeder Buchung.

5 Anteile bestimmen

Welche Anteile sind gefärbt, welche weiß?

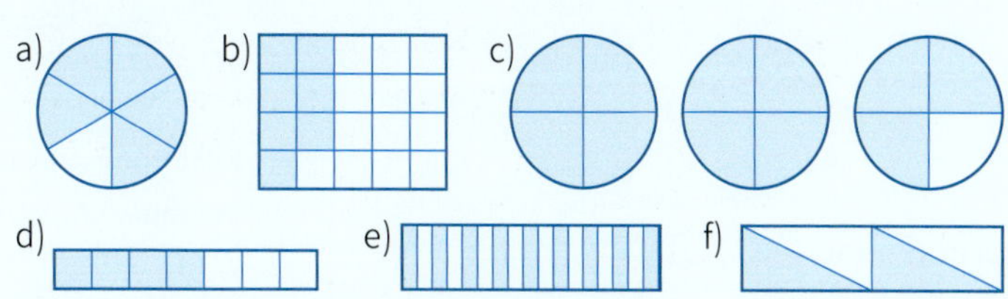

6 Anteile zeichnen

Stelle die Anteile zeichnerisch dar.

a) Kreismodell: ① $\frac{1}{2}$ ② $\frac{3}{4}$ ③ $\frac{5}{8}$ ④ $1\frac{1}{2}$

b) Rechteckmodell: ① $\frac{7}{8}$ ② $\frac{5}{12}$ ③ $\frac{3}{16}$ ④ $1\frac{3}{4}$

Brüche als Anteil eines Ganzen

$\frac{3}{4}$ eines Pfannkuchens

Brüche beim Verteilen

3 Pfannkuchen an 4 Kinder verteilen: $3:4=\frac{3}{4}$

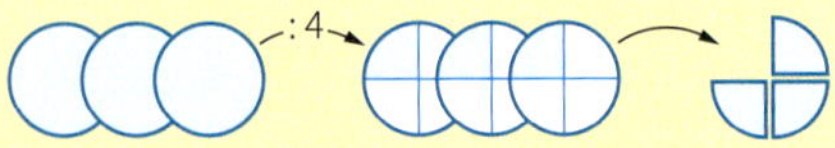

5 Pfannkuchen an 3 Kinder verteilen: $5:3=\frac{5}{3}$

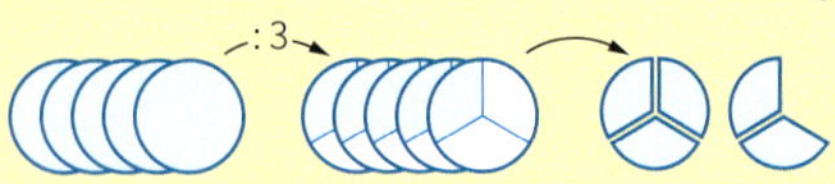

$\frac{5}{3}=\frac{3}{3}+\frac{2}{3}=1\frac{2}{3}$ wird gemischte Zahl genannt.

Prozentangaben

Prozent bedeutet Hundertstel. $1\,\% = \frac{1}{100}$

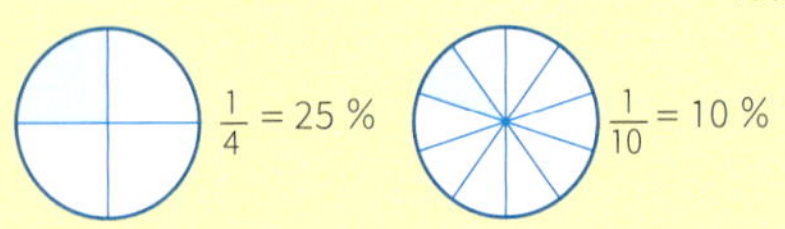

Prozent	1 %	5 %	10 %	20 %	25 %	50 %
Anteil	$\frac{1}{100}$	$\frac{1}{20}$	$\frac{1}{10}$	$\frac{1}{5}$	$\frac{1}{4}$	$\frac{1}{2}$

Verhältnisse

Verhältnis	Diagramm	Anteile
7 zu 3	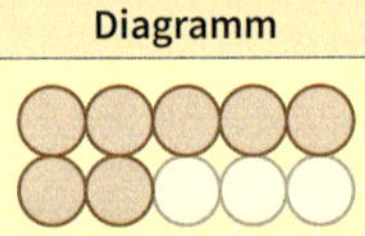	$\frac{7}{10}$ und $\frac{3}{10}$

Brüche und Maßstäbe

Maßstab 1 : 100
Die Längen in der Abbildung sind $\frac{1}{100}$ (ein Hundertstel) der Originallängen.

7 Anteile von Größen

Gib die Größen ohne Bruch in der nächstkleineren Maßeinheit an.

a) $\frac{4}{5}$ m b) $\frac{9}{4}$ kg c) $\frac{3}{10}$ dm d) $4\frac{1}{4}$ km e) $\frac{5}{6}$ h f) $20\frac{1}{2}$ l

8 Verteilungsprobleme

Bestimme, wie viel jedes Kind erhält. Gib das Ergebnis, wenn möglich, als gemischte Zahl an.

a) Verteile 2 Pizzen an 5 Kinder.
b) Verteile 6 Pfannkuchen an 5 Kinder.
c) Verteile 6 Tafeln Schokolade an 4 Kinder.
d) Verteile 3 Bleche Kuchen an 7 Kinder.

9 Brüche als Prozente

Gib den Bruchteil in Prozent an:

a) $\frac{1}{5}$ b) $\frac{3}{4}$ c) $\frac{3}{10}$ d) $\frac{3}{100}$ e) $\frac{4}{5}$ f) $\frac{1}{8}$

10 Prozente als Brüche

Gib die Prozentzahlen als Bruch an:

a) 25 % b) 60 % c) 80 % d) 75 % e) 10 %

11 Kopfrechnen

Berechne im Kopf die Bruchteile folgender Größen:

a) 50 % von …
b) 25 % von …
c) 10 % von …

25 km 16 kg 2 m 30 min 500 g 3,8 t 120 cm^2 75 kg 18 m^2 4,4 km

12 Schulstatistik

Die Schule am großen See besuchen 800 Schülerinnen und Schüler. 50 % sind Mädchen, 10 % spielen Fußball im Verein, 70 % kommen mit dem Fahrrad zur Schule und 1 % sind größer als 1,90 Meter. Berechne jeweils die Anzahl der Schülerinnen und Schüler.

13 Mischungen

Gib jeweils die Anteile und das Mischungsverhältnis an.

14 Mischungsverhältnisse herstellen

Zeichne eine Strecke (9 cm lang) und stelle an ihr das Mischungsverhältnis 5 : 13 dar.

15 Maßstäbe

Übertrage die Tabelle in dein Heft und gib die Längen auf den Karten im entsprechenden Maßstab an.

Originallänge	1 : 200	1 : 5000	1 : 10 000
100 m	▨	▨	▨
500 m	▨	▨	▨
1 km	▨	▨	▨

Sichern und Vernetzen

Vermischte Aufgaben zu Kapitel 8

Trainieren

WES-125764-050
Lösungen

1 Von Färbungen zu Brüchen

Welcher Anteil ist grün gefärbt?

a) 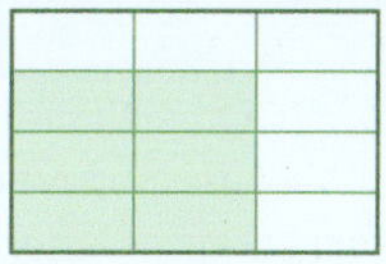
b) 
c) 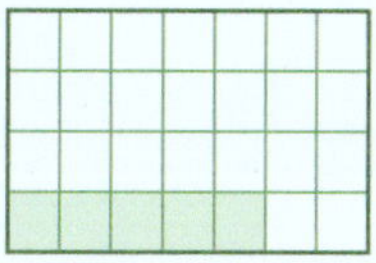
d) 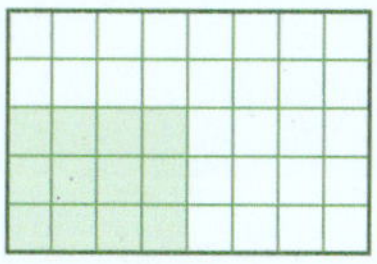

2 Bruchstücke schneiden

Welcher Anteil wird rechts abgeschnitten?

a) 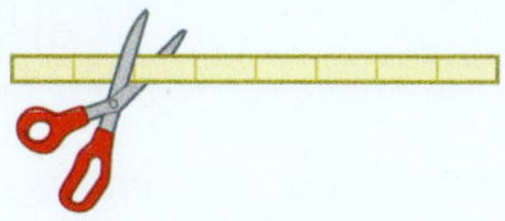
b) 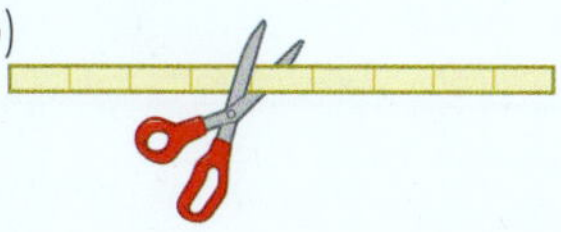
c) 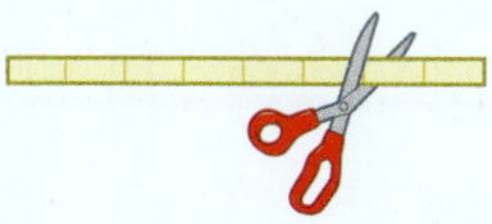

3 Bruchteile und Prozentangaben

Übertrage die Tabelle in dein Heft und ergänze die Einträge.

Bruchteil	$\frac{1}{4}$	■	■	$\frac{1}{100}$	■	$\frac{13}{100}$	$\frac{4}{5}$	■
Prozentangabe	■	30 %	10 %	■	45 %	■	■	5 %

Verstehen

4 Passende Brüche

Gib die Anteile als Bruch an.

a) Vier von sieben Kindern besitzen einen Schlitten.
b) Die Farbmischung der Wandfarbe besteht aus 9 Teilen Weiß und 1 Teil Gelb.
c) Sieben Pizzen werden auf neun Personen verteilt.

Anwenden

5 Anteile von Größen

Berechne die angegebenen Anteile, wähle dabei passende Einheiten.

a) 25 % von zwei Stunden
b) 40 % von 200 km
c) 5 % von 2 kg
d) 10 % von zwei Tonnen
e) 20 % von 3 €
f) 75 % von 36 Litern

6 Schiffswracks

Der amerikanische Tiefseeforscher Robert D. Ballard entdeckte 1985 das Wrack der 1912 gesunkenen Titanic in 3890 m Tiefe. 1989 fand er das Wrack der Bismarck, ein deutsches Kriegsschiff, das 1941 gesunken war, in einer Tiefe von 4800 m.

a) Wie viel Meter liegt die Bismarck tiefer als die Titanic?
b) Wie viele Eiffeltürme (Höhe 322 m) müsste man mindestens übereinander stapeln, um von der Titanic (der Bismarck) wieder zur Meeresoberfläche zu gelangen? Wie weit würde der oberste Turm aus dem Meer ragen?

7 Bei der Sparkasse

a) Tim hat auf seinem Konto ein Minus von 130 €. Er zahlt 280 € ein. Wie ist der neue Kontostand?
b) Nachdem Frau Schnell auf ihr Konto 580 € überwiesen hat, weist es ein Plus von 720 € auf. Wie war der alte Kontostand?
c) Frau Klein hat 250 € auf ihrem Konto. Nach einer Überweisung weist ihr Kontostand ein Minus von 100 € auf. Wie viel hat sie überwiesen?

Du kannst die Aufgaben auf verschiedene Arten lösen.

Lösungen Check-up

Lösungen zu Kapitel 1 Seite 21

1

Tier	Alter
Hund	15 Jahre
Ratte	3 Jahre
Meerschwein	10 Jahre
Katze	20 Jahre
Pferd	30 Jahre
Goldhamster	4 Jahre

2 Wähle im Heft zwei Kästchen für 5 °C.

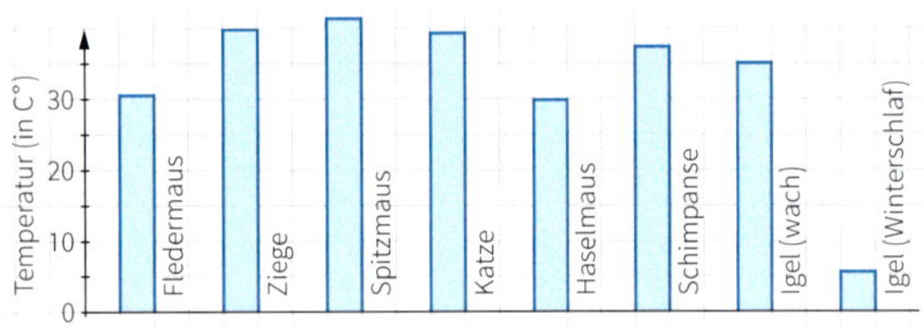

3 a)

Zahl	sprechweise	Rundung
13 567	dreizehntausendfünfhundertsiebenundsechzig	14 000
27 195	siebenundzwanzigtausendeinhundertfünfundneunzig	27 000
356 023	dreihundertsechsundfünfzigtausenddreiundzwanzig	356 000
1 789 627	eine Million siebenhundertneunundachtzigtausendsechshundertsiebenundzwanzig	1 790 000
19 823	neunzehntausendachthundertdreiundzwanzig	20 000
12 390	zwölftausenddreihundertneunzig	12 000

b) 1286 ≈ 1300; 2397 ≈ 2400; 888 ≈ 900;
209 ≈ 200; 904 ≈ 900; 1096 ≈ 1100;
5604 ≈ 5600; 16 006 ≈ 16 000

4

	Fläche in km²	Einwohnerzahl
NI	47 614 ≈ 48 000	7 915 675 ≈ 8 000 000
NRW	34 110 ≈ 34 000	17 872 763 ≈ 18 000 000
SH	15 763 ≈ 16 000	2 889 821 ≈ 3 000 000
HE	21 115 ≈ 21 000	6 061 951 ≈ 6 000 000
BW	35 751 ≈ 36 000	10 744 921 ≈ 11 000 000

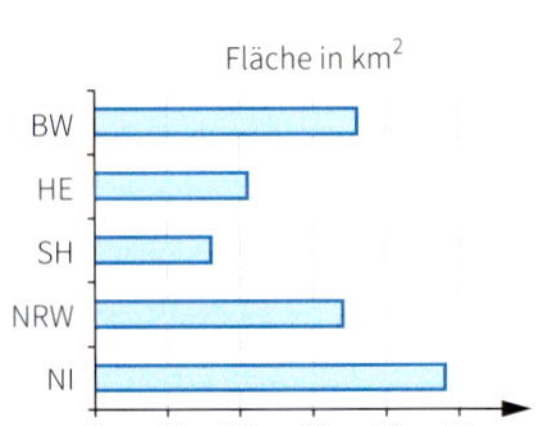

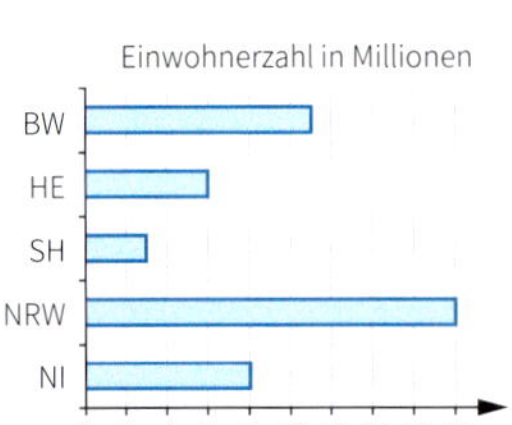

5

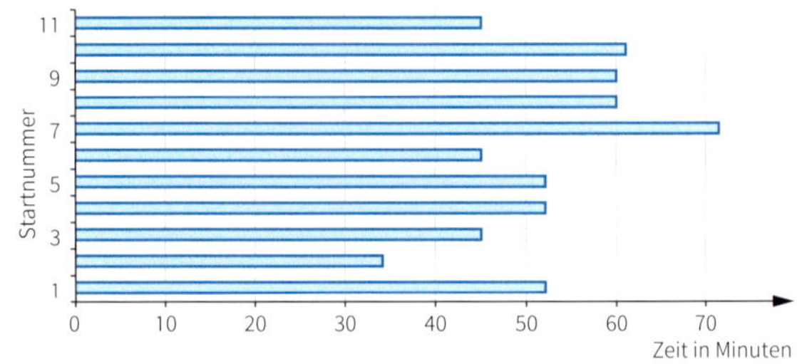

Lösungen zu Kapitel 2 Seite 66

1 a) (37 + 23) + 14 = 74 b) (103 + 47) + (84 + 6) = 240
c) (35 − 15) + (28 + 12) = 60 d) (12 + 18) + (14 + 16) + 20 + 16 = 96

2 Mit Anwendung des Distributivgesetzes folgen:
a) 10 · 8 + 7 · 8 = 136 b) 40 · 7 + 3 · 7 = 301
c) 80 : 8 + 16 : 8 = 12 d) 120 : 12 + 12 : 12 = 11
e) 10 · 25 + 2 · 25 = 25 · 4 · 3 = 300 f) 20 · 19 + 3 · 19 = 437
g) 100 · 13–1 · 13 = 1287 h) 360 : 9 + 9 : 9 = 41
i) 1700 : 17 + 85 : 17 = 105 j) 630 : 7 + 14 : 7 = 92
k) 125 · 8 = 100 · 8 + 25 · 8 = 1000 l) 102 : 3 = 90 : 3 + 12 : 3 = 34

3 a) Überschlag: 200 + 5000 + 100 + 3300 = 8600; Ergebnis: 8636
b) Überschlag: 350 − 260 + 710 = 800; Ergebnis:798
c) Überschlag: 1000 − (300 + 200 + 200) = 300; Ergebnis:270
d) Überschlag: 100 + 1000 + 10 000 + 100 000 = 111 100;
Ergebnis: 111 096

4 a)

272
138 | 134
65 | 73 | 61
12 | 53 | 20 | 41

b)

3443
1547 | 1896
649 | 898 | 998
562 | 87 | 811 | 187

5 a) 604 b) 6741 c) 35 937 d) 1112
e) 441 f) 45 114 g) 88 893 h) 87 795

6 a) 392 + 346 = 738 b) 6587 − 1505 = 5082
c) 2666 − 2222 = 444 d) 621 − 143 − 78 = 400
e) 2501 + 754 − 3255 = 0 f) 7264 + 2736 = 10 000

7 a)
  130 043
+ 95 885
= 225 928

b)
  70 234
− 16 952
= 53 282

c)
  20 202
− 12 345
= 7857

Lösungen zu Kapitel 2 Seite 67

8 a) ÜS: 20 · 40 = 800; 874 b) ÜS: 80 · 90 = 7200; 6942
c) ÜS: 600 · 50 = 30000; 30 282 d) ÜS: 190 · 100 = 19 000; 18 333
e) ÜS: 420 : 7 = 60; 56 f) ÜS: 6300 : 9 = 700; 721
g) ÜS: 550 : 11 = 50; 52 h) ÜS: 1800 : 30 = 60; 56

9 a) 26 268 b) 317 052 c) 81 810 d) 322 472
e) 67 716 f) 328 966 g) 82 636 281 h) 3 176 448

10 a)
37 · 5
185

b)
17 · 42
68
 34
714

c)
67 · 502
3350
  134
33634

11 a) $9 \cdot 24 = 216$ b) $15 \cdot 11 = 165$ c) $111 \cdot 3 = 333$
d) $200 : 8 = 25$ e) $3216 : 8 = 402$ f) $6060 : 101 = 60$
g) $213 \cdot 10\,000 = 2\,130\,000$

12 a)

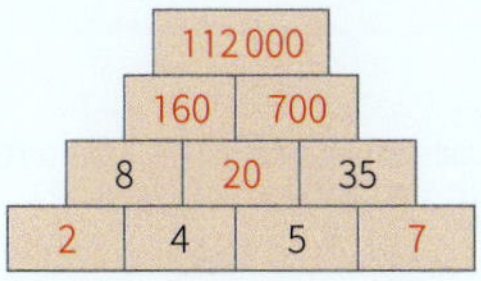

b)

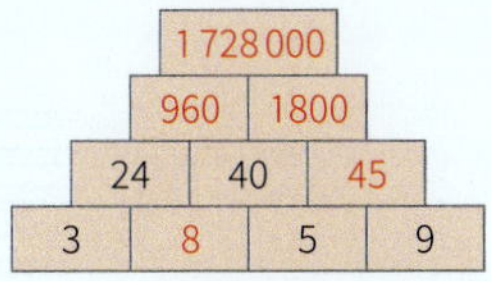

13 a) $4200 : 6 = 700$
$+\ 18 : 6 = 3$
$4218 : 6 = 703$

b) $9000 : 9 = 1000$
$+\ 90 : 9 = 10$
$9090 : 9 = 1010$

c) $40\,000 : 8 = 5000$
$+\ 8 : 8 = 1$
$40\,008 : 8 = 5001$

d) $4800 : 12 = 400$
$+\ 600 : 12 = 50$
$+\ 12 : 12 = 1$
$5412 : 12 = 451$

e) $38\,000 : 38 = 1000$
$+\ 760 : 38 = 20$
$38760 : 38 = 1020$

f) $80\,000 : 4 = 20\,000$
$-\ 8 : 4 = 2$
$79\,992 : 4 = 19\,998$

g) $101\,000 : 101 = 1000$
$-\ 10\,100 : 101 = 100$
$90\,900 : 101 = 900$

h) $5400 : 18 = 300$
$+\ 180 : 18 = 10$
$5580 : 18 = 310$

14 a) 741 b) 2158 c) 9304 d) 12 345
e) 658 f) 793 g) 2351 h) 3542

15 a) 66 Rest 2 b) 91 Rest 6 c) 108 Rest 8 d) 1 Rest 111

16 a) 275 000 b) 800 000 c) 30
d) 99 999 e) 25 000 000 f) 4000

Lösungen zu Kapitel 2 Seite 68

17 Ⓐ $2 + 3 + 4 = 9$ Ⓑ $2 \cdot (3 + 4) = 2 \cdot 7 = 14$ Ⓒ $2 \cdot 3 + 4 = 6 + 4 = 10$
Ⓓ $2 \cdot 3 \cdot 4 = 6 \cdot 4 = 24$ Ⓔ $4 \cdot (2 + 3) = 4 \cdot 5 = 20$ Ⓕ $3 \cdot (2 + 4) = 3 \cdot 6 = 18$
Der Rechenausdruck Ⓓ ergibt die größte Zahl.

18 a)

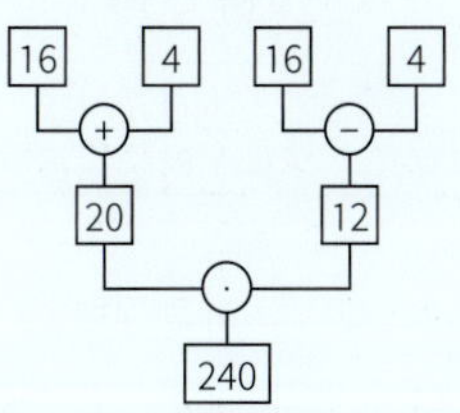

$(16 + 4) \cdot (16 - 4)$

b)

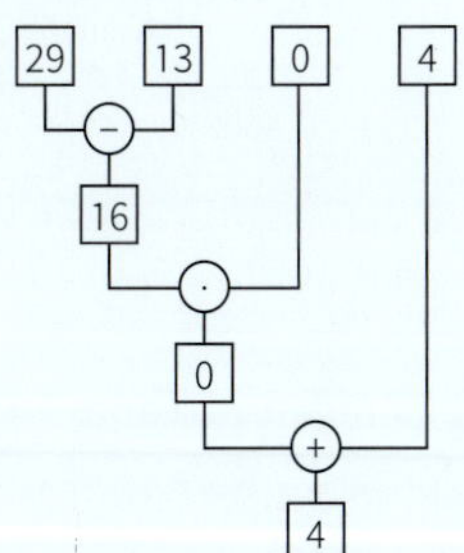

$(29 - 13) \cdot 0 + 4$

19 a) $9 \cdot (36 - 27) = 9 \cdot 9 = 81$
b) $38 - 19 - 9 = 19 - 9 = 10$
c) $(29 + 35) : (19 - 15) = 64 : 4 = 16$
d) $24 \cdot (16 \cdot 5 - 60) = 24 \cdot (80 - 60) = 24 \cdot 20 = 480$
e) $36 : 9 \cdot 4 = 4 \cdot 4 = 16$
f) $(36 + 64) \cdot (32 - 8 \cdot 4) = 100 \cdot (32 - 32) = 100 \cdot 0 = 0$

20 a) $3 \cdot 12 = 36$; $36 - 8 = 28$; $28 : 7 = 4$
als Rechenausdruck: $(3 \cdot 12 - 8) : 7 = (36 - 8) : 7 = 28 : 7 = 4$
b) $5 + 8 = 13$; $9 - 6 = 3$; $13 \cdot 3 = 39$
als Rechenausdruck: $(5 + 8) \cdot (9 - 6) = 13 \cdot 3 = 39$
c) $72 : 6 = 12$; $12 + 3 = 15$
als Rechenausdruck: $72 : 6 + 3 = 12 + 3 = 15$
d) $6 + 3 = 9$; $72 : 9 = 8$
als Rechenausdruck: $72 : (6 + 3) = 72 : 9 = 8$

21 a) Addiere zum Produkt von 14 und 6 das Produkt von 3 und 16.
$14 \cdot 6 + 3 \cdot 16 = 84 + 48 = 132$
b) Multipliziere 14 mit der Summe von 6 und 3 und multipliziere mit 16.
$14 \cdot (6 + 3) \cdot 16 = 14 \cdot 9 \cdot 16 = 126 \cdot 16 = 2016$
c) Addiere zu 14 das Produkt von 3 und 6 und addiere 16 dazu.
$14 + 3 \cdot 6 + 16 = 14 + 18 + 16 = 30 + 18 = 48$
d) Multipliziere die Summe von 14 und 3 mit 6 und addiere 16.
$(14 + 3) \cdot 6 + 16 = 17 \cdot 6 + 16 = 102 + 16 = 118$
e) Multipliziere die Summe von 14 und 3 mit der Summe von 6 und 16.
$(14 + 3) \cdot (6 + 16) = 17 \cdot 22 = 374$
f) Multipliziere 16 mit der Summe aus 14 und dem Produkt von 3 und 6.
$(14 + 3 \cdot 6) \cdot 16 = (14 + 18) \cdot 16 = 32 \cdot 16 = 512$

22 a) $13 \cdot 4 + 17 \cdot 4 = (13 + 17) \cdot 4 = 30 \cdot 4 = 120$
b) $6 \cdot (21 + 19) = 6 \cdot 40 = 240$
c) $3 \cdot 29 + 7 \cdot 29 = (3 + 7) \cdot 29 = 10 \cdot 29 = 290$
d) $34 \cdot 7 + 3 \cdot 34 = 34 \cdot (7 + 3) = 34 \cdot 10 = 340$
e) $5 \cdot 42 + 12 \cdot 42 - 7 \cdot 42 = 42 \cdot (5 + 12 - 7) = 42 \cdot (17 - 7) = 42 \cdot 10 = 420$
f) $(13 + 12 + 5) \cdot 12 = (25 + 5) \cdot 12 = 30 \cdot 12 = 360$

23 a) $32 : 4 = 8$; $8 - 5 = 3$ b) $36 : 2 = 18$; $24 - 18 = 6$
c) $33 + 12 = 45$; $45 : 5 = 9$ d) $14 : 2 = 7$; $7 - 1 = 6$; $6 : 6 = 1$
e) $6 \cdot 12 = 72$; $72 - 58 = 14$ f) $20 - 2 = 18$; $18 : 3 = 6$; $12 - 6 = 6$

24 a) $(4 + 3) \cdot (6 + 2) = 7 \cdot 8 = 56$
b) $(2 + 4) \cdot (5 + 6) = 6 \cdot 11 = 66$
c) $(3 \cdot 4 + 5) \cdot 2 = (12 + 5) \cdot 2 = 17 \cdot 2 = 34$

Lösungen zu Kapitel 2 Seite 69

25 Jedes Kind hat 10 Monate jeden Monat 5 € gespart: $10 \cdot 5\,€ = 50\,€$
Gesamtkosten 1482 € für 26 Kinder: $1482\,€ : 26 = 57\,€$
$57\,€ - 50\,€ = 7\,€$
Antwort: Jedes Kind muss noch 7 € zuzahlen.

26 Dosen in einem Karton: $25 \cdot 10 \cdot 15 = 250 \cdot 15 = 3750$
36 Kartons auf dem Lkw: $3750 \cdot 36 = 135\,000$
oder als Term: $25 \cdot 10 \cdot 15 \cdot 36 = 250 \cdot 15 \cdot 36 = 3750 \cdot 36 = 135\,000$
Auf dem Lkw befinden sich 135 000 Dosen mit Erbsen.

27 1 Stunde: $55\,€ + 0 \cdot 29\,€ = 55\,€$
2 Stunden: $55\,€ + 1 \cdot 29\,€ = 84\,€$
4 Stunden: $55\,€ + 3 \cdot 29\,€ = 55\,€ + 87\,€ = 142\,€$
Antwort: Die Rechnung hat den Betrag 55 € (84 €, 142 €).

28 a) In 13 s legt der Schall $13 \cdot 330$ m zurück: $13 \cdot 330 = 4290$
Antwort: Das Gewitter ist 4290 m von Evi entfernt.
b) 6 km = 6000 m
$6000 : 330 = 600 : 33 = 18$ Rest $6 \approx 18$
Antwort: Den Donner hört man nach 18 Sekunden.

29 a)

2	8	4	·	6	5
	1	7	0	4	
		1	4	2	0
	1	8	4	6	0

c)

4	0	8	·	3	4
	1	2	2	4	
		1	6	3	2
	1	3	8	7	2

30 a)

Text	Start	1.	2.	3.
20 Kekse gekauft	20			
an der zweiten doppelt so viele wie an der ersten Kreuzung, nämlich 6			6	
an der zweiten doppelt so viele wie an der ersten Kreuzung		6 : 2 = 3		
dritten Kreuzung noch einen mehr als an der ersten Kreuzung				3 + 1 = 4

Anzahl der Kekse zuhause: 20 – 3 – 6 – 4 = 7
Antwort: Anna hat zuhause noch 7 Kekse.

b) 3 + 6 + 4 = 13 oder 20 – 7 = 13 Anna hat 13 Kekse gegessen.
Ben hat auch 13 Kekse gegessen, hat aber noch 17 Kekse:
13 + 17 = 30
Antwort: In Bens Packung waren 30 Kekse.

Lösungen zu Kapitel 3 Seite 95

1 a) Ein Fußballfeld ist ungefähr 100 m lang.
b) Mit einem Fahrrad kannst du in der Stunde 18 km fahren.
c) Der Fuß von Laura ist 25 cm lang.
d) Ein Marienkäfer ist 8 mm groß.

2 a) 400 cm = 4 m
b) 700 000 mm = 700 m
c) 7,034 km = 7034 m
d) 6 m 66 cm = 666 cm
e) 0,8 km = 800 m
f) 5 km 25 m = 5025 m = 50 250 dm

3

	km		m			dm	cm	mm	
	Z	E	H	Z	E				
a)					5	4	0	0	5400 mm
b)			2	2	0	0	0		22 000 cm
c)	5	4	0	0	0	0	0		5 400 000 cm
d)				7	7	0	5	0	77 050 mm
e)					0	8	5	5	85,5 cm
f)					1	0	0	1	10,01 dm

4 a) 0,2 km = 200 m b) 0,02 km = 20 m c) 0,002 km = 2 m
d) 4,25 m = 425 cm e) 0,37 m = 37 cm f) 6,82 dm = 682 mm

5 Peter: 3,80 m; Ida: 380 cm = 3,80 m; Paul: 39 dm = 3,90 m;
Claudia: 3080 mm = 3,08 m; Antwort: Paul springt am weitesten (3,90 m)

6 a) 20 km + 2540 m + 4,4 km = 20 000 m + 2540 m + 4400 m = 26 940 m
b) 73,90 m – 99 cm = 7390 cm – 99 cm = 7291 cm = 72,91 m

7

Maßstab	Zeichnung	Wirklichkeit
40 : 1	40 · 2 mm = 80 mm = 8 cm	2 mm
1 : 400	5 cm	400 · 5 cm = 2000 cm = 20 m
1 : 2 000 000	150 000 000 mm : 2 000 000 = 75 mm = 7,5 cm	150 km = 150 000 000 mm

8 5 km in der Wirklichkeit entsprechen 1 cm auf der Karte.
5 km = 5000 m = 500 000 cm. Der Maßstab lautet 1:500 000.

9 a) 1 cm auf der Karten entspricht 160 km in der Wirklichkeit;
13 cm auf der Karten entsprechen also 13 · 160 km = 2080 km;
Antwort: Die Entfernung zwischen Köln und Izmir beträgt in der Wirklichkeit 2080 km.
b) 800 km = 80 000 000 cm; 80 000 000 cm : 16 000 000 cm = 5 cm
oder 1 cm auf der Karten entspricht 160 km; also 800 : 160 = 5;
Antwort: Auf der Karte ist die Entfernung von Oldenburg nach Göteborg 5 cm lang.

Lösungen zu Kapitel 3 Seite 96

10 a) 900 s : 60 = 15 min
b) 2 h 35 min = 155 min · 60 = 9300 s
c) 168 h : 24 = 7 d
d) 250 h : 24 = 10 d 10 h
e) 6960 s : 60 = 116 min = 1 h 56 min

11 a) 7 min · 60 = 420 s < 430 s; 430 s ist größer als 7 min.
b) 1 h 2 min = 62 min < 72 min; 72 min ist größer als 1 h 2 min.
c) 5 d · 24 = 120 h < 125 h; 125 h ist größer als 5 d.
d) 1 h · 3600 = 3600 s < 86 400 s; 86 400 s ist größer als 1 h.
e) 90 h · 60 = 5400 min > 1140 min 50 s; 90 h ist größer als 1140 min 50 s.
f) 1 d · 24 = 24 h · 3600 = 86 400 s > 86 000 s; 1 d ist größer als 86 000s.

12

Abfahrt	Fahrtdauer	Ankunft
7.55 Uhr	5 h 47 min	13.42 Uhr
6.48 Uhr	2 h 25 min	9.13 Uhr
11.36 Uhr	2 h 27 min	14.03 Uhr

13 2:58 min + 3:12 min = 6:10 min; 9:05 min – 6:10 min = 2:55 min
Antwort: Der Läufer braucht für den dritten Kilometer 2:55 min.

14 Wenn das Flugzeug in Frankfurt startet, ist es in San Francisco 01:30 Uhr. 01:30 + 11 h 25 min 12:55 Uhr
Antwort: Die Uhr zeigt in San Francisco bei der Landung 12:55 Uhr.

15 a) Paket in kg b) Lastwagen in t c) Amsel in g
d) Smartphone in g e) Brief in g f) Pkw in t (oder kg)

16 a) 6 kg = 6000 g b) 8 kg 2 g = 8002 g c) 5kg = 5 000 000mg
d) 0,4 t = 400 000 g e) 7300 g = 7,3 kg f) 120 kg = 0,12 t

17

5350 g	6250 g	4300 g	10 100 g
5,350 kg	6,250 g	4,300 kg	10,100 kg
5 kg 350 g	6 kg 250 g	4 kg 300 g	10 kg 100 g

18 a) 3,5 kg = 3500 g; 3,05 kg = 3050 g; 3,055 kg = 3055 g
b) 4560 kg = 4,56 t; 500 g = 0,5 kg; 5050 mg = 5,05 g

19 Tag: 4000 · 1200 g = 4 800 000 g = 4800 kg = 4,8 t
Woche: 7 · 4800 kg = 33 600 kg = 33,6 t
Antwort:
An einem Tag entstehen 4,8 t Abfall.
In einer Woche entstehen 33,6 t Abfall.

Lösungen zu Kapitel 4 Seite 119

1 a) 1, 3, 5, 7, 9, 11, 13, 15, … immer 2 addieren
b) 1, 2, 4, 8, 16, 32, 62, 128, … immer mit 2 multiplizieren
c) 1, 4, 9, 16, 25, 36, 49, … Quadratzahlen
d) 1, 4, 7, 10, 13, 16, 19, 22, … immer 3 addieren
e) 1, 3, 9, 27, 81, 243, 729, 2187, … immer mit 3 multiplizieren
f) 1, 3, 7, 13, 21, 31, 33, 45, … addiere das nächste Vielfache von 2

2 Anzahl der Punkte: 6, 12, 18, 24, 30
Die Anzahl der Punkte erhöht sich immer um 6, da auf jeder der sechs Seite immer ein Punkt hinzukommt.

3 a) …, 10 000, 100 000, 1 000 000, 10 000 000, 100 000 000; Regel: · 10
b) …, 625, 3125, 15 625, 78 125, 390 625; Regel: · 5

4 a) Tausender: 3 · 1000 = 3000
b) Zehntausender: 6 · 10 000 = 60 000

5 a) $3^2 + 4^2 = 5^2$ b) $12^2 + 5^2 = 13^2$ c) $8^2 + 15^2 = 17^2$
d) $24^2 + 7^2 = 25^2$ e) $10^2 - 6^2 = 8^2$ f) $5^2 - 4^2 = 3^2$

6 a) ① $11 = 1\cdot8 + 0\cdot4 + 1\cdot2 + 1\cdot1 = (1011)_2$
② $21 = 1\cdot16 + 0\cdot8 + 1\cdot4 + 0\cdot2 + 1\cdot1 = (10101)_2$
③ $35 = 1\cdot32 + 0\cdot16 + 0\cdot8 + 0\cdot4 + 1\cdot2 + 1\cdot1 = (100011)_2$
④ $88 = 1\cdot64 + 0\cdot32 + 1\cdot16 + 1\cdot8 + 0\cdot4 + 0\cdot2 + 0\cdot1 = (1011000)_2$
⑤ $128 = 1\cdot128 + 0\cdot64 + 0\cdot32 + 0\cdot16 + 0\cdot8 + 0\cdot4 + 0\cdot2 + 0\cdot1 = (10000000)_2$

b) ① $(101)_2 = 1\cdot4 + 0\cdot2 + 1\cdot1 = 4 + 0 + 1 = 5$
② $(100100)_2 = 1\cdot32 + 0\cdot16 + 0\cdot8 + 1\cdot4 + 0\cdot2 + 0\cdot1 = 36$
③ $(111111)_2 = 1\cdot32 + 1\cdot16 + 1\cdot8 + 1\cdot4 + 1\cdot2 + 1\cdot1 = 63$
④ $(1010101)_2 = 1\cdot64 + 0\cdot32 + 1\cdot16 + 0\cdot8 + 1\cdot4 + 0\cdot2 + 1\cdot1 = 85$

7 a) DCXII = 500 + 100 + 10 + 2 = 612
b) CDXII = 500 − 100 + 10 + 2 = 412
c) XXXVI = 30 + 5 + 1 = 36
d) MMIV = 2000 + 4 = 2004
e) MDCLX = 1000 + 500 + 100 + 50 + 10 = 1660

8 a) 63 = LXIII b) 555 = DLV c) 1648 = MDCXLVIII
d) 2020 = MMXX e) 2494 = MMCDXCIV

9 a) 999 b) 9089 c) $(111)_2$ d) $(10101)_2$ e) XIX

Lösungen zu Kapitel 5 Seite 167

1 a) Würfel: 8 Ecken, 12 Kanten und 6 Flächen
Quader: 8 Ecken, 12 Kanten und 6 Flächen
b) Quadratische Pyramide: 5 Ecken, 8 Kanten und 5 Flächen
Die Flächen sind (gleichseitige) Dreiecke und ein Quadrat.

2 a) Quader oder Würfel b) quadratische Pyramide
c) Würfel d) Quader, Würfel (oder Oktaeder)
e) Tetraeder (Dreieckspyramide) f) Dreiecksprisma

3 a) Quader b) Dreieckprisma
c) Würfel d) quadratische Pyramide

4 Quader: 3 Kanten pro Ecke; es werden noch 4 Stäbe Typ A gebraucht.
Würfel: 3 Kanten pro Ecke; es werden noch 6 Stäbe Typ B gebraucht.
Dreiecksprisma: 3 Kanten pro Ecke; es werden noch 2 Stäbe Typ A gebraucht.
Quadratische Pyramide: 3 Kanten pro Ecke an Grundfläche, 4 Kanten an der Spitze. Das Material reicht aus.

5 a)
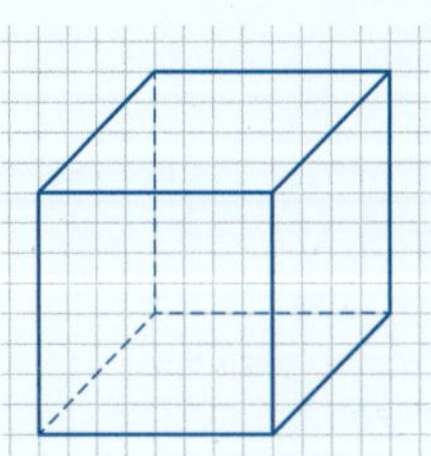
b)
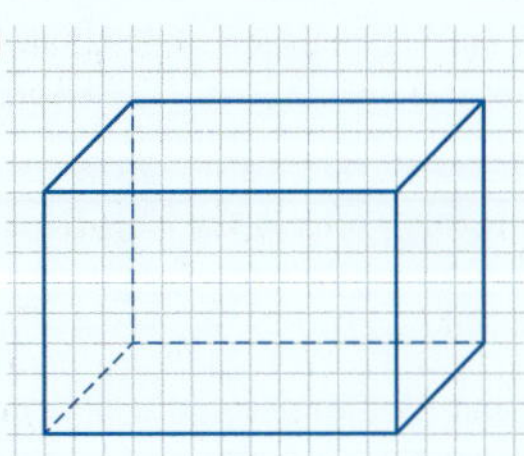

Lösungen zu Kapitel 5 Seite 168

6 a) g und k sind senkrecht zueinander $g \perp k$
b) j und k sind parallel zueinander $j \parallel k$
g und j sind senkrecht zueinander $g \perp j$
g und k sind senkrecht zueinander $g \perp k$

7
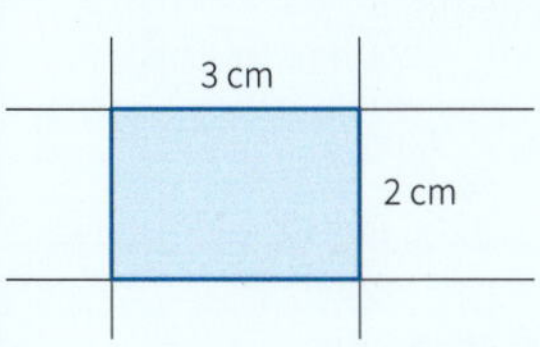

Es entsteht ein Rechteck.

8 a) Zeichnung wie im Buch.
b) Die Strecke $\overline{AC}$ ist ungefähr 2,8 cm lang.
c) Punkt D ist 1,4 cm von der Strecke $\overline{AC}$ entfernt.

9 Zeichnungen wie im Basiswissen auf Seite 158.
a) Rechteck und Quadrat
b) Raute, Parallelogramm, Trapez
c) Drachen und weitere beliebige Vierecke, die keine besonderen Vierecke sind

10
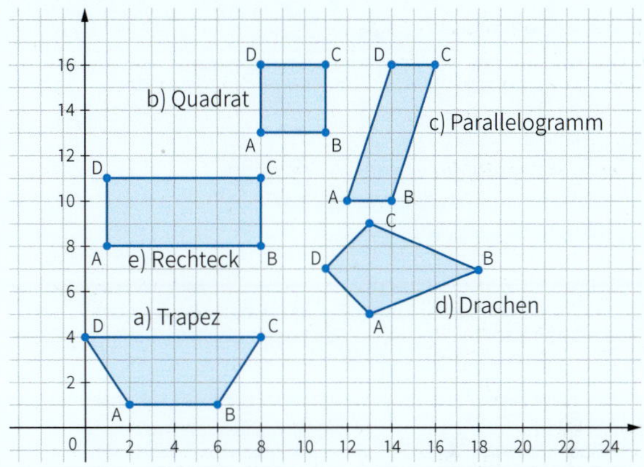

11
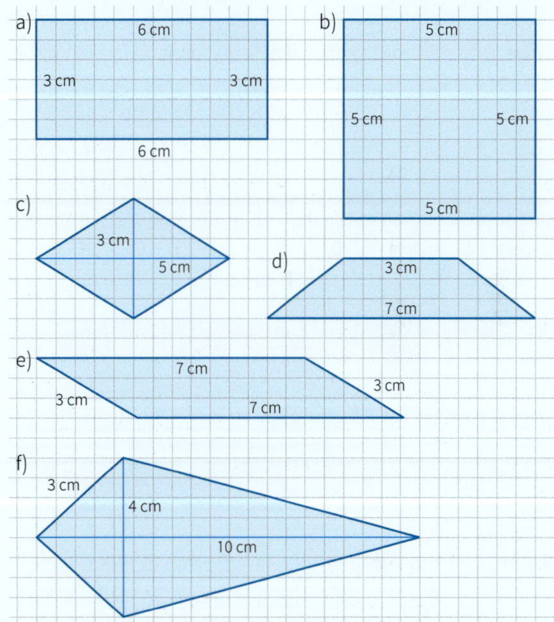

Lösungen zu Kapitel 6 Seite 189

1 $T_{47} = \{1, 47\}$ $T_{50} = \{1, 2, 5, 10, 25, 50\}$
$T_{99} = \{1, 3, 9, 11, 33, 99\}$ $T_{128} = \{1, 2, 4, 8, 16, 32, 64, 128\}$
$T_{198} = \{1, 2, 3, 6, 9, 11, 18, 22, 33, 66, 99, 198\}$
Die Zahl 47 ist nur durch 1 und 47 teilbar. Sie ist daher eine Primzahl.

2 $V_2 = \{2, 4, 6, 8, 10 \ldots\}$
$V_4 = \{4, 8, 16, 20, 24, \ldots\}$
$V_8 = \{8, 16, 24, 32, 40, \ldots\}$
Es fällt auf, dass V_2 die Vielfachen von V_4 und V_8 beinhaltet und dass V_4 die Vielfachen von V_8 beinhaltet.

3 a) 13 ist ein Teiler von 364, denn 364 : 13 = 28
Ja, Antonias Behauptung stimmt.
b) $T_{1001} = \{1, 7, 11, 13, 77, 91, 143, 1001\}$; $1001 = 7\cdot11\cdot13$
Benjamin meint die Primzahlen 7, 11 und 13.

4 a) 4 teilt nicht 62. b) 6 ist ein Teiler von 84.
c) 7 teilt 105. d) 84 ist ein Vielfaches von 14.

5 Beispiele
(1) 108 Quersumme 9 $108 = 12 \cdot 9$
(2) 261 Quersumme 9 $261 = 29 \cdot 9$
(3) 3825 Quersumme 18 $3825 = 425 \cdot 9$
(4) 9099 Quersumme 27 $9099 = 1011 \cdot 9$

Gegenbeispiele
(1) 233 Quersumme 8 $233 : 9 =$ 25 Rest 8
(2) 456 Quersumme 15 $456 : 9 =$ 50 Rest 6
(3) 777 Quersumme 21 $777 : 9 =$ 86 Rest 3
(4) 1101 Quersumme 3 $1101 : 9 =$ 122 Rest 3

6 a) 444 ist teilbar durch 2, 3, 4, 6
3474 ist teilbar durch 2, 3, 6, 9
3480 ist teilbar durch 2, 3, 4, 5, 6, 8, 10
123450 ist teilbar durch 2, 3, 5, 6, 10

7 a) 12 ist z. B. durch 2 teilbar: keine Primzahl
31 ist nur durch 1 und 31 teilbar: Primzahl
57 ist durch 3 teilbar: keine Primzahl
67 ist nur durch 1 und 67 teilbar: Primzahl
b) 111 ist durch 3 teilbar: keine Primzahl
123 ist durch 3 teilbar: keine Primzahl
127 ist nur durch 1 und 127 teilbar: Primzahl

8 a) $63 = 3 \cdot 21 = 3 \cdot 3 \cdot 7$ b) $76 = 2 \cdot 2 \cdot 19$
c) $108 = 2 \cdot 2 \cdot 3 \cdot 3 \cdot 3$ d) 101 ist eine Primzahl.
e) $504 = 2 \cdot 2 \cdot 2 \cdot 3 \cdot 3 \cdot 7$

9 Bei gemeinsamen Vielfachen von 30 und 36 treffen die gekennzeichneten Stellen wieder aufeinander.
$V_{30} = \{30, 60, 90, 120, 150, 180, 210, \ldots\}$
$V_{36} = \{36, 72, 108, 144, 180, 216, \ldots\}$
Das kleinste gemeinsame Vielfache von 30 und 36 ist 180. Nach 180 durchgelaufenen Zähnen treffen die gekennzeichneten Stellen wieder aufeinander.
Dies entspricht $180 : 30 = 6$ Umdrehungen des kleineren bzw. $180 : 36 = 5$ Umdrehungen des größeren Rades.
Alternativ: kgV mithilfe der Primfaktorzerlegung bestimmen
$30 = 2 \cdot 3 \cdot 5$ und $36 = 2 \cdot 2 \cdot 3 \cdot 3$, also $\text{kgV}(30, 36) = 2 \cdot 2 \cdot 3 \cdot 3 \cdot 5 = 180$

Lösungen zu Kapitel 7 Seite 223

1

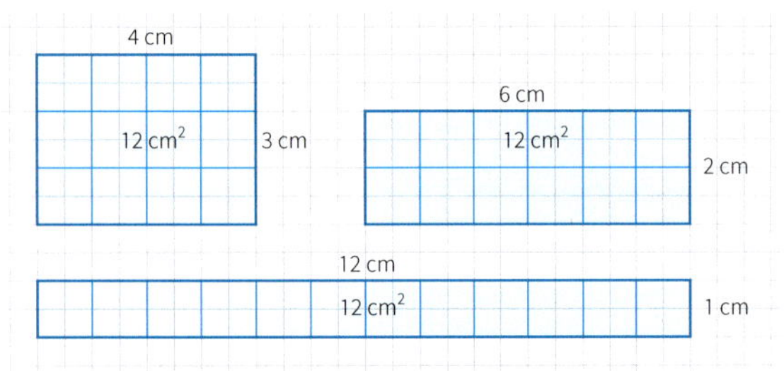

2

	km²		ha		a		m²		dm²		cm²		mm²		
	Z	E	Z	E	Z	E	Z	E	Z	E	Z	E	Z	E	
a)					6	9	8	4							$6985\,m^2 = 69{,}84\,a$
b)						6	3	0							$6{,}3\,a = 630\,m^2$
c)		0	5	0	0	0	0	0							$0{,}5\,km^2 = 500\,000\,m^2$
d)			0	0	0	4	5	0							$450\,m^2 = 0{,}045\,ha$
e)								4	5	0					$4{,}5\,m^2 = 450\,dm^2$
f)											0	0	4	0	$40\,mm^2 = 0{,}4\,cm^2$

3 A: $4500\,m^2$ B: $0{,}6\,ha = 6000\,m^2$ C: $40\,a = 4000\,m^2$
Grundstück B hat den größten Flächeninhalt.

4 $A = 220\,m^2 + 3{,}4\,a = 220\,m^2 + 340\,m^2 = 560\,m^2 = 5{,}6\,a$
Das gesamte gekaufte Grundstück hat einen Flächeninhalt von $560\,m^2$ (5,6 a).

5 $23{,}1\,a = 2310\,m^2$; $2310\,m^2 : 3 = 770\,m^2$ $770\,m^2 = 7{,}7\,a$
Die Geschwister sollten jeweils eine 7,7 a großen Teil erben.

6 a) $u = 2 \cdot 10\,cm + 2 \cdot 7\,cm = 20\,cm + 14\,cm = 34\,cm$
$A = 10\,cm \cdot 7\,cm = 70\,cm^2$
b) $u = 2 \cdot 2{,}5\,m + 2 \cdot 0{,}9\,m = 5\,m + 1{,}8\,m = 6{,}8\,m$
$A = 2{,}5\,m \cdot 0{,}9\,m = 2{,}25\,m^2$

7

	Länge a	Breite b	Umfang u	Fläche A
a)	4 m	2 m	12 m	$8\,m^2$
b)	6 m	5 m	22 m	$30\,m^2$
c)	17 m	8 m	50 m	$136\,m^2$

zu a) $u = 2 \cdot 4\,m + 2 \cdot 2\,m = 8\,m + 4\,m = 12\,m$
$A = 4\,m \cdot 2\,m = 8\,m^2$
zu b) $b = 30\,m^2 : 6\,m = 5\,m$
$u = 2 \cdot 6\,m + 2 \cdot 5\,m = 12\,m + 10\,m = 24\,m$
zu c) $2 \cdot a = 50\,m - 2 \cdot 8\,m = 50\,m - 16\,m = 34\,m$; $34 : 2 = 17\,m$
$A = 17\,m \cdot 8\,m = 136\,m^2$

8 Seitenlängen: $a = 3\,cm$; $b = 6\,cm$; $c \approx 6{,}7\,cm$ (gemessen 3,35 cm)
$u = 3\,cm + 6\,cm + 6{,}7\,cm = 15{,}7\,cm$; $A = (3\,cm \cdot 6\,cm) : 2 = 9\,cm^2$

9 a) $u = 5\,m + 5\,m + 3\,m + 2\,m + 3\,m + 3\,m + 5\,m + 2\,m + 5\,m + 3\,m$
$= 13\,m + 5\,m + 13\,m + 5\,m = 36\,m$
$A = A_1 + A_2 + A_3$
$A_1 = 5\,m \cdot 3\,m = 15\,m^2$; $A_2 = 5\,m \cdot 5\,m = 25\,m^2$; $A_3 = 3\,m \cdot 2\,m = 6\,m^2$
$A = 15\,m^2 + 25\,m^2 + 6\,m^2 = 46\,m^2$
b) $u = 4\,cm + 4\,cm + 3\,cm + 4\,cm + 5\,cm = 20\,cm$
$A = A_1 + A_2$
$A_1 = (4\,cm \cdot 3\,cm) : 2 = 6\,cm^2$; $A_2 = 4\,cm \cdot 3\,cm = 12\,cm^2$
$A = 6\,cm^2 + 12\,cm^2 = 18\,cm^2$

Lösungen zu Kapitel 7 Seite 224

10 In einen Würfel mit der Seitenlänge 5 cm passen $5 \cdot 5 \cdot 5$, also 125 Würfel mit dem Volumen $1\,cm^3$. Das Volumen des Würfels beträgt $125\,cm^3$.

11 a) $78\,000\,l = 78\,000\,dm^3 = 78\,m^3$ b) $200\,000\,mm^3 = 200\,cm^3 = 200\,ml$
c) $1500\,cm^3 = 1{,}5\,dm^3 = 1{,}5\,l$ d) $2000\,cm^3 = 2\,dm^3 = 2\,l$
e) $700\,mm^3 = 0{,}7\,cm^3 = 0{,}7\,ml$
f) $87\,000\,000\,mm^3 = 87\,000\,cm^3 = 87\,000\,ml$

12 a) $4\,m^3 = 4000\,dm^3 = 4000\,l$ b) $4{,}5\,l = 4500\,ml = 4500\,cm^3$
c) $40\,cm^3 = 40\,000\,mm^3$ d) $8{,}05\,m^3 = 8050\,dm^3 = 8050\,l$

13

	dm³ ≙ l			cm³ ≙ ml			mm³			
	H	Z	E	H	Z	E	H	Z	E	
a)			5	3	5	0				$5\,dm^3\ 350\,cm^3 = 5{,}35\,dm^3$
b)			5	0	0	8				$5\,l\ 8\,ml = 5{,}008\,l$
c)					7	0	0	5	0	$70\,cm^3\ 50\,mm^3 = 70{,}05\,cm^3$

14 a) $4\,m^3 + 4500\,dm^3 = 4000\,dm^3 + 4500\,dm^3 = 8500\,dm^3 = 8{,}5\,m^3$
b) $8\,cm^3 - 6500\,mm^3 = 8000\,mm^3 - 6500\,mm^3 = 1500\,mm^3 = 1{,}5\,cm^3$

15 a) $V = a \cdot b \cdot c = 3\,m \cdot 2\,m \cdot 1\,m = 6\,m^3$
$O = 2 \cdot a \cdot b + 2 \cdot a \cdot c + 2 \cdot b \cdot c = 2 \cdot 3\,m \cdot 2\,m + 2 \cdot 3\,m \cdot 1\,m + 2 \cdot 2\,m \cdot 1\,m$
$= 12\,m^2 + 6\,m^2 + 4\,m^2 = 22\,m^2$
b) $V = a \cdot b \cdot c = 50\,dm \cdot 7\,dm \cdot 4\,dm = 1400\,dm^3 = 1{,}4\,m^3$
$O = 2 \cdot a \cdot b + 2 \cdot a \cdot c + 2 \cdot b \cdot c$
$= 2 \cdot 50\,dm \cdot 7\,dm + 2 \cdot 50\,dm \cdot 4\,dm + 2 \cdot 7\,dm \cdot 4\,dm$
$= 700\,dm^2 + 400\,dm^2 + 56\,dm^2 = 1156\,dm^2 = 11{,}56\,m^2$

16 $V = a \cdot b \cdot c = 3\,m \cdot 10\,m \cdot 0{,}5\,m = 30\,dm \cdot 100\,dm \cdot 5\,dm$
$= 15\,000\,dm^3 = 15\,m^3$
$15\,m^3 : 5\,m^3 = 3$; Der Lkw muss dreimal fahren.

17 a) $O = a \cdot b + 2 \cdot a \cdot c + 2 \cdot b \cdot c$ (da das Aquarium oben offen ist, fällt einmal $a \cdot b$ als Deckfläche aus der üblichen Formel weg)
$O = 120\,cm \cdot 40\,cm + 2 \cdot 120\,cm \cdot 55\,cm + 2 \cdot 40\,cm \cdot 55\,cm$
$= 4800\,cm^2 + 13\,200\,cm^2 + 4400\,cm^2 = 22\,400\,cm^2$
b) $V = a \cdot b \cdot c = 120\,cm \cdot 40\,cm \cdot 50\,cm = 240\,000\,cm^3 = 240\,dm^3 = 240\,l$
$240\,l : 10\,l = 24$; Man braucht 24 Eimerfüllungen.

18 Der Rauminhalt wird
a) verdoppelt. b) vervierfacht. c) verachtfacht.

19 $V_{Würfel} = a \cdot a \cdot a = 6\,cm \cdot 6\,cm \cdot 6\,cm = 216\,cm^3$

$O_{Würfel} = 2 \cdot a \cdot a + 2 \cdot a \cdot a + 2 \cdot a \cdot a = 6 \cdot a \cdot a = 6 \cdot 6\,cm \cdot 6\,cm = 216\,cm^2$

$V_{Quader} = a \cdot b \cdot c = 54\,cm \cdot 2\,cm \cdot 2\,cm = 216\,cm^3$

$O_{Quader} = 2 \cdot a \cdot b + 2 \cdot a \cdot c + 2 \cdot b \cdot c$
$= 2 \cdot 54\,cm \cdot 2\,cm + 2 \cdot 54\,cm \cdot 2\,cm + 2 \cdot 2\,cm \cdot 2\,cm$
$= 216\,cm^2 + 216\,cm^2 + 8\,cm^2 = 440\,cm^2$
Der Würfel und der Quader haben das gleiche Volumen, der Oberflächeninhalt ist jedoch unterschiedlich.

Lösungen zu Kapitel 8 Seite 249

1 a) E: 0 K1: –1 K2: –2 b) Johanna kommt in K1 bzw. bei –1 an.

2 Seeoberfläche: –212 m
Seegrund liegt 46 m tiefer als die Seeoberfläche, der See ist 46 m tief.

3

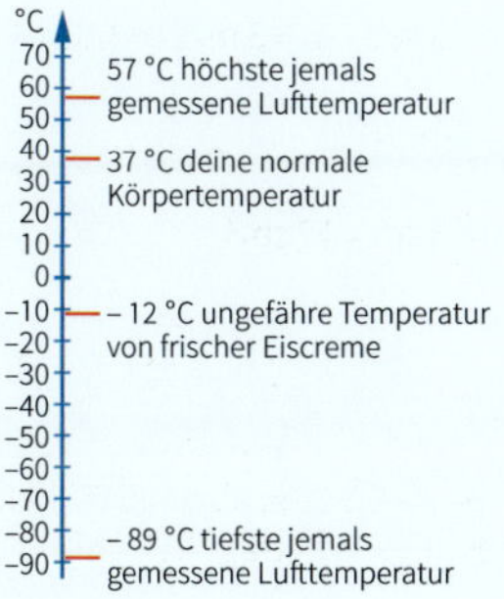

4 (1) –90 € (2) –5 € (3) 67 €

5

	a)	b)	c)	d)	e)	f)
weiß	$\frac{1}{6}$	$\frac{13}{20}$	$\frac{1}{4}$	$\frac{3}{7}$	$\frac{8}{17}$	$\frac{2}{4} = \frac{1}{2}$
blau	$\frac{5}{6}$	$\frac{7}{20}$	$\frac{11}{4} = 2\frac{3}{4}$	$\frac{4}{7}$	$\frac{9}{17}$	$\frac{2}{4} = \frac{1}{2}$

6 a) Kreismodelle

$\frac{1}{2}$ $\frac{3}{4}$ $\frac{5}{8}$ $1\frac{1}{2}$

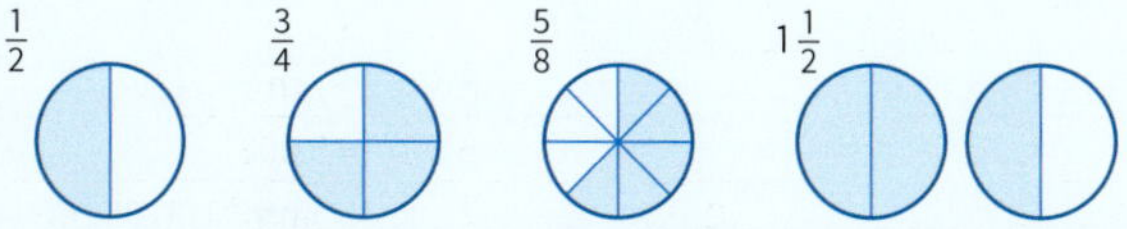

b) Rechteckmodelle

$\frac{7}{8}$ $\frac{5}{12}$ $\frac{3}{16}$ $1\frac{3}{4}$

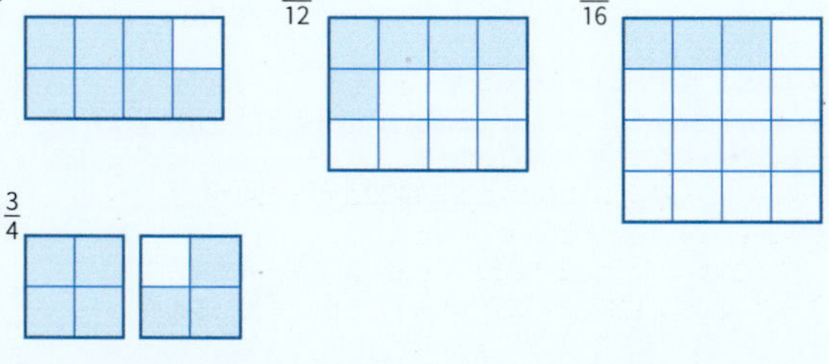

Lösungen zu Kapitel 8 Seite 250

7 a) $1\,m = 100\,cm$; $100\,cm \xrightarrow{:5} 20\,cm \xrightarrow{\cdot 4} 80\,cm$
b) $1\,kg = 1000\,g$; $1000\,g \xrightarrow{:4} 250\,g \xrightarrow{\cdot 9} 2250\,g$
c) $1\,dm = 10\,cm$; $10\,cm \xrightarrow{:10} 1\,cm \xrightarrow{\cdot 3} 3\,cm$
d) $1\,km = 1000\,m$; $\frac{1}{4}\,km$: $1000\,m \xrightarrow{:4} 250\,m \xrightarrow{\cdot 1} 250\,m$
$4\,km = 4000\,m$; zusammen $4250\,m$
e) $1\,h = 60\,min$; $60\,min \xrightarrow{:6} 10\,min \xrightarrow{\cdot 5} 50\,min$
f) $1\,l = 1000\,ml$; $\frac{1}{2}\,l$: $1000\,ml \xrightarrow{:2} 500\,ml \xrightarrow{\cdot 1} 500\,ml$
$20\,l = 20\,000\,ml$; zusammen $20\,500\,ml$

8 a) Jedes Kind erhält $\frac{2}{5}$ einer Pizza.
b) Jedes Kind erhält $\frac{6}{5} = 1\frac{1}{5}$ Pfannkuchen.
c) Jedes Kind erhält $\frac{6}{4} = 1\frac{1}{2}$ Tafeln Schokolade.
d) Jedes Kind erhält $\frac{3}{7}$ eines Bleches Kuchen, das ist weniger als ein halbes Blech.

9 a) 20 % b) 75 % c) 30 % d) 3 %
e) 80 % f) 12,5 %

10 a) $\frac{1}{4}$ b) $\frac{6}{10}$ c) $\frac{8}{10}$ d) $\frac{3}{4}$
e) $\frac{1}{10}$

11

	3,8 t	25 km	120 cm^2	16 kg	75 kg	2 m
a)	1,9 t	12,5 km	60 cm^2	8 kg	37,5 kg	1 m
b)	0,95 t	6,25 km	30 cm^2	4 kg	18,75 kg	0,5 m
c)	0,38 t	2,5 km	12 cm^2	1,6 kg	7,5 kg	0,2 m

	18 m^2	30 min	4,4 km	500 g
a)	9 m^2	15 min	2,2 km	250 g
b)	4,5 m^2	$7\frac{1}{2}$ min	1,1 km	125 g
c)	1,8 m^2	3 min	0,44 km	50 g

12 50 % sind Mädchen ⇒ Anzahl der Mädchen 400

10 % spielen Fußball im Verein ⇒ 80 Schülerinnen und Schüler

70 % kommen mit dem Fahrrad ⇒ 560 kommen mit dem Fahrrad

1 % sind größer als 1,90 m ⇒ 8 sind größer als 1,90

13 a) $\frac{1}{4}$ rot, $\frac{3}{4}$ weiß Verhältnis: 1 zu 3
b) $\frac{1}{17}$ Sirup, $\frac{16}{17}$ Wasser Verhältnis: 1 zu 16
c) $\frac{1}{26}$ Öl, $\frac{25}{26}$ Benzin Verhältnis: 1 zu 25

14

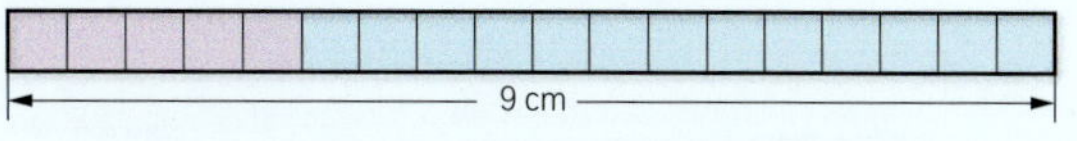

15

	Originallänge	1 : 200	1 : 5000	1 : 10 000
a)	100 m	5 cm	2 cm	1 cm
b)	500 m	25 cm	10 cm	5 cm
c)	1 km	50 cm	20 cm	10 cm

Stichwortverzeichnis

Verzeichnis der QR- und Webcodes

- WES-125764-001 — 1.1 Daten erheben durch Befragung
- WES-125764-002 — 1.2 Runden
- WES-125764-003 — 2.1 Addieren und Subtrahieren
- WES-125764-004 — 2.2 Schriftliches Addieren und Subtrahieren
- WES-125764-005 — 2.3 Multiplizieren und Dividieren
- WES-125764-006 — 2.4 Schriftliches Multiplizieren
- WES-125764-007 — 2.5 Halbschriftliches Dividieren
- WES-125764-008 — 2.5 Schriftliches Dividieren
- WES-125764-009 — 2.5 Division mit Rest
- WES-125764-010 — 2.6 Vorfahrtsregeln bei Termen
- WES-125764-011 — 2.7 Geschicktes Rechnen
- WES-125764-012 — 2.8 Strategien bei Textaufgaben
- WES-125764-013 — 3.1 Längen
- WES-125764-014 — 3.2 Maßstäbe
- WES-125764-015 — 3.3 Zeit und Zeitspannen
- WES-125764-016 — 3.4 Gewichte
- WES-125764-017 — 4.1 Zahlenfolgen und Muster
- WES-125764-018 — 4.2 Potenzen
- WES-125764-019 — 4.3 Stellenwertsysteme
- WES-125764-020 — 5.1 Geometrische Körper
- WES-125764-021 — 5.2 Kantenmodelle
- WES-125764-022 — 5.3 Schrägbilder zeichnen
- WES-125764-023 — 5.4 Körpernetze
- WES-125764-024 — 5.5 Senkrechte und parallele Geraden

WES-125764-025 5.6 Abstände messen

WES-125764-026 5.7 Koordinatensystem

WES-125764-027 5.8 Vierecke unterscheiden

WES-125764-028 5.9 Pflasterungen

WES-125764-029 6.1 Teiler und Vielfache

WES-125764-030 6.2 Teilbarkeitsregeln

WES-125764-031 6.3 Primzahlen

WES-125764-032 6.4 Gemeinsame Teiler und Vielfache

WES-125764-033 7.1 Flächeninhalt und Umfang

WES-125764-034 7.2 Einheiten von Flächeninhalten

WES-125764-035 7.3 Flächeninhalt und Umfang eines Rechtecks

WES-125764-036 7.3 Unregelmäßige Flächen

WES-125764-037 7.4 Rauminhalt – Volumen

WES-125764-038 7.5 Einheiten von Rauminhalten

WES-125764-039 7.6 Volumen und Oberflächeninhalt eines Quaders

WES-125764-040 8.1 Ganze Zahlen beschreiben Zustände und Änderungen

WES-125764-041 8.2 Brüche im Alltag

WES-125764-042 8.3 Brüche im Einsatz

WES-125764-043 8.4 Aufteilen und Verteilen mit Brüchen

WES-125764-050 Lösungen Sichern und Vernetzen

An Stellen mit QR Code stehen digitale Zusatzmaterialien wie Videos oder Dateien dynamischer Geometriesoftware zur Verfügung. Dazu einfach den QR-Code scannen oder den Webcode unter **www.westermann.de/webcode** eingeben.

Verzeichnis der Exkurse

Bildquellenverzeichnis

|akg-images GmbH, Berlin: 243.2. |Alamy Stock Photo (RMB), Abingdon/Oxfordshire: Arco Images GmbH/De Meester, J. 102.3; Bagnall, David 44.1; borzywoj 160.1; David Pimborough 187.1; Germany Images David Crossland 3.2, 24.1; History and Art Collection 188.1; Marshall, J /Tribaleye Images 89.2; OJPHOTOS 88.1; PjrTravel 159.2; Powerpics 15.2; Redding, Ian 116.3; Smak, Lourens 116.5; The Picture Art Collection 35.1. |Astrofoto, Sörth: 156.1; ESA 80.4. |Bundesministerium der Finanzen, Berlin: 30.5, 76.2. |Deling, Björn, Braunschweig: 142.4. |Europäische Zentralbank, Frankfurt am Main: 30.2, 30.2, 30.3, 30.3, 30.4, 30.4. |fotolia.com, New York: Adrio 117.3; akf 208.2; Baggett, Tony 18.4; Bonan, Marco 99.1; by-studio 170.2; ehrenberg-bilder 143.3; F., Andreas 242.1; kameraauge 124.9; Light Impression 207.2; styleuneed 143.1. |Imago Editorial, Berlin: Niehoff 118.5. |iStockphoto.com, Calgary: Abramovich, Elena 165.5; adventtr 112.2; Animaflora 69.1; Bene_A Titel; BiancaGrueneberg 49.4; bjdlzx 36.1; Blair Costelloe 49.6; bruev 64.1; Contributor 90.6; CreativeNature_nl 159.1; CroMary 63.1; deepblue4you 90.7; devolmon 124.6; FatCamera 40.1; filipefrazao 19.1; Floortje 90.9; fotyma 181.2; gece33 72.2; georgeclerk 49.3; GlobalP 50.2; Image Source 5.1, 192.1; Iñaki Antoñana Plaza 65.2; kaanates 90.5; kali9 178.1; ljubaphoto 63.2; LynMc42k 49.2; malven57 72.1; mbongorus 90.8; mediaphotos 90.2; Moussa81 244.3; Muenz 187.2; Nastco 112.3; Nieves, Marilyn 118.2; Photoshopix 64.2; sasapanchenko 90.4; scaliger 60.1; SelenaRus 15.1; Sergiy1975 216.1; SeventyFour 61.1; SolStock 43.2; Spaskov, Mikhail 4.2, 122.1; Steidl, James 248.2; Tinieder 230.2; traumschoen 60.2; Valengilda 79.3; Vallenari, Flavio 216.4; Winter, Maren 4.1, 100.1, 100.2, 100.3, 100.4; zoranm 178.4. |mauritius images GmbH, Mittenwald: ib/Enters, Dirk 89.5; John Lawrence/Travel Pix Ltd. 23.3. |Microsoft Deutschland GmbH, München: 14.5. |NASA, Washington: 89.3. |OKAPIA KG - Michael Grzimek & Co., Frankfurt/M.: imagebroker/Mark Newman/FLPA 86.4. |PantherMedia GmbH (panthermedia.net), München: alekss 82.4; Berg, Martina 143.2; DonyaNedomam 98.1; fckncg 99.2; Frank Waßerführ 191.2; Fribus, Ekaterina 131.4; Häusle, Gabriele 174.2; Kiatying-Angsulee, Vichaya 16.1; Naumov, Dmitry 73.2. |Picture-Alliance GmbH, Frankfurt a.M.: AFP/NASA 93.3; blickwinkel/Hartl, A. 83.1; BSIP/Oto, Jose 49.1; dpa 80.5; dpa/Berg, Oliver 94.2; dpa/Hollemann, Holger 78.1; dpa/Kaiser, Henning 94.1; dpa/MAXPPP/Delobelle, Pierrick 3.3, 74.1; dpa/Wendt, Georg 84.1; ZUMAPRESS.com 80.1. |Science Photo Library, München: Dennis Kunkel Microscopy 82.2. |Shutterstock.com, New York: Arranz, Ander Arrieta 116.4; Chones 86.3; Erni 18.5; FamVeld 3.1, 8.1; goodluz 202.1; Gross, Shane 49.5; koya979 217.3; Olegusk 163.2; Pres Panayotov 86.2; tsuneomp 232.1. |Stickel, Stephanie, Port la Nouvelle: 174.3, 174.4, 174.5, 174.6, 174.7, 174.8, 174.9, 174.10, 174.11, 174.12, 174.13, 174.14, 174.15, 174.16, 174.17, 174.18, 174.19, 174.20, 174.21, 174.22, 174.23. |stock.adobe.com, Dublin: Afonkin, Yuriy 163.6; Alexander, U. J. 185.4; alexlmx 82.3; antpkr 111.1; babimu 77.7; Bakirci, Hamiza 55.1; Balk, Lena 138.3; bildlove 124.10; bluedesign 174.1, 244.2; Bumann 124.11; byrdyak 5.2, 228.1; Coprid 124.7; Ede, Hans und Christa 125.5; evafesenuk 102.6; Fedoseeva, Svetlana 50.4; FM2 163.3; fotofabrika 219.1; Frank Boston 137.4; Gosch, Ralf 73.1; Gruhl, Andreas 14.3; hanseat 216.2; Hubkin, Stanislav 50.3; Hüttenhölscher, Jörg 14.1; ilhamB 163.1; IrisImages 89.1; Isoregina, Ksenia 131.5; Isselée, Eric 93.1; ivanods 116.2; Jevtic, Budimir 111.2; johannesspreter 48.1; kasto 20.2; Kiel, Norbert 163.4; Kramografie 82.1, 240.1, 250.7; Martin 233.1; Marén Wischnewski 124.4; Maxim_Kazmin 124.1; nastenka_peka 216.3; Picture-Factory 85.2; psdesign1 212.6; rdnzl 124.2; Richard, E. 164.3; ronniechua 93.2; rupbilder 163.5; schulzfoto 4.3, 124.12, 172.1; Schwoab 124.3; Scie-Pro 81.2; SlayStorm 124.5; sorrapongs 18.2, 20.1, 20.3, 23.2, 80.2, 90.1, 232.2; st-fotograf 18.3; Stefan Schurr 79.2; stockfoto 12.3; veneratio 76.3; WavebreakmediaMicro 14.2. |Valentinelli, Mario, Rostock: 10.1, 10.2, 10.3, 10.4, 11.1, 11.2, 12.1, 12.2, 12.4, 13.1, 13.2, 14.4, 17.1, 18.1, 21.1, 21.2, 21.3, 22.1, 22.2, 23.1, 26.1, 26.2, 27.1, 27.2, 27.3, 27.4, 28.1, 29.1, 30.1, 30.6, 30.7, 31.1, 31.2, 31.3, 33.1, 33.2, 34.1, 34.2, 37.1, 38.1, 40.2, 42.1, 42.2, 43.1, 43.3, 44.2, 50.1, 51.1, 51.2, 56.1, 56.2, 57.1, 57.2, 58.1, 58.2, 58.3, 58.4, 59.1, 59.2, 59.3, 63.3, 63.4, 64.3, 64.4, 65.1, 65.3, 65.4, 65.5, 71.1, 71.2, 76.1, 77.1, 77.2, 77.3, 77.4, 77.5, 77.6, 79.1, 80.3, 81.1, 83.2, 83.3, 84.2, 85.1, 86.1, 87.1, 87.2, 87.3, 87.4, 87.5, 87.6, 88.2, 89.4, 90.3, 91.1, 91.2, 91.3, 91.4, 95.1, 95.2, 96.1, 102.1, 102.2, 102.4, 102.5, 103.1, 103.2, 103.3, 103.4, 103.5, 103.6, 104.1, 104.2, 105.1, 105.2, 106.1, 106.2, 106.3, 106.4, 107.1, 107.3, 108.1, 108.2, 108.3, 108.4, 109.1, 110.1, 110.2, 112.1, 114.1, 114.2, 116.1, 117.1, 117.2, 118.1, 118.3, 118.4, 119.1, 119.2, 119.3, 119.4, 120.1, 120.2, 121.1, 121.2, 121.3, 121.4, 124.8, 124.13, 125.1, 125.2, 125.3, 125.4, 126.1, 126.2, 126.3, 127.1, 127.2, 127.4, 128.1, 128.2, 128.3, 129.1, 129.2, 129.3, 130.1, 130.2, 131.1, 131.2, 131.3, 131.6, 132.1, 133.1, 133.2, 133.3, 133.4, 134.1, 134.2, 134.3, 134.4, 135.1, 135.2, 135.3, 135.4, 136.1, 136.2, 136.3, 136.4, 136.5, 136.6, 137.1, 137.2, 137.3, 137.5, 137.6, 138.1, 138.2, 138.4, 138.5, 138.6, 139.1, 139.2, 139.3, 139.4, 139.5, 140.1, 140.2, 140.3, 140.4, 140.5, 141.1, 141.2, 141.3, 141.4, 142.1, 142.2, 142.3, 142.5, 142.6, 143.4, 143.5, 143.6, 144.1, 144.2, 144.3, 144.4, 144.5, 144.6, 144.7, 145.1, 145.2, 145.3, 145.4, 145.5, 145.6, 145.7, 145.8, 146.1, 146.2, 146.3, 146.4, 146.5, 147.1, 147.2,

147.3, 147.4, 148.2, 148.3, 149.1, 149.2, 149.3, 150.1, 150.2, 150.3, 150.4, 150.5, 150.6, 150.7, 151.1, 151.2, 151.3, 151.4, 151.5, 151.6, 151.7, 151.8, 151.9, 151.10, 151.11, 152.1, 152.2, 153.1, 153.2, 153.3, 154.1, 154.2, 154.3, 154.4, 155.1, 155.2, 155.3, 155.4, 155.5, 156.2, 157.1, 157.2, 157.3, 158.1, 158.2, 158.3, 158.4, 158.5, 158.6, 158.7, 158.8, 159.3, 159.4, 160.2, 160.3, 161.1, 161.2, 161.3, 161.4, 161.5, 162.1, 162.2, 162.3, 162.4, 162.5, 163.8, 164.1, 164.2, 164.4, 164.5, 165.1, 165.2, 165.3, 165.4, 165.6, 166.1, 167.1, 167.2, 167.3, 167.4, 167.5, 167.6, 168.1, 168.2, 168.3, 168.4, 168.5, 168.6, 168.7, 169.1, 169.2, 169.3, 169.4, 170.1, 170.3, 170.4, 171.1, 171.2, 171.3, 171.4, 175.1, 175.2, 175.3, 175.4, 175.5, 175.6, 177.1, 177.2, 177.3, 178.2, 178.3, 181.1, 182.1, 182.2, 183.1, 183.2, 184.1, 185.1, 185.2, 185.3, 186.1, 186.2, 187.3, 189.1, 191.1, 194.1, 194.2, 194.3, 194.4, 194.5, 194.6, 194.7, 194.8, 194.9, 195.1, 195.2, 195.3, 195.4, 196.1, 196.2, 196.3, 197.1, 197.2, 197.3, 197.4, 197.5, 198.1, 199.1, 199.2, 199.3, 199.4, 199.5, 199.6, 199.7, 200.1, 202.2, 202.3, 202.4, 202.5, 202.6, 203.1, 203.2, 203.3, 203.4, 203.5, 203.6, 204.1, 204.2, 204.3, 205.1, 205.2, 205.3, 205.4, 205.5, 205.6, 206.1, 206.2, 206.3, 206.4, 207.1, 207.3, 208.1, 209.1, 209.2, 209.3, 209.4, 210.1, 210.2, 210.3, 210.4, 210.5, 211.1, 211.2, 211.3, 211.4, 211.5, 212.1, 212.2, 212.3, 212.4, 212.5, 213.1, 213.2, 213.3, 214.1, 214.2, 214.3, 214.4, 214.5, 214.6, 217.1, 217.2, 217.4, 218.1, 218.2, 218.3, 219.2, 220.1, 220.2, 221.1, 221.2, 221.3, 221.4, 222.1, 222.2, 223.1, 223.2, 223.3, 223.4, 223.5, 223.6, 224.1, 224.2, 224.3, 225.1, 225.2, 225.3, 226.1, 226.2, 226.3, 227.1, 227.2, 227.3, 230.1, 230.3, 231.1, 231.2, 232.3, 233.2, 234.1, 234.2, 234.3, 234.4, 235.1, 235.2, 235.3, 236.1, 236.2, 237.1, 237.2, 237.3, 237.4, 238.1, 238.2, 238.3, 238.4, 238.5, 238.6, 239.1, 239.2, 239.3, 239.4, 239.5, 240.2, 240.3, 240.4, 240.5, 241.1, 241.2, 241.3, 241.4, 242.2, 243.1, 244.1, 245.1, 245.2, 245.3, 245.4, 245.5, 245.6, 245.7, 246.1, 246.2, 246.3, 246.4, 246.5, 247.1, 247.2, 247.3, 248.1, 248.3, 248.4, 249.1, 249.2, 249.3, 249.4, 249.5, 250.1, 250.2, 250.3, 250.4, 250.5, 250.6, 251.1, 251.2, 252.1, 252.2, 252.3, 252.4, 255.1, 255.2, 255.3, 255.4, 256.1, 257.1, 257.2, 257.3, 257.4. |Wojczak, Michael, Braunschweig: 163.7. |Zacharias, Martin, Molfsee: 107.2, 127.3, 148.1, 198.2.